民族文字出版专项资金资助项目

新型职业农牧民培育工程教材

奶牛养殖技术

བཞོན་མ་གསོ་སྐྱོང་ལག་རྩལ།

农牧区惠民种植养殖实用技术丛书（汉藏对照）

《奶牛养殖技术》编委会　编

青海人民出版社

图书在版编目(CIP)数据

奶牛养殖技术 ：汉藏对照 /《奶牛养殖技术》编委会编；尕藏译. -- 西宁 ：青海人民出版社，2016.12
（农牧区惠民种植养殖实用技术丛书）
ISBN 978-7-225-05275-5

Ⅰ. ①奶… Ⅱ. ①奶… ②尕… Ⅲ. ①乳牛—饲养管理—汉、藏 Ⅳ. ①S823.9

中国版本图书馆 CIP 数据核字（2016）第 322475 号

农牧区惠民种植养殖实用技术丛书
奶牛养殖技术(汉藏对照)
《奶牛养殖技术》编委会 编
尕藏 译

出 版 人 樊原成
出版发行 青海人民出版社有限责任公司
西宁市同仁路 10 号 邮政编码:810001 电话:(0971)6143426(总编室)
发行热线 (0971)6143516/6137731
印 刷 青海西宁印刷厂
经 销 新华书店
开 本 890mm×1240mm 1/32
印 张 10.875
字 数 350 千
版 次 2016 年 12 月第 1 版 2016 年 12 月第 1 次印刷
书 号 ISBN 978-7-225-05275-5
定 价 30.00 元

版权所有 侵权必究

《奶牛养殖技术》编委会

主　　任：张黄元

主　　编：焦小鹿

副 主 编：马清德　宁金友

编写人员：颜寿东　王得元　周佰成　张积英

　　　　　冯玉瑶　李　浩

审　　稿：杨毅青　彭　措　邓生栋

策　　划：熊进宁　毛建梅　马　倩

翻　　译：尕　藏

《བཞོན་མ་གསོ་སྐྱིལ་ལག་རྩལ》

རྩོམ་སྒྲིག་ཨུ་ཡོན་ལྷན་ཁང་།

ཀྲུའུ་རིན། ཀྲང་ཧོང་ཡོན།

གཙོ་སྒྲིག་པ། ཙའོ་ཞའོ་ལུའུ།

གཙོ་སྒྲིག་གཞོན་པ། སྣ་ཆེན་ཏིག ཉེན་ཅེན་ཡིའུ།

རྩོམ་འབྲི་མི་སྣ། ཡན་ཧྲེའུ་ཧྲུང་། ཤང་ཏིག་ཡོན། ཀྲོའུ་པའེ་ཕྲིན།

ཀྲང་ཅི་ཡུན། ཧྲུན་ཡུས་ཡའོ། ལི་ཧྲོ།

ཞུ་དག་མི་སྣ། དབྱང་དབྱི་ཆེན། ཐུན་ཆོགས། ཏེན་ཧྲེན་ཧྲུང་།

རྟགས་འགོད། ཞུན་ཅེན་ཉེན། མའོ་ཙན་མེ། སྣ་ཆན།

ཡིག་སྒྱུར་པ། ནག་པོ་སྐལ་བཟང་།

前 言

畜牧业生产是青海省的传统产业，广大农牧民历来就有饲养奶牛的传统习惯。特别是近年来，在国家良种奶牛补贴等政策扶持下，全省奶牛养殖业得到较快发展，奶牛存栏数逐年增加，在河湟地区已形成了以自然村为单位的农村奶牛集中养殖场（小区），奶牛养殖业不仅增加了养殖户的经济收入，而且促进了农区畜牧业和饲料种植业的发展，增加了畜产品产量，丰富了市场供应，改善了消费者营养结构，带来了良好的经济效益和社会效益。但目前青海省奶牛业仍存在品种质量较差、生产性能较低、管理水平不高、总体科技水平较低等问题。因此，为进一步加强和拓宽奶牛业科技知识推广力度，提高广大奶牛养殖农牧民的专业素养，推动青海奶牛业的健康快速发展，实现畜牧业增长方式转变，加快现代畜牧业发展步伐，编者结合青海奶牛养殖实际，编写了《奶牛养殖技术》一书。该书共分九章，就奶牛饲养前的准备、母牛的解剖生理特点、奶牛品种鉴定、奶牛繁育、奶牛的饲养管理、挤奶技术及牛奶卫生处理、奶牛饲料加工与日粮配制、奶牛疾病防治技术和奶牛登记与档案建立等方面知识作了介绍。在保证基本理论知识的基础上，突出可操作性、实践性，力求从技术层面为广大奶农解决奶牛养殖生产过程中出现的技术问题，从而进一步提高青海奶牛的养殖水平。

由于时间仓促和编写水平有限，书中难免会出现遗漏或不当之处，敬请读者不吝指正。

编　者

2014 年 1 月

སྙིང་གཞི།

ཕྱུགས་ལས་ཐོན་སྐྱེད་ནི་མཚོ་སྔོན་ཞིང་ཆེན་གྱི་སྲོལ་རྒྱུན་ཐོན་ལས་ཤིག་ཡིན། ལོ་རྒྱུས་སྔོན་དུ་རོང་འབྲོག་མང་ཚོགས་ལ་བཞོན་མ་གསོ་སྐྱོང་བྱེད་པའི་གོམས་སྲོལ་ཡོད། ཁྱད་པར་དུ་ཉེ་བའི་ལོ་ཤས་རིང་ལ་རྒྱལ་ཁབ་ཀྱི་བཞོན་རྒྱུད་ལེགས་པོ་ལ་ཁ་སྣོན་སོགས་ཀྱི་སྲིད་ཇུས་ཀྱིས་རོགས་སྐྱོར་བྱས་པར་བརྟེན། ཞིང་ཆེན་ཡོངས་ཀྱི་བཞོན་མ་གསོ་སྐྱེལ་ལས་རིགས་ལ་གོང་འཕེལ་ཆུང་ཆེན་པོ་བྱུང་བ་དང་། བཞོན་མ་བཟུང་གྲངས་ཀྱང་ལོ་རེ་བཞིན་ཇེ་མང་དུ་འགྲོ་བཞིན་ཡོད་ལ། རྨ་ཆུའམ་ཙོང་ཆུའི་ཡུལ་ཁམས་སུ་རང་བྱུང་སྡེ་བ་རྩིས་གཞི་བྱས་པའི་ཞིང་སྡེ་རུ་བཞོན་མ་ཆབས་ཅིག་ཏུ་བསྲེས་པའི་གསོ་སྐྱེལ་རྭ་བ(ཁྱུལ་ཆུང)ཆགས་འདུག བཞོན་མ་གསོ་སྐྱེལ་ལས་རིགས་ཀྱིས་གསོ་སྐྱེལ་ཁྱིམ་ཚང་ལ་དཔལ་འབྱོར་ཡོང་སྒོ་བསྐྲུན་པར་མ་ཟད། རོང་ཁུལ་ཕྱུགས་ལས་དང་གཟན་ཆས་འདེབས་འཛུགས་ལས་རིགས་གོང་འཕེལ་དུ་གཏོང་བར་སྐུལ་འདེད་བྱས་པ་དང་། ཕྱུགས་ལས་ཐོན་རྫས་ཐོན་ཚད་ཇེ་མང་དུ་བཏང་བ། ཚོང་རར་མཁོ་སྤྲོད་བྱས་པ་ཕུན་སུམ་ཚོགས་པ་ཞིག་ཏུ་བཏང་བ། འཛད་སྤྱོད་བྱེད་མཁན་གྱི་ཟུངས་བཅུད་གྲུབ་ཚུལ་ལེགས་སྒྱུར་བཅས་བྱས་ཏེ། དཔལ་འབྱོར་ཕན་ཡོན་དང་སྤྱི་ཚོགས་ཕན་ཡོན་ལེགས་པོ་བསྲུས་ཡོང་བ་རེད། འོན་ཀྱང་མིག་སྔར་མཚོ་སྔོན་ཞིང་ཆེན་གྱི་བཞོན་མའི་ལས་རིགས་སུ་ཕྱུས་ཀ་ཞན་པ་དང་། ཐོན་སྐྱེད་བྱེད་ནུས་དམའ་བ། བདག་གཉེར་ཆུ་ཚད་མི་མཐོ་བ། སྤྱིའི་ཚན་རྩལ་ཆུ་ཚད་ཆུང་དམའ་བ་སོགས་ཀྱི་གནད་དོན་ཡོད་པ་རེད། དེར་བརྟེན། གོམ་གང་མདུན་སྤོས་ཀྱིས་བཞོན་མའི་ལས་རིགས་ཀྱི་ཚན་རྩལ་ཤེས་བྱ་དར་སྤེལ་དུ་གཏོང་བའི་ཤུགས་ཚད་རྒྱ་བསྐྱེད་ཤུགས་སྣོན་བྱེད་པ་དང་། རྒྱ་ཆེ་བའི་བཞོན་མ་གསོ་སྐྱེལ་བྱེད་

པའི་ཆེད་ལས་ཆུ་ཚད་རྗེ་མཐོར་གཏོང་བ། མཆོ་སྟོན་བཞོན་མའི་ལས་རིགས་བདེ་ཐང་མགྱོགས་མྱུར་དང་གོང་འཕེལ་དུ་འགྲོ་བར་སྐུལ་འདེད་བྱེད་པ། ཕྱུགས་ལས་གོང་འཕེལ་དུ་འགྲོ་བའི་རྣམ་པ་བསྒྱུར་བཅོས་མངོན་འགྱུར་བྱེད་པ། དེང་རབས་ཕྱུགས་ལས་གོང་འཕེལ་དུ་འགྲོ་བའི་གོམ་སྟབས་རྗེ་མགྱོགས་སུ་གཏོང་བ་བཅས་ཀྱི་ཆེད་དུ། སྒྲིག་པ་པོས་མཆོ་སྟོན་བཞོན་མ་གསོ་སྐྱོང་བྱེད་པའི་དོན་དངོས་དང་བསྟུན་ནས《བཞོན་མ་གསོ་སྐྱོང་ལག་རྩལ》ཞེས་པའི་དཔེ་ཆ་འདི་བསྒྲིགས་པ་ཡིན། དཔེ་ཆ་འདིར་ལེའུ་དགུ་ཡོད་ལ། བཞོན་མ་སྐོར་སྐྱོང་བྱེད་པའི་སྟོན་འགྲོའི་གྲ་སྒྲིག བཞོན་མའི་གཤགས་དཔྱད་ལུས་ཁམས་ཁྱད་ཆོས། བཞོན་རྒྱུད་གསལ་འབྱེད། བཞོན་མ་གསོ་སྐྱོང་བྱེད་པ། བཞོན་མ་གསོ་སྐྱོང་བདག་གཉེར། འོ་མ་བཞོ་རྩལ་དང་འོ་མ་འཁྱོད་བསྟེན་ངོ་དམ་བྱེད་ཚུལ། བཞོན་མའི་གཟན་ཆས་ལས་སྣོན་དང་ཉིན་གཟན་སྟེབ་ཚུལ། བཞོན་མའི་ནད་རིགས་འགོག་བཅོས་བྱེད་ཐབས། བཞོན་མ་ཐོ་འགོད་དང་ཡིག་ཚགས་བསྐྲུན་པ་སོགས་ཀྱི་ཤེས་བྱ་ངོ་སྤྲོད་བྱས་ཏེ་རྩ་བའི་རིགས་གཞུང་ཤེས་བྱ་ཁག་ཐེག་བྱེད་པའི་རྨང་གཞིའི་སྟེང་ནས་བསྒྲུབ་ཐུབ་རང་བཞིན་དང་ལག་ལེན་རང་བཞིན་འབུར་དུ་དོད་པ་དང་། ཤུགས་གང་ཡོད་ཀྱིས་ལག་རྩལ་གྱི་རིམ་པ་ནས་རྒྱ་ཆེ་བའི་བཞོན་མ་བཟུང་བའི་ཞིང་པར་བཞོན་མ་གསོ་སྐྱོང་ཐོན་སྐྱེད་གོ་རིམ་དུ་བྱུང་བའི་ལག་རྩལ་གནད་དོན་ཐག་གཅོད་བྱས་ཏེ། གོམ་གང་མདུན་སྤོས་སྣོས་མཆོ་སྟོན་བཞོན་མ་གསོ་སྐྱོང་ཆུ་ཚད་རྗེ་མཐོར་གཏོང་དགོས།

དུས་ཡུན་ཐུང་བ་དང་སྒྲིག་འབྲི་ཆུ་ཚད་ཞན་པ་བཅས་ཀྱི་དབང་གིས་དཔེ་ཆ་འདི་ཏུ་ཆད་ལྷག་གམ་མི་འཚམ་ས་ཡོད་ངེས་ཡིན་པས། མཁྱེན་དཔྱོད་ལྡན་པའི་ཀློག་པ་པོ་རྣམས་ཀྱིས་མཛུབ་སྟོན་གནང་རོགས་ཞུ།

སྒྲིག་པ་པོ་ནས།

2014ལོའི་ཟླ་1པར།

目　　录

དཀར་ཆག

第一章　奶牛饲养前的准备

第一节　牛场选址

奶牛饲养场、舍的建设是养牛的基础。建设奶牛场，应根据计划饲养的奶牛头数，确定建设的规模，并考虑以下因素。

一、地势

地势应比较干燥，坐北朝南，有利于阳光充足照射。地面平坦或者稍有坡度，但不能建在山坡或高地上，否则，冬天易招致寒风的侵袭，也不利于交通运输。

二、土质

一般要求土壤透水性、透气性好、吸湿小、导热性小、保温良好。最合适的是沙壤土，雨后不会泥泞，容易保持干燥。运动场应中间高、四周低，且有排水沟，建设防雨棚，铺设沙土为好。

三、水源

奶牛场每天消耗大量的水。一般情况下 100 头奶牛每天的需水量，包括饮水、清洗用具、洗刷牛舍及牛体等，至少需要 25～30 吨水。因此，奶牛场应选在有充足良好水源之处，以保证常年用水方便，并注意水中微量元素成分与含量，水质要好。

四、交通与防疫

奶牛场每天都有大量的牛奶、饲料、粪便进出。因此，奶牛场的位置应选在距生产基地和放牧处较近、交通便利的地方，但又不能太靠近交通要道和工厂、居民区，以利于防疫和环境卫生。一般奶牛场要求离交通主干道 1 500 米以上，以防外来牲畜运输、疫病传播，距居民区 500 米以上。同时，奶牛场应位于居民区下风向，以防止奶牛场的有害气体和污水污染居民区。

五、电力

奶牛场要使用挤奶器、制冷缸、铡草机、粉碎机等用电设备以及生活用电。因此，在选址时应充分考虑动力及生活电力供应，预先办理用电手续，以保证奶牛场的正常运作。

六、通讯

现代奶牛养殖与传统养殖方式已发生了质的变化，奶牛养殖者应建立对外交流与合作的平台，及时了解外部信息。因此，除了安装互联网、固定电话以外，养殖户还要参加奶牛 DHI 测定，以保证本场奶牛和外地引进奶牛始终处于健康状况。从一开始就要打下坚实的技术基础。

第二节　牛场规划与布局

一、奶牛场规划与布局

奶牛场规划应根据经营方式、规模大小，本着因地制宜和便于管理的原则，合理布局，尽量做到提高土地利用率，节约基建资金，有利于防疫卫生，防止环境污染。一般分为 3 个区域，即生活管理区、生产区和辅助生产区。各区要相互隔离，并有严格的消毒卫生防疫措施。生活管理区应位于最上风向，生产区包括各类牛舍、挤奶厅、贮奶室、兽医室、病牛室等。牛舍与牛舍之间距离间隔 20 米以上，运动场尽可能有遮阳树木，有利于夏季防暑降温，兽医室、病牛室应建于其他建筑物的下风向。生产区入口处应设消毒池及消毒室，辅助生产区主要设饲料加工调制贮存室、青贮窖、畜粪堆贮处理区等。饲料室及青贮窖应距牛舍较近，畜粪处理应与其他建筑物保持较远距离，并方便外运。

（一）牛舍

牛舍应建造在场内生产区中心。为了便于饲养管理，尽可能地缩短运输路线。建造数栋牛舍时，应坐北向南，采用长轴平行配置，以利于采光、防风、保温。当牛舍超过 4 栋时，可两行并列配置，前后对齐，相距 10 米以上。牛舍前应有运动场，内设自动饮水槽、凉棚和饲槽等。牛舍四周和道路两旁应绿化，以调节小气候。

（二）饲料库与饲料调制室

饲料调制室设在牛舍中央，饲料库应靠近饲料调制室，以便车辆运输。

（三）青贮塔、草垛

青贮塔（窖）可设在牛舍附近，以便取用，但必须防止牛舍和运动场的污水渗入窖内，草垛应距离牛舍 50 米以外的平风向阳处。

（四）贮粪场及兽医室

设在牛舍下风向的地势低洼处。贮粪场应有主化粪场、污水处理场和沼气设施。在农区则可以与农田接壤处布局化粪池及有关设施。兽医室和病牛舍要建筑在牛舍 200 米以外的偏僻地方，以避免疫病传播。

（五）场部办公室和职工宿舍

设在牛场大门口和地势高的上风向，以防疫病传染。场部应设门警值班室和消毒池。

（六）奶牛场规划和布局

根据青海标准化奶牛场建设要求，绘制了奶牛标准化养殖场平面图（图1－1）。

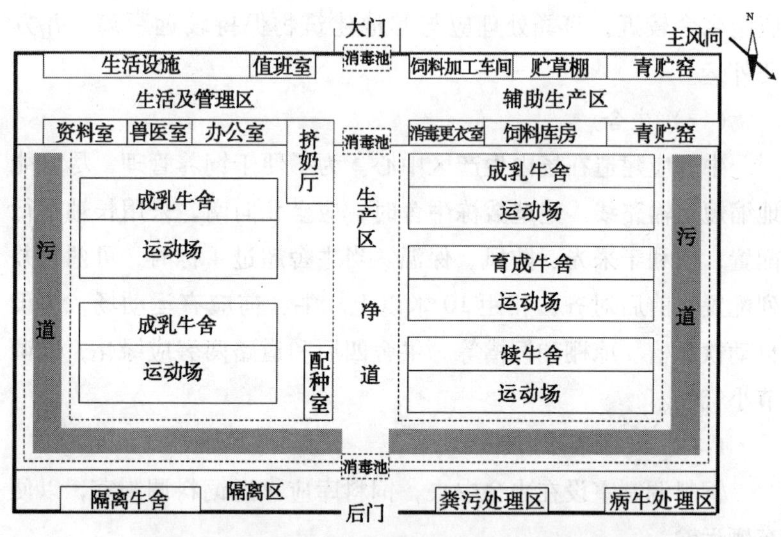

图1－1 奶牛标准化养殖场（小区）平面布局图

注：1. 牛舍建筑面积按每头牛4～6平方米计算，牛舍之间的距离为10米以上；运动场面积按每头牛15～20平方米设计。净道宽5米，污道宽3米。

2. 每200～300头牛建1个挤奶厅，面积应不小于200平方米。青贮窖按每头牛15～18立方米计算。

二、奶牛舍建筑

适宜的环境温度是提高奶牛生产性能的重要因素。青海省地处青藏高原，夏季凉爽、冬季寒冷。修建牛舍应根据养殖规模、机械化程度和设备条件而定，并要符合卫生防疫要求、经济实用、便于管理、提高生产率和降低生产成本。牛舍内部气温环境的控制和改善，决定于牛舍的建筑材料和类型，青海牛舍建筑冬季应坚持防寒保温，以拴系式和散放式为好。

（一）拴系式牛舍

拴系式牛舍，亦称常规牛舍。奶牛的饲喂、挤奶、休息均在牛舍内。优点是能做到个别饲养，分别对待，如有奶牛发情或不正常现象极易发现；可避免严寒气候对奶牛的侵袭。缺点是耗费劳力较多，牛舍建筑造价较高；母牛的角和乳房易受损伤等。拴系式牛舍建筑形式、内部排列方式和设备如下：

1. 建筑形式：常用的有钟楼式、半钟楼式和双坡式 3 种。

（1）钟楼式：通风良好，但构造比较复杂、耗料多、造价高，不便于管理。

（2）半钟楼式：通风较好，但夏天北侧较热，构造亦复杂。

（3）双坡式：加大门窗面积可增加通风换气，冬季关闭门窗则有利于保温，同时牛舍造价低、可利用面积大、易施工、适用性强。

2. 排列方式：牛舍内部母牛的排列方式，视牛只的多少而定，可分为单列式和双列式，牛群 20 头以下者可采用单列式，20 头以上者多采用双列式，在双列式中采用对头式。

3. 内部设备：在对头式中，牛舍内部中央有一条通道，宽 2.5～3.0 米，为饲喂通道，牛尾侧各有排尿沟、清粪、挤奶及奶牛行走道。牛卧床设在清粪道后，有单例式、双例式两种。

牛舍各种设备规格，视牛体大小而定。自动饮水器可安装在舍内卧床的两侧或运动场。此外，每栋牛舍应设有运动场，用地面积成年牛每头为 15～20 平方米，育成牛为 10～15 平方米。运动场栅栏要求结实，以钢管为好，高 150 厘米，有条件的可用脉冲电网。运动场地面以三合土、沙质土为宜，并要保持一定坡度，以便排水。

（二）散放式牛舍

奶牛除挤奶时间外其余时间不加拴系，任其自由活动。一般包括休息区、饲喂区、待挤区和挤奶区等。奶牛可随意走到休息区和饲喂区，在挤奶区（间）集中挤奶。

奶牛饲喂和挤奶后可到休息区休息，以防寒或降暑。每头奶牛的卧床地面积为1.5~2平方米。床地铺有褥草、细沙或干粪，定期清理更换。

散放式牛舍的优点是便于实行机械化、自动化，可大大节约劳动力；牛舍内部设备简单，较为经济，也有因舍内自动化程度高和设备类型好，其造价也可能高于常规牛舍；母牛在散放式牛舍十分舒适，并有隔栏设备的保护，可减少牛体受到损伤，同时母牛在挤奶间集中挤奶，与其他房舍隔离，减少了饲料、粪便、尘灰等污染，保持了牛体的清洁，提高了牛奶的质量。其缺点是：不易做到个别饲养，加之共同使用饲槽和饮水设备，故传染疫病的机会较多。

1. 固定直线形挤奶台：将牛赶进挤奶厅内的挤奶台上，两旁排列，挤奶员完成一边的挤奶后，接着去另一边挤奶。此时，放出已挤完奶的母牛，放进下一批待挤奶的母牛。挤奶员站在厅内两列挤奶台中间的地槽内，不必弯腰工作。此类挤奶设备可供母牛数量不多的牛场，比较经济、有效。

2. 菱形挤奶台：除挤奶台为菱形外，其他结构均同于直线形挤奶台。其优点是适用于牛群中等规模或较大的牛场。同时，由于挤奶台呈平行四边形，挤奶员在一边挤奶的同时可观察到其他三边母牛的挤奶情况，比直线形挤奶台更为经济。

3. 串联式转盘挤奶台：是专为一人操作而设计的小型转盘，转盘上有8个床位，母牛的头尾相继串联，可通过分离栏板进入挤奶台。根据运转的需要，转盘可通过脚踏开关开动或停止，每个工时可挤奶牛 70～80 头。另外，还有鱼骨式转盘挤奶台，与串联式转盘挤奶台基本相似，所不同的是呈斜形排列，似鱼骨形，头向外，挤奶员在转盘中央操作，这样可以充分利用挤奶台的面积。

第三节　奶牛产业布局

一、奶牛产业布局

在重点建设河湟地区在内的城镇郊区和川水地区奶牛产业带的同时，兼顾海西地区面向城镇的奶牛生产基地建设，包括湟水流域的城北区、城中区、城西区、城东区、大通县、湟中县、湟源县、民和县、乐都县、平安县、互助县，黄河流域的循化县、化隆县、尖扎县、贵德县，以及海西州的格尔木、德令哈市等 17 个县（区）。此外，门源县、共和县、同仁县的部分小块农业区也可适度发展。

二、发展重点与目标

区域内以奶牛规模养殖场（小区）建设为重点，大力提高规模养殖所占比重，提高产业集中度；以良种、良料、良法推广为基础，加大品种改良力度，推进青贮玉米基地建设，推行“测乳配方”饲喂技术，提高奶牛单产水平；以建立乳品加工企业和养殖场户的利益联结机制为抓手，推行奶站生鲜乳收购权拍卖制度，提高加工企业带动奶牛产业发展的能力。

发展目标是到 2015 年奶牛平均单产提高至 3 吨，同时建设存栏奶牛 500 头以上的奶牛规模养殖场小区 150 个，使较大规模养殖占养殖的比重达到 41%。通过建设，奶牛存栏达到 19.69 万头，奶牛奶产量达到 23 万吨。

第二章　牛的解剖生理特点

第一节　牛的消化系统

一、牛的消化器官

消化系统包括消化管和消化腺两部分。消化管为食物通过的管道，起于口腔，经咽、食道、胃、小肠、大肠，止于肛门。消化腺为分泌消化液的腺体，包括壁内腺和壁外腺。胃腺和肠腺是壁内腺，唾液腺、肝和胰是壁外腺。

（一）口腔

口腔是由唇、颊、硬腭、软腭、口腔底、舌、齿、齿龈及唾液腺所组成的。

1．唇：构成了口腔最前壁，分上唇和下唇。

2．颊：以颊肌为基础，内衬黏膜、外覆皮肤构成。

3．硬腭和软腭

（1）硬腭：构成了固有口腔的顶壁。

（2）软腭：构成了口腔的后壁。

4．舌：舌附着在舌骨上，占据固有口腔的大部分。

5．齿：是咀嚼和采食的器官。镶嵌于上下颌骨的齿槽内，因其排列成弓形，所以又分别称之为上齿弓和下齿弓。

6. 唾液腺：是导管开口于口腔能分泌唾液的腺体。主要有腮腺、颌下腺和舌下腺3对，其所分泌的液体进入口腔，统称为唾液。

（二）食管

食管是将食物由咽运送入胃的一肌质管道，分为颈、胸和腹三段。食管管壁具有消化管壁的一般结构，可分为黏膜层、黏膜下层、肌层和外膜层。黏膜上皮为复层扁平上皮，肌层比较特殊。牛的食管肌层全由横纹肌构成。

二、消化腺

（一）胃

胃位于腹腔内，为消化管的膨大部分，前接食管，开口为贲门，后以幽门通十二指肠，主要作用是贮存食物。胃壁的结构由内向外分为黏膜、黏膜下层、肌层和浆膜。

牛的胃为多室胃，顺次为瘤胃、网胃、瓣胃和皱胃，前3个胃没有腺体分布，主要起贮存食物和发酵、分解粗纤维的作用。皱胃黏膜内分布有消化腺，能分泌胃液，具有化学消化的作用（图2－1）。

1. 瘤胃：瘤胃最大，成年牛约占4个胃总容积的80%，呈前后稍长、左右略扁的椭圆形，占居整个腹腔的左半部和右半部的一部分。其前端与第7～8肋间隙相对，后端达骨盆腔前口。左面与脾、膈和腹壁相邻，称为壁面。右面与瓣胃、皱胃、肠、肝、胰等器官相邻，称为脏面。

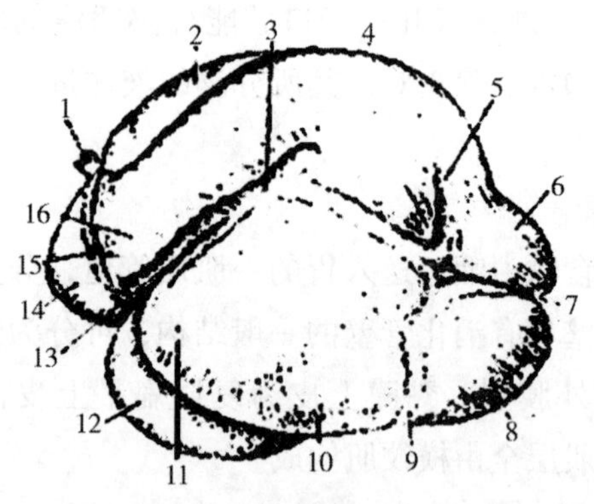

图2-1　牛胃（左侧）

1. 食管　2. 脾　3. 左纵沟　4. 背冠状沟　5. 瘤胃背囊　6. 后背盲囊　7. 后沟　8. 后腹盲囊　9. 腹冠状沟　10. 瘤胃腹囊　11. 前腹盲囊　12. 皱胃　13. 前沟　14. 网胃　15. 前网胃沟　16. 前背盲囊

2. 网胃及食管沟

（1）网胃：是4个胃中最小且位置最靠前的1个胃，其容积约占4个胃容积的5%。网胃呈梨状，是瘤胃背囊向前下方的延续部分。瘤网口的右下方有网瓣口与瓣胃相通。网胃与心包之间仅以膈相隔，当牛吞食尖锐物体停留在网胃中时，常可穿通胃壁和膈而刺破心包，引起创伤性心包炎。

网胃黏膜呈黑褐色，形成许多高低不等的薄板状皱褶，并连接成多边形小房，呈蜂巢状，故又叫蜂巢胃，在皱褶上密布角质乳头。

（2）食管沟：起于瘤胃贲门，沿瘤胃前庭和网胃右侧壁伸延到网瓣口，扭转成螺旋状。沟的两侧缘有黏膜褶，称为唇，两唇之间为沟底。犊牛的食管沟发育完全，可合并成管，乳汁可由贲门经食管沟和瓣胃直达皱胃。成年牛的食管沟闭合不严。

3. 瓣胃：牛的瓣胃约占4个胃总容积的7%～8%。瓣胃呈两侧稍扁的椭圆形，位于右季肋部，与第7～11（12）肋间隙相对，肩关节水平线通过瓣胃中线。

瓣胃黏膜表面由角质化的复层扁平上皮覆盖，并形成百余片大小、宽窄不同的叶片，叶片分大、中、小和最小四级，呈有规律地相间排列，故又称为百叶胃。

4. 皱胃：皱胃的容积约占4个胃总容积的7%～8%，前部粗大称为胃底部，与瓣胃相连；后部狭窄称为幽门部，与十二指肠相接。

5. 犊牛胃的特点：初生犊牛因吃奶，皱胃特别发达，瘤胃和网胃相加的容积约等于皱胃的一半。10～12周龄后，由于瘤胃逐渐发育，皱胃仅为其容积的一半，此时瓣胃因无机能仍然很小。4个月后，随着消化植物性饲料能力的出现，瘤胃、网胃和瓣胃迅速增大，瘤胃和网胃相加的容积约达瓣胃和皱胃的4倍。到1岁多时，瓣胃和皱胃容积几乎相等，4个胃的容积达到成年的比例。

（二）肠

肠是细长的管道，前连胃的幽门，后端止于肛门。可分为大肠和小肠两部分。

1. 牛的小肠

（1）十二指肠：从胃的幽门起始后，向前上方伸延，在肝的脏面形成“乙”状弯曲，然后再向后上方伸延，到髋结节的前方，折转向左前方伸延，形成一弯曲，再向前方伸延，到右肾腹侧，移行为空肠。肝管由肝门通出后，与胆囊管汇合成一短的胆管，开口于十二指肠“乙”状弯曲第二曲的黏膜乳头上。

（2）空肠：位于腹腔右侧，在结肠圆盘周围形成许多迂曲的肠环，借助于空肠系膜悬吊在结肠圆盘周围。空肠的右侧和腹侧，隔着大网膜与腹壁相邻，左侧与瘤胃相邻，背侧为大肠，前部为瓣胃和皱胃。

（3）回肠：较短，长约50厘米，从空肠最后卷曲起，直向前上方伸延至盲肠腹侧，开口于盲肠。回盲口位于盲肠与结肠交界处。在回肠进入盲肠的开口处，黏膜形成回盲瓣。盲肠与结肠相通的口，称为盲结口。

2．牛的大肠

（1）盲肠：管径较大，呈长圆筒状，位于右髂部。起自于回盲口，沿右髂部的上部向后伸延，盲端可达骨盆腔入口处，前端移行为结肠，两者之间以回盲口为界。

（2）结肠：借总肠系膜附着于腹腔顶壁。其起始部的管径与盲肠相似，以后逐渐变细。可分为初袢、旋袢和终袢三部分。

（3）直肠：位于骨盆腔内，不形成直肠壶腹。

3．肛门：位于尾根的下方，平时不向外突出。

（三）肝

肝是牛体内最大的腺体，位于腹前部，膈的后方，大部分偏右侧或全部位于右侧，呈扁平状，颜色为暗褐色。在腹侧缘上有深浅不同的切迹，将肝分成大小不等的肝叶。肝各叶的输出管合并在一起形成肝管。胆囊的胆囊管与肝管合并，称为胆管，开口于十二指肠。

（四）胰

牛胰通常呈淡红黄色，形状很不规则，近似三角形，位于腹腔背侧，靠近十二指肠，有一条输出管。胰具有外分泌和内分泌两种功能，所以胰的实质也分为外分泌部和内分泌部。

第二节　奶牛的生殖系统

一、奶牛的生殖器官

奶牛的生殖器官由卵巢、输卵管、子宫、阴道、尿生殖前庭、阴唇和阴蒂等部分组成。卵巢、输卵管、子宫和阴道为内生殖器官，尿生殖前庭、阴唇和阴蒂为外生殖器官（图2－2）。

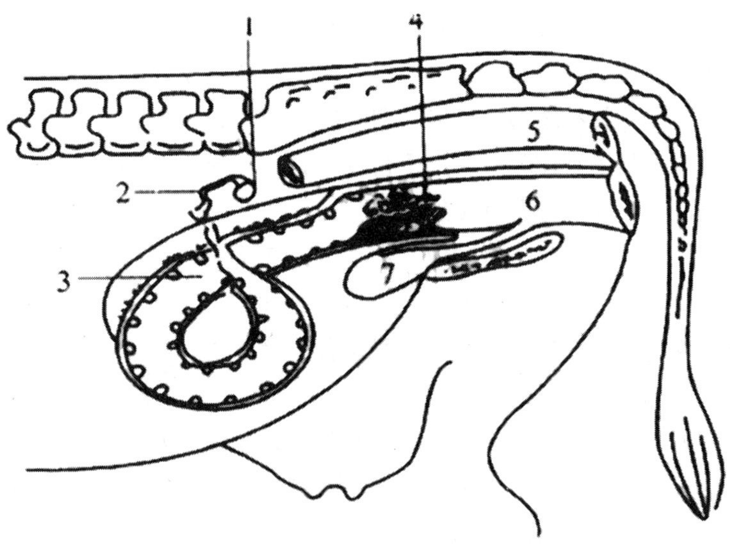

图2－2　奶牛的生殖器官

1. 卵巢　2. 输卵管　3. 子宫角　4. 子宫颈

5. 直肠　6. 阴道　7. 膀胱

（一）卵巢

卵巢为稍扁的椭圆形，一般中等大小。奶牛的卵巢长2～3厘米、宽1.5～2厘米、厚1～1.5厘米、重15～20克，通常右侧卵巢比左侧稍大。卵巢一般位于两侧子宫角尖端外侧下方或耻骨前缘附近，中等个体奶牛的卵巢距阴门40～45厘米。

（二）输卵管

奶牛的输卵管较长，一般为20～30厘米，弯曲度中等。输卵管位于卵巢和子宫角之间，可将卵巢排出的卵子输送到子宫，同时也是精子和卵子受精的部位。

（三）子宫

子宫可分为子宫角、子宫体和子宫颈三部分。子宫角成对存在，位于子宫前部，呈弯曲的圆筒状，有一大弯和一小弯。子宫角前端与输卵管相连通，两个子宫角后端会合形成为子宫体。子宫体前端与子宫角相连，向后延续为子宫颈。子宫颈为子宫后端的缩细部，其黏膜形成许多皱褶，内腔狭窄，称子宫颈管。子宫颈管前端与子宫体相通，为子宫颈内口，后端突入阴道内称子宫颈阴道部，开口称子宫颈外口。

子宫大部分位于腹腔内，小部分位于骨盆腔内，在直肠和膀胱之间。子宫的形状、大小、位置和结构，因牛品种、年龄、个体、发情周期和妊娠时期等不同而有较大差异。

（四）阴道

阴道为扁管状，长 22～28 厘米，又称膣，为奶牛的交配器官，也是产道。阴道位于骨盆腔内，背侧为直肠，腹侧为膀胱和尿道，两侧是骨盆腔的侧壁。

阴道壁由黏膜、肌层和外膜三层膜构成。黏膜形成一些纵褶，奶牛阴道前端黏膜还有环形褶；肌层由两层平滑肌构成，内层为厚的环形肌，外层为薄的纵形肌，它们向前向后分别和子宫肌及前庭肌相连；浆膜仅被覆于阴道的前部，其余部分均由骨盆内的结缔组织包被。

（五）外生殖器官

外生殖器官包括尿生殖前庭、阴唇和阴蒂等。

二、奶牛生殖器官的生理机能

（一）卵巢的生理机能

1. 卵泡发育和排卵：卵巢皮质中有许多发育不同阶段的卵泡，可分为腔前卵泡（包括原始卵泡和初级卵泡）、有腔卵泡（次级卵泡）和排卵前卵泡（成熟卵泡）。成熟卵泡破裂，排出卵子，排卵后在原卵泡处形成黄体。

2. 分泌激素：在卵泡的发育过程中，卵巢皮质基质细胞所形成的卵泡膜可分为血管性的内膜和纤维性的外膜。内膜可分泌雌激素，当体内雌激素水平升高到一定浓度时，便会引起母牛的发情表现；由排卵的卵泡形成黄体后，黄体能够分泌孕酮，当孕酮达到一定浓度时则可抑制母牛发情。

（二）输卵管的生理功能

1．运送卵子：从卵巢排出的卵子，首先到达输卵管后，凭借纤毛的活动将其运输到受精、着床部位。

2．精子获能、受精以及卵裂的场所：精子进入母牛生殖道后，先在子宫内获能，然后在输卵管内进一步完成整个获能过程。

3．分泌机能：输卵管的分泌细胞在卵巢激素的作用下，当母牛发情时，分泌功能增强，分泌物增多，其分泌物主要为黏蛋白及黏多糖，它既是精子和卵子的运载工具，也是精子、卵子以及早期胚胎的营养液。

（三）子宫的生理功能

1．子宫是精子进入生殖道及发育成熟胎儿娩出的通道。母牛发情时，子宫借其肌纤维强有力而有节律的收缩作用，向输卵管方向运送精液，使精子能够通过输卵管的子宫口而进入输卵管。在母牛分娩时，子宫以其强力阵缩而排出胎儿。

2．为精子获能提供条件，是胎儿生长发育的场所。子宫内膜的分泌物和渗出物以及内膜生化代谢物，既可为精子获能提供环境，又可为孕体提供营养物质。

3．调控母牛的发情周期。如果母牛发情未孕，在发情周期的一定时期，子宫内膜分泌的前列腺素 PGF_{2a}可使相应一侧卵巢黄体溶解，促使母牛再次发情。

4．子宫颈是子宫的门户。在平时，子宫颈处于关闭状态；母牛发情时，子宫颈口稍开张，并分泌大量黏液，以利于精子进入子宫；妊娠时，子宫颈收缩很紧，并分泌黏液以堵塞子宫颈管，防止病菌侵入；临近分娩时，颈管扩张，以便胎儿排出。

5. 子宫颈黏膜隐窝是精子的良好贮存库。母牛自然交配或人工授精后，大量精子停留在子宫颈隐窝内，并滤出缺损和不活动的精子，然后又不断地释放出精子，并被运送到受精部位，从而保证母牛可以成功妊娠。

（四）阴道的生理功能

阴道在母牛的生殖过程中具有多种功能，既是交配器官又是交配后贮存精液的精子库，精液在此处库存和凝聚；阴道的生化和微生物环境能够保护生殖道不遭受微生物入侵；阴道通过收缩、扩张、复原、分泌和吸收等功能，排出子宫黏膜及输卵管的分泌物，同时它又是分娩时的产道。

第三章　奶牛品种鉴定

第一节　奶牛品种

一、荷斯坦牛

荷斯坦牛又称黑白花牛。原产于荷兰最北部的西弗里斯省及北荷兰省，现已经成为一个世界性的品种，在全世界均有饲养。荷斯坦牛以产奶量高、饲料转化效率高而著称，但在生产中表现为耐寒不耐热。该牛体格高大，结构匀称，体躯呈楔型，后躯发达；乳静脉粗大而多弯曲，乳房发育良好；皮下脂肪少，被毛细短；毛色特点为界限分明的黑白花片，额部多有白星，四肢下部、腹下和尾帚为白色。乳用型黑白花牛体格高大，结构匀称，体躯呈楔型，具典型乳用型外貌。平均产乳量 6 500 ~ 7 500 千克，乳脂率 3. 6% ~3. 7% 。

中国荷斯坦牛（1997 年以前称中国黑白花奶牛）是 19 世纪末期，由中国的黄牛与当时引进我国的荷斯坦牛杂交，经过几十年的不断选育而逐渐形成的。中国荷斯坦牛体型外貌多为乳用型，有少数个体稍偏兼用型，具有明显的乳用特征。毛色为黑白花，花片分明，黑白相间。白色多分布于牛体的腹下、四肢及尾端呈白色。体格高大，结构匀称。一般成年公牛体高 140 ~ 145 厘米，体重900～1 200千克；成年母牛体高130～135厘米，体长160～169.7厘米，体重650～750千克；犊牛初生重45～50千克。性成熟早，具有良好的繁殖性能。奶牛泌乳期305天，平均产奶量达7 000～8 000千克，乳脂率平均3.6%，最高可达6.0%。奶牛性情温驯，易于管理，适应性强，耐冷不耐热（图3－1）。

图3－1　中国荷斯坦牛

二、娟珊牛

娟珊牛属小型乳用品种，原产于英吉利海峡南端的娟珊岛，娟珊牛育成的历史悠久，是古老的奶牛品种之一。娟珊牛19世纪中叶以后曾输入我国各大城市饲养，目前我国仅有一些含有不同程度娟珊牛血液的杂种牛。

1．外貌特征：娟珊牛体格较小，具有细致紧凑的优美体型。头小而轻，额部凹陷，角中等大小，琥珀色。颈细长，有皱褶，颈垂发达。鬐甲狭窄，肩直立，胸浅，背线平坦，腹围大，尻长平宽，尾帚细长，四肢较细，蹄小，全身肌肉清瘦，皮肤单薄，乳房发育良好。被毛短细而有光泽，毛色有灰褐、浅褐及深褐，以浅褐色为最多。毛色较淡部分多在腹下及四肢的内侧，嘴、眼周围有浅色毛环，尾帚为黑色。一般公牛毛色比母牛深（图3－2）。

图3－2　娟珊牛

2. 生产性能：平均产奶量3 500千克左右，美国1966年娟珊牛平均产奶量为4 207千克，在英国创记录个体牛年产奶量达18 929千克。娟珊牛的最大特点是乳质浓厚，含脂率平均为5.5%～6.0%，个别牛甚至达8.0%。乳脂肪球大，易于分离，乳色黄，风味佳，其鲜奶及其乳制品甚受欢迎。

三、西门塔尔牛

西门塔尔牛原产于瑞士，它不是纯种肉用牛，而是乳肉兼用型品种。同时其役用性能很好，是乳、肉、役兼用的大型品种。此品种在20世纪60年代就被引进到我国，并在东北三省、新疆、山东、青海等省区成功饲养，并对我国各地的黄牛改良效果非常明显，杂交一代的生产性能一般都能提高30%以上，因而很受养殖户欢迎（图3－3）。

1. 外貌特征：西门塔尔牛毛色为黄白花或淡红白花，头、胸、腹下、四肢及尾帚多为白色，皮肤为粉红色，头较长、面宽、角较细而向外上方弯曲，尖端稍向上。颈长中等，体躯长呈圆筒状，肌肉丰满，前躯较后躯发育好，胸深，尻宽平，四肢结实，大腿肌肉发达，乳房发育好。成年公牛体重平均为 800 ~ 1 200千克，母牛体重平均为 650 ~ 800 千克。

2. 生产性能：西门塔尔牛的乳、肉用性能均较好，平均产奶量为 4 070 千克，乳脂率 3.9%。该牛生长速度较快日均增重可达 1.35 ~ 1.45 千克，生长速度与其他大型肉用品种相近。胴体肉多、脂肪少而分布均匀，公牛育肥后屠宰率可达 65% 左右。

图 3 – 3　西门塔尔牛

目前，青海省内农牧户养殖的奶牛品种以中国荷斯坦牛、荷斯坦改良牛及兼用型西门塔尔牛为主。

第二节　奶牛的外貌鉴定与体尺测量

一、奶牛躯体各部位的名称

奶牛的躯体可分为头颈部、前躯、中躯和后躯四大部分。各部位名称见图3－4。

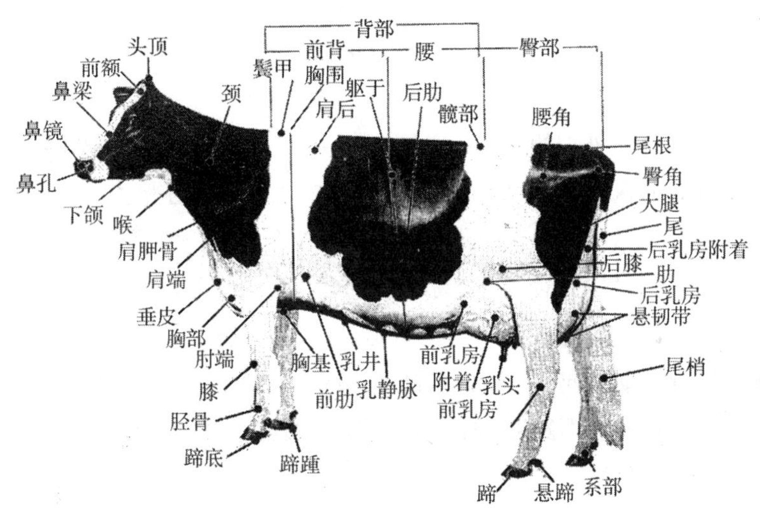

图3－4　奶牛各部位的名称

二、奶牛的体型外貌特征

奶牛与其他肉用型、役用型的牛相比较，具有非常明显的体型特征。选购奶牛时应掌握其基本特征（图3－5）。

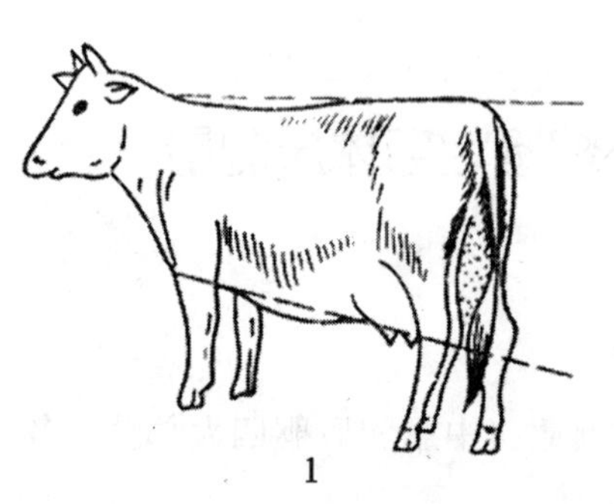

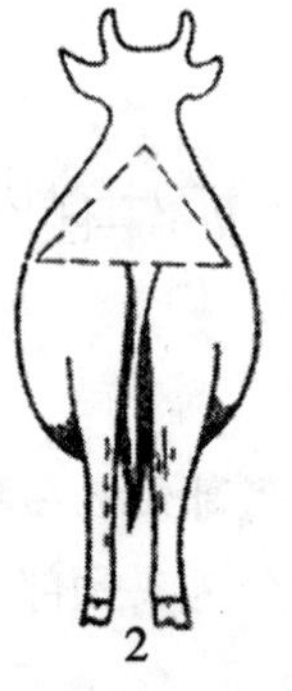

图 3－5　奶牛体型模式图

1. 侧望　2. 俯望　3. 前望

（一）整体特征

奶牛体型外貌的整体特点是皮薄、骨细、血管显露，被毛细短有光泽，肌肉和皮下脂肪不发达，胸腹宽深体躯容量大，乳房发达，细致呈紧凑体型。皮薄的奶牛一般被毛细短，颈部皮肤皱褶细密，用手指可以在体躯上牵拉起皮肤。从一侧观察奶牛的整体外貌，后躯因附着乳房而显得较前躯重而深，呈楔形。从前面观察，鬐甲明显，肋骨向前、后开张良好。从上方观察，鬐甲和两侧腰角明显，背部肌肉不发达，耆甲和两侧腰角构成三角形的三个顶点。

（二）头颈

1. 头部：奶牛的头在整个躯体中占的比例较小，显得清秀细致而狭长，公牛的头略宽深。眼睛圆大、明亮、灵活、有神，不露凶相。口宽阔、下颚发达，鼻孔圆大、鼻镜湿润，耳中等大小、薄而灵活。留角的牛，角质致密光润。

2. 颈部：颈长一般占体长的 27% ~30%，较薄，两侧皮肤皱褶细密。颈部与躯干的连接自然，结合部没有凹陷。

（三）前躯

1. 鬐甲：奶牛鬐甲长平而较狭，多以背线平行，以长鬐甲为好，分岔、尖锐、短薄、低凹等均为不良形状。

2. 前肢：包括肩、臂、前臂、前管、球节、系、蹄及胸部。

（四）中躯

肩胛骨后缘垂线之后至腰角前缘垂直切线为中躯，包括背、腰、腹等部位。奶牛的背宜长、宽、平、直，并与鬐甲和腰部结合良好，肋骨向外、向后充分开张，使躯干有较大的容积。腹部发达，肷部充实，容积宜大，呈圆筒形，不应有垂腹或卷腹。

（五）后躯

1. 尻部：奶牛尻部宽广，有利于繁殖和分娩，而且两后肢之间距离宽，利于奶牛乳房发育。而如果尻部狭窄呈锥状、短而倾斜形成尖斜尻，或荐椎和尾根高于腰角形成高尻，均为尻部的严重缺点。

2. 臀部、尾部：奶牛臀部及后肢内侧肌肉不发达，乳房发育的空间大。尻部要求长、宽、平，腰角与坐骨端的联接基本与地面平行。尾根着生良好，粗细适中，皮薄毛短。

3. 后肢：奶牛的大腿四周肌肉应附着适当，以便乳房充分发育有较大的空间。小腿发育良好，胫骨长度适当，胫骨与股骨构成100°~130°夹角，后肢步伐伸畅、灵活、有力。后系要求与前系相同，后蹄较前蹄稍细长，蹄圆大、坚实。后肢肢势端正，由坐骨端引向地面的垂线与飞节后端相切，从后肢后方中央通过。

4. 乳房：奶牛的乳房应有良好的外形、发达的乳腺组织和良好的血液循环系统。乳房的底线要平，略高于飞节；4 个乳区匀称，4 个乳头大小、长短适中而呈圆柱状，乳头位于乳区下方的正中央，长 7~8 厘米；乳房向前自然过渡到腹壁，向后悬着的位置要高，乳镜要宽大；乳房上的被毛稀短，皮肤有弹性，悬着乳房的韧带坚实有力（图 3-6）。

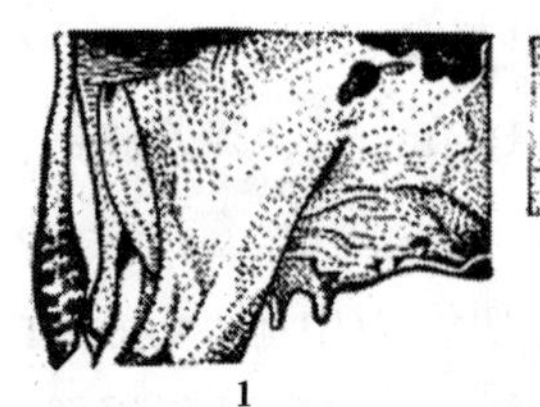
1

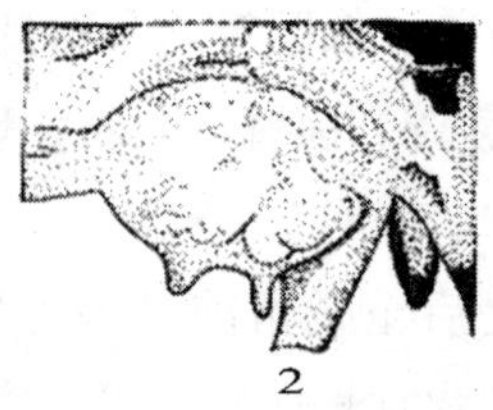
2

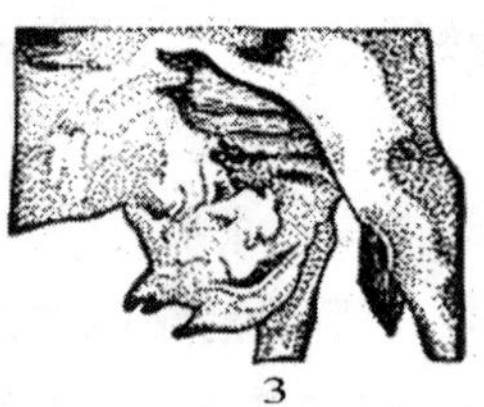
3

图3-6 奶牛的乳房

1. 盆状乳房 2. 球状乳房 3. 悬垂乳房

三、奶牛的年龄鉴别技术

奶牛的年龄是评定经济价值和育种价值的重要指标，也是进行饲养管理、繁殖配种的重要依据。养牛者从外地购买奶牛，在没有详细的奶牛档案资料情况下，鉴定奶牛的年龄，可根据外貌、角轮、牙齿进行估测，其中以牙齿的鉴定较为可靠。

（一）根据外貌鉴定

年轻的奶牛，一般被毛有光泽，粗硬适度，皮肤柔润而富弹性，眼盂饱满，目光明亮，举止活泼而富有生气；老年奶牛则与此相反，皮肤干枯，被毛粗刚，缺乏光泽，眼盂凹陷，目光呆滞，眼圈上皱纹多且混生白毛，行动迟钝。根据这些特征，可大致区分老、幼牛，但仍不能判断准确的年龄，仅作参考。

（二）根据角轮鉴定

角轮是奶牛由于一年四季受到营养丰歉的影响，角的长度和粗细出现生长程度的变化，形成长短、粗细相间的纹路。在四季分明的地区，奶牛自然放牧或依赖天然饲草的情况下，青草季节，由于营养丰富，角的生长较快。而在枯草季节，由于营养不足，角的生长较慢，故每年形成一个角轮。因此，可根据牛的角轮数估计奶牛的年龄，即角轮数加上无纹理的角尖部位的生长年数（约两年），即等于奶牛的实际年龄。而在利用角轮鉴别年龄时，一般只计算大而明显的角轮，细小不明显的角轮多不予计算。另外，有些奶牛在出生后5～7天内，牛角已被去掉，不能以角来鉴别年龄。

（三）根据牙齿鉴定

随着奶牛年龄的增长，牙齿形状也有所变化。依据牙齿鉴别年龄，主要是根据乳齿的出生、乳齿换成恒齿以及恒齿的磨损程度来进行判定。

1. 齿的名称：成年奶牛有32枚牙齿，其中门齿4对（上腭无门齿），共8枚。第1对叫钳齿，第2对叫内中间齿，第3对叫外中间齿，第4对叫隅齿；臼齿分前臼齿和后臼齿，每侧各有3对，共24枚。

2. 门齿的发生：犊牛初生时有2～3对乳切齿（乳牙），生后一周左右，第4对乳切齿初生，以后到一定年龄乳齿脱落，换为恒齿（大牙）。乳齿小，色洁白，有明显的齿颈，齿间空隙大。恒齿大，色淡黄，齿间一般无空隙。

3. 门齿的更换：从1.5～2岁乳门齿脱落，长出恒齿。2.5～3岁内中间齿脱换为恒齿。3～3.5岁外中间齿脱换为恒齿。4～4.5岁乳隅齿换为恒齿。5岁时，永久隅齿与其他齿同高，但尚未磨损，称为齐口。

4. 门齿的磨损：奶牛齿磨损的程度和齿面的形状随着年龄的增长而发生变化，根据恒齿的磨损程度来进行年龄的判定。

四、奶牛的体尺测量和体重测算

为了掌握奶牛各部位生长发育情况及各部位之间相对发育的关系，需要进行体尺测量。体尺测量工具最常用的有测杖、圆形测定器和卷尺等。测量时一般要求奶牛站立自然、正直，场地平坦，光线充足，并提前校正测量器械。在正常生长发育情况下，奶牛的体尺、体重有一定的指标范围，如差异过大，可能是饲养管理不够完善或遗传上有什么问题，应及时查清原因，加以纠正或淘汰。

（一）奶牛体尺测量

由于奶牛体尺测量的目的不同，测量部位及数目也不同，一般要求最少测量体高、体斜长、胸围、管围等部位。在育种记录中，测量部位为 14 个（图 3－7）。

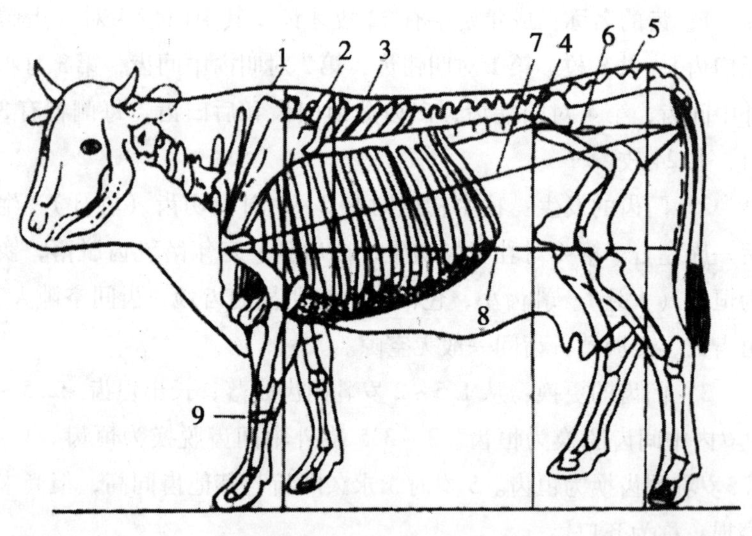

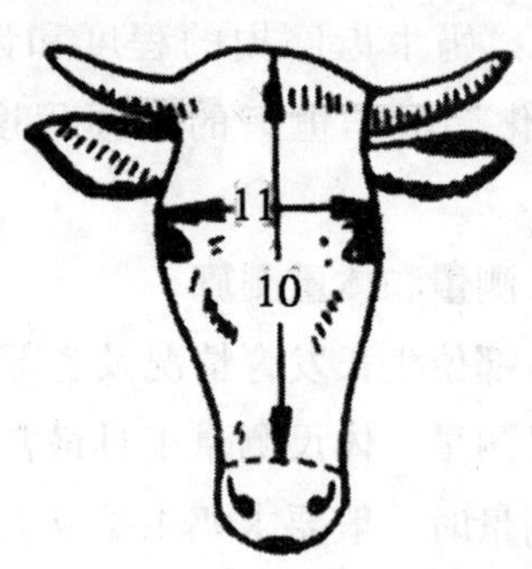

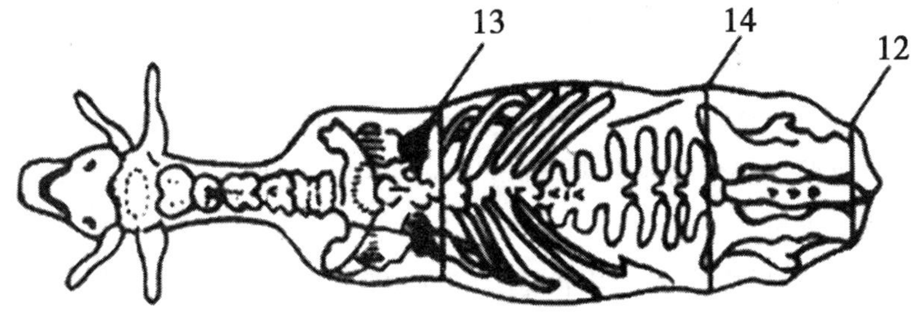

图 3－7　奶牛的体尺测量部位

1. 体高　2. 胸深　3. 胸围　4. 十字部高　5. 荐高　6. 尻长
7. 体斜长　8. 体直长　9. 管围　10. 头长　11. 最大额宽
12. 坐骨宽　13. 胸宽　14. 腰角宽

1. 体高：从鬐甲最高点到地面的垂直距离。

2. 胸深：肩胛软骨后缘处从鬐甲上端到胸骨下缘的垂直距离。

3. 胸围：肩胛骨后缘处体躯垂直周径。

4. 十字部高：两腰角连线中点到地面的垂直距离，亦称腰高。

5. 荐高：荐骨最高点到地面的垂直距离。

6. 尻长：腰角前缘至坐骨结节后缘的直线距离。

7. 体斜长：肩胛前缘至坐骨结节后缘的距离，简称体长。

8. 体直长：肩端前缘至坐骨端后缘垂线之间的水平距离。

9. 管围：前肢管部上 1/3 处的周径，一般在左前肢管部的最细处量取，用卷尺测量。

10. 头长：自额顶至鼻镜上缘的直线距离。

11. 最大额宽：两侧眼眶外缘间的直线距离。

12. 坐骨宽：两侧坐骨结节之间的最大宽度。

13. 胸宽：在两侧肩胛软骨后缘处量取最宽处的水平距离。

14. 腰角宽：两腰角外缘处量取最宽处的水平距离。

（二）体重测定

体重是衡量发育程度的重要指标，对种公牛、育成牛和犊牛尤为重要。奶牛的体重应以泌乳高峰期的测定为依据，并应扣除胎儿的重量。

1. 直接称重法：最准确的体重测定法。称重要求在早晨饲喂前挤奶后进行，连称3天，取其平均数。同时要求称量迅速准确，作好记录。

2. 公式估算法：缺乏直接测量条件时，可利用测量体尺进行估算，并作好记录。常用的估算公式如下（乳肉兼用牛和水牛可参用）。

奶牛体重（千克）＝［胸围（米）］^{2} ×体斜长（米）×90

五、奶牛的外貌评分鉴定

（一）奶牛进行体型外貌评定的意义

奶牛的体型之所以愈来愈受到人们的重视，主要是由于以下几个方面的原因所致。

1. 经验证明，体型外貌好的奶牛一般产奶量高。

2. 奶牛生产机械化、集约化程度的提高，要求奶牛的体型要标准，才能适应机械化挤奶和高效益生产管理。

3. 通过体型评定，可以缩短育种年限，提早选育公牛，并为选种选配、下代留养提供依据。同时可以检验牛群素质，有助于饲养管理。

4. 从商业角度考虑，体型好的奶牛出售价格高。体型好的种公牛，其精液价格亦高。

总之，对奶牛进行体型外貌的评定，可以把体型外貌好的奶牛选出来做种用，有助于培育高产、健康、耐用的优质牛群。

（二）奶牛的外貌评分

奶牛的外貌评分鉴定是按各部位与生产性能和健康程度的关系，分别规定出不同的分数和评分标准进行评分，最后综合各部位评得的分数，得出该奶牛的总分再确定外貌等级。

1. 鉴定准备：鉴定前对奶牛的品种、年龄、胎次、产犊日期、泌乳天数、妊娠日期、健康状况、体尺体重、产乳量及饲养管理等情况要逐项调查清楚并进行登记。

2. 鉴定方法：对奶牛进行外貌评分鉴定时，使被鉴定奶牛自然站立在宽广平坦的场地，鉴定人员站在距离牛 4 米左右处，先概观牛体的整体轮廓，然后走近牛体，按鉴定标准逐一仔细触摸各个部位，并按评分表中规定的内容逐项给予评分，然后计算总分，最后根据外貌鉴定等级评分标准确定被鉴定奶牛的等级。

成年奶牛在第 1、3、5 胎产后 1 ~2 月内进行外貌鉴定。成年公牛每年定期进行 1 次。犊牛、育成牛尚处于发育阶段，不评特等，最高为一等。体重与外貌发育达标即可列入该等级，如其中一项不达指标，应降低一个等级。犊牛初生时进行鉴定选留，以后分别在 6、12、18 月龄进行鉴定。

（三）奶牛体型性状的线性评定

体型外貌评定在奶牛中是最复杂也是做得最完善的一种评定。目前普遍采用的方法主要是体型线性评定，它是对各个具有一定的生物学功能性状独立地分别进行评定，对每一性状都用数字化的线性尺度来表示，从一个性状的生物学极端向另一生物学极端来衡量其不同状态，即所谓的线性评分。

1. 奶牛体型线性评定的性状识别和判断。需要进行线性鉴定的性状，是根据其经济价值决定的，并且这些性状评定的结果将作为选种的依据。我们把这些性状分为主要性状和次要性状，也就是一级性状和二级性状两种。荷斯坦牛线性性状是 29 个，其中主要性状 15 个，次要性状 14 个。

我国线性鉴定的主要性状 14 项，次要性状 1 项。现将具体鉴定要求和标准（以荷斯坦奶牛为准）分述如下。

Ⅰ主要性状（14 项）

（1）体高：鉴定员可根据十字部实测高度评分。中等体高为 140 厘米评为 25 分，每 ±1 厘米评分 ±2 分。体高高于 150 厘米评为 45 ~ 50 分，为极高；低于 130 厘米为极低，评为 1 ~ 5 分。

（2）胸宽（又称体强度）：胸宽指两前肢之间胸底宽，宽 25 厘米评为 25 分，±1 厘米评分 ±2 分。35 厘米以上，评为 45 ~ 50 分，15 厘米以下评为1 ~ 5 分。

（3）体深：根据中躯深度评分，主要看肋骨最深处的长度、开张度、深度。胸宽是鬐甲高的一半，肋骨开张度 70° 评为 25 分。大于一半，多 1 厘米多加 1 分；小于 1 半，少 1 厘米减少 1 分。极深的评为 45 ~ 50 分，极浅的评为 1 ~ 5 分。

（4）棱角性（又称清秀度）：主要看肋骨开张度和骨胳的明显程度。肋骨间宽两指半评为 25 分，肋骨间越宽，骨胳越明显越加分，非常明显评为 45 ~ 50 分，非常不明显减少 1 ~ 5 分，以 35 ~ 45 分为最佳。此外，还要看雌相是否明显、皮肤薄厚而定。

（5）尻角度：从侧面看，腰角到坐骨结节连线与水平面之间的夹角，即坐骨端与腰角的相对高度。腰角略高于坐骨结节 4 厘米评为 25 分，坐骨结节高于腰角 4 厘米，评为 1 ~ 5 分，腰角高于坐骨结节 12 厘米，评为 45 ~ 50 分。

（6）尻宽：为两坐骨端之间的宽度，宽 20 厘米评为 25 分，±1 厘米评分 ±2 分，15 厘米以下评为 1 ~ 5 分，24 厘米以上评为 45 ~ 50 分。

（7）后肢侧视：飞节角度 145° 评为 25 分，±1° 评分 ±2 分。135° 以下（曲飞）评为 45 ~ 50 分，155° 以上（直飞）评为 1 ~ 5 分。

（8）蹄角度：后蹄前缘与地面夹角45°评为25分，±1°评分±1分，25°以下评为1~5分，65°以上评为45~50分。

（9）前乳房附着：乳房前缘与腹壁连接处的角度。90°评为25分，+1°评分+0.7分，-1°评分-0.5分。45°以下评为1~5分，120°以上评为45~50分。较好乳房附着角度为90°~120°，评为25~45分。

（10）后乳房高度：主要从牛体后方观察，后乳房与后腿连接点即乳腺组织上缘到阴门基部的距离。27厘米评为25分，距离±1厘米评分±2分，35厘米以上评为1~5分，19厘米以下评为45~50分。

（11）后乳房宽度：为后乳房与后腿连接点之间的距离，即乳腺组织上缘的宽度。15厘米评为25分，7厘米以下评为1~5分，23厘米以上评为45~50分。

（12）悬韧带：后乳房基部至中央悬韧带处的深度，中等深度（3厘米）评为25分；极深（6厘米），评为45~50分；无深度（0厘米），韧带松弛评为1~5分。

（13）乳房深度：后乳房基底与飞节的相对高度，高于飞节5厘米评为25分（1胎牛30分以上，4胎牛20分以下），飞节以上15厘米评为45~50分，飞节以下5厘米评为1~5分。

（14）乳头位置：为前后乳头在乳区内的位置。在中央部位的评为25分；向外减分，极外1~5分；向内加分，极内45~50分。

Ⅱ次要性状（1项）

（15）乳头长度：长5厘米评为25分，3厘米以下评为1~5分，9厘米以上评为45~50分。

2. 评定具体要求

（1）线性鉴定牛个体条件：评定的主要对象是母牛，根据母牛的线性评分，评定其父亲的外貌改良效果。参加各种范围的公牛后裔测定的公牛，都需要应用女儿的线性鉴定资料，采用最佳线性无偏预测法计算出每头公牛的各性状的估计传递力及标准化传递力，绘制出公牛体型柱形图，这些柱形图就是反映各性状的公牛的改良情况，可作为牛场选配工作的依据。但是，母牛在干奶期、产犊前后、患病、以及 6 岁以上的母牛，不宜作为线性鉴定的对象。最理想的鉴定时间应该是母牛头胎分娩后 60 ~ 150 天之间。

（2）性状的独立性：评定打分时性状之间不要相互比较，每个性状根据生物学特性独立打分，这一点也正是线性鉴定的特点，与其他鉴定方法不同，这样评分才能使评定的结果向两个极端拉开距离。

3．线性评分转换为功能。线性评分是用 1 ~ 50 分来描述体型性状从一个极端到另一个极端不同程度的表现状态。这种线性评分的大小仅是代表性状表现的程度，不能直接用其数值大小说明性状的优劣，因为有些形状处在极佳，而另外一些性状则处在中间状态为最好，因此还需将线性评分转化为功能分。

第四章　奶牛的繁育

第一节　奶牛的选择

一、奶牛的选择

饲养奶牛有四大关键技术，即奶牛育种技术、奶牛的饲养管理技术、奶牛的营养（饲草料）技术和奶牛的疾病预防与控制技术。奶牛的育种是第一关健，如果按比例分配占到40%，奶牛产奶量的多少是由奶牛的遗传基因决定的，当然也受到环境的影响，没有好的遗传基础，环境因素再好产奶量也不会有多大的提高，而好的遗传基础是由育种来决定的，要清楚奶牛育种的意义，我们需要弄清楚下面两个问题。

（一）饲养奶牛的目的

饲养奶牛的目的是为了获得更多的高产后备奶牛和生产更多的优质牛奶，其中以获得更多的高产后备奶牛尤为重要。这是因为只有有了大量高产奶牛，今后才有可能生产更多的优质牛奶，从而获得更多的收益。

（二）奶牛场的有效固定资产

有效固定资产是指奶牛场具有优秀遗传基础的高产奶牛。因为只有具有优秀遗传基础的高产奶牛，才能使奶牛场的资产增值，才能创造利润。因此，要想获得具有优秀遗传基础的高产奶牛，只能通过奶牛育种来实现，也就是说奶牛育种是奶业生产的最关健技术。

二、选种选配

奶牛育种是一项综合复杂的技术，主要方法是选种选配，其具体操作步骤如下。

（一）制定育种目标

育种的最终目标是想获得更多的高产奶牛，提高下一代奶牛比上一代奶牛更高的产奶量。比如，现有牛群的平均产奶量为4 000千克，三年后牛群的平均产奶量要达到5 000～6 000千克这个目标。当然为一个牛群确定育种目标不是一件容易事，育种目标应当根据每一个奶牛场的具体情况来制定，不能盲目乱定，一般根据目前的遗传改进量，下一代比上一代的产奶量提高10%～15%是可以实现的。

（二）记录整理好每头奶牛系谱资料

奶牛系谱资料是选种的主要依据之一，详细的系谱资料能够帮助奶牛场培育出优秀的后备奶牛群。

（三）记录整理好每头奶牛的生产依据

生产依据主要包括每头奶牛的日单产、每个泌乳期总产量、乳蛋白率、乳脂率、配种日期、配种次数、产犊间隔、是否难产等数据，越详细越好。

（四）对每头奶牛进行体型外貌和生产性能鉴定

主要包括肢蹄结构、泌乳系统结构、体躯背腰等结构鉴定，通过鉴定确定优秀性状和缺陷性状。

（五）奶牛选配原则

奶牛的选配原则是利用种公牛的主要优势性状来改良母牛的主要缺陷性状，选择的性状要与育种目标紧密结合，不可舍本逐末，特别要注意避免近亲繁殖，交配的公牛与母牛应无三代以内的亲缘关系。

三、生产母牛的选择

生产母牛主要根据其本身表现来进行选择。母牛的本身表现包括体质外貌、体重与体型大小、产乳性能、繁殖力、早熟性及长寿性等性状。生产母牛主要是根据产乳性能进行评定，选优去劣。

奶牛产乳性能包括产乳量、乳的品质、饲料报酬、排乳速度、泌乳均匀性。

四、母犊及育成母牛的选择

（一）母犊选择

根据育种标准要求，母犊应具有一定的初生重（中国荷斯坦牛要求在38千克以上），皮毛光亮，外貌良好，生长发育在一般水平以上，健康无病。同时参考祖代及姐妹的初生情况决定选留。

（二）育成母牛选择

在初生母牛选择的基础上，进一步考虑育成母牛的选择。严格地说，对育成母牛应进行三次选择，即6月龄、12月龄、18月龄的选择。育成母牛正处于发育阶段，乳房发育和腹部容积均随年龄增长而增大，选择育成母牛时，不能过分强调乳房的大小和腹部容积，但要求乳房皮肤松软而多皱褶，乳头大小适中、分布均匀，腹部要求有一定容积。同时，要求胸部肋骨开张，尻部及背部平直。

第二节　奶牛的选育

一、本品种选育

本品种选育是指在品种内部通过选种选配、品系繁育、改善培育条件等措施，以提高品种生产性能的一种育种方法。本品种选育能够在一定程度上保持和发展本品种的优良特性，增加品种内优良个体的比重，克服品种某些缺点，并保持品种纯度，不断提高品种的数量和质量。本品种选育一般包括本地品种和引入品种的选育两个方面。

（一）本地品种的选育

国内的奶牛本地品种根据选育程度大体可分为 3 类：第一类是选育程度较高、品种类型整齐、生产性能突出；第二类是选育程度较低、群体类型不一、性状不纯、生产性能中等，国内大多数地方良种属于这种类型；第三类是由杂交培育成的新品种或新品系，这种类型的共同特点是生产性能较高、适应性较好，但纯度不高、类型不一致。

对于这 3 种不同类型的良种，应采取不同的选育措施。对于第一类，主要是加强选育，开展品系繁育，利用系间杂交进一步提高生产性能；对于第二类，重点是建立核心群，开展闭锁繁育，加强选择，提高复壮；对于第三类，重点是通过严格的选种选配，提高其纯度，使性状能稳定地遗传给后代，达到类型一致。对于数量太少的类群还应增加数量。

（二）引进品种的选育

所谓引入品种是指由其他地区引入到本地的品种，包括从国外引进品种和国内其他地区引进的品种。引入品种因其不是在当地条件下育成的，可能差异较大，因此引入品种的选育应首先从加强它们对当地条件的适应性入手，逐步提高其生产性能。其次，引入品种的数量一般不可能太多，自群繁育容易造成近交退化，因而必须采用恰当的选种选配制度以确保引入品种的顺利发展。

引入品种选育应主要从以下几个方面入手：集中饲养、逐步推广、慎重过渡。对引进品种应逐步改善饲养条件，加强其适应性，科学开展品系繁育，保持原有品种的优良特性，克服缺点，使之更符合本地要求。

（三）实行本品种选育的原则

首先，要保持和发展本品种原有的优点和独特性能，注意克服原品种普遍存在的缺点。其次，要注重选种与选配相结合，选种要留有一定数量的可选对象，经过试验证明其性能优良。第三，还要注意合理选配，否则仍会影响生产性能的提高和牛群的生活力。在进行本品种选育的同时，还要注意切实改善饲养管理技术和建立良好的培育条件。若缺乏饲料，培育条件低劣，即使有再好的高产遗传基因，其高产性能也表现不出来；又如饲养管理粗放，原有品种的优良经济性能也会退化的。因此，实行本品种选育时，切不可忽视培育条件的改善。

二、杂交改良

通过杂交，可以丰富和扩大牛的遗传基础，改变牛的基因型，扩大杂种牛的遗传变异幅度，增强其后代的可塑性，有利于选种育种。

（一）级进杂交

级进杂交又叫改造杂交或吸收杂交，这是以性能优越的品种改造或提高性能较差的品种时常用的杂交方法。具体做法是：以优良品种（改良者）的公牛与低产品种（被改良者）的母牛交配，所产杂种一代母牛再与该优良品种公牛交配，产下的杂种二代母牛继续与该优良品种公牛交配，按此法可以得到杂种三代及四代以上的后代。当某代杂交牛表现最为理想时，便从该代起终止杂交，以后即可在杂交公母牛间进行横交固定，直至育成新品种。级进杂交是我国应用最早的一种杂交改良方法，用荷兰纯种公牛与本地黄牛级进杂交来创造、培育我国乳用型品种，已产生明显效果。

（二）导入杂交

导入杂交又称引入杂交或改良性杂交。当某一个品种具有多方面的优良性状，但还存在个别的较为显著的缺陷或在主要经济性状方面需要在短期内得到提高，而这种缺陷又不易通过本品种选育加以纠正时，可利用另一品种的优点采用导入杂交的方式纠正其缺点，使牛群趋于理想。导入杂交的特点是在保持原有品种牛主要特征特性的基础上，通过杂交克服其不足之处，进一步提高原有品种的质量，而不是彻底改造。

三、奶牛改良应注意的问题

（一）防止杂一、二代母牛流失

目前，我国奶牛资源相对紧张，防止杂一、二代母牛流失，是保护母本基础群数量，保证奶改工程稳定进行的基础。

（二）加强母牛个体选择

级进杂交的目的是培育一个新型优良品种，而只有好母牛才能繁育出好犊牛，因此，首次接受奶改的母牛必须是级进杂交三代以上的后代，且体形好、体质强、无遗传缺陷。同时杂一代、二代母牛也要加强个体选择，不合格的不能参加奶改。

（三）建立完善的奶改档案

要为参加奶改的每一头母牛建立完整的奶改档案，详细记录其品种、毛色、年龄、奶改时间、与配公牛编号、产犊时间、犊牛性别、初生重和发育等情况，通过档案强化管理和规范工程管理，防止近交滥配导致退化，从而影响奶改工程质量和进程。

第三节　奶牛的繁殖技术

一、奶牛的繁殖生理

奶牛繁殖与分娩的目标是要保证受胎率高，胎间距短，同时又要保证奶牛产犊正常，奶牛及犊牛均健康，这样奶牛才能高产，牛场经济效益才能提高。要实现这一目标，仅仅依靠人工输精这一个环节是远远不够的，而必须制定一个完整有效的繁殖方案与计划。

从繁殖成活率＝A（发情鉴定）×B（母牛繁殖力）×C（公牛繁殖力，即精液）×D（受精时间）×E（疾病与难产）公式可以看出，只要有一个环节失败，即将成为零犊牛，也就是说繁殖成绩为零。

因此，繁殖的成功不仅仅是配种技术本身，还与准确的发情鉴定、适时配种、公母牛繁殖力及奶牛健康等息息相关，而这些恰恰又与良好的饲养管理、卫生舒适的环境以及各方面人员的沟通合作和责任心密不可分。

1. 性成熟：犊牛生长到 8～14 个月时，表现出发情现象，具有繁殖能力，称为性成熟，但此时身体还处在发育阶段，故不宜配种。

2. 发情：发情是指性成熟后未孕母牛的性活动生理现象。奶牛一年四季均可发情，无季节之分，一般母牛每隔 21 天（18

~24 天）出现一次发情现象，发情持续期为 1 ~ 2 天，个别母牛为 3 ~ 5 天，平均为 18 小时。

3. 配种适龄：育成牛的初配年龄比性成熟晚些，配种过早，影响母牛及胎儿的发育，配种过晚，增加养牛成本。育成牛初配年龄一般为 18 月龄左右，体重为其成年牛体重的 70%，经产母牛在产后两个月左右配种效益最佳。

4. 发情周期：雌性动物初情期以后，卵巢出现周期性的卵泡发育和排卵，并伴随着生殖器官及整个机体发生一系列周期性的生理变化，这种变化周而复始（非发情季节及妊娠期间除外），一直到性机能停止活动的年龄为止。这种周期性的性活动，称为发情周期。

5. 发情持续期：一般是指母畜从一次发情开始到发情结束所持续的时间，称为发情持续期。

6. 产后发情：产后发情是指雌性动物分娩后的第一次发情。母牛产后第一次发情的时间很不一致，受气候、饲养管理、有无产后疾病及挤乳次数的影响。奶牛在正常情况下，第一次发情多在产后 35 ~ 50 天。

7. 异常发情：异常发情是指雌性动物没有明显的外观征状或只有明显的外观征状而无排卵发生或发情无周期性等不具备完整发情概念的发情。常见的异常发情有安静发情、短促发情、断续发情、持续发情和孕后发情等。

二、母牛的发情鉴定

母牛的发情期较短，外部表现比较明显，因此母牛的发情鉴定最常用的方法是外部观察法和直肠检查法。

（一）母牛发情的特点

根据母牛爬跨的情况来发现发情牛，这是最常用的方法。一般奶牛场将母牛放入运动场中，早晚各观察一次，如发现爬跨情况，表示发情，可再进行详细观察。

1. 母牛发情持续时间短而排卵快：成年母牛一般发情持续时间平均为 18 小时。排卵在发情结束后，大多数母牛排卵是在性欲结束后 4～16 小时。

2. 子宫颈开张度小：母牛发情期子宫颈开张的程度和马、驴、猪等家畜相比较是非常小的，即使在母牛发情中期，子宫颈开张也只有3～5 厘米，发情后期更小，这一特点给人工授精带来困难。因此，要求人工授精员要有熟练的操作技术。

3. 生殖道排出的黏液量大：发情母牛由生殖道排出大量黏液，留在子宫颈外口附近的阴道里，呈透明状，黏性强，如同蛋清样排出。

4. 发情结束后生殖道排血：母牛生殖道排出血液的时间大多出现在发情结束后 2～3 小时。发情后的出血现象，一般育成牛 70%～80%，经产牛 30%～40%。

5. 爬跨行为：通常是以接受其他牛爬跨的行为作为母牛的发情表现，需要指出的是，爬跨牛不一定是发情牛。据观察，爬跨母牛中，发情牛只占 56.7%，有 19.9% 爬跨母牛正在妊娠期。而在所有接受爬跨的母牛中，发情牛高达 98.6%，有 64.3% 母牛是在夜间开始接受爬跨，其中 46.4% 是集中在夜间 1：00 至凌晨7：00出现。

6. 安静发情出现率高：发情母牛中，特别是舍饲乳牛，有不少母牛卵巢上虽然有成熟卵泡，也能正常排卵受胎，但其外部的发情表现却很微弱，甚至观察不到，常常造成漏配，因此应细心观察和注意产犊记录。

（二）发情征状

1. 外阴部变化：发情母牛阴户潮红肿胀，阴唇黏膜充血，从阴道流出黏液，最初流出的黏液比较清亮，可拉成丝，以后逐渐变白且浓厚。

2. 性兴奋：性兴奋是指母牛发情时引起全身精神状态的变化。母牛发情时鸣叫不安、举尾，放牧时通常不吃草而抬头游走，喜欢接受比它高大的母牛爬跨。

3. 性欲：发情前期，母牛的性欲不明显，以后随着卵泡的发育，雌激素数量增加而逐渐明显，在牛群中常表现为爬跨，发情母牛愿意接受其他牛的爬跨而不躲避。发情母牛如爬跨其他母牛时，常有滴尿，并发出低而短的呻吟，特别是青年母牛表现较明显。

4. 排卵：母牛排卵标志发情已结束。排卵一般发生在性欲结束，母牛拒绝爬跨后 8 ~ 12 小时内。多数牛在深夜到翌晨之间排卵。

5. 母牛的发情表现：虽有一定的规律性，但由于内外因素的影响，有时表现不大明显，或欠规律性，在确定输精时期时必须进行综合判断，具体分析。

（三）发情鉴定方法

1. 外部观察法：母牛接受试情牛或其他母牛爬跨，或相互爬跨，可判定发情。母牛外观表现站立不安、哞叫、张望、弓腰举尾、频尿，外阴肿胀湿润，阴道黏膜潮红，有透明黏液流出（吊线）以及食欲减退、泌乳量下降等症状时，可判定母牛发情。

外观试情法是母牛发情鉴定的主要方法，可从性欲、性兴奋、外阴部变化来观察，也可用试情公牛来试情鉴定发情表现。外观发情表现可分为前期、中期、后期三个时期。

（1）发情前期（初期）：爬跨其他母牛，神态不安，间断哞叫，但不接受公牛爬跨；阴唇轻微肿胀，阴道黏膜充血呈粉红色，阴门中流出少量水样透明黏液，黏性弱。此后，神情更不安定，放牧或上槽时到处乱跑，食欲减退，泌乳量下降，此时不宜输精。

（2）发情中期：哞叫不已，两耳旁听，常作排尿姿势，追随和爬跨其他母牛，并愿接受其他母牛和公牛爬跨。阴门中流出大量透明黏液，黏性强，可拉成条，不易扯断，呈玻璃棒状。黏膜充血潮红，阴唇肿胀明显，此时可以输精。

（3）发情后期：不再哞叫，拒绝爬跨，阴门中流出少量半透明或微白色混浊黏液，黏性减退。黏膜变为浅红色，但有时尚潮红，阴唇肿胀消退。刚拒绝爬跨时，输精受胎率最高，越往后效果变差。

2. 直肠检查法：直肠触摸卵巢卵泡发育，鉴定发情是最可靠的方法，但要注意人畜安全和卫生操作。根据卵巢内卵泡发育的状况判断发情，母牛卵泡发育大致分为以下五期。

一期：即出现期。卵巢稍为增大，卵泡体积像黄豆大小。指腹触诊时感觉卵巢某一部位有一软化点，波动不清，尚无弹性。大约持续9～11 小时，不宜输精。

二期：即发育期。卵巢体积增大 1 培，卵泡明显呈小球状，1～1.5 厘米，触诊能感觉波动和弹性。延续 8～12 小时，不宜输精。

三期：即成熟期。卵泡明显突出于卵巢表面，卵泡壁（膜）变薄，表面紧张有弹性感。接近排卵时，卵泡像熟透了的葡萄有一触即破之感，这一期持续 4～10 小时，宜于输精，受胎最好。

四期：即排卵期。卵泡破裂，胞壁变为松软，泡液渐次流失，触感有一小的凹陷窝。有时在直检时，感到卵泡突然破裂，这种感觉叫“手中排”，是一瞬间完成的，但排卵过程仍是慢慢进行的，可延续数小时，此期受胎率可达 30% 左右。

五期：即黄体形成期。排卵 6 小时后，卵泡破裂处可摸到一个软肉样组织——黄体，触感似淋巴结。以后黄体呈不大的面团状存在于卵巢中，较少突出于表面，此期较难与二期卵泡相区别。

三、母牛的配种

人工授精就是利用相应器械将采集或加工处理的精液注入到母畜生殖器官内使其妊娠的过程。采用人工授精技术，可以使优秀种公牛的冷冻精液大面积推广，迅速提高后代的生产水平，避免牛群繁殖疾病的交叉传染。

1. 输精准备

(1) 输精器的准备：将金属输精器用75%酒精溶液或放入高温干燥箱内消毒，每头母牛准备1支输精器或用一次性外套。

(2) 母牛的准备：将接受输精的母牛固定在六柱栏内，尾巴固定于一侧，然后用0.1新洁尔灭溶液清洗消毒外阴部。

(3) 输精人员的准备：输精员要身着工作服，指甲需剪短磨光，戴上一次性直肠检查手套。

(4) 精液的解冻和精液品质检查：将细管冻精放入38~40℃的温水中直接解冻需要10~12秒即可。精液解冻后最好进行质量检查，冻精解冻后精子活力不低于0.35，精子复苏率不低于50%，解冻后最好立即输精，若延期输精应正确保存，细管冻精解冻后以0~4℃保存为好。

2. 细管冻精装入输精枪：使用时将输精器推杆向后退10厘米左右，插入塑料细管，有棉塞的一端插入输精器推杆上，深约0.5厘米；将另一端封口剪去，把塑料外套套在输精枪上，并按螺纹方向拧紧塑料外套即可输精。

3. 直肠把握输精：术者左手臂戴一次性直肠检查手套并涂擦润滑剂后，左手呈楔形插入母牛直肠，排除直肠内的宿粪，然后清洗、消毒外阴部。为了保护输精器在插入阴道前不被污染，可先使左手四指留在肛门后，向下压拉肛门下缘，同时用左手拇指压在阴唇上并向上提拉，使阴门张开，右手趁势将输精器插入阴道。

左手再进入直肠，摸清子宫颈后，左手心朝向右侧握住子宫颈，无名指平行握在子宫颈外口周围。这时要把子宫颈外口握在手中，假如握得太靠前会使颈口游离下垂，造成输精器不易对上宫颈口。右手持装有精液的输精器，向左手心中探插，输精器即可进入子宫颈外口。然后，多处转换方向向前探插，同时用左手将子宫颈前段稍作抬高，并向输精器上套。输精器通过子宫颈管内的硬皱襞时，会有明显的感觉。当输精器一旦越过子宫颈皱襞，立即感到畅通无阻，这时即抵达子宫体。当输精器在子宫颈管内时，手指是摸不到的，输精器一进入子宫体，即可很清楚地触摸到输精器的前段。

确认输精器进入子宫体时，应向后抽退一点，勿使子宫壁堵塞住输精器尖端出口处，然后缓慢地将精液注入，最后轻轻地抽出输精器。

4. 输精时机及次数：适宜的输精时间为发情开始后 12 小时左右或排卵前，一般掌握早晨发情傍晚输精，中午发情夜间输精，傍晚发情早晨输精。情期内输精 1 ~ 2 次，两次间隔 8 ~ 12 小时。输精时间过早，待卵子排出后，精子已衰老死亡；输精过晚，排卵后输精的受胎率又很低。

5. 输精操作注意事项

（1）输精操作时，若母牛努责过甚，可采用喂给饲草、捏腰、拍打眼睛、按摩阴蒂等方法使之缓解。若母牛直肠呈罐状时，可用手臂在直肠中前后抽动以促使松弛。

（2）插入输精器时动作要谨慎，防止损伤子宫颈和子宫体。

（3）检查子宫状况及精液品质：对患子宫内膜炎的母牛暂不进行输精，应抓紧治疗。用于人工授精的冻精，应来源于经后裔测定选择过的优秀公牛的优质精液。

四、母牛的妊娠诊断

妊娠是指母牛从受精开始，经过胚胎和胎儿生长发育，直至胎儿成熟产出体外的生理变化过程。妊娠期是母牛妊娠全过程所经历的时间。妊娠期的长短因畜种、品种、年龄、胎儿因素、环境条件等的不同而有所差异。

（一）早期妊娠诊断的意义

母牛配种或输精后，经过一段时间应尽早进行妊娠诊断，这对保胎防流、减少空怀、提高母牛繁殖率等具有重要意义。通过妊娠诊断，对确诊为妊娠的母牛，可按孕畜所需条件，加强饲养管理，确保母牛及胎儿的健康，做好保胎工作；对确诊未妊娠的母牛，要查明原因，及时改进措施，查情补配，来提高母牛的受胎率。

（二）妊娠诊断的方法

1. 外部观察：母牛怀孕后，表现为发情停止，食欲和饮水量增加，营养状况改善，毛色润泽，膘情变好。性情变得安静、温顺，行动迟缓，常躲避角斗或追逐，放牧或驱赶运动时，常落在牛群之后。怀孕牛后期腹围增大，右腹壁突出，可触到或看到胎动。育成牛在妊娠4～5个月后乳房发育加快，体积明显增大，而经产牛乳房常常在妊娠的最后1～4周才明显肿胀。外部观察法的最大缺点是不能早期确定母牛是否妊娠。

2. 直肠检查法：用手隔着直肠壁通过触摸检查卵巢、子宫以及胎儿和胎膜的变化，可用于母牛的早期妊娠诊断，方法准确而快，在生产中应用普遍。一般在妊娠2个月左右就可以做出准确诊断。注意要综合判断，与孕期发情加以区别。怀双胎时，多为双侧同样扩大，妊娠黄体出现在卵巢上。检查时还要正确区分怀孕子宫与子宫疾病；正确区分怀孕子宫与充满尿液的膀胱。

3. 超声波探测法：利用超声波的物理特性，即在传播过程碰到母牛子宫不同组织结构出现不同的反射，来探测胚胎的存在、胎动、胎儿心音和胎儿脉搏等情况。利用超声波诊断妊娠的准确性随仪器的类型而异，如使用超声波诊断，可以做到早期准确诊断。如果通过技术人员的双手来确诊怀孕，胎儿性别就不可知晓，只能通过 B 超图像加以确诊。其操作方法简单、准确率高，还可以测定胎儿的死活。

五、母牛的分娩

（一）预产期的推算

奶牛妊娠期一般为280天，误差5～7天为正常。奶牛场奶牛预产期的推算方法为：配种月份减3，即得产犊月份；配种日数加6，即得产犊日期。

（二）分娩

母牛经过一定时期的妊娠，胎儿发育成熟，母体将胎儿、胎盘及胎水排出体外，这一生理变化过程称为分娩。

1. 母牛的临产征兆：产前半个月母牛的乳房开始臌大，并出现水肿，其水肿漫延至整个乳房，且常常伸延至腹下。产前一周出现外阴水肿；产前1～2天阴道内常流出鸡蛋清样的黏液，长长地垂于阴门外。此时母牛具有了典型临产特征，骨盆韧带松弛，骨盆腔开张，即“开骨缝”。从母牛臀部可清楚地观察到骨缝松开的塌隐痕迹，尤其是尾根双侧肌肉呈明显塌陷状态。多数母牛临产前神情不安，食欲下降，弓腰举尾，频频排尿，回头观腹，常常哞叫，频繁努责。

2. 母牛的分娩过程：整个分娩过程可分为3个阶段，即开口期、产出期、胎衣排出期。

（1）开口期：从临产母牛阵缩开始，至子宫颈口完全开张为止。一般开口期持续时间约6小时，初产牛时间较长，经产牛时间稍短。此时母牛表现轻微不安，食欲下降，反刍不规则，尾根频举，常做排尿姿势，不时排出少量粪尿。

（2）产出期：从胎儿前置部分进入产道，至胎儿娩出为止。产出期持续时间0.5～4小时，初产牛时间稍长。此时母牛随着阵缩和努责的相继出现，并因阵痛表现不安，起卧不定，频频弓腰举尾作排尿状；不久即可出现第一次破水，常常先出现外层呈紫色的尿泡，待破裂后即可出现白色水泡（羊膜），羊膜随着胎儿向外排出而破裂，流出浓稠、微黄的羊水。母牛继续努责，使得胎儿前肢或后肢伸出阴门外，经多次反复伸缩并露出胎头后，伴随产牛的不断阵缩和努责，整个胎儿顺产道滑下，脐带则自行断裂。产科临床上的难产即发生在产出期。难产常常由于临产母牛产道狭窄、分娩无力，胎儿过大，胎位、胎势、胎向异常等多种因素所造成。因此，要及早做好接产、助产准备。

（3）胎衣排出期：从胎儿娩出到胎衣完全排出为止。此时持续时间为2～12小时，有的母牛持续时间还要长些。但胎衣排出时间不得超过12小时，否则为胎衣不下，应尽早采取治疗措施。

3. 助产技术要点：乳牛生产上常常见到母牛难产，而且造成难产的原因错综复杂，因此进行助产时要摸清情况，灵活使用各种助产方法，确保母子平安。

正常分娩时，根据母牛配种记录和分娩征兆，把母牛在分娩前1～2周转入产房进行饲养管理。产房应安静，宽敞明亮，清洁干燥，冬暖夏凉，通风良好。在母牛进入前应清扫消毒，铺垫清洁柔软的干草。产前准备好常用的药品和有关器械，有条件还应备有常用的诊疗及手术助产器械。因为母牛分娩多在夜间，所以要昼夜安排好值班人员。母牛正常分娩时，一般无需人为干预，此时助产人员的主要任务是监视分娩状况，并护理好新生仔畜、清除呼吸道内黏液、断脐带、擦干皮肤、喂初乳。只有在必要时，才加以帮助。接产时应注意以下几点：

（1）在胎儿进入产道：应及时确定胎向、胎位、胎势是否正常。检查时，可将手臂伸入产道内，要隔着胎膜触诊，避免胎水流失过早。胎向胎势正常，不必急于将胎儿拉出，待其自然娩出；如胎势异常，可将胎儿推回子宫进行整复矫正；当胎儿头部已露出阴门外，胎膜尚未破裂时，应及时撕破，使胎儿鼻端露出，以防胎儿窒息。

（2）正产胎儿：胎头与前肢露在阴门外面，如排出时间延长，也应助产。助产时，将羊膜扯破，将其翻盖在阴唇上，擦净胎儿口腔、鼻孔内的黏液，配合母牛的阵缩与努责，按骨盆轴方向引拉胎儿。胎儿臀部通过阴门时，切忌快拉，以免发生子宫脱；胎儿头部未露出阴门外，不要过早扯破羊膜，以防胎水流失，使产道干涩。

（3）胎儿的腹部通过阴门时：将手伸至其腹下，并握住脐带根部，可防止脐血管断在脐孔内。

（4）当母牛站立分娩时：应双手接住胎儿，以免摔伤胎儿。

（5）胎儿产出后：将母牛鼻孔、口腔内及全身的黏液擦净，然后进行断脐，即在距腹部 8～10 厘米处断脐涂以 5% 碘酊，然后用两手将脐带用力捏住扯断。

（6）牛胎衣排出后：及时检查是否完整，如不完整，说明母体子宫内有残留胎衣，要及时处理。

（7）分娩后要供给母牛足够的饮水：分娩后要及时供给母牛足够的温水或温麸皮水。产后数小时要观察母牛有无强烈努责。强烈努责可引起子宫脱出，要注意防治。

4．难产救助

（1）难产类型：在母牛分娩过程中，如果母牛产程过长或胎儿排不出体外，这种情况称为难产。根据引起难产的原因不同，可将难产的种类分为产力性难产、产道性难产和胎儿性难产。其中，产力性难产包括子宫阵缩及努责微弱，破水过早及子宫疝气引起产力不足导致的难产；产道性难产包括子宫捻转、产道狭窄、骨盆狭窄、产道肿瘤等引起的难产；胎儿性难产包括胎儿过大、胎势、胎位及胎向不正等引起的难产。在上述3种难产中，胎儿性难产最为关键。

（2）难产的救助原则：难产种类比较复杂，助产方法也很多。但不管对哪一种难产进行助产时，必须遵守一定的操作原则。助产的目的，不仅在于保全母牛性命，救出活的胎儿，而且还要注意保持母牛的繁殖机能。要尽量保证母子安全，必要时可舍子保母。

（3）难产的救助方法：助产时，操作人员的手臂、母牛的后躯及外阴部，所有接产助产器械均应严格清洗消毒，尽量减少对产道的损伤和污染，以保证母牛产后的繁殖机能尽快恢复。尤其在用产科器械助产时，要用手护住产道，避免损伤。

发现母牛难产时，应首先查明难产的原因和种类，然后进行对症救助。产力不足引起的难产，可适量使用催产素催产或拉住胎儿的前置部分，并借助于阵缩努责将胎儿拉出体外。

产道狭窄及子宫颈有疤痕，胎儿过大引起的难产，可实行剖腹产术。产道轻度狭窄造成的难产，可向产道内灌注石蜡油，然后缓慢地拉出胎儿，并注意保护会阴，防止撕裂。

对胎势、胎向、胎位异常引起的难产，应先加以矫正，然后拉出胎儿，矫正困难时可实行剖腹产或截胎术。

六、提高奶牛繁殖力的措施

（一）影响奶牛繁殖力的主要因素

1．遗传：遗传性对繁殖力的影响，因不同品种及个体之间的差异十分明显，母牛排卵数的多少首先决定于种与品种的遗传性。公牛精液质量和受精能力与其遗传性也有着密切关系，而精液的品质和受精能力往往是影响受精卵数目的决定因素。

2．环境：环境条件可以改变母牛的繁殖过程，影响其繁殖力。

3．营养：营养条件是奶牛繁殖力的物质基础，因而营养是影响母牛繁殖力的重要因素。若营养不足会延迟青年母牛初情期的到来，对成年母牛会造成不发情、发情不规律、排卵率降低、乳腺发育受阻，甚至会增加早期胚胎死亡、死胎和初生犊牛的死亡率；营养过盛时，则有碍于母牛排卵和公牛的性欲和交配能力。

4．年龄：一般随分娩次数或年龄的增长而繁殖力不断提高，以健壮期最高，此后日趋下降。

5．泌乳的影响：母牛产后发情的出现与否和出现的早晚与泌乳期间的卵巢机能、新生犊牛的哺乳、奶牛的产乳量及挤奶次数都有直接关系。

6．配种时间的影响：在奶牛的发情期内，都有一个配种效果最佳阶段，这种现象对排卵时间较晚的母牛特别明显。适宜的配种时间对卵子的正常受精更为重要。

7．管理的影响：奶牛的繁殖力在很大程度上是受人为控制的，合理的饲喂、放牧、运动、调教、畜舍建设、卫生设施和配种制度等一系列管理措施，均对繁殖力产生直接影响。

（二）提高奶牛繁殖力的措施

提高奶牛繁殖力，首先要公、母牛保持旺盛的生育能力，保持良好的繁殖体况；从管理上要尽可能地提高母牛受配率，防止母牛不孕和流产，防止难产；从技术上要研究和采用先进的繁殖技术，提高受胎率。

1．加强种牛的选育和饲养管理，使其保持旺盛的生育能力和良好体况。繁殖力受遗传因素影响较大，因而正常繁殖力对种用牛来说是必须具备的条件之一，选择好种公、母牛是提高繁殖力的前提。此外，加强种牛的饲养管理，是保证其正常繁殖机能的物质基础。繁殖公母牛均要体质健壮，必须按照饲养标准饲喂，达到营养均衡，充分发挥其繁殖潜力。

2. 保证母牛正常的发情生理机能。加强母牛的饲养管理，特别是在发情配种季节给以适宜的营养环境，是保证母牛正常发情和排卵的物质基础。同时适当的舍外运动和光照，对母牛的发情也有一定促进作用。哺乳母牛应适时而合理地断奶，以便及早恢复体况、促进发情。

3. 掌握母牛发情规律。对配种前的母牛要了解发情的特征和发情的间隔时间。每天都要保持 3～5 次观察，每次观察的时间不得少于 30 分钟。尤其在早 6：00 时晚 8：00 时之前观察发情检出率较高。

4. 正确掌握发情鉴定和适时配种，提高母牛受配率。一般母牛发情经过半天多时间，由兴奋转入静立接受爬跨，从阴道流出的黏液由大量透明而变成量少黏性强时，直肠检查卵泡发育状况处于成熟期，此时即为适宜配种阶段。正常情况下，母牛刚刚排出的卵子生活力较强，受精能力最高，而公牛的精子在输精后 0.5 小时内即可达到受精部位，如果此时精卵结合，则其完成受精的可能性最大。

5. 做好早期妊娠诊断，防止失配空怀，提高母牛受胎率。通过早期妊娠诊断，能够及早确定母牛是否妊娠，做到区别对待。对已确诊妊娠的母牛，应加强保胎，使胎儿能正常发育；对已确诊妊娠但仍发情的母牛（假发情），应防止误配而造成流产；对未孕的母牛要及时找出原因，采取相应措施，不失时机地进行补配，减少空怀时间。

6. 科学分析和处理不育牛只。造成奶牛不育的原因很多，大致可分为先天性不育、衰老性不育、疾病性不育、营养性不育、利用性不育和人为性不育等。应根据具体情况，科学分析，及早识别原因，分别采取不同的措施。对于先天性、衰老性、遗传性以及重度子宫疾病导致的不育，应及早淘汰；对于营养性和利用性不育，应通过改善饲养管理和合理的利用加以克服；对于轻度子宫疾病引起的不育，应采取积极的治疗措施，以便尽快地恢复奶牛的繁殖能力。

7. 改进繁殖技术和方法，推广繁殖新技术。在现代养牛业中，繁殖技术在不断改进和提高，从母牛的性成熟、发情、配种、妊娠、分娩直到幼畜的断奶和培育等多个环节均陆续出现了一系列的控制技术，如同期发情、胚胎移植、控制分娩、早期断奶等新技术的应用。

第五章　奶牛的饲养管理

第一节　乳用犊牛的饲养管理

一、犊牛的消化特点

犊牛的食道沟始于贲门，延伸至蜂巢—重瓣胃口。它是食道的延续，每其收缩时呈一中空管子（或沟），使食团穿过瘤—蜂巢胃，而直接入瓣胃。在哺乳期的犊牛，食道沟可以通过吸吮乳汁而出现闭合，称食道沟反射，使乳汁直接进入瓣胃和真胃，以防牛奶进入瘤—蜂巢胃而引起的细菌发酵和消化道疾病。在一般情况下，哺乳期结束的育成牛和成年牛食道沟反射逐渐消失。犊牛在2月龄后出现反刍现象，每日反刍次数9~18次，每次时间15~50分钟，每日用于反刍的时间5~9小时。

二、犊牛的饲养技术

（一）犊牛生长发育特点

1．体重增长：在正常的饲养条件下，犊牛体重增长迅速。犊牛初生重占成母牛体重的7%~8%，3月龄时达成牛体重的20%，6月龄时达30%，12月龄达50%，18月龄达75%，5岁时生长结束。由此可以看出，3月龄至12月龄的犊牛和育成牛体重增长最快，18月龄至5岁时体重增长较慢，仅增长25%左右。

2．体型的生长发育：初生犊牛与成年牛的体型在体型的相对发育上有明显的不同。初生犊牛和成年牛相比，显得头大、体高、四肢长，尤其后肢更长。母牛妊娠期饲养不佳，胎儿发育受阻，初生犊牛体高普遍矮小；出生后犊牛体长、体深发育较快，如发现有成年牛体躯浅、短、窄和腿长者，则表示哺乳期、育成期犊牛、育成牛发育受阻。因此，犊牛和育成牛宽度是检验其健康和生长发育是否正常的重要指标。

3．消化系统的生长发育：犊牛的消化特点，与成年牛有明显不同。新出生的犊牛真胃相对容积较大，约占四个胃容积的70%；瘤胃、网胃和瓣胃的容积都很小，仅占30%，并且它的机能也不发达。3月龄以后的犊牛，瘤胃发育迅速，比出生时增长3~4倍，3~6月龄瘤胃可增长1~2倍，6~12月龄瘤胃可增长1倍。满12个月龄的育成牛瘤胃与四个胃容积之比，已基本接近成母牛。

（二）犊牛各阶段饲养

1．新生期饲养：犊牛出生后3~5天内称新生期。犊牛出生后最初几天，由于组织器官尚未完全发育，对外界不良环境抵抗力很弱，适应力很差，消化道黏膜容易被细菌穿过，皮肤保护机能不强，神经系统反应性不足。因此，初生犊牛最容易受各种病菌的侵袭，而引起疾病，甚至死亡。

犊牛出生后30~60分钟内必须哺喂初乳，喂量不少于1千克，每天初乳喂量占犊牛体重的8%~10%，喂时奶的温度应保持35~38℃。

犊牛饲养的环境所用器具必须符合卫生条件，出生后3~5天内，每天喂奶3次。如母牛产后患乳房炎或死亡，可改喂同期分娩的其他健康母牛的初乳，或喂发酵初乳。为了提高抗体的吸收作用，每1千克发酵初乳中可加入一茶匙碳酸氢钠（又名小苏打）。

2. 喂乳期饲养：一般哺乳期为45～60天，喂养奶方案多采用“前高后低”。这主要是因为初生犊牛的胃还不能适应精粗料饲养，早期尽量要喂足奶量，哺乳后期犊牛开始适应精粗料饲养，就可少喂奶，多喂精粗料饲养。一般采用如下的哺乳方案：1～20日龄，每天6千克；21～30日龄，每天4千克；31～45日龄，每天3千克。

为了诱导犊牛采食开食料及优质干草，喂奶之后还可将少许牛奶洒在精料上，或将精料煮成粥，加在牛奶中饲喂，或将少许精料放在手指上让犊牛吮舐。一般经过2周以后，犊牛便可采食开食料及优质干草。从这时开始在饲槽内可放少量新鲜开食料及优质干草，供犊牛采食。

为了促进犊牛消化系统发育，提早建立瘤胃微生物区系，增强消化力，使犊牛提早反刍，从1周龄可开始训练采食优质柔软的青干草和青贮料，但青贮料喂量不宜超过青干草的50%（以干物质计），每天的采食量要逐渐增多，到犊牛断奶时青贮料可喂到1.5～2千克，并补喂多汁饲料及矿物质。

3. 断乳期饲养：犊牛长到3个月左右，即可断奶。断奶期是犊牛从以哺乳为主，逐渐转到全部采食精料和饲草的过渡时期，这对犊牛来说是一个很大的改变，必须精心饲喂。

断奶程序是在断奶首半个月，要开始逐渐增加精、粗饲料喂量，减少牛奶喂量。每天喂奶的次数可由3次改为2次，开始断奶时可由2次改为1次，然后隔日1次。到临断奶时还可喂给掺水牛奶，先喂1∶1掺水牛奶，再逐渐增加掺水量，最后几天全部由温开水代替牛奶。如断奶前犊牛中采食粗饲料能力过差，断奶期可适当拖延。刚断奶的犊牛，要观察其食欲，饲料变化不得过于突然，要逐步适应以青粗饲料为主的日粮。

三、犊牛的管理

（一）犊牛的运动和调教

犊牛自10～15日龄开始，每日进行1次运动，开始为10～20分钟，以后逐渐增加到2～4小时。在舍饲条件下，犊牛在运动场内进行逍遥或驱赶运动。但在下雨或冬季寒冷的条件下，不要让犊牛躺在潮湿的地面上，运动场应设置干草槽和盐槽。犊牛调教就是养成其良好的采食习惯和温驯的性格。为此，饲养员要经常接近犊牛和抚摸它，按摩乳房和刷拭牛体。

（二）犊牛的管理

1. 犊牛去角：犊牛出生后15～30天内应该去角，给犊牛去角的原因主要是为了避免长成后的奶牛相互顶撞或顶人造成损伤，更便于饲喂及管理。一般多采用电热去角器，将充分加热的电热去角器紧压在角的根部，持续10～20秒钟即可，一般不必用消毒药。

2. 犊牛的卫生管理：每次用完的哺乳用具要及时清洗，一般用清水—热碱水—清水的顺序擦洗干净，每次喂奶完毕，用干净毛巾将犊牛嘴部鼻部的残奶擦干净，避免犊牛相互吸吮，养成“舔癖”。

3. 按月龄大小分栏、分群饲养：1～3月龄一组，4～5月龄一组，5～6月龄一组，每一组的密度不要超过25头。其中3月龄以后，犊牛以哺乳为主变为植物性饲料为主的转换期，应精心饲养。牛舍要通风、干燥、冬暖夏凉，每天换干净垫草。干草自由采食，青贮料定时饲喂。每天撒石灰2次，每周大消毒1次，并保证牛栏、地面、牛栏杆的清洁。每天至少要刷拭犊牛1～2次，刷拭可以使用软毛刷，保证牛体的卫生。犊牛运动场要保持平坦、干燥，有遮阳棚，不许有洼积水、残粪石块。饮水槽和补饲槽内水、草不断，自由饮食。

第二节　育成牛的饲养管理

犊牛满6个月即转入育成牛。此期培育的任务是保证幼牛的正常发育和适时配种。

一、育成牛的饲养

培育育成牛的饲养标准要适当，使其在16～18月龄配种时的活重不低于340～380千克，但最高应控制在450千克以内。在育成牛的生长发育阶段存在一个临界期，对于大型品种活重从90～300千克，而对小型品种则从60～210千克。当营养水平过高而使此期的日增重分别超过700克和500克时，分娩后头胎牛的产奶量就会降低。在临界期以后，如果提高营养水平而使增重超过此限，奶产量反而可以提高。在临界期，高营养水平培育下的育成母牛使乳腺组织的含量永久性减少，同时还可导致生乳激素的减少，尤其是生长激素的浓度达到临界值。

在有条件的地方，育成母牛应以放牧为主。在冬春季的舍饲期应喂给大量优质干草及青贮料。精饲料的喂量，可随粗饲料品质好坏确定。

（一）6～12月龄

犊牛6～12月龄是性成熟期，性器官及第二性征发育很快，体躯向高度急剧生长，同时其前胃已相应发达，容积扩大1倍左右，因此在饲养上要求供给足够的营养物质。同时日粮要有一定的容积以刺激前胃的继续发育。此时的育成牛除给予优质牧草、干草和多汁饲料外，还必须给予一定精料，如按100千克活重计算，青贮料5～6千克，干草1.5～2千克，秸秆1～2千克，精料

1～1.5 千克。

（二）12～18 月龄

为了刺激此时犊牛消化器官的进一步增长，日粮应以粗饲料和多汁饲料为主。按干物质计算，粗饲料占 75%，精饲料占 25%，并在运动场放置干草、秸秆等。夏季以放牧为主。

（三）18～24 月龄

此时可以配种受胎，犊牛生长缓慢下来，体躯显著向宽、深发展。在丰富的饲养条件下，容易在体内沉积大量脂肪。因此这一阶段的日粮既不能过于丰富，也不能过于贫乏。日粮应以品质优良的干草、青草、青贮料和根茎类为主，精料可以少喂或不喂。但到妊娠后期，由于体内胎儿生长迅速，必须补加精料，每日 2～3 千克。按干物质计算，大容积粗饲料占 70%～75%，精饲料占 25%～30%。在有放牧条件的地区，育成牛应以放牧为主，并视草地牧草情况，酌情增减精料。

二、育成牛的管理

（一）按年龄组群

将年龄及体格大小相近的育成牛编在一起，最好是月龄差异不超过1.5～2 个月，活重差异不超过 25～30 千克，每群 40～50 头。

（二）制定生长计划

根据不同品种、年龄的生长特点，饲草、饲料供给的状况，确定不同日龄的增重幅度，制定出生长计划，一般从初生至 18 月龄，活重增加 10～11 倍，24 月龄增加 12～13 倍（表 5－1）。

表 5-1 不同培育条件和体重水平下育成牛的生长计划

生长结束重（千克）	在以下月龄时的日增重（克）					
	<3	3~6	6~9	9~11	12~18	8~24
	Ⅰ. 在逐渐降低增重条件下的培育					
500~550	650~700	650~700	550~600	550~600	450~500	450~500
600~650	750~800	750~800	650~700	650~700	550~600	550~600
	Ⅱ. 性成熟前适度增重以后提高其日增重					
500~550	450~500	500~550	500~550	600~650	600~650	600~650
600~650	550~600	700~750	700~750	700~750	600~650	500~550
	Ⅲ. 生后前2个月有适当的增重					
500~550	450~500	650~700	650~700	650~700	550~600	450~500
600~650	550~600	700~750	700~750	700~750	600~650	500~550
	Ⅳ. 春产犊牛舍饲期间适度增重					
500~550	650~700	650~700	350~400	350~400	600~650	500~550
600~650	750~800	750~800	400~450	400~450	700~750	600~650

（三）加强运动

在舍饲条件下，每天至少要有 2 小时以上的驱赶运动；在放牧和野营管理时，每天需要运动 4~6 小时。

（四）放牧

在放牧时实行划区放牧，即将草场分为若干小区，每一小区放牧 1~3 天，小区中架设电网围栏或铁丝围栏，内设饮水、微量元素或盐混合添砖供牛只自由饮用和添食。

（五）乳房按摩

为了刺激乳腺的发育和促进产后泌乳量提高，对 12~18 月龄育成牛每天按摩乳房1次，18月龄怀孕母牛每天按摩2次，每次按摩时用热毛巾敷擦乳房。产前1~2个月停止按摩。

（六）刷拭

为了保持牛体清洁，促进皮肤代谢和养成温驯的气质，每天刷拭1~2次，每次约5分钟。

第三节　初产奶牛的饲养管理

母牛初产年龄过早，不仅影响当次产乳，而且影响个体发育，从而影响终生产量。初产年龄过晚则影响终生胎次，这样不仅减少了产奶量，还减少了犊牛的出生头数，在饲养成本上是不合算的。一般应掌握母牛体重达成年体重70%左右配种，24~26月龄第一次产犊较为有利。

一、初产奶牛的饲养

初产母牛妊娠前期，其营养需要与配种前差异不大，怀孕的最后4个月，胎儿增重加快，同时母牛自身的营养需要较以前有较大差异，适当提高母牛的饲养水平，可按泌乳牛饲养标准供给，精料用量每日喂给2.5~3.0千克，使母牛保持上等膘情，但应防止饲喂过肥。

二、初产奶牛的管理

1. 分群：按年龄分群，7~12月龄，13~18月龄，妊娠后期的母牛各为一群。

2. 加强运动：母牛晴天到运动场自由活动，以加强体质，促进发情。

3. 乳房按摩：育成牛到分娩前2个月，每天按摩乳房1~2

次，促进乳腺的发育。

4. 梳理和调教：保持牛体清洁，培养温顺的性格。

5. 做好保胎：预防流产和早产。

第四节 泌乳各阶段奶牛的饲养管理

在正常情况下，母牛产犊牛后进入泌乳期。泌乳期的长度变化很大，可持续280~320天不等，但登记时一般按305天计算。

一、泌乳母牛的一般饲养管理技术

（一）注意日粮的类型及质量

1. 泌乳母牛的日粮中应该含有高质量的青绿多汁饲料、豆科干草，其所供给的干物质应占日粮干物质的60%左右。在有条件的地区，夏季泌乳母牛最好采用舍饲和放牧相结合的管理方法。放牧对机体有良好作用，可以保证其有充足的运动和日照，促进新陈代谢，改善繁殖机能，提高产奶量。牧草中含有营养丰富的粗蛋白质、必需氨基酸、维生素、酶和各种微量元素。青绿饲料中的叶绿素可以活化动物的造血功能。如果缺少放牧条件或青草供给不足，舍饲泌乳母牛必须补充优质的青贮草、半干青贮草、干草和精料。粗饲料给量按干物质计算要达到母牛活重的1%~1.5%，而精饲料给量取决于产奶量的高低，一般为每千克牛奶给量100~300克。

2. 泌乳母牛的日粮必须由多种适口性良好的饲料配合而成。由于乳牛是一种高产动物，每天从机体中排出大量的营养物质，因此，其日粮组成必须达到多样化和适口性。日粮最好由2种以上粗饲料（干草、秸秆、半干青草）、2~3种多汁饲料（青贮料和块根）和 4 ~ 5 种以上的精饲料组成。

3. 饲料日粮要有一定的容积和营养浓度。泌乳母牛每日干物质的采食量随其体重、泌乳量和饲粮的质量变化很大。当日粮能量的代谢率（q 值）处于 0. 55 ~ 0. 65 之间时，按体重计算的干物质采食量起点是 $135 \times W^{0.75}$（克）；按产奶量计算，每千克 4% 标准乳需 200 克饲料干物质。当日粮的 q 值低于 0. 55 时，q 值每减少 5%，干物质采食量相应减少 15%。

4. 日粮应有适当的轻泻性，要提高泌乳母牛对于各种饲料的采食量，就必须适当缩短食糜在消化道中的停留时间。从整体讲，饲料的消化率虽有一定程度的降低，但总进食的营养物质却有增加。同时，还可减少饲料蛋白质在瘤胃中的降解，增加过瘤胃蛋白质的数量。

麸皮是常用的轻泻性饲料，可以在奶牛的日粮中占到精料的 25% ~40%。另外，还可饲喂具有轻泻作用的青草和根茎类饲料。

（二）饲喂方法

1. 定时定量，少给勤添：由于长时间所养成的条件反射作用，奶牛在采食以前消化腺即已开始分泌，这对保持消化道的内环境，提高饲料营养物质的消化率极为重要。如果饲喂过早，由于食欲反射不强，奶牛必须挑剔饲料，加上消化液分泌不足而影响消化机能；相反，饲喂过迟，会使奶牛饥饿不安，也会打乱其消化腺的活动，影响饲料的消化和吸收。

“少给勤添”，可以保持瘤胃内环境的恒定，使食糜均匀通过消化道，从而提高饲料的消化率和吸收率。

2. 更换饲料，逐步进行：由于奶牛瘤胃细菌区系的形成需要20 ~30 天时间，一旦打乱，恢复很慢。因此，在更换饲料的种类时必须逐渐进行。

3．饲料清筛，防止异物：饲喂奶牛的精、粗饲料要用带有磁铁的清选器清筛，除去其中夹杂的铁钉、铁丝、玻璃、石块等尖锐异物，以免造成网胃—心包创伤。此外，还应保持饲料的新鲜和清洁，切忌使用霉烂、冰冻的饲料喂奶牛。

（三）饲喂的次数及顺序

国内大多数奶牛场都制定有3次饲喂、3次挤奶的工作日程。也有实行2次饲喂、2次挤奶的日程。试验表明，每日饲喂3次比2次可以提高日粮营养物质的消化率3.6%，但却大大地增加了劳动力的消耗。

在奶牛的饲喂顺序上，一般是“先粗后精”、“先干后湿”、“先喂后饮”的方法。有条件的奶牛场建议使用TMR饲喂方法。

（四）饮水

1．水是最重要的营养素。生命的全部过程都需要水的参与，包括养分和其他物质在细胞内外的运转，养分的消化和代谢，消化代谢废物（尿、粪及呼出气体）和多余热量从体内排出（排汗），体内适宜体液环境和离子平衡的维持，以及胎儿发育提供液体的环境。奶牛体内总的水分含量占体重的56%～81%，体内水分失去20%可使动物死亡。

2．机体水分的损失途径包括泌乳、尿和粪的排泄、排汗以及肺呼吸的水分蒸发，对于日产奶33千克的奶牛来说（牛奶中水分占到87%左右），通过泌乳损失的水大约占水分总摄入量（饲料水+自由饮水）的34%，泌乳牛通过粪便水分损失量约和泌乳的损失相似（占总摄入量的30%～35%），由尿损失的水分约占总摄入量的15%～21%。

3．奶牛每日需要大量的水是通过三种途径来满足：饮水、含水的饲料以及由机体内营养物质代谢产生的水。与饮水和饲料水两个途径相比，代谢水显得微不足道，所以，自由饮水和饲料摄入的水量即可代表总的水分摄入量。

4. 饮水的方式与饮水量有关系，选择自由饮水和奶牛应占有水槽的长度，有利奶牛的饮水，日饮水量与日干物质采食量和日采食饲料次数呈正相关，奶牛大部分饮水都在白天进行的，喜欢选择饮水的温度为15~25℃中等温度区。

5. 水质是关系到奶牛生产和健康的一个重要因素。

（五）放置盐槽

牛奶中含有各种矿物质和微量元素，加上土壤和饲料中某些元素的含量变化很大，因此乳牛经常出现“异食癖”。为了预防这种现象，可以在运动场中放置配合有各种矿物质元素的盐槽，或吊挂一些“盐砖”，让奶牛自由舔食。

二、泌乳期的饲养管理

根据母牛产后不同时间的生态状态、营养物质代谢的规律以及体重和产乳量的变化，泌乳期可分为以下几个阶段。

（一）泌乳初期

由产犊后的第10~15天为泌乳初期，也叫身体恢复期。其特点是母牛食欲尚未正常，消化机能减弱，乳房水肿未消，生殖器官正在恢复，乳腺及循环系统的机能还不正常。因此，此阶段奶牛体质恢复与产奶之间的矛盾比较突出，而体质恢复是矛盾的主要方面，产奶量则居次要地位。为此，在高产母牛产后4~5天内不可将乳房中的乳汁挤干，特别是在产后第1天挤乳时，每次约挤出2千克即可。第2天挤出全天乳量的1/3，第3天挤出1/2，第4天挤出3/4或完全挤干。每次挤乳时要充分按摩和热敷乳房（有时也可冷敷）10~20分钟，使乳房水肿迅速消失。对低产或乳房没有发生水肿的奶牛，开始就可挤干。

对体弱母牛，在产犊后3天内只喂优质干草，3~4天后可喂多汁饲料和精饲料。同时根据乳房及消化器官恢复状况逐渐增加，但每天增加的精料量不得超过 1 千克。当乳房水肿完全消失时，饲料即可增至正常。

（二）泌乳盛期

从泌乳初期至产乳高峰期（8～10 周）称为泌乳盛期。此期的特点是乳房已经软化，食欲完全恢复正常，饲料采食量增加，乳腺机能活动日益旺盛，产乳量迅速增加至峰值。因此，提高产乳量，减少体内能量负平衡的程度是泌乳盛期的主要矛盾。在饲料搭配上要限制能量浓度低的粗饲料，增加精饲料的给量，料乳比从 0.4∶1 增加到 0.5∶1，目的是保证母牛实现其产奶潜力，达到高峰并维持较长的时期。否则，由于饲养不当就会使峰值不高，下降急剧；或出现酮病、延误发情和受孕，并使乳中的非脂固体物含量降低。为此，要采取以下几点措施。

1. 添加脂肪提高日粮能量浓度：泌乳盛期奶牛体内营养物质处于负平衡状态，牛体迅速消瘦，这时靠常规的饲料搭配很难保证日粮的能量浓度，因此要添加动物或植物性脂肪，其用量为每千克精料添加60～80 克。

2. 提高降解率低的蛋白质饲料的比例：泌乳盛期奶牛同样会出现组织蛋白质供应不足的问题。当体重降低 1 千克时，其失重的能量可以产乳11.65 千克，而蛋白质仅够泌乳 3.5 千克。所供给的粗料蛋白质由于瘤胃细菌的降解，因此到达真胃的细菌蛋白质和一部分过瘤胃蛋白质很难满足组织蛋白质的需要量，此时要补充降解率低的饲料蛋白质，如鱼粉、血粉、可可粉等。

3. 采用“引导”饲养法：为了迅速提高母牛的产乳量，以往多采用“预支”饲养法，即母牛在泌乳盛期，除按饲养标准满足其本身泌乳所需的营养物质外，还额外补加 4～5 个 NND 的饲料。从 20 世纪 70 年代，“预支”饲养进一步发展为“引导”饲养。具体做法是：从母牛干乳的最后 15 天开始，直到产犊后泌乳达到最高峰时喂给高水平的能量，减少酮血病的发病率，维持体重并提高产乳量。做法是多产奶、多喂料，适量粗料、多喂精料。自产犊前2周开始，每天约喂给1.8千克精料，以后每天增加0.45千克，直到母牛每100千克体重吃到1.0～1.5千克的精料为止。当达到产乳高峰后，精料喂量固定下来，而待泌乳盛期过后再行调整。

引导饲养法较常规饲养法有以下优点：可使母牛瘤胃微生物在产犊前得到调整，以适应高精料日粮；可使高产母牛产前体内贮备足够的营养物质，以备产乳高峰期应用；可促进干乳母牛对精料的食欲和适应性；可使多数母牛出现新的产奶高峰，增产趋势可持续整个泌乳期；在泌乳初期，采食丰富的能量、饲料，既满足了泌乳需要，又减少了酮病发生。应当指出，不是所有母牛对引导饲养法都有良好反应，对那些反应不良的母牛，应该予以淘汰。

（三）泌乳中期

泌乳盛期之后至30～35周以前，称泌乳中期。此期的特点是产乳量缓慢下降，各月份的下降幅度为5%～7%。母牛体质逐渐恢复，自20周起体重开始增加，日增重约为0.5千克，这时精料应根据产奶量饲喂，粗料自由采食，充足饮水，加强运动，正确挤乳及乳房按摩，以维持产奶量的稳定和减少其下降幅度。

（四）泌乳后期

泌乳后期是指干乳前的2个月。此期的特点是母牛已到妊娠后期，胎儿生长发育很快，母牛要消耗大量营养物质，以供胎儿生长发育的需要。同时，随着胎盘及黄体分泌激素量的增加，抑制脑下垂体分泌的生乳激素，因而泌乳量急剧下降。这时的日粮中应含有尽可能多的优质粗饲料，适当饲喂精料，作好奶牛干乳前的一切准备工作，以免影响奶牛健康。

第五节　奶牛全混合日粮饲养技术

奶牛全混合日粮（Total Mixed Ration TMR）饲养技术是将粗料、精料、矿物质、维生素和其他添加剂充分混合而配制成的一种全价饲料，类似于猪或家禽的全价饲料。

一、TMR 技术的特点

1. 奶牛在不同生产性能、不同生理时期，对精、粗料的嗜好极不相同。当精、粗料分开饲喂奶牛时，不能保证每头奶牛如人们所期望的那样均衡地摄取精料，因而导致瘤胃功能异常。由于全混合日粮干物质中，含有营养均衡且精、粗料比适宜的养分，瘤胃内可利用碳水化合物与蛋白质的分解利用更趋于同步；同时又可防止奶牛在短时间内因过量采食精料而引起瘤胃内 pH 值的突然下降；维持瘤胃微生物的数量、活力及瘤胃内环境的相对稳定，使发酵、消化、吸收和代谢正常进行，因而有利于饲料利用率及乳脂率的改善；减少消化疾病如真胃移位、酮血症、乳热、酸中毒、食欲不良及营养应激等发生。

2. 传统的饲喂方式使精、粗料分开饲喂，由于各种饲料的适口性不同，常导致总的干物质摄取量不足，使生产性能受到影响，繁殖出现障碍。通过推广 TMR 饲养技术，可扩大利用原来单独饲喂的适口性差的饼、渣类等饲料资源。由于该技术可使奶牛少量多次采食，有效降低和防止动物的氨中毒，从而对缓解蛋白资源供需不平衡、降低饲粮成本有一定意义。另外，在应用 TMR 饲养技术时可按母牛各生长发育阶段对营养需要的不同，在不降低生产力的前提下，将当地农户产品（如秸秆）及工业副产品（如酒糟）等进行适当处理，有效地加以利用，从而配制相应的最低成本日粮。

3. 研究表明，如果奶牛食入的精料水平过高（占日粮60%以上）则食入的能量更多地被转化成体组织，而不增加乳产量，并且奶中乳脂等含量也较低；如果奶牛食入的粗料水平过高，则能量采食不足。使用TMR技术，由于综合考虑了不同奶牛的纤维素、蛋白质和能量等因素，整个日粮是平衡的，有利于发挥奶牛的生产性能。

4. 高产奶牛必须保证精料的足量采食，有时为使其保持高产，每天每头奶牛必须喂给15千克左右的精料。如果按传统的饲喂方式，精、粗饲料分开，由于奶牛短时间内摄入大量的精料，打乱了瘤胃内营养物质消化代谢的动态平衡，引起消化系统紊乱，严重的可导致酸中毒，从而影响生产性能的发挥。TMR技术除简单易行外，既可以保证奶牛稳定的饲料结构，同时又可顺其自然地安排最优的饲料与牧草组合，从而提高草地的利用率。

5. 就奶牛而言，TMR饲养技术的使用有利于发挥其产乳性能，提高其繁殖率，同时又是保证后备母牛适时开产的最佳饲养体制。利用TMR饲养技术可免去在挤奶间饲喂精料，缩短挤奶时间、节省饲槽面积，相应减少了饲喂设备费用，同时也减少了挤奶间的灰尘。另外，在不降低高产奶牛生产性能（产奶量及乳脂率）的前提下，TMR中纤维水平可较精、粗料分饲法中纤维水平适当降低。这就允许泌乳高峰期的奶牛在不降低其乳脂率的前提下采食更高能量浓度的日粮，以减少体重下降的幅度，从而最大限度地维持了奶牛的体况，同时也有利于下一期受胎率的提高。

6. TMR饲养技术有助于控制生产，它可根据牛奶内所含物质的变化，在一定范围内对TMR进行调节，以获得最佳经济效益。传统的精、粗料分开饲喂，奶牛难以提高干物质摄取量，不易保证采食的精、粗料比适宜和稳定，不适宜大规模集约化经营的发展；同时打乱了瘤胃内消化代谢的动态平衡（挥发性脂肪酸生成、菌体蛋白合成、微生物区系）。使用 TMR 饲养技术可进行大规模工厂化生产，使饲喂管理省工、省时，提高规模饲养效益及劳动生产率。另外，也减少了饲喂过程中的饲草浪费。

7. TMR 饲喂技术饲喂奶牛，奶牛所吃到的每一口日粮具有相同的营养成分，且营养平衡；TMR 在饲喂过程中要确保 3% ~ 5% 料脚，防止因缺料而使部分牛只采食量不足；TMR 饲喂方式需要分群饲养，不要只根据产奶量来给奶牛分群，还应考虑奶牛的体况评分、年龄及饲养状态。

二、应用 TMR 技术的基本条件

1. TMR 的配制要求所有原料均匀混合，青贮饲料、青绿饲料、干草需要专用机械设备进行切短或揉碎。为了保证日粮营养平衡，要求有性能良好的混合和计量设备。TMR 通常由搅拌车进行混合，并直接送到奶牛饲槽，需要一次性投入成套设备，设备成本较高。

2. 奶牛需要根据生理阶段、生产性能进行分群饲喂，每一个群体的日粮配方各不相同，需要分别对待。这要求奶牛场的技术人员工作热情高、责任心强。

总之，TMR 饲养技术尽管增加了一些额外的费用，但由于提高了奶牛的生产性能，因而可提高经济效益。实践证明，在综合考虑 TMR 饲养技术利弊的基础上，奶牛场运用 TMR 技术所增加的收入明显高于其额外增加的费用。一般来说，对大规模的饲养场而言，TMR 饲养技术的使用无疑是增加其经济效益与市场竞争力的有效措施。

三、使用 TMR 应注意的事项

1. 要求计量监控必须从地磅转移到 TMR 操作现场，严格按制定的 TMR 操作守则进行。

2. 犊牛和产房的围产奶牛不得使用 TMR 饲喂。

3. 对牛群要及时合理地分群和调整，一方面根据泌乳时期、产奶量，一方面考虑奶牛的体况等。

4. 对于规模较小的奶牛场，选用价格相对便宜、耐久性好的“固定式机械”是比较适宜的。

5. TMR 一次投资较大，对道路、设备的保养与维修要求较高，且对管理要求更严。否则，再好的配方也可能由于某个人操作问题而影响奶牛的泌乳性能和健康。因此，没有一定的经济实力和技术管理水平的奶牛，最好不要使用 TMR。

四、饲养高产奶牛应做好的几项工作

1. 加强干奶期饲养管理，供给优质饲草。精饲料的饲喂量应在5～6 千克，使母牛保持较好的膘情和体况。但应注意不要喂得过肥，以免发生产犊困难、代谢失调等疾病。加强运动，预防乳房水肿。

2. 如果分娩后乳房基本正常，可逐渐增喂多汁料和精料，改变速度不宜快。如有乳房水肿或食欲不好的应多喂饲草，暂时不要加喂多汁料和糟渣类饲料，少喂食盐，待水肿消失、食欲上升以后，再加料催奶。

3. 在泌乳盛期要让奶牛尽量采食优质草料，以满足其营养需要，混合精料的喂量最多不超过 15 千克。由于奶牛的采食高峰比泌乳高峰出现得迟，所以泌乳盛期常常出现营养负平衡现象。草料的营养浓度要高，质量要好，饲草要以苜蓿、青贮料为主，饲料要以玉米、麸皮、胡麻饼、黄豆饼为主，但要注意饲料中的纤维素含量应在 17% 以上。同时注意补喂矿物质和食盐，适当加喂红糖、糖稀以增加能量的供应。

4. 要想方设法改进饲料适口性，提高母牛食欲。例如，可以把一部分苜蓿打成草粉拌在饲料里，也可把黄豆、玉米磨成浆，要密切注意母牛的消化情况，发现消化不良、便秘、稀粪、有恶臭等现象要及时调整草料。有的奶牛对某些草料特别爱吃，这时一方面要满足其需要，另一方面又要适当控制喂量，不让吃得过多，以免伤食。

5. 加强乳房护理，坚持每次挤奶前进行乳房按摩和热敷，在泌乳期每天挤奶 4 次。及时排除运动场内的积水，清除杂物，牛床上要加垫干草。

6. 加强对饲养环境管理。因为奶牛对环境条件的改变很敏感，不要轻易调换牛舍或牛床位，挤奶人员要固定；经常刷拭牛体，注意修削牛蹄；保持牛舍清洁卫生，干燥明亮，不断供应清洁用水。

7. 关注牛体膘情，及时发现问题。一般来讲，在不同的泌乳阶段，会有不同的膘情。过肥的奶牛易出现代谢问题，易感染乳房炎及一些非传染性疾病，如胎衣不下、酮病及跛腿等；过瘦的奶牛，由于体内没有足够的能量和蛋白储备，乳脂含量也会下降。奶牛在泌乳期的体况变化主要集中在开始泌乳的 90 天内，这一时期高产奶牛会动用体组织来满足泌乳的需要而造成营养负平衡。因此，奶牛过肥或过瘦都不利于奶牛生产。

第六节　干乳母牛的饲养管理

干乳是母牛饲养管理过程中的重要环节。干乳方法的好坏、干乳期的长短以及干乳期的饲养管理对于胎儿的发育、母子牛的健康以及下一个泌乳期的产奶量有着直接的关系。

一、干乳的意义

1. 通过干乳可以补偿因长期泌乳而造成的母牛体内养分的损失，恢复牛体健康。

2. 使乳腺细胞得到充分休息和整顿，为下一个泌乳期的更好活动创造条件；同时牛体也可贮蓄一定数量的营养物质，以弥补产后1～2个泌乳月份可能出现的营养负平衡。

3. 干乳期加强营养可以提高初乳的营养浓度，使其含有较多的钙、磷和维生素。

二、干乳期的长短

依母牛的年龄、体况及泌乳性能而定，一般为45～75天，平均为50～60天。凡初胎或早配母牛、体弱及老龄母牛、高产母牛（产乳6 000千克以上）以及饲养条件较差的母牛需要较长的干乳期（60～75天），而体质强壮、产乳量较低、营养状况较好的母牛则干乳期缩短至30～45天。

在早产、死胎的情况下，缺少或缩短干乳期同样会降低下一期的泌乳量。例如，早产时的泌乳量仅是正常泌乳量的八成。

三、干乳的方法

（一）逐渐干乳法

即在10～20天内将乳干完。其方法是：在计划干乳前的10～20天开始变更饲料，减少青草、青贮料、根茎多汁饲料的喂量，同时限制饮水、停止运动和放牧、停止乳房按摩、改变挤奶时间，由3次改为2次或1次，以后隔日或隔二三日挤乳1次。具体来说，就是在1、3、6、10天挤乳，其他日期不挤乳，每次挤乳必须完全挤净，当产乳量降至4～5千克时，即停止挤乳。

（二）快速干乳法

从进行干乳之日起，在5～7天内将乳干完。一般多应用于低产和中产母牛。其方法是：从干乳的第1天开始，适当减少精料，停喂青绿多汁饲料，控制饮水，加强运动，减少挤乳次数和打乱挤乳时间。第1天挤乳由3次改为2次，次日挤1次或隔日挤1次。由于母牛在生活规律上突然发生变化，产乳量显著下降。一般经5~7天，日产乳量会下降到8~10千克以下时就停止挤乳。最后一次将乳完全挤净时，用杀菌液蘸洗乳头，再注入青霉素软膏，并对乳头表面进行消毒，待完全干乳后用火棉胶涂抹乳头孔周围。

（三）骤然干乳法

即在干乳日突然停止挤乳，当乳房内压达4 000~5 333Pa时牛乳分泌会自然停止，乳房中存留的乳汁经4~10天可以吸收完成。对于产奶量过高的母牛，待停乳后5~7天再挤乳一次（不按摩），同时注入抑菌药物封闭乳头，此法不会打乱母牛的正常消化，既省时、省工，又有利于母牛的健康。

四、干乳期的饲养管理

干乳后7~10天，乳房内的残留乳汁已经全部吸收，此时母牛就可以逐渐增加精料及多汁饲料，在5~7天内达到妊娠干乳牛的饲养标准。

（一）干乳前期

自干乳起到产犊前2~3周称为干乳前期。这时对营养状况较差的高产母牛要提高饲养水平，使其体重比泌乳盛期增加12%~15%，达到中上等体况。只有这样才能保证其正常分娩和在下一个泌乳期达到较高的产乳量。对于营养良好的干乳母牛，一般只给予优质干草，这对改进瘤胃机能起着极其重要的作用。对营养不良的干乳牛，除给予优质粗饲料外，还应饲喂精饲料2~4千克，以提高其营养水平。一般可按日产牛奶10~15千克的标准饲养，日给优质干草8~10千克、多汁饲料（其中优质青贮约占一半）15~20千克和混合精料3~4千克。矿物质自由采食。当喂豆科牧草时，应补饲含磷酸钠的高磷矿物质，但在大量饲喂禾本科牧草时，磷、钙的补饲（用磷酸二氢钙或骨粉）都属必要。

（二）干乳后期

产犊前的2周称为干乳后期。此时应对瘤胃日粮变化的适应能力进行必要的准备。因此，日粮中要提高精料水平，这对头胎育成母牛更为必要。要防止乳热症，必须让母牛每日摄入100克以下的钙和45克以上的磷，还要补足维生素D的需要量。由于泌乳期间饲喂了大量精料，因此干乳后期亦要饲喂与泌乳期间组成成分相同的日粮，使瘤胃微生物区系得以适应。

母牛在产前4~7天，如乳房过度肿大，要减少或停止饲喂精料或多汁饲料；如乳房正常，则可照常饲喂多汁饲料。产前2~3天，日粮中应加入小麦麸等轻泻性饲料，防止便秘。一般可按麸皮70%，玉米20%，大麦10%，骨粉2%和食盐1.5%比例配合精料。对于有"乳热症"病史的母牛，在其干乳期间必须避免钙摄入过量，可采用高能低钙（较饲养标准减20%或每日少15克钙）日粮限量饲喂，但在产犊以后应迅速提高钙量，以满足产奶时的需要。

（三）干乳母牛的管理

1. 做好保胎工作，防止流产、难产及胎衣滞留。为此，要保持饲料的新鲜和质量，绝对不能饲喂冰冻的块根饲料、腐败霉烂的饲料和含有霉菌、毒草的饲料，冬季不可饮过冷的水（水温低于10~12℃）。

2. 每天坚持适当运动，夏季可在良好的草场放牧，让其自由运动，但必须与其他牛群分开，以免互相挤撞而流产；冬季可在户外运动场消遥运动2~4小时，产前停止运动。

3. 加强皮肤刷拭，保持皮肤清洁。

4. 做好乳房按摩，促进乳腺发育，一般在干乳10天后开始按摩，每天1次，但产前出现乳房水肿的母牛（经产牛产前15天，头胎牛产前30～40天）停止按摩。

第六章　奶牛的泌乳生理与牛奶卫生处理

第一节　奶牛的泌乳生理及影响泌乳因素

一、奶牛的泌乳生理

乳腺是由皮肤腺体衍生而来，为哺乳动物所特有。不同动物的乳腺个数与分布部位有所不同，每个乳腺都是一个完整的泌乳单位。

据分析，牛乳中的化学成分有 100 多种，但主要是由水分、脂肪、蛋白质、乳糖、盐类、维生素和酶类等组成，其中水分占 86% ~89%，干物质占 11% ~14%。在干物质中，脂肪占 3% ~5%，乳糖占 4.5% ~5%，蛋白质占 2.7% ~3.7%，无机盐占 0.6% ~0.75%。而在这些成分中变化最大的是乳脂肪，其次是乳蛋白质，其他成分则基本稳定。

（一）水分

牛乳中的水分大都呈游离状态存在，少量（2% ~3%）以氢链与蛋白质及其他胶体亲水基结合，称为结合水。

（二）乳脂肪

乳脂肪是牛奶的重要成分之一，由于营养价值高，其含量常被用做衡量牛奶质量的依据。乳脂肪在牛乳中呈球状悬浮存在。

（三）蛋白质

牛奶中的蛋白质含量约为3.4%，其中主要是酪蛋白，占2.8%，其余为白蛋白（0.5%）和球蛋白（0.1%）。

（四）乳糖

乳糖是哺乳动物乳中特有的一种糖类，在动物的其他器官中并不存在。牛奶中乳糖的含量约为4.5%，一般情况下变动不大。乳糖的营养作用是给机体供应能量。

（五）矿物质

牛奶中含有初生牛犊所必需的矿物质，这些矿物质如钙、镁、钠、钾、铁、盐等多与有机酸和无机酸结合的形式存在。

（六）其他成分

牛乳中除含以上成分外，尚含有少量其他成分，如维生素、酶类、色素、免疫体、柠檬酸、磷脂与硬脂醇等。此外，牛乳中还存在一些气体，在加热时大部分挥发。

二、影响泌乳性能的因素

影响奶牛泌乳的因素很多，概括起来有遗传因素、生理因素和环境因素三个方面。

1. 遗传因素：奶牛产奶量的高低，首先取决于遗传，它是影响泌乳量的内在因素，主要有品种和个体因素。

2. 环境因素

（1）饲养管理因素：饲养管理好，如合理饲喂、适当运动、注意护蹄、环境卫生、经常刷拭牛体等，奶牛产奶量就高，反之则影响奶牛产奶。

（2）饲料因素：饲料是供给奶牛能量的唯一来源。饲料品质好、营养全，奶牛产奶量就高；反之饲料不足、营养不全、品质差，则降低奶牛产奶量。

（3）温度因素：奶牛怕热不怕冷，其最适宜的温度为10～

16℃。夏季气温高，对奶牛产奶量影响较大，应做好夏季防暑降温工作；冬季寒冷气温较低，对奶牛产奶量也有一定影响，应保证供应足够的青贮饲料和多汁的饲料。

（4）疾病影响：奶牛在患病和损害健康的情况下，机体正常的生理功能遭到破坏，进而影响牛奶的形成，产奶量随之下降。特别是患乳腺炎、酮血病、乳热症和消化道疾病时，奶牛产奶量显著下降，牛乳成分亦发生变化。

（5）挤奶与乳房按摩：正确的挤奶和乳房按摩是高产乳牛的重要因素之一。挤奶技术熟练，适当增加挤奶次数，能提高产奶量。挤奶前用热水擦洗乳房和按摩乳房，能提高产奶量和乳脂率。

3．生理因素

（1）年龄和胎次：奶牛泌乳能力随着年龄和胎次增加而发生规律性的变化。初产母牛年龄在2.5岁左右，由于本身尚处在生长发育阶段，所以产奶量较低。以后随着年龄和胎次的增长，产奶量逐渐增加。待到6～9岁，即第4～7胎时产奶量达到一生中的最高峰，10岁以后，由于机体逐渐衰老，产奶量又逐渐下降。

（2）泌乳期：奶牛在一个泌乳期中产乳量呈规律性的变化，如分娩后头几天产乳量较低，随着身体逐渐恢复，日产奶量逐渐增加，约在第20～60天时产乳量达到该泌乳期的最高峰（低产母牛在产后20～30天，高产母牛在产后40～60天），但从第4个月开始逐渐下降。泌乳7个月之后迅速下降，泌乳10个月左右则停止泌乳。全期每日产奶量形成一个动态曲线，称为“泌乳曲线”。

同时，在一个泌乳期中，牛乳的产量和成分是有变化的。根据泌乳期中不同阶段可将牛乳分为初乳、常乳和末乳。产犊后7日内产的乳称为初乳，其中成分和性质与一般牛乳差异很大；1周后所产的牛乳在外观、成分及理化指标上趋于稳定，此时直至干乳前所产的乳称为“常乳”，常乳是饮用及加工的原料。实际上，由于受饲养管理、气候条件、各泌乳月份及泌乳量等因素影响，一般牛奶的产量和成分也有一定差异，只是这种差异较小，不易引起饮用者的异常感觉。

（3）干乳期：奶牛进入妊娠后期，体内胎儿迅速生长发育需要大量的营养，因为胎儿在怀孕的最后2个月增加的体重可达总体重的2/3；同时母牛经数百天的繁重产奶，一头奶牛一个泌乳期所分泌的干物质即为体重的3.64～4.16倍，因此给奶牛一个干乳期，使乳腺细胞得到充分修复，分泌上皮细胞可趁乳腺分泌活动停止得到更新，为在产犊后大量泌乳做充分准备。另外，奶牛在干乳期中，可补偿因长期泌乳造成的体内养分的损失又在泌乳后期尚未满足的那部分，以进一步恢复牛体健康。

经产牛干奶期的长短应根据母牛的年龄、体况、泌乳性能和饲养管理条件决定。实践证明，干乳期长短对下一个泌乳期产奶量有一定影响。干乳期一般为45～75天，平均60天。对于早配母牛、体弱及老年母牛、高产奶牛（年产奶6 000千克以上），以及饲养管理条件差的奶牛需要较长的干乳期（60～75天）；而体质健壮、产奶量低、营养水平高的母牛，其干奶期可缩短为45天左右。至于干乳期的开始时间应在确定预产期后通过计算确定。现在，一般牧场都将干乳期定为60天。

（4）发情与妊娠：母牛发情期间，由于性激素的作用，产奶量会出现暂时性下降，其下降幅度为10%～12%。母牛妊娠对产奶量的影响明显而持续。妊娠初期影响极微。从妊娠第5个月开始，泌乳量显著下降，到第8个月则迅速下降，直至干乳。

（5）初产年龄：奶牛的初产年龄不仅影响头胎产奶量，而且影响终生产奶量。初产年龄过早，产奶量较低，常因个体及泌乳器官的发育受阻而影响健康；初产过晚，产乳胎次减少，从饲养成本上看是不合算的。

（6）挤奶次数与挤奶间隔：乳是在两次挤奶之间形成的，在挤奶后的1小时内最快，以后逐渐变慢。挤奶技术与产奶量、含脂率关系甚为密切。合理的挤奶应当使乳牛早有挤乳准备，即先以温度较高的热水擦洗乳房，并加以按摩，使乳牛产生排乳反射；当乳房变硬产生放乳反射时，应集中精力立即挤奶，挤奶员应随乳牛泌乳速度加快挤奶，因为促使乳牛放乳的催产素在乳房中的作用时间很短，仅数分钟。一般3次挤奶比2次挤奶可多产奶16%～20%，而4次挤奶又较3次挤奶提高10%～12%。在实际生产中，挤奶次数应当根据工人和奶牛的休息及喂养次数和奶牛能在营养物质方面得到补偿为度，一般高产牛和初产牛挤奶次数可以增多，以促进泌乳机能发挥。目前，多使用机械挤奶技术，机器挤奶是利用挤奶机械完成挤奶工作，与手工挤奶相比，机器挤奶有以下几个方面的优势。

①有利于提高牛奶的卫生质量：手工挤奶一般使用敞口的挤奶桶，灰尘、牛毛、牛体碎屑甚至牛粪容易落入其中，污染牛奶。机械挤奶是将牛奶直接接入冷藏罐，使奶温迅速降至4℃左右，可有效防止牛奶的变质。

②有利于保护奶牛的乳房：手工挤奶由于个人挤奶手法不同、用力不匀，易造成牛乳房慢性损伤。机械挤奶利用真空抽吸，有固定的节奏，每次挤奶的吸力和间隔均匀一致，可减少对乳房的不利刺激，降低乳腺炎发生率。

③有利于提高牛奶产量：机械挤奶速度均匀，可在较短时间完成挤奶过程，易与奶牛排乳反射时间相吻合，从而防止牛奶不下，提高产奶量。

④有利于减轻劳动强度，提高劳动生产效率：人工挤奶，一个饲养员只能饲养6～8头产奶牛。用移动式挤奶器，每个饲养

员可养20～30头产奶牛；用管道式挤奶器，每个饲养员可养30～50头产奶牛。机器挤奶不仅能提高劳动生产率，而且有助于推进先进的饲养方法，如散栏饲养、自动饲喂等。

（7）饲养：奶牛泌乳能力的遗传力为40%，其余为饲养管理因素。饲养管理的内容很多，其中丰富的营养、日粮合理搭配、精心调制是乳牛产奶的物质基础；同一品种乳牛，在不同牧场饲养，其产奶量差异很大，这固然与选择的牧场有关，但大部分原因乃是饲养管理的差异。奶牛经常刷拭、修蹄、运动、按时挤乳是日常管理的重要环节，这些环节都是保证牛体健康、促进血液循环的措施。只有健康的乳牛才能保证旺盛的采食量和大量产奶，如果健康状况不佳、瘦弱和干乳期不足的牛只，产乳量必然下降，即便有一时的高产，产奶量也不会持久。

（8）牛群结构：合适的牛群结构对牛奶生产和经济效益也有一定的影响。一般来讲，成年母牛比例应占牛群总数的55%～60%，青年牛比例占10%～15%，育成牛比例占10%～15%，犊牛比例占10%左右。这样，成年母牛如能维持单产22千克，这个奶牛场就能维持正常生产，并能取得较好的经济效益。

第二节　奶牛的挤奶技术

奶牛的挤奶方法有手工挤奶和机械挤奶两种。由于目前青海畜牧机械化水平不高，除了大型奶牛场和养殖小区使用管道挤奶机以外，绝大多数小型奶牛场和专业户仍以移动挤奶器和手工挤奶为主。

一、手工挤乳

挤乳前，挤乳员要剪短指甲，以免损伤乳房和乳头。首先准备好清洁的集乳桶及盛有55℃温水的乳房擦洗桶及毛巾，身着工作服，洗净双手，完成挤乳前的预备操作，然后用50℃左右的清洁温水擦洗乳头孔及乳头，再洗乳房。

1. 按摩乳房方法：用双手按摩乳房表面，以后轻按乳房各部，使乳房膨胀，皮肤表面血管努胀，皮温升高，呈淡红色，触之很硬。这是乳房放乳的象征，要立即挤乳。挤出的第一、第二、第三把奶应收集在专门器皿内，不可挤入奶桶内，也不应随便挤在牛床上，因为最初挤出的奶中含有大量的细菌，会污染牛床垫草而传播疾病。

2. 挤乳方法：挤乳员端把小板凳，坐在牛的右侧后1/3～1/2处，与牛体纵轴呈50°～60°的夹角，再将挤奶桶夹在两大腿之间，左膝在牛右后肢飞节前侧附近，两脚向侧方张开呈八字，这时就可开始挤奶。奶牛有4个乳头，一般先挤前侧2个乳头，这叫“双向挤奶法”。此外还有单向（先挤一侧两乳头）、交叉（一前一后乳头）以及单乳头挤乳法。单向挤乳法和交叉挤乳方法采用较少，只有在特殊情况下才应用，单乳头挤乳法挤奶结束时，对一些特殊乳房或已经变了形的乳房（如漏斗乳房）在榨干每1/4乳房内的剩乳后才可以采用。

挤乳时，用手的五个指头把乳头握住，从手反指几乎看不见乳头，用全部反指头和关节同时进行，这叫拳握法或压榨法。此法优点是可以保持母牛乳头的清洁、干燥、不损坏、不变形，且挤乳速度快、省劲而方便。

压榨挤乳法应使握拳的下端与乳头的游离齐平，以免牛乳溅到手上而被污染。握力为15～20千克，尽量做到用力均匀。挤乳速度以每分钟80～120次为宜，特别在母牛排乳速度快时应加快挤乳。一般在开始挤乳的第一分钟速度为80~90次/分，以后随着大量排乳，挤乳速度加至120次/分，最后排乳较少，挤乳速度又恢复到80~90次/分。每分钟的挤乳量应达到1.5~2.0千克。

对于乳头短小的母牛，可采用指压法或滑榨法挤乳，即以拇、食指控住乳头颈部，向下滑动，将牛乳捋出。此法需用润滑剂来减轻手指与乳头皮肤的摩擦。乳汁是取之最方便的润滑剂，但这样做会增加牛乳被污染的机会。因此，除乳头特别短小外，此法不宜采用。

当大部分牛乳已被挤完后，应再次按摩乳房。采取半侧乳房按摩法，即分别按摩乳房的右侧和左侧乳房区。动作是两手由上向下，由里向外按压一侧两乳区，用力稍重，如此反复6~7次，使乳房内乳汁流向乳池，然后重复榨取各个乳区。到挤乳快结束时，进行第3次按摩乳房。这次必须用力充分按摩，尤其对初产牛更要做好。方法是用两手逐一按摩4个乳区，直到完全挤净。挤毕后可在乳头上涂以油脂（或凡士林），防止乳头龟裂。每次按摩时，要把挤乳桶放在一边，以免按摩时牛毛、皮屑以及其他脏物落入桶中，污染牛奶。

3. 挤乳注意事项

（1）挤乳速度要快：牛奶的排出是乳腺对摧产素作用的反应，其结果是使内牛乳从乳池及大的输乳管中排出。因此，挤乳前乳房经热敷和擦洗后，要在几分钟以内（6~10分钟）将乳挤完，中途不得停顿。

（2）遵守挤乳规程，严防放乳抑制：挤奶时要严格执行作息时间，并以一定的次序进行作业，不可任意打乱或改变。挤奶员在挤奶时要精神集中，禁止喧哗、嘈杂和发出特殊噪音，保持挤乳环境的安静与舒适。对具有踢人恶癖的母牛，态度要温和，严禁拳打脚踢。对于这种母牛，挤奶员应保持冷静沉着，促进母牛逐渐安静下来。挤奶时要注意牛的右后腿，如发觉母牛要抬右后腿时，可迅速用左手挡住，不得已时可用绳将两后腿拴起，然后再挤乳。这种牛应该予以淘汰。

二、机械挤奶技术

（一）挤奶机的类型

根据不同的乳牛饲养方式、牧场条件、规模和机器挤奶的组成形式，选择挤奶机挤乳。

1. 提桶式挤奶机：真空固定在牛舍内，挤奶器和可携带的奶桶在一起，依次将奶桶移往乳牛处进行挤奶，挤下的牛奶直接流入奶桶，主要适用于拴系牛舍。

2. 管道式挤奶机：真空装置仍固定在牛舍内，但增设了固定的牛奶输送管道，挤下的奶可直接通过牛奶计量器和牛奶管道进入牛奶间，挤奶器仍可携往各乳牛舍进行挤奶，这种机械主要适用于中型奶牛场的拴养牛舍。此类挤奶器优点是可省去挤奶时提桶倒奶的工序，进一步提高了机器挤奶的生产效率和牛奶质量。

3. 移动式挤奶机：真空装置和挤奶器可以移动，可以将其安装在小车上或移动的挤奶台上，主要用于放牧场或家庭养殖户。

（二）挤奶机对奶牛的要求

机器挤奶不同于手工挤奶，它要求被挤奶的乳牛必须乳区一致，要有同一性、同步性、同规格，因为机器挤奶不像手工挤奶那样可以灵活处理每道工序，只有牛乳区具备同一规格，这样才能使挤奶机、操作者和奶牛相互之间有机结合，配合密切，才能充分发挥挤奶机作用。要想成功使用挤奶机，对奶牛要有以下三点要求。

1. 乳房形状同一性：盆形和杯型乳房最适宜机器挤奶，且能取得较高的挤奶量，因为它的乳头垂直向下，结构粗壮，套上乳杯时乳头不会折曲，能保证迅速而充分地挤奶；而圆形乳房，在套上乳杯时乳头会发生折曲，乳导管易变形，最后一部分牛奶不易被挤奶机挤净。机器挤奶在接近挤完时，应依次将乳杯按乳头的自然配置方向向下和向前拉动，把牛奶挤净。有漏斗形乳房的乳牛是完全不能用机器挤奶，应在选育、购买中淘汰。

2. 乳房各部发育的均匀性：乳房各部位的挤奶量大致相同，其偏差不应超过5% ~7%。为保证挤奶机能同时挤净各部位的牛奶，要求奶牛的乳区发育大小必须一致，否则不适合使用挤奶机。因为机器挤奶时，容易漏气滑脱，有的乳区被机器空挤，使牛奶挤不净，容易发生乳腺炎。

3. 乳头大小的一致性：乳头的最低长度为 8 ~ 10 厘米，直径为2 ~ 3 厘米，乳头之间的距离为 10 ~ 14 厘米，乳头到地面的距离应不小于 35 ~ 40 厘米，以使乳杯能方便地套上乳头，而乳头不会发生折曲，挤奶器也不会因乳头距地近而触及地面。

（三）挤奶机的工作原理和操作规程

机械挤奶不只是一个简单的机器抽取过程，而是奶牛、挤奶机以及挤奶员在正确操纵机器协同努力的结果，每一个环节均起到重要作用。奶牛必须在外界环境中获得适当的信息，挤奶员正确使用挤奶机，挤奶才能快速有效的完成。挤奶时，若发生不适情形，神经信息就会传到肾上腺，分泌的肾上腺素可引起乳房中的血管和毛细血管收缩，传注入乳房的血液减少，从而导致注入乳房的催乳素也减少。此外，肾上腺素还有抑制肌上皮细胞收缩的作用，因此，不能突然或者粗鲁地对待奶牛。

1. 机械挤奶的工作原理：挤奶机除了外部类型之外，按照挤奶机的工作过程，其内部可分为二节拍和三节拍两种机器类型，只有掌握其工作原理和正确的操作规程，才能充分发挥挤奶机的威力和生产效率，可以避免一些不必要的损失。

二节拍式挤奶机工作时有吸吮和按摩两个节拍，其工作原理为：在真空泵和脉动器的作用下，使乳头交替地受真空（吸吮相）和大气压（按摩相）的作用，即当乳头杯外壳与橡胶之间的空气被抽走时，脉动室呈真空状态，橡胶内套管被打开，乳头末端的真空状态迫使乳汁从乳头池中排出；当空气进入脉动室时，乳头末端下的橡胶内套管缩紧（橡胶内套管的内压低于脉动室内压之故），在这一间歇时间，乳头管关闭并停止排乳。二节拍挤奶机的优点是挤奶速度快，缺点是乳头在挤奶时经常处于真空负压作用下，难以得到应有的休息。

三节拍挤奶机工作时，在吸吮和按摩两个节拍之后，增加一个休息节拍。其优点是比较接近犊牛的自然吸奶过程，乳头可以得到休息，缺点是挤奶速度较慢。

2. 挤奶机的操作规程

（1）检查真空泵：挤奶机开动后，首先要查看真空泵是否稳定，工作在4.67万帕的气压上，如有问题要查明原因，进行维修。

（2）清洗乳房：正式上机前，要认真做好乳房清洗工作。经常修剪乳房上过长的毛，用铁刮子和小笤帚刮洗乳牛身上的泥土和牛毛，使牛体保持清洁干净。挤奶前，挤奶员要修剪指甲，穿上工作服，戴上工作帽。清洁的乳房可不用大洗，只清洗乳头及周围，同时进行适度按摩，直至乳房涨起，乳头挺立为止。最后用一次性纸巾擦干乳头，开始上机。

（3）废弃第一、二、三把奶：机器挤奶前，必须用手工将4个乳区的第一、二、三把奶挤在固定的容器中，并观察是否正常，如果有凝块或絮状物，则是乳腺炎的症状，此牛不能上挤奶机。

（4）套上乳杯组：用靠近牛头的手持住挤奶器，用另一只手接通真空。把第一个乳杯套在最远的乳头上，由远及近逐一进行，动作要快，减少空气进入。

（5）检查乳杯组：上机后，用很短的时间进行观察，不能让乳杯向乳房的根部爬升，这样容易把乳头卡死，影响牛奶的排出。防止这种现象的最好办法是：用一只手抓在乳头上，向下轻轻按几秒钟。

（6）挤奶开始：在挤奶进行中，不要按摩乳房，这样会干扰奶牛的正常条件反射。工作人员不要大声喧哗，不要有其他大声响动。

（7）瞎乳头要用乳堵：三个乳头或两个乳头的乳牛挤奶时，用乳堵堵住闲置的乳杯，用折的方法不好，一是堵不严，二是影响软管使用寿命。

（8）取下乳杯：观察乳汁排净后，用手将机组轻轻地向前向下方拉动，有助于排净残余的奶量。挤完奶后切断真空，让空气进入乳头和乳杯内套之间，这样会使乳杯组脱落。在切断真空前，绝不可用手插进乳头和乳杯口之间，形成空隙。这样做会使挤出的牛奶回流到乳房中去，是危险动作。

（9）乳头蘸药：挤完牛奶后马上用消毒液浸泡乳头，预防感染。因为在挤完牛奶后，大约需要15分钟时间，乳头管口才能完全封闭好。在刚挤完牛奶的一段时间，不让乳牛卧地，这样才能减少乳房感染机会。

（10）清洗挤奶设备：每次挤完牛奶后，应立即清洗挤奶设备，先用温水清洗4～5分钟，排除管内残余牛奶，然后用特制的洗涤剂清洗，温度60～80℃，时间10～15分钟，最后用清水冲洗4～5分钟。

每周应对挤奶机的所有部件进行一次总的清洗。先将拆开的零件放在50～60℃热碱水中刷洗，再在85℃以上的热水中浸洗30分钟，然后再进行装配。对于真空管道应半年清洗1次，清洗时可打开一端的放水开关，将自来水通入，并从另一端的放水开关放出。

真空泵的保养应注意经常向润滑油杯内注满机油，并以每分钟滴油2滴的供油量来进行供油调节（可在玻璃观察孔中检视）。真空泵使用半年到一年后应进行拆洗检查。

（四）手工辅助挤奶不可取

不提倡机械挤奶后再用手工辅助挤奶。用手工辅助挤净残余牛奶的缺点是影响机械挤奶的效率，若养成习惯，会使机械挤奶的残余量越来越多。一会儿用机械挤奶，一会儿用手工挤奶，让乳牛无所适从，如果确实有的牛残余奶太多，只能说明这头牛不适合机械挤奶，就尽早改为人工挤奶。

第三节　牛奶的卫生处理

一、挤奶卫生工作

1. 乳房卫生：乳头直接与外界接触，在乳头管中含有较多的微生物，故最初挤出的奶应废弃或单独存放，另行处理。要特别重视的是，奶牛的乳腺炎，特别是不易被发现的隐性乳腺炎，可导致牛奶中的微生物数量极大的增加，导致牛奶的品质严重下降，甚至根本不能供人饮用。因此，维护乳房的健康，控制乳腺炎的发生，是非常重要的环节。

2. 牛体卫生：牛舍空气、垫草、尘土以及牛本身的排泄物中就含有大量细菌，并大量附着在乳房上，挤奶时必须严格清洗乳房和腹部，并用清洁的毛巾擦干。管道机械挤奶时，先用湿布或纸巾擦洗乳房，然后用乳头消毒剂浸润（药浴）乳头，再用纸巾擦干乳头后套杯挤奶。但对牛体和乳房部位特别脏的乳牛，仍要用水先清洗，然后再按上述要求操作。

3. 空气卫生：空气中含有大量微生物，特别是拴系式牛舍内空气污染更严重，每毫升空气中含有50～100个细菌，灰尘多的时候可达10 000个。

4. 挤奶工具卫生：挤奶时所用的奶桶、挤奶机、滤布、洗乳房用布等，以及机械挤奶的各种管道、器械，即所有与牛奶接触的设备、用具都必须按严格的程序清洗消毒，以减少对鲜奶的污染。

5. 其他方面的卫生：挤奶员应无传染病，挤奶时保持手的洁净，挤奶间、挤奶厅要有效地控制苍蝇、蚊虫等。

二、牛奶的降温和低温运输

刚挤下的鲜奶，温度在36℃左右，最适宜微生物生长繁殖。鲜奶如果不及时冷却，则奶中的微生物会大量繁殖，酸度迅速增高，这不但降低了牛奶的品质，而且还可使牛奶凝固变质。另外，鲜奶中还含有能抑制微生物生长繁殖的抗菌物质——抗克特宁。奶温越低，奶中细菌繁殖污染程度越轻，这种抗菌物质的活性延续时间就越长，因此鲜奶在挤出后，应及时冷却到5℃左右。

牛奶最好用有降温设施的奶槽车运输。如果没有奶槽车，而用奶桶，就要十分小心，防止因运输过程措施不当而使牛奶变质。不管采取什么运输方式，都必须注意以下几点。

1. 防止牛奶在运输途中温度升高：特别是夏季，如果不是用具有降温设施的奶槽车运输，途中牛奶温度会很快升高。因此，运输时最好安排在夜间或早晨，或用隔热材料遮盖奶桶。

2. 保持清洁：运输时所用的容器必须保持清洁卫生，并严格杀菌，奶桶盖应有特殊的闭锁，盖内应有橡皮衬垫物。

3. 防止震荡：容器内必须装满盖严，以防止震荡。

4. 防治牛奶途中变质：严格执行责任制，按路程计算时间，尽量缩短途中停留时间，以免鲜奶变质。

第七章　奶牛饲料加工与日粮配制

第一节　奶牛饲料种类

在养牛之前，要准备一定数量的饲草饲料。通常一头奶牛一年需要干草1 000～2 000千克，青贮饲料和青饲料7 000～10 000千克，其他饲料如胡萝卜、糟渣等1 000～4 000千克，精饲料就是谷物和各种饼类饲料，一般需要1 500～3 000千克，还要有少量的食盐和矿物质饲料。6月龄以内的犊牛按4头折1头计算，6月龄以上的育成牛按2头折1头计算，青年牛一头算一头。根据以上数量安排准备好各种饲料，还要注意把饲料保管好，防止受潮和鼠害，万不可给奶牛饲喂发霉变质的饲草料。

奶牛的饲料通常可分为三类，即精饲料、粗饲料和特殊饲料。其中，优质牧草和豆科作物如苜蓿草，是奶牛理想的粗饲料。特殊饲料主要是指矿物质饲料（如碳酸钙）、非蛋白氮（如尿素）和维生素饲料等。根据奶牛营养需要还可将饲料按类细分为以下8类。

1．粗饲料：主要包括干草类、牧草类、秸秆荚壳类、农副产品及饲料干物质中粗纤维含量≥18%糟渣类、树叶类和非粉质的块根、块茎类。

2. 青绿料：包括青鲜牧草、蔬菜、块根、块茎、瓜果类等。

3. 青贮饲料：包括青贮玉米、青贮大麦、青贮小麦、青贮苜蓿、青贮黑麦草、青贮燕麦草、半干青贮料等。

4. 能量饲料：主要是指提供能量的饲料，如玉米、小麦、大麦、麸皮、高粱和脂肪类等。

5. 蛋白质饲料：主要是指提供蛋白质的饲料，如饼粕类的豆粕、菜籽粕、棉粕、亚麻粕、葵粕、花生粕、发酵工业产品（酒糟）及蛋白粉、氨基酸和非蛋白氮等。

6. 矿物质饲料：包括含有常量元素的磷酸氢钙、碳酸钙、氯化钾、氧化镁、氯化钠和含有微量元素的硫酸亚铁、硫酸锌、氯化钴、亚硒酸钠等。

7. 维生素饲料：包括水溶性 B 族维生素和脂溶性维生素 A、维生素 D、维生素 E 等。

8. 添加剂：包括营养性和功能性两大类。

第二节　青贮饲料的制作

青贮饲料一般都是由奶牛场或养殖户自行制作的。青贮饲料是将青绿饲料在厌氧条件下经过乳酸菌发酵而制成的一种粗饲料，如青刈玉米、牧草、蔬菜等含水率在 60% ~70% 时切短，装填入窖（池、塔），压紧、密封，经过 40 ~50 天发酵而成。制作青贮料时，最重要的两点：一是青贮原料必须切短、压实，不管采取什么方法，都必须保持密封、不渗漏水，并防止老鼠打洞；二是用含水分高、含糖量低的青饲料制作青贮，需要将原料适当晾晒，且最好与含糖量高的原料混合制作青贮料。

青贮饲料较多地保存了原料的营养成分，柔嫩多汁，芳香可口，是奶牛冬春季提高产奶量和维持健康的重要粗饲料。青贮饲料一旦制成，即处于厌氧和酸性环境中，可长期保存。

一、青贮玉米制作

1. 适期收割：青贮玉米原料最佳收割期是腊熟期。

2. 切短：青贮原料只有切短才能压实，排除空气，创造厌氧环境，同时切短后糖分从断面渗出，为乳酸菌创造良好的营养环境。青贮原料切割长度以1.5～3厘米为宜。

3. 调节水分含量：青贮原料的水分含量以65%～70%为宜。水分过高，原料中糖分和汁液过于稀释，并且贮存时因压紧造成养分流失，不利于乳酸菌繁殖；反之青贮原料过干，难于压紧，造成好氧微生物大量繁殖，使原料发霉变质。

4. 装填：青贮原料应逐层（15～20厘米厚）平摊装填压实，特别是窖（池）的四周边角压实，通常采用人工踩实，大型窖池可采用机械碾压。装料时一定要高出窖口沿100～200厘米以上，以保证青贮发酵完成后，青贮层仍高于窖的上沿。窖顶形状要利于排水。

5. 密封：严密封窖，防止雨漏和透气是调制优质青贮饲料的一个关健环节。因此，在青贮料装满后，在原料上覆盖青贮专用黑白膜，然后在黑白膜上直接用汽车废轮胎或沙袋压紧，但注意不可弄破垫料薄膜。

6. 管理：青贮窖密封后，要防止渗水，要具有排水措施，并随时修复窖顶部裂缝和沉坑。

7. 品质：优良青贮玉米颜色为青绿或黄绿，有光泽，有芳香的酒酸味，pH值为3.8～4.2。

二、秸秆物理、化学和生物处理法

秸秆主要是指籽实类作物的茎叶，如玉米秸、小麦秆等。因为秸秆的粗纤维含量高，蛋白质含量低，消化率低，一般在饲喂时要将其进行处理，其目的是促进消化、保存养分和增加适口性。

秸秆的处理方法包括物理处理方法、化学处理法和生物处理方法。

1. 物理处理方法：切短、揉碎和粉碎，这是处理秸秆饲料最简单而又主要的方法之一。处理后可提高采食量，并减少饲喂过程中的饲料浪费。此外，比较常用的还有浸泡、制粒压块等方法。

2. 化学方法：主要有碱化处理、氨化处理。碱化处理有氢氧化钠液、石灰水处理方法。但这两种方法处理后的适口性较差，生产商用的不多。氨化处理常用尿素、碳酸氢铵、氨水、液氨等作氨源处理秸秆。处理后，要待氨（气）散发净后，才可以用以饲喂奶牛，防止氨中毒。

3. 生物处理方法：生物处理法的实质是利用微生物的处理方法，包括青贮、发酵处理和酶解处理。其中发酵处理即通过有益微生物的作用，软化秸秆，改变适口性，并提高饲料利用率；酶解处理是将纤维素分解酶溶于水后喷洒秸秆，以提高其消化率。目前，应用广泛、效果较好的秸秆处理方法是氨化。

第三节　奶牛日粮配合的原则

据计算奶牛饲料成本占鲜奶生产成本的60%以上，因此，日粮配合的合理与否，不仅关系到奶牛健康和生产性能的表现、饲料资源的利用，而且直接影响产奶牛的经济效益。

一、影响奶牛日粮配合的因素

1. 奶牛的体重：奶牛体重决定其维持营养的需要量。

2. 日产奶量：不同产量的奶牛，其营养需要不同。

3. 乳成分：根据检测结果，分析牧场鲜奶中乳成分（主要是乳脂率、乳蛋白率、脂蛋比）的情况，调整日粮配方。

4. 奶牛所处的泌乳阶段：泌乳早期能量呈负平衡；妊娠后期考虑妊娠需要。

5. 奶牛胎次：头胎牛、二胎牛在日粮配合时，必须考虑其维持生长需要。

二、影响奶牛对营养平衡日粮的利用因素

1. 日粮的适口性：注意选择体积适当、柔软、适口性好的原材料。

2. 日饲喂次数：2 次饲喂与 3 次饲喂，奶牛的采食量不同。

3. 饲喂方法：如完全混合饲喂法、电脑控制精料饲喂法和先粗后精饲喂法。

4. 单独饲喂或群体饲喂：单独与混群及牛只所占槽位长短影响奶牛采食。

5. 清理饲料槽的频率：清理饲料槽的频率过多则会减少采食时间而影响营养平衡日粮的利用。

三、奶牛日粮配合的基本原则

1. 以饲养标准为依据，并针对具体条件（如环境温度、饲养方式、饲料品质、加工条件等），进行必要的调整。

2. 要充分利用当地饲料资源，合理搭配饲料。例如，可以利用小麦、酒糟等替代部分玉米、稻谷等能量饲料；利用脱毒菜籽饼、苜蓿草粉等替代大豆饼等蛋白质饲料。这些饲料的合理搭配利用，对降低饲养成本、节约精饲料有很好的效果。

3. 要注意营养的全面平衡，根据饲料的质量、价格或季节、饲养方式，适当调整饲料配方中相关原料的配比或某一指标的含量。此外，还要注意选择体积适当、适口性好的原料。

四、混合精料中各种饲料的配比

1. 不同产量、不同阶段的牛只，其混合精料中各种饲料的配比是不同的（表7－1）。

表7－1 不同阶段的母牛混合精料中各种饲料的配比 （单位:%）

	能量饲料	蛋白质饲料	矿物质、维生素
泌乳牛	50～65	30～35	7～10
干乳牛	60～70	25～30	5～7
生长牛	60～70	20～30	6～8
犊　牛	50～60	35～40	6～8

2. 日粮干物质中粗精饲料的适宜比例见表7－2。

表7－2 日粮干物质中粗精饲料的适宜比例 （单位:%）

	泌乳早期	泌乳中期	泌乳晚期	干乳期	犊牛	生长牛	育成牛
粗料	30～40	50	60	70～60	5～40	80	70
精料	70～60	50	40	30～40	95～60	20	30

注：1. 粗料中提供长粗纤维，维持母牛的正常消化功能，保持机体健康；精料中提供奶牛60%～70%营养元素，尤其是维生素和矿物质元素。

五、配合日粮注意的问题

1. 配合日粮必需注意到各类营养元素之间的平衡：①粗精配合的比例；②中性洗涤纤维（NDF）在日粮干物质中的比例；③粗料来源的NDF占日粮干物质的比例；④过瘤胃蛋白质占日粮粗蛋白质的比例；⑤日粮干物质中能量含量与粗蛋白质含量的平衡；⑥矿物质和维生素的满足；⑦日粮阴阳离子的平衡；⑧日粮

中合理水分含量。

2. 饲料原料的供应是否常年均衡。

3. 饲料适口性好坏。

4. 对生产的产品（乳、肉等）无不良影响，确保饲料来源安全、绿色，符合卫生指标要求。

5. 日粮组合的体积适当，注意日粮的结构与浓度。

6. 饲料原料的营养成分的测定和质量指标检测。

六、影响奶牛采食量的因素

1. 动物本身：产量（高产、低产），体型（大体型、小体型），泌乳阶段（早期、中期、后期），瘦肥，怀孕状况，遗传基因，健康等。

2. 日粮因素：①日粮水分（超过50%会影响奶牛干物质的采食量；每提高1%的水分，干物质采食量下降体重的0.02%）；②饲料的物理形态（日粮适口性差、粗料质量差或粗料过长、过细）；③饲料的化学成分（饲料发霉等）；④饲料的精粗比（有效长粗纤维不足，咀嚼和反刍次数减少，瘤胃功能不正常，或粗料比例过高导致日粮中性洗涤纤维NDF高，奶牛采食量均会下降）；⑤饲用发酵不佳的青贮料；⑥日粮营养物质是否平衡（非蛋白氮NPN或可溶性粗蛋白CP水平高；日粮矿物质水平太低或太高）；⑦饲喂方式、次数、顺序、时间。

3. 环境因素：即温湿指数包括温度湿度高、遮荫、风速、降温（夏天奶牛热应激）或御寒、污泥、周围环境的舒适情况等。

4. 管理因素：①过分拥挤，奶牛所占床位及运动场的面积过小；②牛身不清洁，牛只舒适度差；③饲槽空间不足或饲槽管理不良；④饮水受到限制或水质太差；⑤头胎牛未集中饲养；⑥群体变动大，调整牛群过于频繁；⑦没有足够的采食和休息时间，饲喂挤奶次数不当；⑧饮水不足，饮水槽数量不足或过短。

七、奶牛需要的优质粗料

奶牛是反刍动物，它采食大量的粗饲料后可维持瘤胃正常的消化功能，保持机体健康，若粗饲料供给量不足，则会降低乳脂率。因此粗饲料质量是奶牛日粮结构的关键所在。

八、夏季奶牛的日粮组合

日粮调整的目的是改善饲料结构，抑制与产奶无关热量的产生。

1. 提高日粮营养浓度：注意营养成分的平衡，降低氨排泄量。在合理的精粗比例条件下，适当增加高蛋白、高能量的精料，可以保持瘤胃正常 pH 值，防止酸中毒。适当减少含粗纤维高的饲料，提供易消化的、优质粗饲料以减少热增耗。

2. 添加抗热应激的添加剂：高温时奶牛对钙、钠、钾、磷、镁等主要常量元素和铜、锌、硒、锰等微量元素的需要增加，添加量应比平时高 10% 左右。增加日粮中矿物质：钾从 1% 增加到 1.5%，钠从0.2% 增加到 0.45%，镁从 0.2% 增加到 0.35%。每天增加维生素 A10 万 ~ 15 万国际单位（IU），以补偿维生素的高代谢和在肝中的大量流失。

第八章　奶牛疾病防治

一、前胃弛缓

前胃弛缓是前胃的神经兴奋性降低，蠕动能力减弱，致使食物不能正常消化和向后移动为特征的消化紊乱的一种疾病。

（一）病因

1. 原发性前胃弛缓：主要是由于饲养管理不当引起，如长期饲喂粗硬、难于消化的饲料，如突然改变饲料、饲喂发霉变质饲料、冰冷和混入沙土过多的饲料，或长期饲喂缺乏刺激性的饲料（麸皮、各种磨细的精料）或长期饲喂缺乏营养，而刺激性强、粗纤维过多的饲料（秸秆等）阻碍瘤胃的活动。另外缺乏适当运动，或重度劳役后得不到休息都可成为发病的原因。

2. 继发性前胃弛缓：多见于瘤胃积食、瘤胃臌气、创伤性网胃炎、瓣胃阻塞等前胃疾病，以及传染病（如牛肺疫、结核病、布鲁氏菌病等）、寄生虫病（如肝片吸虫病）和热性病的发病过程中。

（二）症状及诊断要点

1. 草料、饮水突然减少或完全停止，有的出现乱吃乱舔各种不该吃的东西，反刍减少或停止（倒磨）。粪便颜色深而硬，表面有黏液，有时也会出现腹泻，拱背磨牙。

2. 瘤胃时有间歇性臌气，触诊瘤胃松软，内容物中度充满，瘤胃蠕动力减弱，次数减少或消失。

3. 口腔气味酸臭，唾液黏稠，但体温、呼吸、脉搏变化不大。

4. 转化为慢性病后，病畜逐渐消瘦，被毛粗乱，鼻镜干燥，眼球下陷，产奶量下降或停止，卧地不起。

（三）防治

治疗的原则是消除病因，增强前胃兴奋性，促进瘤胃内容物转化，防止脱水与自体中毒。

1. 对轻症病例要停喂 1 ~ 2 日，及时对瘤胃进行按摩，然后进行驱赶运动，促使其瘤胃蠕动；用大量的 0.5% 苏打水或自来水充分洗涤胃内容物；移植瘤胃液，每日 2 次灌服健康牛的瘤胃液 4 ~ 6 升；也可服椿皮散、健胃散等，或清油 500 ~ 1 000 克，醋 500 克，大蒜 1 ~ 3 头（捣碎）混合灌服，或滑石粉 500 ~ 800 克，加水 1 000 ~ 1 500 克灌服。

2. 兴奋瘤胃蠕动，强心和增强全身功能，可静脉注射“促反刍液”及 10% 氯化钠 300 ~ 500 毫升，氯化钙 100 ~ 250 毫升，10% 苯甲酸钠咖啡因 10 ~ 30 毫升，加 30% 安乃近 30 毫升，混合静注。滑石粉 300 ~ 800 克，加水 1 000 ~ 1 500 克灌服。

3. 粪干颜色黑时，用硫酸钠（镁）300 ~ 1 000 克，加苏打 100 ~ 200 克加冷水 2 500 克灌服。

（四）预防

在预防上要坚持合理的饲养制度，不能突然变换饲料；要坚持合理供应日粮；要注意精料、粗料、矿物质及维生素的比例，并保证供给优质充足的干草。

二、瘤胃积食

瘤胃积食是因前胃收缩力减弱，采食大量难易消化的饲草或易膨胀的精料或粗纤维饲料，蓄积于瘤胃中，使瘤胃体积增大，胃壁扩张而引起的严重消化不良的疾病。

（一）病因

采食过多饲料，如突然更换饲料，或偷食了难以消化、可膨胀的精料或粗纤维饲料使瘤胃溶积增大，胃壁扩张及运动机能障碍的疾病，或由前胃迟缓引起。

（二）症状及诊断要点

1. 有一次性采食过多的病史。

2. 腹围增大，左侧瘤胃上部胀满，中下部向外突出；有腹痛症状，如回头望腹，重时表现呻吟。

3. 用手触压瘤胃，其内容物充满坚硬，不易压下，拳压可留下压痕长时不平，瘤胃蠕动完全停止，只排少量粪便或完全不排粪。

4. 一般症状严重，食欲停止，反刍、嗳气减少或停止，磨牙、流延、呻吟，甚至出现呕吐、鼻镜干燥、呼吸心跳加快，但体温一般正常。

5. 多吃豆谷引起的瘤胃积食，出现视力障碍、神经症状，脱水和酸中毒。

（三）治疗

治疗原则是恢复前胃运动机能，促进瘤胃内容物运转，消食化积，防止脱水与自体中毒。

1. 食醋 500 ~ 1 000 毫升，食盐 100 克，清油 500 毫升，一次灌服。

2. 石蜡油 1 000 ~ 2 000 毫升，硫酸镁 300 ~ 500 克，滑石粉 500 ~ 800 克，苏打 300 ~ 500 克，萝卜汁 5 000 ~ 1 0000 毫升、混合一次灌服。

3. 清油 1 000 毫升、滑石粉 500 ~ 1000 克加水 1 000 ~ 1 500 毫升灌服。

4. 用促反刍液，一次静脉注射（见前胃弛缓病）。

5. 如偷食多量精料或病情严重，在药物治疗无效时可进行洗胃和手术治疗。

（四）预防

本病的预防，在于加强经常性饲养管理，防止突然变换饲料或过食。奶牛应按日粮标准饲养，避免外界各种不良因素的刺激和影响，保持其健康状态。

三、瘤胃臌气（气胀）

瘤胃臌气是由于母牛采食了大量容易发酵的饲料，产生大量气体或气性泡沫在瘤胃内积聚，使瘤胃体积增大，压力增高胃壁扩张，严重影响心、肺功能，而造成母牛窒息死亡的一种急性病。

（一）病因

由于过量采食发酵产气的草料，如开花前的苜蓿、露水草、二茬青苗、霉败的青贮饲料或误食毒草、豆类、豆渣或长期舍饲的母牛，一旦外出吃了大量青草均可引发疾病。

（二）症状及诊断要点

1. 采食大量发酵性饲料而发病。

2. 左腹部急剧膨胀，严重时出现高出脊背的症状。

3. 触诊瘤胃壁紧张而有弹性，叩诊呈鼓音，瘤胃蠕动音初强后弱，甚至消失。

4. 呼吸困难而加快，表现张口伸舌呼吸，心跳加快，静脉怒胀，黏膜发泔，体温正常，后期全身出汗，走路摇摆，倒地呻吟死亡。

5. 一般症状严重，如食欲废绝，反刍、嗳气减少或停止；磨牙、流延、呻吟，甚至出现呕吐；鼻镜干燥，呼吸、心跳加快，但体温一般正常。

（三）治疗

排出气体，止酵消沫，健胃消导为治疗原则。

1. 病情严重的应马上进行瘤胃穿刺放气，防止窒息，可用套管针或大号兽用静脉针（外出放牧时可用刀尖，尖锐的树枝等）在左侧肷窝的最高点，剪毛、消毒、穿刺放气，放完气后，可通过针头向瘤胃内注入食醋500毫升，大蒜泥1克。

2. 让病牛站于前高后低的坡地上，用一木棒涂上清油噙于病牛口中，以绳固定于病牛头部，再按摩腹部以促进嗳气的排出。

3. 0.25%比赛可灵10毫升肌肉注射，同时，可用香油500毫升，土碱50克，鱼石脂40克，白酒100毫升，混合灌服。

4. 茶叶、萝卜籽各250克，加水1 000毫升，煎煮剩500毫升，过滤去渣，待温后一次灌服，一日2次。

5. 滑石粉300~800克，丁香末40克，肉蔻末40克，加凉水500~1 000毫升，灌服。

（四）预防

本病的预防，着重强调饲养管理，防止采食腐败或发酵的饲料或雨后早晨有露水的嫩草。在放牧或改喂青绿饲料前一周，先饲喂青干草、稻草，然后放牧，以免饲料骤变发生过食。幼嫩牧草，采食后易发酵，应晒干后掺杂干草饲喂，饲喂量应有所限制。放牧还应注意茂盛牧区和贫瘠草场进行轮牧，避免过食。注意饲料保管，防止霉败变质。

四、瓣胃阻塞

瓣胃阻塞（百叶干）是因前胃弛缓、瓣胃收缩力减弱，食物在瓣胃内停滞干涸，前胃运动机能减弱的情况下，特别是瓣胃本身的收缩机能减弱时，致使食物停止于瓣胃内，其中水分被吸收而变干，导致严重消化不良为特征的疾病。

（一）病因

1. 原发性瓣胃阻塞，多因劳役过度，消瘦衰弱的母牛，常饲喂长草或不洁的粉状饲料，加之饮水不足而引起。

放牧转变为舍饲或饲料突然变换，饲料质量低劣，缺乏蛋白质、维生素及微量元素或因饲养不规范等均可引起。

2. 继发性瓣胃阻塞、前胃迟缓、皱胃阻塞、热性病等都可继发引起。

（二）诊断要点

1. 逐渐发病，病初病牛表现精神倦怠，食欲减退，反刍次数减少，以后食欲废绝，反刍停止，胃蠕动消失，但体温、呼吸、脉搏多无变化。后期瓣胃小叶发炎，坏死时体温稍高，脉搏快而弱。

2. 鼻镜干燥，病重者出现干裂。

3. 粪干如驼粪，呈算盘珠样。

4. 病牛逐渐消瘦，体弱无力，并出现脱水症状，如眼球下陷、皮肤干燥无弹性等。

（三）治疗

以促使瓣胃内容物软化、排出，增强瓣胃收缩力，防止脱水和酸中毒为治疗原则。

1. 泻下者可内服石蜡油 1 000 ~ 2 000 毫升，硫酸镁 500 ~ 800 克，加水 5 000 ~ 10 000 毫升，或用硫酸镁 400 克，普鲁卡因 2 克，呋喃西林 3 克，甘油 500 毫升，常水 3 000 毫升，混合一次瓣胃内注射。穿刺点可在右侧倒数 5 ~ 7 肋间，与肩关节水平线的交点（牦牛为倒数第 7 肋间，肩端水平线与胸底壁连线的中点为穿刺点。）

2. 为防止酸中毒，可静脉注射 5% 碳酸氢钠 500 毫升。

3. 仙人掌 300 克，大黄末 150 克，人工盐 200 克，石蜡油 500 ~ 1 000 毫升、加水适量灌服，每天 1 次。

4. 猪油 500 ~ 1 000 克，蜂蜜 250 克，加温水 2 500 ~ 5 000

毫升，一次灌服。兴奋胃蠕动，可静脉注射促反刍液（见前胃弛缓）。

5．面粉 1 000 克，发面酵头 100～300 克，加 20～40℃温水 1 500～3 000 毫升，在室温下放置 8～24 小时发酵，待面发起泡，出现有特殊酸味为度，加食盐 50～100 克搅匀灌服，一次即愈。严重病例次日可以再灌服 1 次。

五、食道阻塞

食道阻塞是因母牛吞食萝卜、马铃薯和异物（如沙包等）而突然堵塞于食管所致。

（一）诊断要点

1．突然发病，表现不安，伸颈缩头，咳嗽摇头，空嚼流涎。

2．因食道阻塞，嗳气停止，迅速引起急性瘤胃膨气。

3．颈部食道阻塞时可摸到阻塞物。

（二）治疗

本病的治疗应根据阻塞物性质和阻塞的部位不同，而采取不同的治疗方法。

1．口腔内直取法，主要适用于颈上部并靠近咽喉部阻塞的治疗。具体操作：①病牛于柱栏内站立保定或侧卧保定，头部牢靠固定；②用开口器打开口腔交助手固定；③助手在阻塞物的下部顶住阻塞物，并尽力向咽喉部推送；④术者右手呈锥形伸入口腔通过咽喉部直至抓住阻塞物并取出。

2．锤击疗法：只适用于一般萝卜、马铃薯、玉米棒等引起颈部食道阻塞的治疗。病牛取右侧卧保定，然后在阻塞物底面垫以衬垫物（如砖片或木墩），助手用双手夹住阻塞物并紧压固定，术者持锤斧等物，在阻塞物部速砸数下，即可使阻塞物破碎而愈。

3．疏导法：适用于胸部食道阻塞的治疗。取胃导管和长于胃导管的 8 号铁丝 1 根。具体操作方法是：①先将铁丝插入胃导管内量取长度，一般铁丝应短于胃导管插入端约 2 厘米，并于胃导管游离端将铁丝弯勾作为标记；②在铁丝的插入端缠上胶布；③再将胃导管由鼻孔插入食道至阻塞部；④顺胃管注入 1% 盐酸普鲁卡因 50 毫升、石蜡 100 毫升；⑤将铁丝缠胶布端插入胃管，插至铁丝弯勾处为止；⑥术者将游离端胃管和铁丝固定在一起，缓慢均匀地用力推送阻塞物，直至推入胃内。

4. 灌注浓盐水法：适用于新鲜的胡萝卜、马铃薯等引起中部食道阻塞，既不能从口腔内取出，又不能用胃管将阻塞物推入胃内时，可直接向食道内灌注浓盐水 200 ~ 250 毫升后，待其自行咽下。

5. 徒手挤压法

（1）病牛取站立位，保定人员一手抓住牛耳或牛角下压，另一手抓住牛鼻，令其伸头直颈，使咽喉部低于食道水平线，以防止回流的唾液、食物呛入气管。

（2）术者半蹲于病牛颈侧，掌心向上，一手拇指与其余四指指尖相对，固定阻塞物进心端稍后方的食道。

（3）另一手拇指与其余四指指肚相对，气管置于掌心，由进心端慢慢向前挤压阻塞物，待阻塞物移动后，稍加快挤压速度至咽喉部，当咽喉部受到刺激后，病畜便出现呕吐或咳嗽，阻塞物即随之吐出口腔。

六、胎衣不下

胎衣不下是指母牛分娩后在 6 ~ 12 小时内胎衣不能自动排出的症状。

（一）病因

胎衣不下时由于产后子宫收缩微弱无力，或者胎儿胎盘与母体胎盘之间的炎症而发生粘连所致。

（二）诊断要点

胎衣不下可分为全部胎衣不下和部分胎衣不下两种。

1．全部胎衣不下：子宫严重迟缓时，全部胎膜都可能滞留在子宫内，四五天后滞留在子宫内的胎衣逐渐分解，并不断排出体外。

2．部分胎衣不下：部分胎衣垂掉在阴户外面，胎膜表面有大小不等的、突出的暗红色的胎盘；而另一部分胎衣仍滞留在子宫内。垂掉在阴户外的胎衣受感染很快腐烂、分解并发出恶臭，腐败的霉毒很快向滞留在子宫和阴户内的胎衣蔓延。病牛发生败血性子宫炎后，体温升高，精神不振，食欲反刍减少或者废绝。泌乳减少，腹泻，如不及时治疗，可能毒血攻心死亡。

（三）治疗

1．灌糖姜茶液（红糖350克，茯茶叶150克，姜片10～15片炒黄，食盐50克）水煎，凉温1次灌服。

2．往子宫内注入10%盐水300～500毫升加青霉素320万～480万单位，隔日1次，连用2～3次，促进胎盘绒毛收缩，容易剥离。

3．车前子300～400克，用白酒或者75%酒精浸湿点燃，边燃边搅拌，待酒精燃尽后，冷却研碎，再加温水适量，1次灌服。

（四）预防

合理饲养怀孕母牛，补喂富有蛋白质和维生素及矿物质的饲料。舍饲母牛要适当增加运动和光照，以便增强体质。及时治疗子宫炎症，加强对结核病、布鲁氏菌病等的防疫检疫工作，可减少胎衣不下的发生。

1．孕牛不要过度使役，要劳役有节。

2．多喂一些营养丰富的饲料。

3．临产前每天坚持必要活动，促进血液循环，防止难产或胎衣不下。

4．临产前补糖补钙，静脉注射5%氯化钙250～350毫升，或10%的葡萄糖酸钙350～450毫升，以及50%葡萄糖300～400毫升，可减少发病率。

七、乳腺炎

乳腺炎是指乳腺发生的各种不同性质的炎症，其特点是乳汁变质。

（一）病因

1. 乳房炎是病原微生物侵入乳腺内感染而引起，主要是饲养管理不当所致。

2. 圈舍卫生不洁、挤奶方法不当，挤奶前未洗净乳房或生殖器管及其他组织的脓性分泌物污染乳头可引起本病。

3. 乳房遭到冲撞打击、挤压或犊牛吃奶时咬伤乳头感染等。

（二）诊断要点

1. 乳房有不同程度的肿大、变硬、充血，皮肤紧张发红，有温热和疼痛感。

2. 泌乳量明显减少，乳汁变质，初为稀水状，继之为黏稠样，并且有絮状物或者凝块，色灰白，严重时可见脓血或血液，气味恶臭。

3. 重症病牛则表现精神不振，食欲减少或停止，体温明显升高。

4. 慢性乳腺炎的乳房弹性减低、坚实，乳汁发黄。

（三）治疗

首先减少饲喂精料及多汁饲料，限制饮水，增加挤奶次数，然后选用药物治疗。

1. 对急性乳房炎初期可进行冷敷，2天后改为温敷。

2. 用0.5%盐酸普鲁卡因生理盐水200毫升，加青霉素240万单位，在乳房基部分数点注射，效果良好。也可以进行乳房内注射，每个乳池内注射普鲁卡因青霉素液10～15毫升。

3. 用青霉素 240 万 ~480 万单位，链霉素 200 万单位，进行肌肉注射，每天注射 1 ~2 次，连续注射 3 天。

4. 用 0.02% 呋喃西林溶液和 0.25% 雷夫奴尔溶液 200 ~300 毫升注入乳房内，注进后 2 ~3 小时再慢慢挤出，每天注射 1 ~2 次。对于化脓性炎症和纤维素性炎症效果较好。

5. 用蓖麻仔 35 克，大黄 36 克，共研为细末，用鸡蛋清调匀，涂在乳房患处，每天涂 2 次。也可以用仙人掌去刺，捣碎成泥，将病乳区洗净擦干，按摩并挤净腐败乳汁，再将药泥涂敷于患部，每日 2 次。

6. 用硫酸镁 200 克，桃仁 40 克，穿山甲（研细末）50 克，薄荷油 10，凡士林 200 克，混合均匀，取 100 克，摊在纱布上敷于患部，用胶布固定，每日换药一次。

7. 用蒲公英 250 克，二花 80 克，共研为末，开水冲调 1 次灌服。

（四）预防

1. 挤奶前，先用温水把乳房洗净，再用热水热敷和按摩，促使下乳顺畅充盈。

2. 保持厩舍清洁，定期消毒，防止细菌感染乳房。

3. 挤奶时，操作人员的双手、揩乳布及其他设备要清洁、消毒。

4. 挤奶的姿势要正确，挤奶的力量要均匀。

5. 正确处理停乳，停乳后要检查乳房的充盈及收缩情况，发现异常立即处理。

6. 停乳后期和分娩之前，特别是在乳房明显膨胀时，要减少喂食多汁饲料和精饲料。

7. 分娩后，如乳房过度膨胀，乳汁过度充盈，除了采取上述一些措施外，要酌情增加 1 ~2 次挤奶，还要控制饮水和放牧。

八、奶牛生产瘫痪

本病是指母牛产后突然发生的严重代谢紊乱的疾病，以咽、舌、肠道麻痹，知觉消失或四肢瘫痪为主要特征的急性代谢性疾病，主要发生在高产奶牛。

（一）病因

母牛体内的血糖、血钙随初乳排除而急剧下降所致。

（二）诊断要点

多在产后3天内发生，主要发生于3～6胎的高产奶牛。

1. 典型瘫痪：奶牛通常在分娩后12～72小时，个别在分娩后突然发病。初期病牛有短暂的不安，不多时就显得精神不振，不愿走动，呆立，肌肉颤震，食欲废绝，鼻镜干燥。两后肢频繁交替踏蹄，很快出现典型瘫痪症状，即表现昏睡状态，呈伏卧姿势，四肢屈于身体底下，头颈向后弯曲，抵于胸壁。此时，病牛表现深呼吸，瞳孔散大，反射感觉消失，体温下降，四肢末端冰凉，有的病牛全身出汗。

2. 非典型瘫痪：除瘫痪卧地外，卧下时头颈部呈“S”状弯曲。病牛精神抑郁，但不昏睡，有时可勉强站立，但两后肢发软，行动困难或摇摆。

（三）治疗

1. 补糖补钙疗法：用10%葡萄糖酸钙300～500毫升，10%葡萄糖1 000～2 000毫升，10%安那咖10～20毫升，5%碳酸氢钠300～500毫升，10%水杨酸钠80～100毫升，40%乌洛托品40～60毫升，维生素C 20～30毫升混合一次缓慢静脉注射。注射速度宜缓慢，同时密切注意心脏情况，注射后如果效果不显著，待6小时后可重复注射。

2. 乳房送风疗法：先消毒乳房及乳头，然后用消毒过的涂有润滑剂的乳导管小心插入乳头管内，并挤净乳头内的乳汁，再接上打气筒或用乳房送风器打入空气至乳房皮肤紧张，叩诊呈鼓音即可。4 个乳区都要打满空气，每打好一个乳区，用宽纱布条把乳头紧紧扎紧，以免空气外溢。等到病牛站起来后，1 小时左右再把纱布条解掉。一般一次即可，如不愈可再打一次气。

3. 糖钙疗法：静脉注射 10% 葡萄糖酸钙溶液 500 毫升，病畜可迅速恢复正常。也可使用 10% ~20% 葡萄糖溶液 300 ~ 500 毫升，或 10% ~25% 葡萄糖溶液 1 000 ~2 000 毫升中加入 10% 氯化钙注射液 100 ~ 200 毫升，静脉注射。

4. 瘤胃臌胀：严重时可穿刺放气，禁止口服药物。

（四）预防

母牛怀孕期间，应补喂骨粉、蛎粉或其他钙制剂，特别是怀孕末期宜多补给，并进行必要的运动。营养良好的高产奶牛，可在分娩前 2 周内减少精料和多汁饲料，而饲喂低钙高磷饲料，可使分娩时血钙浓度保持正常。分娩前几天至产后 3 ~ 4 天内，每天给予白糖 200 ~ 300 克，或产后静脉注射葡萄糖酸钙溶液。另外，产后不要立即挤奶，3 天内每次挤奶不要挤得太净，以维持乳房内的一定压力，避免钙质损失过多。

第九章 奶牛登记与档案建立

一、奶牛登记

完善并准确登记，对核算 1 个奶牛场的盈亏有着直接的影响。没有准确的配种和预产期记录，就不能制订有效的繁殖措施。同样，没有每头母牛生产性能记录，就无法进行淘汰处理，遗传选择更无从考虑。因此，记录是决定工作日程及制定长远计划等的依据，也是对管理工作的估价。

（一）坚持做好记录

记录必须及时、准确和完善，只有这样的资料才有最大的使用价值。要合理地组织记录工作，以便大部分常规工作都能按预定计划进行，每月或每 2 个月检查 1 次。

主管牛群的畜主或负责人，应该承担起组织记录的任务。兽医必须熟悉各项记录，并且将检查或治疗的原始资料填在常用的表格上。同样，配种员要将配种情况登记在册。

（二）犊牛终生记录保存

记录内容包括牛号、性别、初生重、出生日期、父本号、母本号。在系谱卡上还要记录明晰的毛色标记图和主要的体尺，如体高、体长、胸围、管围，各月龄体重以及父系的综合评定等级、母本的最高产奶胎次、奶量、乳脂率等。在卡片的背后记录该牛各胎产犊和产奶的总结性信息。

（三）坚持记录母牛的繁殖状况

通过记录追踪，注意母牛繁殖周期及其变化情况。记录内容包括干奶时间、产犊日期、预计发情日期、计划配种日期、配种30天以上准备妊娠检查的日期、妊娠检查结果等。为了提高繁殖率，记录要逐日进行。

在繁殖方面还需要记录以下内容，①配种的总头数，经过诊断确定妊娠的头数和空怀的头数；②各牛最后1次配种的日期及预产期；③泌乳牛产犊前60天安排干乳，产犊后60天左右注意母牛发情配种，配种后30天进行妊娠检查，所有牛号、日期、结果都要记录；④要记录各牛从产犊到妊娠的空怀天数，空怀天数超过100天的，就是不正常的牛，需要密切注意或采取措施；⑤各牛的初产年龄、各胎次妊娠天数；⑥全场平均泌乳期天数、平均空怀天数；⑦每次妊娠的实际配种次数；⑧泌乳牛离群的各种原因所占的百分率，包括低产淘汰的、因病不能继续繁殖而淘汰的，以及出售但泌乳正常的、疾病或损伤的、死亡的等类，以便统计奶牛场的繁殖水平和安排对策。

二、建立养殖档案

（一）建立养殖档案的必要性

建立养殖档案是《畜牧法》和《动物防疫法》要求的重要内容，是落实畜禽产品质量责任追究制度、保障牛群及其产品质量的重要基础，是加强牛群养殖管理的基本手段，也是发展健康养殖的基本要求。

（二）养殖档案的内容

主要包括牛群的品种、数量、繁殖记录、标识情况、来源和进出场日期；饲料、饲料添加剂、兽药等投入品的来源、名称、使用对象、时间和用量；检疫、免疫、消毒情况；牛群发病、死亡和无害化处理情况；国务院畜牧兽医行政主管部门规定的其他内容等。

参考文献

[1] 邱怀. 牛生产学［M］. 北京：中国农业出版社，1995.

[2] 陈幼春. 现代肉牛生产［M］. 北京：中国农业出版社，1990.

[3] 全国畜牧总站. 奶牛标准化养殖技术图册［M］. 中国农业科学技术出版社，2011.

[4] 侯放亮. 奶牛繁殖与改良技术［M］. 北京：中国农业出版社，2005.

[5] 蒋兆春，汤春华. 奶牛健康养殖与疾病合理防控［M］. 北京：中国农业出版社，2010.

ལེའུ་དང་པོ། བཞོན་མ་སྣོར་སྐྱོང་བྱེད་པའི་སྔོན་འགྲོའི་གྲ་སྒྲིག

ལེ་ཚན་དང་པོ། བཞོན་མ་གསོས་འདེམས་པ།

བཞོན་ར་དང་བཞོན་ཁང་འཛུགས་སྐྲུན་ནི་བཞོན་མ་གསོ་སྐྱོང་བྱེད་པའི་རྨང་གཞི་ཡིན། བཞོན་ར་འཛུགས་སྐབས་བཞོན་མ་ཅི་ཙམ་གསོ་སྐྱོང་བྱེད་པའི་འཆར་གཞི་ལྟར་བཞོན་རའི་རྒྱ་ཁྱོན་གཏན་ཁེལ་བྱེད་དགོས་པ་དང་མཉམ་དུ་གནམ་གྱི་རྒྱུ་རྐྱེན་ལའང་བསམ་བློ་གཏོང་དགོས།

གཅིག ས་དབྱིབས།

ས་དབྱིབས་ནི་ཅུང་སྐམ་ཤས་ཆེ་ཞིང་ཁ་སྒོ་ལྷོ་ཡིན་ན་ཉི་འོད་ཧག་པ་ཡིན། ས་ངོས་ཁོད་སྙོམས་ཡིན་ཞིང་ཆུ་གཟར་ཙམ་ཡོད་ན་ཤིན་ཏུ་ལེགས། ཡིན་ནའང་རི་ངོས་སམ་ས་མཐོ་ས་རུ་བཞོན་ར་བཙུགས་ན་དགུན་ཐོག་ལྷགས་རླུང་གིས་གཅོས་པར་མ་ཟད། འགྲིམ་འགྲུལ་ཡང་སྟབས་མི་བདེ་བ་ཡིན།

གཉིས། ས་གཤིས།

སྤྱིར་ས་སོབ་བརླན་མི་འཛིན་པ་དང་དྲོད་འཛིན་ཐུབ་པའི་ས་གཤིས་ཡིན་ན་ལེགས། རབ་ཡིན་ན་བྱེ་ཟེགས་ཤིན་ཏུ་ལེགས་ཏེ། ཆར་བབས་རྗེས་འདམ་རྫབ་མི་གཡོ་བ་དང་ས་ནེམ་ཡང་མི་འཛིན་པ་ཡིན། ལྷས་རའི་དཀྱིལ་དབུས་མཐོ་ཞིང་མཐའ་བཞི་དམའ་བ་དང་། ཆུ་ཡུར་ཡོད་ན་བཟང་། ལྷས་རའི་ནང་དུ

ཆར་ཁེབས་བཀབ་ཅིང་བྱེ་ཟེགས་མཐུག་ན་རབ་ཡིན།

གསུམ། ཆུ་ཁྲུངས།

བཞོན་རས་ཉིན་རེ་བཞིན་ཆུ་མོད་པོ་འཛད་སྤྱོད་བྱེད་པ་ཡིན། སྤྱིར་བཏང་གི་གནས་ཚུལ་འོག་ཏུ་བཞོན་མ་100ལ་ཉིན་རེར་བཏུང་ཆུ་དང་སྣོད་ཀ་བཀྲུ་ཆུ་སོགས་ཏུན་25ནས་ཏུན་30དགོས་པ་ཡིན་པས། བཞོན་ར་ནི་ཆུ་ལྡན་སུམ་ཚོགས་པ་ཡོད་ས་རུ་འཛུགས་དགོས་པར་མ་ཟད། ཆུའི་ནང་དུ་མ་རྒྱུ་ཟླུངས་བཙུད་འདུས་ཚད་མཐོ་བ་དང་། ཆུའི་སྤུས་ཀ་ལེགས་དགོས།

བཞི། འཁྲིམ་འགྲུལ་དང་རིམས་འགོག

བཞོན་ར་ནས་ཉིན་རེར་འོ་མ་དང་གཟན་ཆས། ལྷི་བ་སོགས་འབོར་ཆེན་ཞིག་ཕྱིར་གཏོང་ནང་འདྲེན་བྱེད་དགོས་པས། བཞོན་ར་ནི་ཐོན་སྐྱེད་ལྟེ་གནས་དང་ཕྱུགས་འཚོ་ས་བཅས་ལ་ཐག་ཉེ་བ་དང་འཁྲིམ་འགྲུལ་སྟབས་བདེ་ཡིན་ས་རུ་བསྐྲུན་དགོས་མོད། འོན་ཀྱང་ཁོར་ཡུག་འཕྲོད་བསྟེན་དང་རིམས་འགོག་བྱེད་བདེ་བའི་ཆེད་དུ་གཞུང་ལམ་དང་བཟོ་གྲྭ། གྲོང་སྡེ་བཅས་དང་དེ་འདྲའི་ཉེ་མི་རུང་། སྤྱིར་ཡིན་ན་བཞོན་ར་གཞུང་ལམ་གཙོ་བོ་དང་བར་ཐག་ལ་སྟོང་སྨི 1500ཡན་དང་། གྲོང་སྡེ་དང་བར་ཐག་ལ་སྨི 500ཡན་ཡོད་པར་བྱས་ན། ཕྱི་ནས་འོངས་པའི་སྣ་ཟྲོག་གི་ཟྲོག་ནད་སྔོན་འགོག་བྱེད་ཐུབ། གཞན་བཞོན་རའི་ཆགས་གནས་གྲོང་སྡེའི་བསེར་ཁའི་ཡར་ནང་ཡིན་ན། བཞོན་རའི་རྫབ་ཆུ་དང་རྫབ་དབུགས་ཀྱིས་གྲོང་སྡེར་རྫབ་གནོད་བསྐྱལ་ཡོང་བ་སྔོན་འགོག་བྱེད་ཐུབ།

ལྔ། གློག་ཤུགས།

བཞོན་རས་འོ་བཞོ་འཕྲུལ་འཁོར་དང་འཁྱུགས་སྐམ། རྩྭ་གཏུབ་འཕྲུལ་འཁོར། རྩྭ་འཐག་འཕྲུལ་འཁོར་སོགས་གློག་ཆས་དང་འཚོ་བའི་ཐད་ལ་གློག་མཁོ་སྤྲོད་བྱེད་དགོས་པས། བཞོན་ར་འཛུགས་སྐབས་གློག་ཤུགས་མཁོ་འདོན་བྱེད་

པར་བསམ་བློ་བཏང་སྟེ། བཞོན་ར་རྒྱུན་ལྡན་སྒོམས་འཁོར་སྐྱོད་བྱེད་པར་ཁག་ཐེག་བྱེད་དགོས།

དྲུག འཕྲིན་གཏོང་།

དེང་རབས་བཞོན་མ་སྐོར་སྐྱོང་བྱེད་ཚུལ་དང་གནའ་རབས་བཞོན་མ་སྐོར་སྐྱོང་བྱེད་ཚུལ་ལ་གནམ་སའི་བར་གྱི་འགྱུར་ལྡོག་བྱུང་འདུག བཞོན་མ་གསོ་མཁན་གྱིས་ཕྱི་འབྲེལ་མཉམ་ལས་བྱ་ས་བསྐྱུན་ཏེ། དུས་ཐོག་ཏུ་ཕྱི་རོལ་དང་འབྲེལ་འདྲིས་བྱེད་དགོས། དེར་མཉམ་སྦྲེལ་དྲ་རྒྱ་དང་བརྟན་བཞུག་ཁ་པར་སོགས་བསྒྲིག་དགོས་པར་མ་ཟད། བཞོན་མའི DHIལ་དཔྱད་པ་བྱས་ཏེ་རང་གི་བཞོན་མ་དང་ཕྱི་ནས་ཉོས་པའི་བཞོན་མ་དག་ནམ་ཡིན་ཡང་བདེ་ཐང་ཡིན་པའི་རྣམ་པ་དེ་ཁག་ཐེག་བྱེད་དགོས། བཞོན་ར་བཙུགས་པ་ནས་བཟུང་ལག་རྩལ་གྱི་རྨང་གཞི་བརྟན་པོ་ཞིག་འདིང་དགོས།

ལེ་ཚན་གཉིས་པ། བཞོན་ར་ཇུས་འགོད་དང་ས་བཅད་བགོ་ཚུལ།

གཅིག བཞོན་ར་ཇུས་འགོད་དང་ས་བཅད་བགོ་ཚུལ།

བཞོན་ར་ཇུས་འགོད་ནི་བཞོན་ར་གཉེར་ཚུལ་དང་བཞོན་རའི་རྒྱ་ཁྱོན་གྱི་ཆེ་ཆུང་ལྟར་བབ་བསྟུན་བདག་གཉེར་བྱེད་བདེ་བར་གཞིགས་ཏེ་ས་བཅད་ལུགས་མཐུན་ཞིག་བགོས་ནས། ས་བེད་སྤྱོད་ཚད་ཇེ་ལེགས་དང་རྨང་འཛུགས་མ་དངུལ་གྲོན་ཆུང་བྱས་ན་རིམས་འགོག་འཕྲོད་བསྟེན་དང་ཁོར་ཡུག་རྗོབ་རོ་སྡོན་འགོག་བྱེད་པར་ཕན་པ་ཡིན། སྤྱིར་བཞོན་རར་ཁུལ་གསུམ་སྟེ། འཚོ་བ་བདག་གཉེར་ཁུལ་དང་ཐོན་སྐྱེད་ཁུལ། ཐོན་སྐྱེད་རམ་འདེགས་ཁུལ་བཅས་གསུམ་དུ་བགོ་དགོས། ཁུལ་རེ་རེའི་བར་ལ་བར་ཆོད་ཡོད་དགོས་པ་དང་། དུག་སེལ་འཕྲོད་

བསྟེན་རིམས་འགོག་བྱེད་ཐབས་ཞིབ་མོ་ཞིག་ཡོད་དགོས། འཚོ་བ་བདག་གཉེར་ཁུལ་ནི་བསེར་ཁ་ནས་བསྐུན་པ་དང་། དེ་ནས་ཐོན་སྐྱེད་ཁུལ་དུ་བཞོན་ཁང་དང་བེའུ་ཁང་། འོ་བཙོ་ཁང་། འོ་མ་འཛོག་ས། ཟོག་གི་སྨན་ཁང་། ནད་ཟོག་ཁང་སོགས་འདུ་བ་ཡིན། བཞོན་ཁང་དང་བཞོན་ཁང་བར་དུ་སྨིས 20ཡན་གྱི་བར་སྟོང་བསྒྱུར་དགོས། ཟོག་ལྷས་སུ་སྟོང་བ་ཡོད་ཕྱིན་བཞོན་མ་དག་གིས་དབྱར་ཐོག་ཚ་གྲོལ་བྱེད་ཐུབ། ཟོག་གི་སྨན་ཁང་དང་ནད་ཟོག་ཁང་སོགས་ནི་བསེར་ཁའི་མར་སྣེ་རུ་བསྐུན་དགོས། ཐོན་སྐྱེད་ཁུལ་གྱི་འགྲོ་འོང་བྱེད་ས་རུ་དུག་སེལ་སྨན་རྫིང་དང་དུག་སེལ་ཁང་བསྐུན་དགོས། ཐོན་སྐྱེད་རམ་འདེགས་ཁུལ་དུ་གཙོ་བོ་གཟན་ཆས་ལས་སྣོན་ཉར་ཚགས་ཁང་དང་སྔོ་རྩྭ་ཉར་རྫོང་། ཟོག་ལུད་ཉར་བསྡུ་ཁུལ་སོགས་བསྐུན་དགོས། གཟན་ཆས་ཁང་དང་སྔོ་རྩྭ་ཉར་རྫོང་བཞོན་ཁང་གི་ཉེ་འདབས་སུ་ཡོད་དགོས། ཟོག་ལུད་ཉར་བསྡུ་བྱེད་ས་ཁང་བ་གཞན་དག་དང་བར་ཐག་ངེས་ཅན་ཞིག་ཡོད་དགོས་པར་མ་ཟད། ཟོག་ལུད་ཕྱི་ལ་འབྲུད་བདེ་བ་ཞིག་ཀྱང་བྱེད་དགོས།

(གཅིག)ཟོག་ཁང་།

ཟོག་ཁང་ནི་བཞོན་རའི་ཐོན་སྐྱེད་ཁུལ་གྱི་ལྟེ་བ་རུ་བསྐུན་པ་དང་། བཞོན་མ་སྐྱོར་སྐྱོང་བདག་གཉེར་བྱེད་བདེ་བའི་ཆེད་དུ་སྐྱེལ་འདྲེན་ལམ་ཐག་ཇེ་ཐུང་དུ་གཏོང་དགོས། ཟོག་ཁང་གི་ཁང་རྒྱུད་འགའ་བསྐུན་ན་ཐམས་ཅད་ཁ་ལྷོ་བལྟ་ཡིན་དགོས། ཁང་རྒྱུད་མུ་བསྟར་ན་ཉི་འོད་རྟག་པ་དང་གྲང་རླུང་ཁེགས་པ། དྲོད་འཛིན་པ་བཅས་བྱེད་ཐུབ། ཟོག་ཁང་ཁང་རྒྱུད་བཞི་བསྐུན་ན་ཁང་ཤད་གཉིས་བྱས་ནས་བསྐུན་པ་དང་། ཁང་ཤད་དང་ཁང་ཤད་བར་ལ་བར་ཐག་སྨིས 10ཡན་འཛོག་དགོས། ཟོག་ཁང་གི་མདུན་ཐད་དུ་ལྷས་ར་ཡོད་དགོས། ལྷས་ར་རུ་རང་འབབ་བཏུང་ཆུའི་ཁ་ར་དང་ཆར་གཞའ་ཁང་། གཟན་ཆས་ཁ་ར་སོགས་བསྐུན

དགོས། ཟོག་ཁང་གི་མཐའ་བཞི་དང་ལམ་གྱི་གཡས་གཡོན་དུ་སྡོང་པོ་བཙུགས་ཏེ། གནམ་གཤིས་ཆུང་དུ་སྙོམ་སྒྲིག་བྱེད་དགོས།

(གཉིས)གཟན་ཆས་ཁང་དང་གཟན་ཆས་ལས་སྒྲོན་ཁང་།

གཟན་ཆས་ལས་སྒྲོན་ཁང་ཟོག་ཁང་གི་དཀྱིལ་དབུས་སུ་བསྐྲུན་དགོས་པ་དང་། གཟན་ཆས་ཁང་གཟན་ཆས་ལས་སྒྲོན་ཁང་གི་ཉེ་སར་བསྐྲུན་ན་འཁོར་ལོས་སྐྱེལ་འདྲེན་བྱེད་པར་ཧ་ཅང་སྟབས་བདེ་བཟོ་ཐུབ།

(གསུམ)སྔོ་ཉར་ལྟོག་ཁང་དང་རྩྭ་སྐོར།

སྔོ་ཉར་ལྟོག་ཁང་ངམ་སྔོ་ཉར་དོང་རྫིང་ཟོག་ཁང་གི་ཉེ་སར་མངའ་ན་བཞོན་མར་ཟོག་རྩྭ་འཕེན་པར་ཧ་ཅང་སྟབས་བདེ་ཡིན། འོན་ཀྱང་ཟོག་ཁང་གི་རྫབ་ཆུ་དང་ལྷས་ཆུ་སྔོ་ཉར་ལྟོག་ཁང་དང་སྔོ་ཉར་དོང་རྫིང་ལ་བཞུར་དུ་འཇུག་མི་རུང་། རྩྭ་སྐོར་ཟོག་ཁང་དང་སྨིས 50ཡོད་པའི་ཉེན་ཁར་བརྩིག་དགོས།

(བཞི)ལུད་ཁང་དང་ཟོག་གི་སྨན་ཁང་།

ལུད་ཁང་ནི་བསེར་ཁའི་མར་ནང་གི་དམའ་སར་བསྐྲུན་དགོས། ལུད་ཁང་དུ་ལུད་རྫིང་དང་རྫོབ་ཆུ་མེད་པ་དང་རྫབ་རླངས་བཅས་ཀྱི་སྒྲིག་ཆས་ཡོད་དགོས། རོང་ཁུལ་ཡིན་ན་ཞིང་སར་བརྟེན་ནས་ལུད་འབྱོ་སའི་ལུད་སྤུངས་དང་བཅས་པའི་སྒྲིག་ཆས་བཀོད་སྒྲིག་བྱེད་དགོས། ཟོག་གི་སྨན་ཁང་དང་ནད་ཟོག་འགོག་ས་ཟོག་ཁང་དང་བར་ཐག་སྨིས 200ཡོད་སའི་ཕག་ལ་འོག་ཏུ་བཀོད་སྒྲིག་བྱས་ན། ཟོག་གི་འགོ་ནད་མི་མཆེད་པར་ཕན་ནོ།།

(ལྔ)བཞོན་རའི་གཞུང་དོན་ཁང་དང་ལས་བཟོ་པའི་སྡོད་ཤག

བཞོན་རའི་གཞུང་དོན་ཁང་དང་ལས་བཟོ་པའི་སྡོད་ཤག་ནི་བཞོན་རའི་སྒོ་ཆེན་གྱི་ཐད་དང་རྒྱང་མཐོ་སའི་བསེར་ཁ་རུ་བསྐྲུན་ན་ཟོག་ནད་མི་མཆེད་པར་ཕན། བཞོན་ར་རུ་སྒོ་སྲུང་རེས་སྐོར་ཁང་དང་དུག་སེལ་སྨན་རྫིང་བཀོད་སྒྲིག

བྱེད་དགོས།

(དྲུག) བཞོན་རྟ་རྒྱུས་འགོད་དང་ས་བཅད་བགོ་སྟངས།

མཚོ་སྔོན་ཞིང་ཆེན་གྱི་ཚད་ལྡན་བཞོན་རྟ་འཛུགས་སྐྲུན་རེ་འདུན་གཞིར་བཟུང་སྟེ་བཞོན་མ་ཚད་ལྡན་གསོ་སྐྱོང་ར་བའི་ངོས་རིས་བྲིས་ན་ག་ཤམ་གསལ་ལྟར་ཏེ། (རི་མོ 1–1)

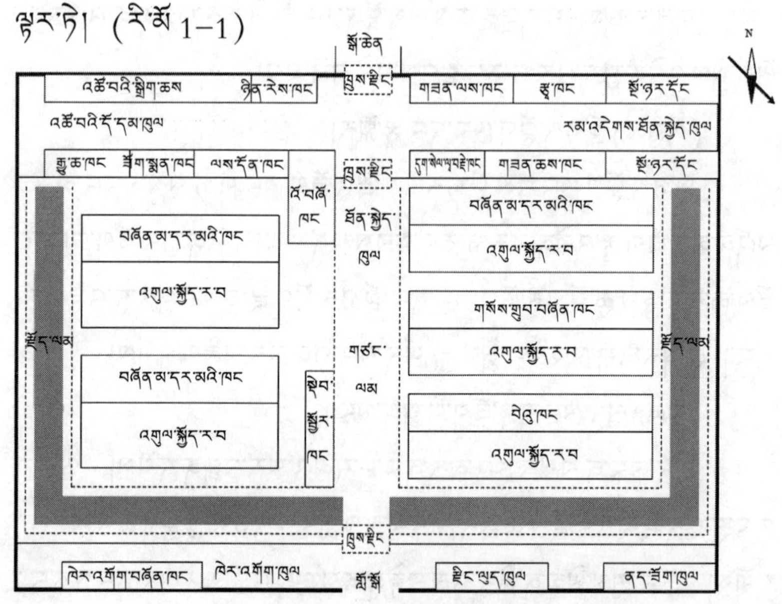

རི་མོ 1–1 བཞོན་མ་ཚད་ལྡན་གསོ་སྐྱོང་ར་བའི་ངོས་རིས།

མཆན། 1. ཟོག་ཁང་གི་རྒྱ་ཁྱོན་ནི་བཞོན་མ་རེར་སྨིས་གྲུ་བཞི་མ 4ནས 6ལྟར་བརྩིས་པ་ཡིན་ལ། ཟོག་ཁང་གི་ཁང་རྒྱུད་རེའི་བར་ན་སྨིས 10ཡི་བར་སྟོང་ཡོད་པར་བྱས་ཡོད། ལྷས་རའི་ཆེ་ཆུང་ནི་བཞོན་མ་རེར་སྨིས་གྲུ་བཞི་མ 15ནས 20ཟྭས་ནས་རྒྱུས་འགོད་བྱས་ཡོད། ཟོག་ལམ་གྱི་ལམ་ཞེང་ལ་སྨིས 3དང་། མི་འགྲོ་སའི་ལམ་ཞེང་ལ་སྨིས 5བསྒྱུར་ཡོད།

2. བཞོན་མ 200ནས 300ལ་འོ་བཞོ་ཁང་གཅིག་འཛུགས་དགོས། རྒྱ་ཁྱོན་ལ་སྨིས་གྲུ་བཞི་མ……200ལས་ཆུང་མི་རུང་བར་བྱེད་དགོས། སྔོ་རྩྭ་བསྐྱལ་ས་ནི་བཞོན་མ་རེར་སྨིས་རྒྱ་དཔང་གྲུ་བཞི་མ 15ནས 18ལྟར་རྩིས་རྒྱག་དགོས།

གཉིས། ཟོག་ཁང་འཛུགས་སྐྲུན།

བཞོན་མར་འཚམས་པའི་ཁོར་ཡུག་གི་དྲོད་ཚད་ནི་བཞོན་མའི་ཐོན་སྐྱེད་ནུས་པ་ཇེ་མཐོར་གཏོང་བའི་རྒྱུ་རྐྱེན་གཙོ་བོ་ཞིག་ཡིན། མཚོ་སྔོན་ཞིང་ཆེན་ནི་མདོ་དབུས་མཐོ་སྒང་ནང་གནས་པས་དབྱར་ཐོག་བསིལ་ཞིང་དགུན་ཐོག་གྲང་ངར་ཏ་ཅང་ཆེ། ཟོག་ཁང་ནི་བཞོན་མ་གསོ་སྐྱོང་བྱེད་པའི་རྒྱུ་ཁྱོན་དང་འཕྲུལ་ཆས་ཅན་དུ་བསྒྱུར་བའི་ཚད་གཞིའམ་བཞོན་རའི་སྒྲིག་ཆས་ཀྱི་ཆ་རྐྱེན་ལ་གཞིགས་ཏེ་འཛུགས་སྐྲུན་བྱེད་དགོས། ཟོག་ཁང་བཀབ་པ་རིམས་འགོག་འཕྲོད་བསྟེན་ལ་འཚམས་ཤིང་། འགྲོ་སྒོ་ཆུང་ལ་བཀོལ་སྒོ་ཆེ་བ། བདག་གཉེར་དོ་དམ་བྱེད་སླ་བ། ཐོན་སྐྱེད་ཀྱི་ནུས་ཚད་ཇེ་མཐོར་གཏོང་བ་དང་ཐོན་སྐྱེད་ཀྱི་འགྲོ་གྲོན་ཇེ་ཉུང་དུ་གཏོང་བ་བཅས་ལ་ཕན་པ་ཞིག་ཡིན་དགོས། ཟོག་ཁང་ནང་གི་དྲོད་ཚད་ཚོད་འཛིན་དང་ལེགས་བསྒྱུར་བྱེད་ཐུབ་མིན་དེ་ནི་ཟོག་ཁང་འགེབས་བྱེད་ཀྱི་རྒྱུ་ཆ་དང་འགེབས་སྟངས་ལ་རག་ལས་པ་ཡིན། མཚོ་སྔོན་གྱི་ཟོག་ཁང་འགེབས་སྟངས་ནི་དགུན་ཐོག་གྲང་འགོག་དྲོད་སྲུང་བྱེད་པར་དམིགས་དགོས་པ་དང་། བཞོན་མ་འདོགས་ཐག་གིས་འདོགས་པའམ་ཡང་ན་རང་དགར་བཀག་ན་ཙུང་ལེགས།

(གཅིག)བཞོན་མ་འདོགས་ཐག་གིས་འདོགས་པའི་བཞོན་ཁང་།

བཞོན་མ་འདོགས་ཐག་གིས་འདོགས་པའི་ཟོག་ཁང་ལ་རྒྱུན་ལྡན་གྱི་ཟོག་ཁང་ཡང་ཟེར་ཏེ། ཟོག་ཁང་ནི་བཞོན་མར་རྩྭ་ཆུ་སྟེར་ས་དང་འོ་མ་འཛོ་ས། ངལ་གསོ་ས་བཅས་བྱས་ཆོག དེའི་ཡོན་ཏན་ནི་བཞོན་མ་སོ་སོར་གསོ་སྐྱོང་བྱེད་ཐུབ་པས། བཞོན་མ་སྒྲིག་པའམ་བཞོན་མར་གནས་ཚུལ་འགྱུར་ལྡོག་ཙམ་བྱུང་ན་དུས་ཐོག་ཏུ་ཤེས་ཐུབ་པ་དང་གྲང་ངར་གྱིས་བཞོན་མར་གཙེས་པ་འགོག་ཐུབ། སྐྱོན་ཆ་ནི་ངལ་ལས་མང་དགོས་པ་དང་ཟོག་ཁང་འགེབས་པའི་རིན་གོང་མཐོ་དྲགས་པ། བཞོན་མའི་རྣ་ཅོ་དང་ནུ་མར་རྨས་སྐྱོན་བཟོ་སླ་བ་བཅས་ཡིན། འདོགས

ཐག་གིས་འདོགས་པའི་ཐོག་ཁང་གི་རྣམ་པ་དང་ནང་གི་སྒྲིག་སྟངས། སྒྲིག་ཆས་བཅས་ནི་གཤམ་གསལ་ལྟར།

1.ཐོག་ཁང་གི་རྣམ་པ། དུས་རྒྱུན་དུ་མཐོང་བ་ནི་ལྷོག་ཁང་དང་ལྷོག་ཁང་ཆ་འདྲ་བ། སྐལ་འབུར་ཅན་བཅས་རིགས་གསུམ་མཆིས།

(1)ལྷོག་ཁང་། བསེར་བུ་རྒྱུ་བ་ལེགས་མོད། བཀོད་དབྱིབས་ཉོག་དྲ་ཆེ་ཞིང་རྒྱུ་ཆ་བཀོད་པ་མང་བ། ཁང་བའི་འགེབས་རིན་མཐོ་བ། བདག་གཉེར་སྟབས་བདེ་མིན་པ་བཅས་ཀྱི་སྐྱོན་ཆ་མངའ།

(2)ལྷོག་ཁང་ཆ་འདྲ་བ། བསེར་བུ་རྒྱུ་བ་ཅུང་ལེགས་མོད། དབྱར་ཐོག་བྱང་ངོས་ཅུང་ཚ་དྲོད་ཆེ་བ་དང་བཀོད་དབྱིབས་ཅུང་ཉོག་དྲ་ཆེ།

(3)སྐལ་འབུར་ཅན་གྱི་ཐོག་ཁང་། སྒོ་དང་དྲ་མ་ཇེ་ཆེར་བཏང་ན་བསེར་བུ་རྒྱུ་ཚད་ཇེ་ཆེར་གཏོང་ཐུབ། དགུན་ཐོག་སྒོ་དང་དྲ་མ་གཏན་ཡག་བྱས་ན་ཐོག་ཁང་དུ་དྲོད་བསྐྱིལ་བར་ཕན། ཐོག་ཁང་གི་འགེབས་རིན་ཆུང་བ་དང་བེད་སྤྱོད་བྱེད་རྒྱ་ཆེ་ལ་ཐོག་ཁང་འགེབས་སླ་ཞིང་བཤོན་མ་འགོག་པར་ཤིན་ཏུ་འཚམས།

2.ནང་གི་སྒྲིག་སྟངས། ཐོག་ཁང་ནང་གི་བཞོན་མའི་སྒྲིག་སྟངས་ནི་བཞོན་མའི་མང་ཉུང་ལྟར་གཏན་ཁེལ་བྱས་ཆོག་སྟེ། ཁེར་བསྟར་བྱས་ཆོག་ལ་ཉིས་བསྟར་ཡང་བྱས་ཆོག བཞོན་མ་20མན་ལས་མེད་ན་ཁེར་བསྟར་བྱེད་པ་དང་། བཞོན་མ་20ཡན་ཡོད་ན་ཉིས་བསྟར་བྱས་ཆོག ཉིས་བསྟར་བྱ་ན་བཞོན་མའི་མགོ་ཕན་ཚུན་ཁ་གཏད་དེ་བསྟར་དགོས།

3.ནང་གི་སྒྲིག་ཆས། བཞོན་མའི་མགོ་བོ་ཁ་གཏད་དེ་བསྟར་ན་ཐོག་ཁང་གི་དཀྱིལ་དབུས་སུ་ཞེང་ཚད་ལ་སྨིས་2.5ནས་སྨིས་3.0ཡོད་པའི་རྩྭ་ཆུ་སྟེར་སའི་རྒྱུ་ལམ་ཞིག་བསྐྲུན་དགོས། བཞོན་མའི་རྗ་མའི་དྲང་ཐད་དུ་རྫིང་ལུད་འདོར་ས་དང་འོ་མ་འཛོག་ས། བཞོན་མ་རྒྱུ་ས་བཅས་ཀྱི་ལམ་ཞིག་བསྐྲུན་དགོས།

ཟོག་ཁང་ནང་གི་སྒྲིག་ཆས་མཐའ་དག་གི་ཆེ་ཆུང་ནི་བཞོན་མའི་ཆེ་ཆུང་ལ་གཞིགས་ཏེ་བཀོད་སྒྲིག་བྱེད་དགོས། རང་འབབ་བཏུང་ཆུའི་ཆུ་སྤྲུག་ནི་ཟོག་རའི་གཡས་གཡོན་ནམ་ཟོག་ལྷས་སུ་འཛུགས་དགོས། ཟོག་ཁང་གི་ཁང་རྒྱུད་རེར་ལྷས་ར་རེ་བསྒྲུན་པ་དང་། ལྷས་རའི་ཆེ་ཆུང་ནི་བཞོན་མ་རེར་སྨིས་གྲུ་བཞི་མ 15 ནས 20དང་། ཡར་བེའུ་རེར་སྨིས་གྲུ་བཞི་མ 10ནས 15ཡོད་དགོས། ལྷས་རའི་ལྟགས་ར་བཀན་མོ་ཡིན་དགོས། ལྟགས་རའི་ཀ་ར་ལྟགས་སྤྲུག་ཡིན་ན་ལེགས་ཤིང་། ཆ་རྐྱེན་ལྡན་ན་འཕར་རྒྱུག་གློག་དྲ་འཛིན་ན་ལེགས། ལྷས་རའི་ཐང་ལ་བྱེ་ཟེགས་བཏིང་ན་བཟང་ཞིང་། ཆུ་གཟར་ངེས་ཅན་ཞིག་ཡོད་དགོས།

(གཉིས)རང་དགར་བཞོན་མ་འགོག་པའི་ཟོག་ཁང་།

འོ་མ་འཛོ་སྐབས་མ་གཏོགས་བཞོན་མ་མ་བཏགས་པར་རང་དགར་འགོག་པའི་ཟོག་ཁང་ལ་རང་དགར་བཞོན་མ་འགོག་པའི་ཟོག་ཁང་ཟེར། དེར་ངལ་གསོ་བྱེད་ས་དང་རྩྭ་ཆུ་སྟེར་ས། འོ་མ་འཛོ་བར་སྒྲུག་ས། འོ་མ་འཛོ་ས་སོགས་ཡོད། བཞོན་མ་ནི་རང་དགར་ངལ་གསོ་ས་དང་རྩྭ་ཆུ་སྟེར་ས་བཅས་སུ་སོང་ཆོག་པ་དང་། འོ་མ་འཛོ་ས་རུ་འོ་མ་བཞོས་ཆོག་པ་ཡིན།

བཞོན་མར་རྩྭ་ཆུ་སྟེར་བ་དང་འོ་མ་བཞོས་རྗེས་ངལ་གསོ་ས་རུ་ངལ་གསོས་ཏེ་གྲང་ངར་འགོག་པ་དང་ཚ་འབྱོལ་བྱས་ཆོག་པ་ཡིན། བཞོན་མ་རེར་མལ་སའི་ཆེ་ཆུང་ལ་སྨིས་གྲུ་བཞི་མ 1.5ནས 2ཡོད་དགོས། བཞོན་མའི་མལ་སར་རྩྭ་སྐྱུ་གཏོང་བ་དང་བྱེ་ཟེགས་སམ་ལྷི་བ་སྐམ་པོ་བཏིང་སྟེ་དུས་བཅད་ལྟར་ལུད་ཕྱུང་དགོས།

རང་དགར་བཞོན་མ་འགོག་པའི་ཟོག་ཁང་གི་ཡོན་ཏན་ནི་འཕྲུལ་ཆས་ཅན་དང་རང་འགུལ་ཅན་དུ་བསྒྱུར་ན་སྟབས་བདེ་ཡིན་པས། ངལ་ལས་པ་མང་པོ་གྲོན་ཆུང་བྱེད་ཐུབ། ཟོག་ཁང་ནང་གི་སྒྲིག་ཆས་སྟབས་བདེ་ཡིན་པས་འགྲོ་

གྲོན་ཆུང་ཆུང་བར་མ་ཟད། ཟོག་ཁང་ནང་གི་སྒྲིག་ཆས་ལེགས་པ་དང་རང་འགུལ་ཅན་གྱི་ཚོད་གཞི་མཐོ་བར་བརྟེན་ཟོག་ཁང་འགེབས་རིན་ནི་རང་ག་བའི་ཟོག་ཁང་ལས་ཆུང་མཐོ་བ་ཡིན། བཞོན་མ་དག་རང་དགར་བཞོན་མ་འགོག་པའི་ཟོག་ཁང་དུ་བཀག་ན་བཞོན་མ་དག་སྟོད་ལ་བབས་ཏེ་འཚོ་ཐུབ་པར་མ་ཟད། བར་ཚོད་སོགས་ཀྱིས་སྲུང་སྐྱོབ་བྱས་ཡོད་པས་བཞོན་མར་རྨས་སྐྱོན་བཟོ་མི་སྲིད། གཞན་བཞོན་མ་དག་འོ་མ་འཛོ་ཁང་དུ་བསྐུས་ཏེ་འོ་མ་འཛོ་བ་ན། ཁང་བ་གཞན་པ་དང་ཁ་ཁ་སོ་སོར་གནས་པས། གཟན་ཆས་དང་རྫིང་ལུད། ས་རྡུལ་བཅས་ཀྱིས་རྫོབ་པ་ཇེ་ཉུང་དུ་བཏང་སྟེ་བཞོན་མའི་ལུས་ངོས་གཙང་མར་འགྱུར་བ་དང་། འོ་མའི་སྤུས་ཀ་ཇེ་ལེགས་སུ་གཏོང་ཐུབ། རང་དགར་བཞོན་མ་འགོག་པའི་ཟོག་ཁང་གི་སྐྱོན་ཆ་ནི་བཞོན་མ་ལ་ལ་སོ་སོར་གསོ་སྐྱོང་བྱེད་དཀའ་བ་དང་། ཁ་ར་དང་བཏུང་ཆུ་ཆབས་ཅིག་ཏུ་སྤྱོད་པས་ན་འགོ་ནད་འགོ་བའི་གོ་སྐབས་ཆུང་མང་བ་རེད།

1.ཆིག་བསྐར་གཏན་ཁེལ་དྲང་ཐིག་ཅན་གྱི་བཞོ་སྡེགས། བཞོན་མ་འོ་འཛོ་ཁང་གི་བཞོ་སྡེགས་སྟེང་དུ་དེད་དེ་ཉིས་བསྐར་བྱས་རྗེས། འོ་མ་འཛོ་མཁན་གྱིས་བསྐར་ཕྲེང་གཅིག་གི་བཞོན་མ་བཞོས་ཚར་རྗེས་བསྐར་ཕྲེང་གཞན་ཞིག་གི་བཞོན་མ་འཛོ་དགོས། སྐབས་དེར་བཞོས་ཚར་བའི་བཞོན་མ་དག་ཕྱིར་བཏང་སྟེ་འོ་མ་འཛོ་བར་སྒུག་ཡོད་པའི་བཞོ་མ་དག་ནང་ལ་དེད་དེ་ཡོང་དགོས། འོ་མ་འཛོ་མཁན་བཞོ་སྡེགས་ཉིས་བསྐར་གྱི་བར་དུ་ལངས་ཏེ་བསྡད་ཚོག་པ་ལས་རྐེད་པ་སྒུར་ནས་ལས་ཀ་ལས་མི་དགོས། འདི་ལྟ་བུའི་འོ་བཞོ་སྒྲིག་ཆས་ཀྱིས་བཞོན་མ་ཅང་མེད་པའི་བཞོན་རར་གོ་ཆོད་པ་སྟེ། འགྲོ་གྲོན་ཆུང་ཞིང་ཕན་ནུས་ཆེ་བ་ཡིན།

2.ངོས་མང་བཞོ་སྡེགས། བཞོ་སྡེགས་ངོས་མང་ཡིན་པ་ལས་བཀོད་དབྱིབས་གཞན་དག་དྲང་ཐིག་ཅན་གྱི་བཞོ་སྡེགས་དང་ཀུན་ནས་མཚུངས། བཞོ་སྡེགས་

དེའི་ཡོན་ཏན་ནི་བཞོན་ཁྲུ་འབྲིང་ཙམ་མམ་ཆུང་ཆེ་བའི་བཞོན་རར་འཚམ་པ་ཡིན། གཞན་བཞོ་སྟེགས་འདི་དག་ངོས་མཉམ་གླིང་བཞིར་གཏོགས་པས། འོ་མ་འཛོ་མཁན་གྱིས་ལོགས་གཅིག་ནས་འོ་མ་བཞོ་བ་དང་མཉམ་དུ་གླིང་ངོས་གཞན་གསུམ་ནས་བཞོན་མའི་འོ་མ་བཞོ་བའི་གནས་ཚུལ་ལ་ལྟ་རྟོག་བྱེད་ཐུབ་པས། ཆིག་བསྒར་གཏན་ཁེལ་དྲང་ཐིག་ཅན་གྱི་བཞོ་སྟེགས་ལས་འགྲོ་གྲོན་ཉུང་བ་ཡིན།

3.སྒུ་འབྲེལ་ཅན་གྱི་འཁོར་གཞོང་བཞོ་སྟེགས། སྒུ་འབྲེལ་ཅན་གྱི་འཁོར་གཞོང་བཞོ་སྟེགས་ནི་མི་གཅིག་གིས་འོ་མ་བཞོ་བར་རྒྱུས་འགོད་བྱས་པའི་འཁོར་གཞོང་བཞོ་སྟེགས་ཆུང་ཆུང་ཞིག་ཡིན། འཁོར་གཞོང་གི་སྟེང་དུ་བཞོན་མ་བརྒྱད་ཆུད་པ་དང་། བཞོན་མའི་མགོ་ཟུར་ལྟར་ཕན་ཚུན་སྒྲིལ་འདུག བཞོན་མ་དག་ཁ་བཀར་བར་ཆོད་བརྒྱུད་ནས་བཞོ་སྟེགས་སྟེང་བུད་ཆོག འཁོར་སྐྱོད་ཀྱི་དགོས་མཁོ་ལྟར་རྐང་དོན་འདེད་བཀག་མནན་ཏེ་འཁོར་བའམ་སྡོད་དུ་བཅུག་ཆོག དུས་ཚོད་གཅིག་གི་ནང་དུ་བཞོན་མ་70ནས་བཞོན་མ་80བཞོ་ཐུབ། གཞན་ད་དུང་ཉ་རུས་དབྱིབས་ཅན་གྱི་འཁོར་གཞོང་བཞོ་སྟེགས་མཆིས་ཏེ། ཕལ་ཆེར་སྒུ་འབྲེལ་ཅན་གྱི་འཁོར་གཞོང་བཞོ་སྟེགས་དང་འདྲ་མོད། མི་འདྲ་ས་ནི་བཞོན་མ་ཉ་རུས་ཇི་བཞིན་བསྒྲིག་བསྒར་བྱས་ཏེ་བཞོན་མའི་མགོ་བོ་ཁ་ཕྱིར་གཏད་ཡོད་པས། འོ་མ་འཛོ་མཁན་འཁོར་གཞོང་གི་དཀྱིལ་དུ་བསྡད་དེ་འོ་མ་བཞོས་ཆོག དེ་ལྟར་བྱས་ན་འོ་མ་བཞོ་སྟེགས་ཀྱི་རྒྱ་ཁྱོན་བེད་སྤྱོད་གང་ལེགས་བྱེད་ཐུབ།

ལེ་ཚན་གསུམ་པ། བཞོན་མའི་ཐོན་ལས་ཁྲབ་རྒྱ།

གཅིག བཞོན་མའི་ཐོན་ལས་ཁྲབ་རྒྱ།

རྨ་ཆུའམ་ཙོང་ཆུའི་བཞུར་རྒྱུད་འདུས་པའི་མཁར་གྲོང་ངམ་ཆུ་མ་ས་ཁུལ་གྱི་བཞོན་མའི་ཐོན་ལས་སྨུ་རྒྱུད་གཙོ་བོར་བཟུང་སྟེ་འཛུགས་སྐྲུན་བྱེད་པ་དང་མཉམ་དུ་མཚོ་ནུབ་ས་ཁུལ་གྱི་ཁ་གྲོང་བརྡལ་དུ་ཕྱོགས་སར་བཞོན་མའི་ཐོན་སྐྱེད་གནས་གཞི་འཛུགས་སྐྲུན་བྱེད་དགོས། དེར་ཙོང་ཆུའི་འབབ་རྒྱུད་ས་ཁུལ་གྱི་ཟི་ལིང་གྲོང་ཁྱེར་གྱི་མཁར་ཤར་ཁུལ་དང་མཁར་དབུས་ཁུལ། མཁར་ནུབ་ཁུལ། མཁར་བྱང་ཁུལ། ཧེའུ་ཐང་རྫོང་། ཧོང་ཀྲུང་རྫོང་། ཧོང་ཡོན་རྫོང་། མེན་ཧོ་རྫོང་། ལའོ་ཏུའུ་རྫོང་། ཕེན་ཨན་རྫོང་། ཧུའུ་ཀྲུའུ་རྫོང་། རྨ་ཆུའི་འབབ་རྒྱུད་ཀྱི་ཞུན་ཧྭ་རྫོང་། དཔའ་ལུང་རྫོང་། གཅན་ཚ་རྫོང་། ཁྲི་ཀ་རྫོང་། མཚོ་ནུབ་ས་ཁུལ་གྱི་ན་གོར་མོ། གཏེར་ལེན་ཁ་སོགས་རྫོང་ཁུལ་17འདུ་བར་མ་ཟད། མུན་ཡོན་རྫོང་དང་གུང་ཧོང་རྫོང་། ཐུང་རིན་རྫོང་གི་ཞིང་ལས་ས་ཁུལ་སོགས་སུའང་བཞོན་མའི་ཐོན་སྐྱེད་གནས་གཞི་སྤེལ་ཆོག

གཉིས། ཐོན་ལས་གོང་སྤེལ་བྱེད་པའི་གལ་གནད་དང་དམིགས་ཡུལ།

གོང་སྨྲས་ས་ཁུལ་དུ་རྒྱ་ཁྱོན་ངེས་ཅན་ལྡན་པའི་བཞོན་མའི་གསོ་སྤེལ་ར་བ་འཛུགས་སྐྲུན་བྱེད་པ་གལ་གནད་དུ་བཟུང་སྟེ། ཤུགས་གང་ཡོད་ཀྱིས་རྒྱ་ཁྱོན་གསོ་སྤེལ་བྱེད་པའི་བསྡུར་ཚད་ཇེ་མང་དང་། ཐོན་ལས་གཅིག་སྡུད་བྱེད་ཚད་ཇེ་མཐོར་གཏོང་དགོས། སོན་བཟང་དང་ཕྲུས་བཟང་། ཐབས་བཟང་བཅས་བཟང་གསུམ་དར་སྤེལ་དུ་གཏོང་བ་གཞིར་བཟུང་སྟེ་ཕྱུགས་རྒྱུད་ཕྲུས་ལེགས་ཅན་དུ་བསྒྱུར་བར་ཤུགས་སྟོན་དང་མ་རྫོས་ལོ་ཏོག་སྦྱོ་ཉར་གནས་གཞི་འཛུགས་སྐྲུན

བྱེད་པ་གོང་འཕེལ་དུ་བཏང་ནས“འོ་ཐུས་ལ་དཔྱད་དེ་གཟན་ཆས་སྦེབ་པའི”བཞོན་གསོ་ལག་རྩལ་ཁྱབ་གདལ་དུ་བཏང་ནས་བཞོན་མ་རེ་རེའི་འོ་མའི་ཐོན་ཚད་ཇེ་མཐོར་གཏོང་དགོས། འོ་མ་ལས་སྣོན་ཁེ་ལས་དང་བཞོན་མ་གསོ་སྤྱེལ་ཁྱིམ་ཚང་གི་འབྲེལ་མཐུད་ལམ་ལུགས་འཛུགས་པ་ལག་འཛིན་གྱི་ལོང་བུ་བྱས་ཏེ་འོ་སྣུད་ས་ཚོགས་ཀྱིས་འོ་མ་ཉོན་པ་ཚུར་སྡུད་དབང་ཆ་བཙོང་བའི་ལམ་ལུགས་དར་སྤེལ་དུ་བཏང་སྟེ། ལས་སྣོན་ཁེ་ལས་ཀྱིས་བཞོན་མའི་ཐོན་ལས་གོང་འཕེལ་དུ་གཏོང་བའི་བྱེད་ནུས་ཇེ་མཐོར་གཏོང་དགོས།

གོང་འཕེལ་དམིགས་ཡུལ་ནི 2015ལོར་བཞོན་མ་རེ་རེའི་འོ་མ་ཐོན་ཚད་ཉུན་གསུམ་དུ་གཏོང་བ་དང་མཉམ་དུ་བཞོན་མ 500ཡན་ཡོད་པའི་རྒྱ་ཁྱོན་ཅན་གྱི་བཞོན་ར་ཁུལ་ཆུང 150བཙུགས་ཏེ། རྒྱ་ཁྱོན་ཅུང་ཆེ་བའི་བཞོན་མ་གསོ་སྤྱེལ་བྱེད་ཚད་གསོ་སྤྱེལ་ལས་རིགས་སྤྱིའི 41%ཟིན་པར་བྱེད་དགོས། འཛུགས་སྐྲུན་བྱས་པ་བརྒྱུད། བཞོན་མ་ཁྲི 29.69འཛིན་པ་དང་། འོ་མའི་ཐོན་ཚད་ཉུན་ཁྲི་ཚོ 23ལ་བསླེབ་པར་བྱེད་དགོས།

ལེའུ་གཉིས་པ། བཙོན་མའི་གཤགས་དཔྱད་ལུས་ཁམས་ཁྲུད་ཆོས།

ལེ་ཚན་དང་པོ། བཙོན་མའི་འཇུ་བྱེད་མ་ལག

གཅིག བཙོན་མའི་འཇུ་བྱེད་དབང་རྟེན།

འཇུ་བྱེད་མ་ལག་ཏུ་འཇུ་བྱེད་རྒྱུ་ལམ་དང་འཇུ་བྱེད་སྨན་བུ་སོགས་ཁག···གཉིས་འདུས། འཇུ་བྱེད་རྒྱུ་ལམ་ནི་རྩ་ཆུ་རྒྱུ་ས་ཡིན་ཏེ། ཁ་ནས་མགོ་བཟུང་སྟེ··མགྲིན་པ་དང་མིད་པ། གྲོད་པུ། རྒྱུ་ཕྲ། གཡོད་རྒྱུ། གཤང་སྒོ་བཅས་འདུ། འཇུ··བྱེད་སྨན་བུ་ནི་འཇུ་ཁུ་ཟགས་ཐོན་བྱེད་པའི་སྨན་བུ་ཡིན་ལ། སྨན་བུར་ནང་སྨན···དང་ཕྱི་སྨན་དུ་བཀར་ཆོག གྲོད་པུའི་སྨན་བུ་དང་རྒྱུ་མའི་སྨན་བུ་ནི་ནང་སྨན་ལ་གཏོགས་པ་དང་། ཁ་ཆུའི་སྨན་བུ་དང་མཆིན་པའི་སྨན་བུ་བཅས་ནི་ཕྱིའི······སྨན་བུ་ལ་གཏོགས་པ་ཡིན།

(གཅིག)ཁ།

ཁ་ནི་མཆུ་སྒྲོས་དང་འགྲམ་པ། ཡ་རྐན། རྐན་མཐའ། ལྕེ་རྩེང་། ལྕེ། སོ། སྙེལ། ཁ་ཆུའི་སྨན་བུ་བཅས་ཀྱིས་གྲུབ་པ་ཡིན།

1.མཆུ་སྒྲོས། མཆུ་སྒྲོས་ནི་ཁའི་ཚེས་མདུན་ཐད་ཡིན་ལ། ཡ་མཆུ་དང་མ·····མཆུ་གཉིས་མངའ།

2.འགྲམ་པ། འགྲམ་པ་ནི་འགྲམ་པའི་ཤ་གནད་རྨང་གཞི་བྱས་ཐོག་ནང་སྐྱི་

དང་ཕྱིའི་སྐྱི་ལྤགས་སོགས་ཀྱིས་གྲུབ་པ་ཡིན།

3.ཡ་ཀྲན་དང་ཀྲན་མཐའ།

(1)ཡ་ཀྲན། ཡ་ཀྲན་གྱིས་ཁ་ནང་གི་སྟོད་རྒྱན་གྲུབ་འདུག

(2)ཀྲན་མཐའ། ཀྲན་མཐས་ཁ་ནང་གི་སྟོད་སྨག་གྲུབ་ཡོད།

4.ལྕེ། ལྕེ་ནི་ལྕེ་རུས་ཀྱི་སྟེང་ན་ཐོགས་ཡོད་པ་དང་། ཁ་ནང་གི་ས་རྒྱ་ཕལ་ཆེར་བཅད་འདུག

5.སོ། སོ་ནི་སྨུགས་ལྡད་བྱེད་པ་དང་རྨ་ཟ་བྱེད་ཀྱི་དབང་རྟེན་ཡིན། འགྲམ་སོ་ནི་ཡ་མགལ་མ་མགལ་གྱི་སོ་ཤུར་དུ་སྐྱེས་ཡོད།

6.ཁ་ཆུའི་རྨེན་བུ། རྨེན་ཁ་ཁ་ནང་དུ་གཏད་ཡོད་ཅིང་ཁ་ཆུ་ཟགས་འདོན་བྱེད་ཐུབ་པའི་རྨེན་བུ་ཞིག་ཡིན། གཙོ་བོ་འགྲམ་པའི་རྨེན་བུ་དང་ལྕེ་རྟིང་རྨེན་བུ། མ་མགལ་རྨེན་བུ་བཅས་ཀྱིས་གྲུབ་པ་ཞིག་ཡིན།

(གཉིས)མིད་པ།

མིད་པ་ནི་རྨ་ཆུ་མགྲིན་པ་ནས་གྲོད་ཕུའི་ནང་དུ་འདྲེན་བྱེད་ཀྱི་ཤ་གཞན་སྦུ་གུ་ཞིག་ཡིན། སྐེ་བྲང་གསུམ་གསུམ་དུ་བསྒྲིགས་ཡོད་པས་ན་སྐེའི་མཚམས་དང་བྲང་གི་མཚམས། གསུམ་པའི་མཚམས་ཞེས་མཚམས་གསུམ་དུ་བཀར་ཡོད། མིད་པ་ལ་འཇུ་བྱེད་སྦུ་གུ་དང་མཚུངས་པའི་གྲུབ་ཚུལ་མངའ། མིད་པ་ནི་ནང་གི་སྐྱི་ཤུན་དང་ནང་རིམ་སྐྱི་མོ། ཤ་གཞན་གྱི་རིམ་པ། ཕྱི་རིམ་གྱི་སྐྱི་མོ་སོགས་ཀྱིས་གྲུབ་པ་ཡིན། སྐྱི་ཤུན་གྱི་ངོས་ནི་རིམ་བརྩེགས་ལེབ་སྐྱི་ཡིན། ཤ་གཞན་གྱི་རིམ་པ་ནི་རྩུང་ཁྲད་པར་བ་ཞིག་ཡིན། བ་ལང་གི་མིད་པའི་ཤ་གཞན་གྱི་རིམ་པ་ཡོངས་ནི་འཕྲེད་རིས་ཤ་གཞན་གྱིས་གྲུབ་པ་ཞིག་ཡིན།

གཉིས། འཇུ་བྱེད་རྨེན་བུ།

(གཅིག)ཕོ་བ།

ཕོ་བ་ནི་གསུས་ཁོག་ཏུ་གནས་པ་དང་། འཇུ་བྱེད་རྒྱུ་ལམ་གྱི་ཆེས་ཆེ་བ་དེ་ཡིན། མདུན་ཕྱོགས་མིད་པ་དང་འབྲེལ་ཞིང་། འབྲེལ་མཚམས་དེར་འབབ་སྒོ་ཟེར། མཇུག་གི་གཏོང་སྒོ་རྒྱུ་དཀར་དང་འབྲེལ་ཞིང་། བྱེད་ནུས་གཙོ་བོ་ནི་ཟས་ཆུ་གསོག་པ་དེ་ཡིན། ཕོ་བ་ནི་ནང་ནས་ཕྱི་རུ་ནང་གི་སྐྱི་ཤུན་དང་ནང་རིམ་སྐྱི་མོ། ཤ་གནད་ཀྱི་རིམ་པ། ཕྱི་རིམ་གྱི་སྐྱི་མོ་སོགས་ཀྱིས་གྲུབ་པ་ཡིན།

བ་ལང་གི་ཕོ་བ་ནི་ཕོ་བ་བཞིས་གྲུབ་པ་ཞིག་ཡིན། རིམ་པ་ལྟར་ན་གྲོད་པ་དང་སུལ་མང་། ཕོ་སུལ། ལྷུག་སྣོད་བཅས་ཡིན། གོང་གི་ཕོ་བ་གསུམ་ལ་རྨེན་བུ་མེད་པ་དང་། གཙོ་བོ་རྩྭ་ཆུ་གསོག་འཇོག་དང་སྦྱར་ལང་བ། ཆོ་སྣ་འཇུ་བར་བྱེད་པ་སོགས་ཀྱི་བྱེད་ནུས་འདོན་པ་ཡིན། ལྷུག་སྣོད་ཀྱི་ངོས་སུ་འཇུ་བྱེད་རྨེན་བུ་ཁྱབ་ཡོད་པས། དེས་ཟགས་ཐོན་བྱུས་པའི་ཕོ་ཁུར་རྫས་འགྱུར་འཇུ་བྱེད་ཀྱི་བྱེད་ནུས་ལྡན་པ་ཡིན། (རི་མོ 2–1)

1.གྲོད་པ། གྲོད་པ་ནི་ཆེས་ཆེ་བའི་ཕོ་བ་ཞིག་སྟེ་བ་ལང་གི་ཕོ་བ་བཞིའི 80%ཟིན་འདུག སྦ་ཕྱི་རིང་ཞིང་གཡས་གཡོན་ལེབ་མོ་ཅན་ཞིག་ཡིན་ལ། གསུས་ཁོག་གི་གཡོན་ཕྱོགས་དང་གསུས་ཁོག་གི་གཡས་ཕྱོགས་ཀྱི་ཁག་ཅིག་གང་འདུག གྲོད་པའི་མདུན་ཕྱོགས་རྩིབ་གུ 7པ་ནས་རྩིབ་གུ 8པའི་ཐད་སོ་ན་གནས་ཤིང་། རྗེས་ཕྱོགས་མཚང་སྐམ་དང་འབྲེལ་འདུག གཡོན་ཕྱོགས་མཆོར་བ་དང་བྲང་སྐྱི་ལ་འབྲེལ་བས། དེར་ཕོ་བའི་མདུན་ངོས་ཟེར། གཡས་ཕྱོགས་སུལ་མང་དང་ཕོ་སུལ། ལྷུག་སྣོད། རྒྱུ་མ། མཆིན་པ། རྨེན་རྩ་བཅས་དང་འབྲེལ་འདུག་པས། དེར་ཕྱི་ངོས་ཀྱང་ཟེར།

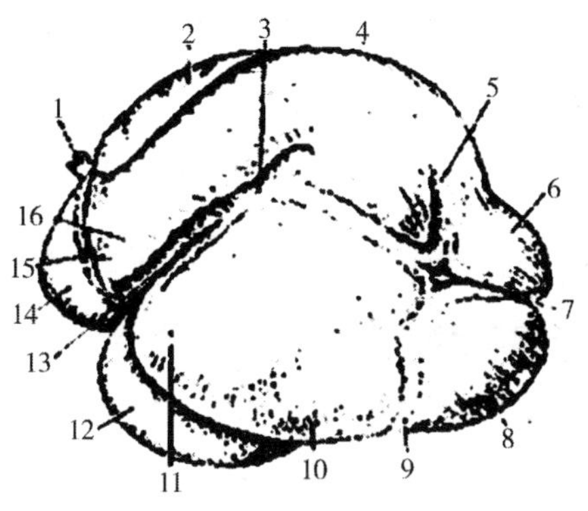

རི་མོ 2–1 བ་ལང་གི་ཕོ་བ།

1.མིད་ཐག 2.མཆེར་བ། 3.གཡོན་ཤུར། 4.ཞྭ་མོ་རྒྱབ་ཤུར། 5.གྲོད་པུའི་རྒྱབ་ལྟེག 6.ལྐྱག་རྒྱབ་ལོང་ལྟེག 7.རྒྱབ་ཤུར། 8.གཞུག་གསུམ་ལོང་ལྟེགས། 9.ཞྭ་མོ་གསུམ་ཤུར། 10.གྲོད་པུའི་གསུམ་ལྟེགས 11.མདུན་གསུམ་ལོང་ལྟེགས། 12.ལྐུག་སྟོད། 13. སྒ་ཤུར། 14.གྲོད་སྲུལ། 15.ཕོ་སྲུལ་མདུན་ཤུར། 16.མདུན་རྒྱབ་ལོང་ལྟེགས།

2.གྲོད་སྲུལ་དང་མིད་ཐག་བརྒྱུད་ཤུར།

(1)གྲོད་སྲུལ། གྲོད་སྲུལ་ནི་ཕོ་བ་བཞིའི་ནང་གི་ཆེས་ཆུང་བ་དང་ཆེས་མདུན་ཐད་ན་གནས་པའི་ཕོ་བ་གཅིག་ཡིན། ཕོ་བ་དེའི་ཤོང་ཚད་ནི་གྲོད་པུ་སྤྱིའི་ཤོང་ཚད་ཀྱི་5%ཟིན་འདུག གྲོད་སྲུལ་ནི་སིལ་དབྱིབས་དང་མཚུངས་ཤིང་གྲོད་པུའི་རྒྱབ་ལྟེག་ནས་མདུན་སྨད་དུ་བསྒྲིངས་པའི་ཁག་དེ་ལགས། གྲོད་སྲུལ་གྱི་གཡས་སྨད་དུ་ཕོ་སྲུལ་འབྲེལ་སྒོ་མཆིས། གྲོད་སྲུལ་དང་སྙིང་ཁྲུམ་གྱི་བར་ན་ཐྲང་སྐྱིས་བཅད་ཡོད། བ་ལང་གིས་ལྕགས་སྐུད་རྣོན་པོ་སོགས་མིད་དེ་གྲོད་སྲུལ་དུ་བསླེབས་པ་ན། གྲོད་སྲུལ་དང་ཐྲང་སྐྱི་དྲལ་ཏེ་སྙིང་ཁྲུམ་ལ་གནོད་པ་བཟོས་པ་ན། རྨས་སྐྱོན་རང་བཞིན་གྱི་སྙིང་ཁྲུམ་ཚ་ནད་བསྐྱེད་སྲིད། གྲོད་སྲུལ་གྱི་ནང་ངོས་སྐྱི་ཤུན་ནི་སྔོ་ནག་ཏུ་སྣང་བ་དང་། མཐོ་དམའ་མི་གཅིག་པའི་ཤ་གཉེར་སྦྲབ་ལེབ་མང་པོས་གྲུབ་ཅིང་། ཤ་གཉེར་དེ་དག་གིས་ངོས་མང་ཁང་མིག་སྟེ་སྦྲང་ཚང

ལྷ་བུ་གྲུབ་ཡོད་པས་ན། སྲུང་ཚང་ཕོ་བ་ཡང་ཟེར། ཁྲོད་སྒྲུལ་གྱི་ཤ་གཉེར་སྟེང་དུ་སྲ་གཟུགས་ནུ་འབུར་ཁྱབ་འདུག

(2)མིད་ཐག་བརྒྱུད་ཤུར། མིད་ཐག་ནི་ཁྲོད་པུའི་མདུན་ཐད་བརྒྱུད་དེ་ཁྲོད་སྒྲུལ་གཡས་ཕྱོགས་ནས་ཁྲོད་སྒྲུལ་གྱི་གོང་ཁ་དང་འབྲེལ་བ་ན། གཙུ་རིས་མར་གྱུར་འདུག བརྒྱུད་ཤུར་གྱི་ངོས་ལོགས་གཉིས་སུ་སྐྱི་གཉེར་ཡོད་ལ། སྐྱི་གཉེར་དེ་གཉིས་ལ་ཁ་སྐད་དུ་ཁྲོད་པུའི་གོང་བ་ཟེར། ཁྲོད་པུའི་གོང་བ་གཉིས་ཀྱི་བར་ལ་ཤུར་མཐིལ་ཞེས་འབོད། བའུ་ཡི་མིད་ཐག་བརྒྱུད་ཤུར་ནི་གྲུབ་འདུག་པས་ སྦྲུ་གུ་ཞིག་དང་མཚུངས། འོ་མ་ཁྲོད་པུའི་འབུར་སྒོ་ནས་མིད་ཐག་བརྒྱུད་ཤུར་དང་ཁྲོད་སྒྲུལ་བརྒྱུད་དེ་ལྟག་སྟོད་དུ་བསླེབ་ཐུབ། ནར་སོན་པའི་བ་ལང་གི་མིད་ཐག་བརྒྱུད་ཤུར་གྲུབ་མེད་པས་ཁ་གཏན་འཕྱེད་ཕྱེད་པ་དེ་འདྲ་མི་ལེགས།

3.ཕོ་སྒྲུལ། བ་ལང་གི་ཕོ་སྒྲུལ་གྱིས་བ་ལང་གི་ཕོ་བ་བཞིའི་ཤོང་ཚད་ཀྱི 7% ནས 8%ཟིན་པ་ཡིན། ཕོ་སྒྲུལ་ནི་ངོས་གཉིས་ཙུང་ལེབ་མོ་སྒོང་དབྱིབས་ནར་མོ་ཞིག་ཡིན། ཕོ་སྒྲུལ་གཡས་ཕྱོགས་ཀྱི་རྩིབ་འདབས་ན་མཆིས་ཤིང་། རྩིབ་གུ 7པ་ནས་རྩིབ་གུ 11པའི་བར་ན་ཡོད། དཔུང་ཚིགས་ཀྱི་གཡས་གཡོན་དྲང་ཐད་ནི་ཏན་ཏན་ཕོ་སྒྲུལ་གྱི་གཡས་གཡོན་དྲང་ཐད་ཡིན།

ཕོ་སྒྲུལ་ནང་ངོས་ནི་སྲ་གཟུགས་སུ་གྱུར་པའི་བརྩེགས་རིམ་ཅན་གྱི་སྲབ་སྐྱིས་གཡོགས་ཤིང་། སྲིད་ཞིང་མི་གཅིག་པའི་འདབ་མ་བརྒྱ་ཕྲག་གིས་གྲུབ་འདུག འདབ་མ་ནི་ཆེ་འབྲིང་ཆུང་གསུམ་དང་ཆེས་ཆུང་བ་སོགས་རིགས་བཞིར་བཀར་ཆོག་ཅིང་། ཀ་རིམ་ཡོད་པའི་སྒོ་ནས་བར་སྟོང་རེ་བཅད་ཡོད་པར་བརྟེན། ཕོ་བ་འདབ་བརྒྱ་ཞེས་ཀྱང་འབོད་པ་རེད།

4.ལྟུག་སྟོད། ལྟུག་སྟོད་ཀྱི་ཤོང་ཚད་ནི་བ་ལང་གི་ཕོ་བ་བཞིའི་ཤོང་ཚད་སྤྱིའི 7%ནས 8%ཡིན། ལྟུག་སྟོད་ཀྱི་མདུན་ཕྱོགས་སྒོམ་ཞིང་ཆེ་ལ་ཕོ་སྒྲུལ་དང

འབྲེལ་ཡོད་པ་དེར་ཐོ་ཞབས་ཟེར། ལྷུག་སྟོད་ཀྱི་ཛ་མ་རིམ་བཞིན་ཇེ་ཕྲར་གྱུར་པ་དེར་འབུད་སྒོ་ཟེར་ཞིང་རྒྱུ་དཀར་དང་འབྲེལ་འདུག

5. ཕེའུ་ཐོ་བའི་ཁྱད་ཆོས། སོ་མ་བཙས་པའི་ཕེའུས་ནུ་མ་ནུ་བ་ཡིན་པས། ལྷུག་སྟོད་ཧ་ཅང་ཆེ། ཐོ་བ་གཞན་གསུམ་གྱི་ཤོང་ཚད་བསྡོམས་ཀྱང་ལྷུག་སྟོད་ཀྱི་ཤོང་ཚད་ཀྱི་ཕྱེད་ཀ་ལས་མེད། ཉི་མ་བདུན་10ནས་བདུན་12འགོར་རྗེས་གྲོད་པུ་རིམ་བཞིན་དུ་ལྷུག་སྟོད་ལས་ལྷབ་གཅིག་གིས་ཇེ་ཆེར་འགྱུར་བ་ཡིན། སྐབས་དེའི་ཐོ་སུལ་ལ་བྱེད་ནུས་མེད་ཅིང་ཧ་ཅང་ཆུང་། ཟླ་4འགོར་རྗེས་རྩི་ཤིང་རིགས་ཀྱི་གཟན་ཆས་སྤྱོད་པའི་བྱེད་ནུས་ཐོན་པ་ན་གྲོད་པུ་དང་གྲོད་སུལ། ཐོ་སུལ་སོགས་མགྱོགས་མྱུར་སྨིན་ཏེ་ཆེར་འགྱུར་བ་དང་། གྲོད་པུ་དང་གྲོད་སུལ་གྱི་ཤོང་ཚད་ཐོ་སུལ་དང་ལྷུག་སྟོད་ཀྱི་ཤོང་ཚད་ལས་ལྷབ་4ཇེ་ཆེར་འགྱུར་བ་ཡིན། ཕེའུ་ལོ་གཅིག་ལོན་རྗེས་ཐོ་སུལ་དང་ལྷུག་སྟོད་ཀྱི་ཤོང་ཚད་ཕལ་ཆེར་གཅིག་མཚུངས་ཡིན་ལ། ཐོ་བ་བཞིའི་ཤོང་ཚད་ནི་བ་ལང་དར་མ་ཞིག་དང་འདྲ་བར་འགྱུར་རོ།།

(གཉིས)རྒྱུ་མ།

རྒྱུ་མ་ནི་ཕྲ་ཞིང་རིང་བའི་སྦུ་གུ་ཞིག་སྟེ། ཡར་སྣེ་ལྷུག་སྟོད་ཀྱི་འབུད་སྒོ་དང་འབྲེལ་ཞིང་མར་སྣེ་གཤང་སྒོར་འབྲེལ་འདུག དེར་རྒྱུ་མ་དང་གཡོད་རྒྱུ་ཞེས་རིགས་གཉིས་མཆིས།

1. བ་ལང་གི་རྒྱུ་མ།

(1)རྒྱུ་དཀར། ལྷུག་སྟོད་ཀྱི་འབུད་སྒོ་དང་འབྲེལ་ཞིང་མདུན་ཕྱོགས་སུ་བསྲིངས་ཏེ་མཆིན་པའི་ངོས་ཕྱོགས་ནས་གུག་འཁྱོགས་ཤིག་ཏུ་འགྱུར་ལ། དེ་ནས་གཞུག་ཕྱོགས་ལྟད་ངོས་སུ་བསྲིངས་ཏེ་མཚང་སྣམ་དང་འབྲེལ་བའི་སྣལ་ཚོགས་ཀྱི་འོག་ནས་གཡོན་ཕྱོགས་ཀྱི་མདུན་ཐད་དུ་དཀྱིགས་ཏེ། གུག་འཁྱོགས་ཆེན་པོ་ཞིག་ཏུ་གྱུར་རྗེས་གཡས་ཕྱོགས་ཀྱི་མཁལ་ཁུགས་ལ་བསླེབས་རྗེས་རྒྱུ་སྟོང་དུ་འགྱུར་བ་

ཡིན། མཆིན་རྩ་མཆིན་སྙོ་ནས་ཕྱིར་བུད་དེ་མཁྲིས་རྩ་དང་འདྲེས་པ་དང་། མཁྲིས་སྣུག་ཐུང་ཐུང་ཞིག་གི་ཁ་རྒྱུ་དཀར་གྱི་གྲུག་འཚོགས་གཉིས་པའི་རྒྱུ་མའི་ནང་སྐྱིའི་ངོས་སུ་ཕྱེ་འདུག

(2)རྒྱུ་སྟོང་། རྒྱུ་སྟོང་ནི་གསུམ་ཁོག་གི་གཡས་ཕྱོགས་ན་མཆིས་ཤིང་། གཡོད་རྒྱུའི་གྲུག་འཚོགས་ཀྱི་མཐའ་སྐོར་དུ་གཡས་གཙུ་གཡོན་གཙུ་བྱས་པ་དང་། རྒྱུ་ཤ་ལ་བརྟེན་ནས་གཡོད་རྒྱུའི་མཐའ་སྐོར་དུ་དཔྱངས་ཡོད། རྒྱུ་སྟོང་གི་གཡས་ཕྱོགས་དང་གསུམ་ངོས་ཀྱི་བར་ན་ཁོག་ཚིལ་གྱིས་བཅད་འདུག རྒྱུ་སྟོང་གི་གཡོན་ཕྱོགས་གྲོད་པུ་ཡིན་ལ་རྒྱབ་ཕྱོགས་གཡོད་རྒྱུ་ཆེ་བོ་ཡིན་པ་དང་། མདུན་ངོས་ཕོ་སུལ་དང་ལྷུག་སྟོད་ཡིན།

(3)རྒྱུ་ནག རྒྱུ་ནག་ནི་ཙུང་ཐུང་བ་དང་རིང་ཚད་ལ་ལི་སྨིས 50ལས་མེད། རྒྱུ་སྟོང་གི་མཇུག་སྣེ་ནས་ཡར་འཁྱིལ་ཞིང་མདུན་ཐད་གོང་རོལ་ནས་ལོང་གའི་ཕྱོགས་སུ་བསྒྲིངས་ཏེ་ལོང་གའི་ནང་ལ་འབྲེལ་ཡོད། འབྲེལ་སྣོའི་ཁ་ཕྱིར་ལོག་འདུག གཡོད་རྒྱུ་དང་ལོང་ག་འབྲེལ་མཚམས་ལ་ལོང་རྒྱུའི་འབྲེལ་མཚམས་ཟེར།

2.བ་ལང་གི་གཡོད་རྒྱུ།

(1)ལོང་ག ལོང་ག་ནི་ཟེའུ་དབྱིབས་དང་མཚུངས་པར་སྦོམ་ཞིང་ཆེ་བ་ཞིག་ཡིན་ལ། གཡས་ཕྱོགས་ཀྱི་མཚང་ཁོག་ན་མཆིས། རྒྱུ་ནག་ནས་མགོ་བརྩམས་ཏེ་གཡས་ཕྱོགས་མཚང་སྐམ་ཐད་བསྒྲིངས་ཤིང་། སྣེ་མོ་མཚང་སྐམ་གྱི་འཇུག་སྒོར་བསླེབས་ཏེ་རྩམ་ལོང་དང་འབྲེལ་ཡོད།

(2)རྩམ་ལོང་། རྒྱུ་ཤ་སྤྱི་ལ་བརྟེན་ནས་གསུམ་ཁོག་གི་སྒད་ངོས་ན་དཔྱངས་འདུག རྩམ་ལོང་གི་མགོ་ལོང་ག་དང་མཚུངས་ཤིང་རིམ་བཞིན་ཇེ་ཕྲར་གྱུར་ཡོད། རྩམ་ལོང་སྤྱི་ལ་མགོ་ཇ་བར་གསུམ་དུ་བགོས་ཆོག

(3)རྒྱུ་སྨད། རྒྱུ་སྨད་ནི་མཚང་སྐམ་དུ་གནས་འདུག

3.བ་ལང་གི་གཤང་སྒོ། བ་ལང་གི་གཤང་སྒོ་ནི་རྔ་རྩའི་འོག་ན་མཆིས་ཤིང་། རྡོམ་གྱུག་གེར་ཡོད།

(གསུམ)མཆིན་པ།

མཆིན་པ་ནི་བ་ལང་གི་ལུས་ཁོག་གི་ཆེས་ཆེ་བའི་རྨེན་བུ་ཞིག་ལགས། གསུས་ཁོག་གི་མདུན་ཐད་དང་བྲང་སྐྱིའི་རྗེས་ན་མངའ། མང་ཆེ་ཤོས་སམ་ཚང་མ་གཡས་ཕྱོགས་སུ་གནས་ཤིང་། དབྱིབས་ཚུགས་ལེབ་མོ་དང་ཁ་དོག་དམར་སྨུག་ཏུ་སྣང་། གསུས་ངོས་དང་འབྲེལ་མཚམས་སུ་སློ་འབུར་མང་ལ། སློ་འབུར་དེ་དག་གིས་ཆེ་ཆུང་མི་འདྲ་བའི་མཆིན་པའི་འདབ་མ་གྲུབ་འདུག མཆིན་པའི་འདབ་མ་སོགས་ལས་བྱུང་བའི་རྩ་སྦྲུག་མཉམ་དུ་སྦྲེལ་ཏེ་མཆིན་པའི་རྩ་སྦྲུག་གྲུབ་པ་ཡིན། མཁྲིས་པའི་རྩ་སྦྲུག་དང་མཆིན་པའི་རྩ་སྦྲུག་གཉིས་འདྲེས་པ་དེར་མཁྲིས་རྩ་ཟེར་བ་དང་། རྩ་སྒོ་རྒྱུ་དཀར་གྱི་ནང་ལ་གཏད་འདུག

(བཞི)གཤེར་སྙིན།

བ་ལང་གི་གཤེར་སྙིན་གྱི་ཁ་དོག་ནི་དམར་སྐྱ་འདྲེས་པའི་སེར་པོ་ཞིག་ཡིན། དབྱིབས་ཚུགས་ནི་ཟུར་གསུམ་ལ་ཉེ་བ་ཞིག་སྟེ་གསུས་པའི་གོང་རོལ་ན་མཆིས་ཤིང་། རྒྱུ་དཀར་དང་ཐག་ཉེ་ས་ན་ཡོད། གཤེར་སྙིན་ལ་རྩ་སྦྲུག་ཅིག་མངའ། གཤེར་སྙིན་ལ་ནང་ཟགས་དང་ཕྱི་ཟགས་བྱེད་པའི་བྱེད་ནུས་གཉིས་ལྡན་པས། གཤེར་སྙིན་གྱི་དངོས་གཞི་དེར་ཕྱི་ཟགས་ཀྱི་ཁག་དང་ནང་ཟགས་ཀྱི་ཁག་ཅེས་རིགས་གཉིས་བཀར་ཆོག

ལེ་ཚན་གཉིས་པ། བཞོན་མའི་སྐྱེ་འཕེལ་མ་ལག

གཅིག བཞོན་མའི་སྐྱེ་འཕེལ་དབང་རྟེན།

བཞོན་མའི་སྐྱེ་འཕེལ་དབང་རྟེན་ནི་བསམ་བསེའུ་དང་ཁམས་དམར་…… འདྲེན་སྦུག བུ་སྣོད། མངལ་ལམ། གཅིན་དང་སྐྱེ་འཕེལ་ཁ་སྒོ། མཚན་སྒྲོས། བྱ་ལི་སོགས་ཀྱིས་གྲུབ་པ་ཞིག་ལགས། བསམ་བསེའུ་དང་ཁམས་དམར་འདྲེན་སྦུག བུ་སྣོད། མངལ་ལམ་བཅས་ནི་ནང་གི་སྐྱེ་འཕེལ་དབང་རྟེན་དང་། གཅིན་དང་…… སྐྱེ་འཕེལ་ཁ་སྒོ་དང་མཚན་སྒྲོས། བྱ་ལི་བཅས་ནི་ཕྱིའི་སྐྱེ་འཕེལ་དབང་རྟེན་ཡིན། (རི་མོ 2–2)

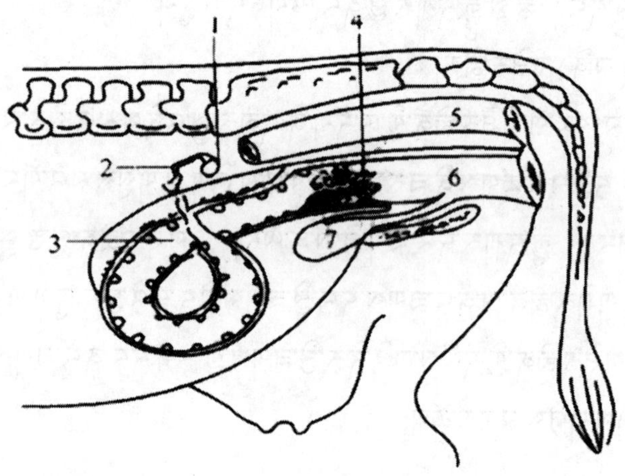

རི་མོ 2–2 བཞོན་མའི་སྐྱེ་འཕེལ་དབང་རྟེན།

1.བསམ་བསེའུ། 2.ཁམས་དམར་འདྲེན་སྦུག 3.བུ་སྣོད་ཀྱི་ཟུར་སྣེ། 4.མངལ་སྒོ། 5.སྙད་རྒྱུ། 6.མངལ་ལམ། 7.གཅིན་ལྦང་།

（གཅིག）བསམ་བསེའུ།

བསམ་བསེའུ་ནི་ཆེ་ཆུང་རན་ལ་ཉུང་ལེབ་པའི་སྒོང་དབྱིབས་ནར་མོ་ཅན་ཞིག་ཡིན། བཞོན་མའི་བསམ་བསེའུ་ཡི་རིང་ཚད་ནི་ལི་སྨིས་2 ~3དང་། ཞེང་ཚད་ལ་ལི་སྨིས་1 ~1.5 ལྗིད་ཚད་ལ་ཁེ་15 ~20 བཅས་མཆིས་ཤིང་། སྤྱིར་བཏང་གི་གནས་ཚུལ་འོག་ཏུ་གཡས་ཕྱོགས་ཀྱི་བསམ་བསེའུ་གཡོན་ཕྱོགས་ཀྱི་བསམ་བསེའུ་ལས་ཉུང་ཆེ། བསམ་བསེའུ་ནི་ཕལ་ཆེར་བུ་སྣོད་ཀྱི་ཡལ་ག་གཉིས་ཀྱི་ཕྱི་ངོས་སྣད་ཕྱོགས་སམ་མཚང་སྐམ་མདོ་ཉུས་ཀྱི་ཉེ་སར་གནས་འདུག གཟུགས་གཞི་འབྲིང་ཙམ་ཡིན་པའི་བཞོན་མའི་བསམ་བསེའུ་ནི་རྫིང་ཁ་ནས་ཐུགས་ལ་ལི་སྨིས་40~45སོང་ས་ན་ཡོད།

（གཉིས）ཁམས་དམར་འདྲེན་སྦུག

བཞོན་མའི་ཁམས་དམར་འདྲེན་སྦུག་ཉུང་རིང་སྟེ། ཕལ་ཆེར་ལི་སྨིས་20~30མངའ་ཞིང་། གུག་འཁྱོགས་འབྲིང་ཙམ་མཆིས། ཁམས་དམར་འདྲེན་སྦུག་ནི་བསམ་བསེའུ་དང་བུ་སྣོད་ཀྱི་ཡལ་གའི་བར་ན་གནས་པ་དང་། བསམ་བསེའུ་ལས་ཐོན་པའི་ཁམས་དམར་བུ་སྣོད་དུ་འདྲེན་པ་ཡིན་ལ། ཁམས་དམར་དུ་ཁམས་དཀར་ཞུགས་སའང་ཡིན།

（གསུམ）བུ་སྣོད།

བུ་སྣོད་ནི་བུ་སྣོད་ཀྱི་ཡལ་ག་དང་བུ་སྣོད་ཀྱི་ཕུང་པོ། མངལ་ཁ་བཅས་ཀྱིས་གྲུབ་པ་ཡིན། བུ་སྣོད་ལ་ཡལ་ག་ཆ་གཅིག་མངའ་བ་དེ་བུ་སྣོད་ཀྱི་མདུན་ཐད་ན་སྦུག་དབྱིབས་ར་འཁྱིལ་ལྟར་འཁྱིལ་ཞིང་། དེར་གུག་འཁྱོགས་ཆེན་པོ་ཞིག་དང་གུག་འཁྱོགས་ཆུང་ངུ་ཞིག་མཆིས། བུ་སྣོད་ཀྱི་ཡལ་གའི་སྣེ་མོ་ཁམས་དམར་འདྲེན་སྦུག་དང་འབྲེལ་ཡོད། བུ་སྣོད་ཀྱི་ཡལ་གའི་མར་སྣེ་ནི་བུ་སྣོད་ཀྱི་ཕུང་པོ་ཡིན། བུ་སྣོད་ཀྱི་ཡར་སྣེ་བུ་སྣོད་ཀྱི་ཡལ་ག་དང་མར་སྣེ་མངལ་ཁ་དང་འབྲེལ་འདུག མངལ་

ཁ་ནི་བུ་སྣོད་ཀྱི་མར་སྣེ་ན་མཆིས་པའི་ཁ་བསྡུམ་འདུག་པ་དེ་ཡིན་ལ། དེའི་འབྱར་སྐྱི་ནི་ཤ་གཉེར་མང་པོས་གྲུབ་པ་ཞིག་ཡིན་པས་ཁ་ཏ་ཙང་དོག་པ་དེར་མངལ་ཁའི་སྨུག་ལམ་ཟེར། མངལ་ཁའི་སྨུག་ལམ་གྱི་མདུན་བུ་སྣོད་ལ་ཁ་གཏད་ཡོད་པ་དེར་མངལ་ཁའི་ནང་སྒོ་ཟེར། མངལ་ཁའི་མཇུག་མངལ་ལམ་དུ་གཏད་ཡོད་པ་དང་དེར་མངལ་ཁའི་ཕྱི་སྒོ་ཟེར།

བུ་སྣོད་མང་ཆེ་བ་ནི་གསུམ་ཁོག་ན་གནས་པ་དང་། ཞུང་ཤས་ཙམ་མཚང་སྒམ་སྟེ་སྨད་རྒྱུ་དང་གཅིན་ལྷང་གི་བར་ན་མཆིས། བུ་སྣོད་ཀྱི་དབྱིབས་ཚུགས་དང་ཆེ་ཆུང་། ཆགས་གནས། གྲུབ་ཚུལ་བཅས་ནི་བརྒྱུད་དང་ལོ་ཚོད། བཞོན་མ་རང་གི་གཟུགས་གཞི། བེའུ་ལ་སྦྲིག་པའི་དུས་འཁོར། མངལ་ཆགས་དུས་བཅས་མི་གཅིག་པའི་དབང་གིས་མི་འདྲ་ས་ཚུང་ཆེན་པོ་ཡོད།

(བཞི)མངལ་ལམ།

མངལ་ལམ་ནི་སྦུག་ལེབ་ཅིག་ཏུ་སྣང་ཞིང་རིང་ཚད་ལ་ལི་སྨིས 22 ~28 མཆིས། དེ་ནི་བཞོན་མའི་འཁྲིག་སྦྱོར་གྱི་དབང་རྟེན་ཡིན་ལ་སྦྲུ་གུ་བཙའ་སའི་མངལ་ལམ་ཡང་ཡིན། མངལ་ལམ་ནི་མཚང་སྒམ་དུ་གནས་ཤིང་། རྒྱབ་ན་སྨད་རྒྱུ་དང་འོག་ན་གཅིན་ལྷང་དང་གཅིན་ལམ། གཡས་གཡོན་ནི་མཚང་སྒམ་གྱི་ནང་ངོས་ལགས།

མངལ་ལམ་ནི་འབྱར་སྐྱི་དང་ཤ་སྐྱི། ཕྱི་སྐྱི་བཅས་ཀྱིས་གྲུབ་པ་ཞིག་ལགས། འབྱར་སྐྱིས་གཉེར་ཁྱུགས་མང་པོ་གྲུབ་ཅིང་། མངལ་ལམ་གྱི་མདོ་ཁར་འབྱར་སྐྱི་ལས་གྲུབ་པའི་སྐོར་དབྱིབས་ཀྱི་ཤ་གཉེར་མངའ། མངལ་ལམ་གྱི་ཤ་སྐྱི་ནི་འཇམ་སྐྱོམས་ཤ་གནད་ཉིས་བརྩེགས་ཀྱིས་གྲུབ་པ་ཞིག་སྟེ། ནང་རིམ་ནི་ཐུང་མཐུག་པའི་སྐོར་དབྱིབས་ཤ་གནད་དང་ཕྱི་རིམ་ནི་ཐུང་སྲབ་པའི་སྲིད་དབྱིབས་ཤ་གནད་ཀྱིས་གྲུབ་པ་ཞིག་ཡིན། ཤ་གནད་དེ་དག་བུ་སྣོད་ཀྱི་ཤ་གནད་དང་

མཚན་ཁའི་ཤ་གནད་དང་སོ་སོར་འབྲེལ་འདུག ཟགས་ཐོན་ནང་སྐྱི་ནི་མངལ་ལམ་གྱི་ཁ་ན་གནས་པ་དང་། འཕྲོ་ལྷག་རྣམས་མཚང་སྐམ་ནང་གི་བར་སོབ་གྲུབ་ཆས་གཡོགས་འདུག

(ལྔ) ཕྱིའི་སྐྱེ་འཕེལ་དབང་རྟེན།

ཕྱིའི་སྐྱེ་འཕེལ་དབང་རྟེན་དུ་གཅིན་ལམ་དང་སྐྱེ་འཕེལ་མཚན་ཁ་དང་མཚན་སྒྲོས། བྲ་ལེ་སོགས་འདུ་བ་ཡིན།

གཉིས། བཙོན་མའི་སྐྱེ་འཕེལ་དབང་རྟེན་གྱི་ལུས་ཁམས་བྱེད་ནུས།

(གཅིག) བསམ་བསེའུ་ལུས་ཁམས་བྱེད་ནུས།

1.ཁམས་དམར་གསོ་སྐྱོང་དང་ཁམས་དམར་ཕྱིར་གཏོང་བ། བསམ་བསེའུ་ཡི་སྐྱེ་ཤུན་དུ་གྲུབ་མ་གྲུབ་པའི་རིམ་པ་མི་གཅིག་པའི་ཁམས་དམར་ལྦུ་སོབ་མཆིས། དེར་ཤུབས་མེད་ཁམས་དམར་ལྦུ་སོབ(གདོད་མའི་ཁམས་དམར་ལྦུ་སོབ་དང་རིམ་གྲས་དང་པོའི་ཁམས་དམར་ལྦུ་སོབ)ཤུབས་ལྡན་ཁམས་དམར་ལྦུ་སོབ(དམའ་རིམ་ཁམས་དམར་ལྦུ་སོབ)ཁམས་དམར་མ་ཐུད་པའི་སྔོན་གྱི་ཁམས་དམར་ལྦུ་སོབ(སྨིན་ཐག་ཆོད་པའི་ཁམས་དམར)ཅེས་སུ་དབྱེ་ཆོག སྨིན་ཐག་ཆོད་པའི་ཁམས་དམར་ལྦུ་སོབ་རལ་ཏེ་ཁམས་དམར་ཕྱིར་གཏོང་བ་ཡིན། ཁམས་དམར་ཐུད་རྗེས་ཀྱི་ཁམས་དམར་ལྦུ་སོབ་ནི་སྔོང་སེར་གྱི་ཚུལ་དུ་འགྱུར་བ་ཡིན།

2.སྐྱུལ་རྫི་ཟགས་ཐོན། ཁམས་དམར་ལྦུ་སོབ་གྲུབ་སྐབས་བསམ་བསེའུ་སྐྱེ་ཤུན་རྨང་གཞིའི་སྟེང་ནས་ཕྲ་ཐུང་ལས་གྲུབ་པའི་ཁམས་དམར་ལྦུ་སོབ་ཀྱི་ཕྱི་ཤུན་ནི་ཁྲག་རྩ་རང་བཞིན་གྱི་ནང་ཤུན་དང་ཚ་སྣ་རང་བཞིན་གྱི་ཕྱི་ཤུན་དུ་བཀར་ཆོག ནང་ཤུན་གྱིས་མོ་ཡི་སྐྱུལ་རྫི་ཟགས་ཐོན་བྱེད་ཐུབ། ལུས་སྟེང་གི་མོ་ཡི་སྐྱུལ་རྫིའི་གར་ཚད་ངེས་ཅན་ཞིག་ལ་བསླེབས་ཚེ་བཙོན་མར་ཆགས་པ་ལང་བའི་རྟགས་འབྱུང་དུ་འཇུག་སྲིད། ཁམས་དམར་ཐུད་པ་དེ་སེར་གཟུགས་སུ་གྱུར་རྗེས་

སེར་གཟུགས་ཀྱིས་སྨྱུམ་རྩི་ཟགས་ཐོན་བྱེད་པ་དང་། སྨྱུམ་རྩི་ཟགས་ཐོན་བྱས་པ་ཚད་ངེས་ཅན་ཞིག་ལ་བསླེབས་ཚེ་བཤོན་མའི་ཆགས་པ་ལང་ཚད་ཚོད་འཛིན་བྱེད་པ་ཡིན།

(གཉིས)ཁམས་དམར་འདྲེན་སྐབས་ཀྱི་ལུས་ཁམས་བྱེད་ནུས།

1.ཁམས་དམར་སྐྱིལ་འདྲེན་བྱེད་པ། བསམ་བསེའུ་ལས་བྱུང་བའི་ཁམས་དམར་ཁམས་དམར་འདྲེན་སྐབས་ཏུ་བསླེབས་པ་ན། སྐྱེ་དངོས་སྤྱི་ཕྲན་གྱི་འགྲུལ་སྐྱོད་ལ་བརྟེན་ནས་ཁམས་དམར་དེ་ཁམས་དཀར་ཞུགས་ས་དང་མངལ་ཆགས་ས་རུ་བསྐྱལ་བ་ཡིན།

2.ཁམས་དཀར་ལ་བྱེད་ནུས་ཞུགས་པ་དང་ཁམས་དཀར་ཁམས་དམར་དུ་འཇུག་པ། ཁམས་དམར་ཁ་གསོས། ཁམས་དཀར་བཤོན་མའི་སྐྱེ་འཕེལ་དབང་རྟེན་དུ་བསླེབས་རྗེས་ཐོག་མར་བུ་སྣོད་དུ་ཞུགས་པ་དང་། དེ་ནས་ཁམས་དམར་འདྲེན་སྐབས་ཏུ་འཛུལ་ཏེ་བྱེད་ནུས་ཞུགས་རིམ་དེ་ལེགས་འགྲུབ་བྱེད་པ་ཡིན།

3.ཟགས་ཐོན་བྱེད་ནུས། ཁམས་དམར་འདྲེན་སྐབས་ཀྱི་ཟགས་ཐོན་ཐྲ་ཕྲུང་ལ་བསམ་བསེའུ་སྐྱལ་རྩིས་བྱེད་ནུས་བརྟན་ཏེ། བཤོན་མར་ཆགས་པ་ལངས་དུས་ཟགས་ཐོན་བྱེད་ནུས་ཇེ་དྲགས་དང་ཟགས་ཐོན་དངོས་པོ་ཇེ་མང་དུ་འགྱུར་བ་ཡིན་ལ། ཟགས་ཐོན་དངོས་པོ་དག་གི་གྲུབ་ཆ་གཙོ་བོ་ནི་སྦྲིད་དཀར་གར་པོ་དང་མང་གྲུབ་ཀ་ར་གར་པོ་ཡིན་པས། དེ་ནི་ཁམས་དཀར་དང་ཁམས་དམར་གྱི་སྐྱིལ་འདྲེན་ལག་ཆ་ཡིན་ལ། ཁམས་དཀར་དང་ཁམས་དམར། མངལ་ཞུགས་ཕྲ་ཕྲུང་བཅས་ཀྱི་འཚོ་བཅུད་ཀྱང་ཡིན།

(གསུམ)བུ་སྣོད་ཀྱི་ལུས་ཁམས་བྱེད་ནུས།

1.བུ་སྣོད་ནི་ཁམས་དཀར་སྐྱེ་འཕེལ་དབང་རྟེན་དུ་འཇུག་པ་དང་སྐྱེ་འཕེལ

འབྱུང་བའི་ཕྲུ་གུ་བཙའ་བའི་མངལ་ལམ་ཡིན། བཞོན་མར་ཆགས་པ་ལངས་སྐབས་བུ་སྣོད་ཤ་གནད་ཀྱི་སྟོབས་ནུས་ཀྱིས་གོ་རིམ་ཡོད་ཅིང་ཤུགས་དང་ལྡན་པའི་ཕྱིར་སྐུམ་བྱེད་ནུས་ལ་བརྟེན་ཏེ། ཁམས་དམར་འདྲེན་སྦུག་གི་ཕྱོགས་སུ་ཁམས་དཀར་སྐྱེལ་འདྲེན་བྱེད་པ་དང་། ཁམས་དཀར་བུ་སྣོད་ཀྱི་ཡལ་ག་བརྒྱུད་དེ་ཁམས་དམར་འདྲེན་སྦུག་ཏུ་སྐྱེལ་བ་ཡིན། བཞོན་མས་ཕྲུ་གུ་བཙའ་སྐབས་བུ་སྣོད་ཀྱིས་སྟོབས་དང་ལྡན་པའི་བཙིར་ནོན་ལ་བརྟེན་ནས་ཕྲུ་གུ་ཕྱིར་ཐུད་པ་ཡིན།

2.བུ་སྣོད་ཀྱིས་ཁམས་དཀར་ལ་བྱེད་ནུས་འཐོབ་པར་ཆ་རྐྱེན་བསྐྲུན་པ་དང་། ཕྲུ་གུ་སྐྱེ་འཕེལ་གང་ལེགས་འབྱུང་བའི་གནས་ཡིན། བུ་སྣོད་ནང་སྐྱིའི་ཟགས་ཐོན་དངོས་པོ་དང་ཕྱིར་འཛག་དངོས་པོ། ནང་སྐྱིའི་སྐྱེ་དངོས་རྫས་འགྱུར་གྱི་ཚབ་དངོས་བཅས་ཀྱིས་ཁམས་དཀར་ལ་བྱེད་ནུས་འཐོབ་པར་ཁོར་ཡུག་བསྐྲུན་ཐུབ་པར་མ་ཟད། སྦྲུམ་མར་འཚོ་བཅུད་མཁོ་སྤྲོད་བྱེད་ཐུབ་པ་ཡིན།

3.བཞོན་མར་ཆགས་པ་ལང་བའི་དུས་འཁོར་ཚོད་འཛིན་བྱེད་པ། གལ་ཏེ་བཞོན་མ་སྦྲིག་ཀྱང་བེའུ་འཛིན་མ་ཐུབ་ཚེ། ཆགས་པ་ལང་བའི་དུས་འཁོར་གྱི་དུས་ཡུན་ཞིག་ཏུ་བུ་སྣོད་ཀྱི་ནང་སྐྱིས་ཟགས་ཐོན་བྱས་པའི་མདུན་བསྟར་ཚེན་བུ $PGF2_{a}$ ཡིས་གཞོགས་གཞན་ཞིག་གི་བསམ་བསེའུ་སེར་གཟུགས་འཇུ་བར་བྱས་ཏེ་བཞོན་མར་ཡང་བསྐྱར་ཆགས་པ་ལང་དུ་འཇུག་སྲིད།

4.མངལ་ཁ་ནི་བུ་སྣོད་འགག་སྒོ་ཡིན། དུས་རྒྱུན་ལྟར་ན་མངལ་ཁ་ནི་དམ་པོར་བསྡམས་འདུག བཞོན་མར་ཆགས་པ་ལང་སྐབས་མངལ་ཁ་ཅུང་ཁ་ཕྱེ་བ་དང་། འབྱར་ཁུ་མང་པོ་ཟགས་ཐོན་བྱས་ཏེ་ཁམས་དཀར་བུ་སྣོད་དུ་འཇུག་པར་སྟབས་བདེ་བསྐྲུན་པ་ཡིན། མངལ་སྦྲུམ་སྐབས་མངལ་ཁ་དོམ་པོར་གྱུར་པ་དང་། འབྱར་ཁུ་ཟགས་ཐོན་བྱས་ཏེ་མངལ་ཁ་གཅོད་པ་དང་། འགོ་ནད་བུ་སྣོད་དུ་འཇུག་པར་སྔོན་འགོག་བྱེད་པ་ཡིན། ཕྲུ་གུ་བཙའ་ལ་ཉེ་དུས་མངལ་ཁ་བསྐྱེད་དེ་

ཕྲུ་གུ་བཙའ་བདེ་བ་བྱེད་པ་ཡིན།

5.མངལ་ཁའི་སྲུལ་གཉེར་ནི་ཁམས་དཀར་གྱི་ཆེས་ལེགས་པའི་བང་མཛོད་ལགས། བཞོན་མ་རང་ཤུགས་སུ་ཕྲིག་པའམ་མིས་ཁམས་དཀར་འཇུག་པ་བཅས་བྱས་རྗེས་ཁམས་དཀར་མོད་པོ་མངལ་ཁའི་སྲུལ་གཉེར་དུ་ལུས་པ་དང་། འགྲུལ་མེད་གྲུབ་མེད་ཡིན་པའི་ཁམས་དཀར་བཙགས་ཐོན་བྱེད་པ་དང་སྨུ་མཐུད་དུ་ཁམས་དཀར་ཕུད་དེ་ཁམས་དཀར་དང་ཁམས་དམར་འདྲེ་སར་བསྐྱུལ་ཏེ་བཞོན་མར་མངལ་ཆགས་སུ་འཇུག་པ་ཁག་ཐེག་བྱེད་པ་ཡིན།

(བཞི)མངལ་ལམ་གྱི་ལུས་ཁམས་བྱེད་ནུས།

མངལ་ལམ་གྱིས་བཞོན་མའི་སྐྱེ་འཕེལ་བྱེད་པའི་གོ་རིམ་དུ་བྱེད་ནུས་གང་མང་འདོན་པ་ཡིན། མངལ་ལམ་ནི་འཁྲིག་སྦྱོད་ཀྱི་དབང་རྟེན་ཡིན་ལ་འཁྲིག་སྦྱོད་བྱས་རྗེས་ཀྱི་ཁམས་དཀར་གསོག་སྣོད་ཀྱང་ཡིན། ཁམས་དཀར་གསོག་སྣོད་དེ་ནུ་དགག་ཅིང་འདུ་བ་ཡིན། མངལ་ལམ་གྱི་སྐྱེ་དངོས་རྣམ་འགྱུར་དང་འབུ་ཕྲའི་ཁོར་ཡུག་གིས་མངལ་ལམ་དུ་ནད་འབུ་ཕྲ་མོ་ཞུགས་པར་སྔོན་འགོག་བྱེད་ཐུབ། མངལ་ལམ་གྱིས་བཙིར་ལྷོད་དང་ཕྱིར་སོས། ཟགས་ཐོན། འདྲེན་ལེན་སོགས་ཀྱི་བྱེད་ནུས་ལ་བརྟེན་ཏེ་བུ་སྣོད་འབྱར་སྐྱེ་དང་ཁམས་དམར་འདྲེན་ཕྲུག་གི་ཟགས་ཐོན་དངོས་པོ་ཕྱིར་ཕུད་པ་དང་མཉམ་དུ་ཕྲུ་གུ་བཙའ་བའི་མངལ་ལམ་ཡང་ཡིན།

ལེའུ་གསུམ་པ། བརྒྱུད་གསལ་འབྱེད།

ལེ་ཚན་དང་པོ། བརྒྱུད།

གཅིག ཧོ་སི་ཐན་བརྒྱུད་ཀྱི་བཞོན་མ།

ཧོ་སི་ཐན་བ་རྒྱུད་ལ་བ་ཁྲ་ཡང་ཟེར་ཏེ། བརྒྱུད་དེའི་ཁུངས་ནི་ཧོ་ལན་རྒྱལ་ཁབ་ཀྱི་ཆེས་བྱང་ཕྱོགས་ན་གནས་པའི་ཞི་ཧྥི་ལི་སི་ཞིང་ཆེན་དང་ཧོ་ལན་བྱང་ཕྱོགས་ཀྱི་ཞིང་ཆེན་གསུམ་བཅས་ཡིན་ལ། ད་ལྟ་འཛམ་གླིང་རང་བཞིན་གྱི་བ་རྒྱུད་ཅིག་ཏུ་གྱུར་ཏེ་འཛམ་གླིང་གི་ས་ཆ་སོ་སོ་ན་གསོ་སྐྱོང་བྱེད་བཞིན་ཡོད། ཧོ་སི་ཐན་བ་རྒྱུད་ཀྱི་འོ་མའི་ཐོན་ཚད་མཐོ་བ་དང་། གཟན་ཆས་མཁོ་དངོས་སུ་འགྱུར་ཚད་མཐོ་བ་བཅས་ཀྱི་དབང་གིས་སྙན་གྲགས་ཀུན་ལ་ཁྱབ་ཡོད། འོན་ཀྱང་ཐོན་སྐྱེད་ཁྲོད་དུ་གྲང་ངར་མི་ཐེག་པ་དང་ཚ་གདུག་ཀྱང་མི་ཐེག་པ་ཞིག་ཡིན་པ་དེ་རེད། བརྒྱུད་དེའི་གཟུགས་གཞི་ཆེ་ཞིང་ལུས་ཕུང་གྲུབ་ཚུལ་སྦོམ་པོ་བཞུན་མོ་ཁྱིའུ་དབྱིབས་དང་མཚུངས་ལ། ཁོག་སྨད་ཆེ་ཞིང་ཤ་ཁ་གཏོས་འདུག བརྒྱུད་དེའི་ནུ་མའི་སྟེང་གི་སྡོད་རྩ་མང་ཞིང་ཆེ་ལ་འཁྱོགས་གུག་དང་ལྡན་ཞིང་ནུ་ཁ་རྒྱས་པ་ཧ་ཅང་ལེགས། སྐྱི་ལྤགས་འོག་ཏུ་པགས་ཚིལ་ཉུང་ཞིང་སྤུ་ཁ་ཐུང་ཞིང་འཇམ་པོ་ཞིག་ཡིན། སྤུ་མདོག་གི་ཁྱད་ཆོས་ནི་བར་མཚམས་གསལ་བའི་དཀར་ནག་གཉིས་ཡིན་ལ། ཐོད་པ་ན་འཛེ་དཀར་མཆེས་ཤིང་རྐང་ལག་གི་མར་སྣེ་དང་གསུམ་ངོས། རྔ་མ་བཅས་དཀར་པོ་ལགས། བཞོན་མར་གཏོགས་པའི་ཧོ་སི་ཐན་

བ་རྒྱུད་ཀྱི་ཕོ་མའི་ཐོན་ཚད་ནི་ལོ་རེར་ཆ་སྙོམས་བྱས་ན་སྟོང་ཁ 6500~7500 ཡིན་ལ། བ་མར་ཐོན་ཚད་ནི 3.6%~3.7%ཡིན།

ཀྲུང་གོའི་ཧོ་སི་ཐན་བ་རྒྱུད(1977ལོའི་ཡར་སྔོན་དུ་ཀྲུང་གོའི་བ་ཁྲ་ཟེར)ནི་དུས་རབས 19བའི་དུས་མཇུག་ཏུ་ཀྲུང་གོའི་ས་གནས་བ་རྒྱུད་དང་སྐབས་ཐོག་དེར་ནང་འདྲེན་བྱས་པའི་ཧ་སི་ཐན་བ་རྒྱུད་སྡེབ་སྦྱོར་བྱས་ཏེ། ལོ་ངོ་བཅུ་ཕྲག་འགའ་ལ་མུ་མཐུད་དུ་འདེམས་སྐྱོང་བྱས་པ་ལ་བརྟེན་ནས་རིམ་བཞིན་གྲུབ་པའི་བ་རྒྱུད་ཅིག་ལགས། ཀྲུང་གོའི་ཧོ་སི་ཐན་བ་རྒྱུད་ཀྱི་ཕྱིའི་དབྱིབས་ཚུགས་ནི་ཐལ་ཆེར་འོ་སྦྱོད་བ་མོའི་རིགས་ལ་གཏོགས་པ་དང་། བ་མོ་ལ་ལ་ཤ་འོ་གཉིས་སྦྱོད་ལ་གཏོགས་པ་ཡིན། འོ་སྦྱོད་བ་མོའི་ཁྱད་ཆོས་ཧ་ཅང་གསལ་འདུག སྤུ་མདོག་ནི་དཀར་ནག་གཉིས་ལས་གྲུབ་པ་དང་སྤུ་དཀར་བ་མོའི་གསུམ་ངོས་དང་རྐང་ལག་ཇ་མའི་མར་སྣེ་བཅས་སུ་ཁྱབ་འདུག གཟུགས་གཞི་ཆེ་ཞིང་བཞུན་ལ་ཆགས། གླང་ཁ་གང་ཞིག་གི་མཐོ་ཚད་ལ་ལི་སྨིས 140~145མཆིས་ཤིང་། ལྗིད་ཚད་ལ་སྤྱི་རྒྱ 900~1200ཡོད། བ་མོ་ཁ་གང་ཞིག་གི་གཟུགས་གཞིའི་མཐོ་ཚད་ལ་ལི་སྨིས 130~135དང་། གཟུགས་གཞིའི་རིང་ཚད་ལ་ལི་སྨིས 160~169.7དང་། ལྗིད་ཚད་ལ་སྤྱི་རྒྱ 650~750བཅས་ཡོད། བཙས་མ་ཐག་པའི་བེའུ་ལྗིད་ཚད་ལ་སྤྱི་རྒྱ 40~50མངའ། བེའུ་ལ་སྒྲིག་སྡུ་བ་དང་སྐྱེ་འཕེལ་བྱེད་ནུས་ལེགས་པའི་ཁྱད་ཆོས་ལྡན། བཞོན་མས་ལོ་རེར་འོ་མ་སྟེར་ཡུན་ནི་ཉི་མ 305དང་འོ་མ་ཐོན་ཚད་ཆ་སྙོམས་བྱས་ན་སྟོང་ཁ 7000~8000ཀྱི་བར་ཡིན་ལ། འོ་སྤྲིའི་ཐོན་ཚད་ཆ་སྙོམས་བྱས་ན 3.6%དང་ཆེས་མཐོ་ན 6.0%ལ་བསླེབ་ཐུབ། བ་མོ་གཡུང་མོ་ཡིན་པས་བདག་གཉེར་བྱེད་སླ་བ་དང་། ས་ལྷག་མི་འཁུར་བ་དང་གྲང་ངར་ཐེག་པ་ལས་ཚ་གདུག་མི་ཐེག་པ་ཡིན། (རི་མོ 3–1)

རི་མོ 3–1 གྲུང་གོའི་ཧོ་སི་ཐན་བ་རྒྱུད།

གཉིས། ཅོན་ཧྲན་བ་རྒྱུད།

ཅོན་ཧྲན་བ་རྒྱུད་ནི་གཟུགས་གཞི་ཆུང་བའི་བ་རྒྱུད་ལ་གཏོགས་པ་དང་། བ་རྒྱུད་དེ་དང་ཐོག་འབྱུང་ས་ནི་དབྱིན་ཇིའི་མཚོ་འགག་ལྷོ་མཐའི་ཅོན་ཧྲན་གླིང་ཕྲན་ཡིན། ཅོན་ཧྲན་བ་རྒྱུད་གསོ་གྲུབ་བྱུང་བའི་ལོ་རྒྱུས་ཀྱི་དུས་ཡུན་རིང་བས། གནའ་བོའི་བ་རྒྱུད་ཀྱི་རིགས་ཤིག་ཡིན། དུས་རབས 19བའི་བར་དབྱིན་དུ་རང་རྒྱལ་གྱི་གྲོང་ཁྱེར་ཆེན་པོ་སོགས་སུ་དྲངས་ཏེ་འཚོ་སྐྱོང་བྱས་པ་ཡིན་པས། མིག་སྔར་རང་རྒྱལ་ནང་དུ་ཅོན་ཧྲན་བ་རྒྱུད་ཀྱི་རྒྱུད་འདྲེས་ཚད་མི་གཅིག་པའི་བ་མོ་ལུས་ཡོད།

1.གཟུགས་གཞིའི་ཁྱད་ཆོས། ཅོན་ཧྲན་བ་རྒྱུད་ཀྱི་གཟུགས་གཞི་ཆུང་ཆུང་ཞིང་། མིག་ལ་མཛེས་པའི་གཟུགས་གཞི་ངོམ་པོ་ཞིག་ཡོད། བ་རྒྱུད་དེའི་མགོ་བོ་ཆུང་ལ་བཞུན་མོ་ཡིན་པ་དང་། ཡ་ཐོད་ཀོང་ཞིང་རྣ་ཅོ་ཆེ་ཆུང་རན་ལ་ཐང་ཆུའི་མདངས་དང་མཚུངས། སྐེ་ཕྲ་ཞིང་རིང་བ་དང་གཉེར་རིས་ཁེབས

ཡོད། འོག་ཤལ་ཙུང་ཆེ། སོག་བར་དོམ་པོ་ཡིན་ལ་སོ་མགོ་ཡར་འབུར་འདུག བྲང་ཁོག་ཆུང་ཞིང་སྙལ་གཞུང་དྲང་མོ་ཡིན། གསུས་ཁོག་གི་ཁོར་ཆེ་ཞིང་དྲུག་མགོ་སྙོམས་པོ་ཡིན་ལ་ཟ་མ་ཕྲ་ཞིང་རིང་། སུག་བཞི་ཕྲ་ཞིང་རྨིག་པ་ཆུང་བ་དང་། ལུས་ཡོངས་བཞུན་མོ་ཡིན་ལ་སྐྲི་ལྤགས་སྲབ་ཅིང་ནུ་ཁ་རྒྱས་པ་ཧ་ཅང་ལེགས། ལུས་སྤུ་སྲབ་ཅིང་ཐུང་ལ་འོད་དང་ལྡན་པ་ཞིག་ལགས། སྤུ་མདོག་ནི་ཐལ་སྨུག་གམ་སྨུག་སྐྱ། ཁམ་སྨུག་བཅས་སུ་སྣང་ཡང་། སྨུག་སྐྱ་ཅན་ཙུང་མང་། གསུས་ངོས་དང་སུག་བཞིའི་ནང་ངོས་ཀྱི་སྤུ་མདངས་ལ་སྐྱ་ཞད་འདྲེས་པ་ཡིན། མིག་ཟླུང་དང་མཆུའི་མཐའ་སྐོར་དུ་སྐྱ་ཞད་འདྲེས་པའི་སྤུ་མདངས་ཁྱབ་འདུག ཟ་མ་ནག་པོར་སྣང་། ཐོ་གླང་གི་སྤུ་མདངས་བ་མོའི་སྤུ་ལས་ཙུང་ཁ་བ་ཡིན། (རི་མོ 3–2)

རི་མོ 3–2 ཅེན་ཧྲན་བ་རྒྱུད།

2. ཐོན་སྐྱེད་བྱེད་ནུས། ལོ་རེའི་ཆ་སྙོམས་འོ་མ་ཐོན་ཚད་སྟོང་ཁ 3500 ཡས་མས་ཡིན། 1966ལོར་ཨ་རིའི་ཅེན་ཧྲན་བ་མོ་དག་གིས་ཆ་སྙོམས་བྱས་ན་འོ་མ་སྟོང་ཁ 4207བརྟན་པ་ཡིན་ལ། དབྱིན་ཇིའི་ཅེན་ཧྲན་བ་མོ་འོ་ཡོད་ཅིག་གིས་ལོ་གཅིག་གི་ནང་དུ་འོ་མ་སྟོང་ཁ 18929ཐོན་སྐྱེད་བྱས་པའི་ཟིན་ཐོ་བཀོད་པ་རེད།

ཚོན་ཧྲན་བ་རྒྱུད་ཀྱི་ཁྱད་ཆོས་གཙོ་བོ་ནི་འོ་འདུས་ཤིན་ཏུ་ལེགས་པ་དེ་རེད། འོ་མ་དུ་མར་ལེན་ཚད 5.5% ~6.0%དང་། འོ་འདུས་བཟང་བ་ཞིག་གི་འོ་མ་ལས་མར 8.0%ལེན་ཐུབ་པ་རེད། ཚོན་ཧྲན་བ་རྒྱུད་ཀྱི་འོ་སྣུམ་ཆེ་བ་དང་མར་ལེན་སླ་བར་མ་ཟད། མར་ལོ་སེར་པོ་ཁ་ལ་ཞིམ་པ་ཞིག་ཡིན་པས། དེའི་འོ་མ་དང་འོ་མས་ལས་སྐྲོན་བྱས་པའི་འོ་ཟས་ནི་མི་རྣམས་ཀྱིས་ཧ་ཅང་དགའ་བསུ་བྱེད་པའི་ཟས་སྣ་རུ་བརྩི་བ་རེད།

གསུམ། ཞི་མུན་ཐར་བ་རྒྱུད།

ཞི་མུན་ཐར་བ་རྒྱུད་ནི་སུའེ་ཙེར་རྒྱལ་ཁབ་ནས་བྱུང་བ་ཞིག་ཡིན་ཏེ། བ་རྒྱུད་དེ་ཤ་སྤྱོད་ཕོ་ནའི་བ་རྒྱུད་ཅིག་མིན་པར་ཤ་འོ་གཉིས་སྤྱོད་ལ་གཏོགས་པའི་བ་རྒྱུད་ཅིན་ཡིན། བ་རྒྱུད་དེ་ལས་ཀར་བཀོལ་སྤྱོད་བྱས་ནའང་ཤིན་ཏུ་ལེགས་པས། འོ་མ་དང་ཤ་ ལས་ཀ་བཅས་ལ་བཀོལ་སྤྱོད་བྱས་ཆོག་པའི་བ་རྒྱུད་ཆེ་གྲས་ཀྱི་རིགས་ཤིག་ཡིན། བ་རྒྱུད་དེ་དུས་རབས 20ཡི་ལོ་རབས 60ཡི་སྐབས་སུ་རང་རྒྱལ་དུ་ནང་འདྲེན་བྱས་པ་དང་། བྱང་ཤར་གྱི་ཞིང་ཆེན་གསུམ་དང་ཞིན་ཅང་། ཧྲན་ཏུང་། མཚོ་སྔོན་བཅས་ཞིང་ཆེན་དང་རང་སྐྱོང་ལྗོངས་ནས་གསོ་སྐྱོང་ལེགས་གྲུབ་བྱུང་བ་ཡིན་ལ། རང་རྒྱལ་གྱི་ས་ཆ་སོ་སོའི་བ་རྒྱུད་ལེགས་བསྒྱུར་བྱས་པར་ཕན་ནུས་མངོན་གསལ་བཏོན་པ་དང་། བ་རྒྱུད་དེའི་རྒྱུད་འདྲེས་འགལ་པ་ཞིག་གི་ཐོན་སྐྱེད་བྱེད་ནུས 30%ཇི་མཐོར་འགྲོ་བས། བ་སོ་འཛིན་མཁན་དག་གིས་ཆེས་དགའ་བསུ་ཐོབ་པ་རེད། (རི་མོ 3–3)

གཟུགས་གཞིའི་ཁྱད་ཆོས། ཞི་མུན་ཐར་བ་རྒྱུད་ཀྱི་སྤུ་མདོག་ནི་སེར་ཁྲའམ་དམར་སེར་ཡིན་ལ། མགོ་བོ་དང་བྲང་གསུས། སུག་བཞི། རྔ་མ་བཅས་དཀར་པོ་དང་། སྐྱི་ལྤགས་ཀྱི་ཁ་དོག་སྔོ་དཀར་ཡིན། མགོ་བོ་ཐུང་རིང་ཞིང་དཔྲལ་ཞིང་ཆེ། རྭ་ཅོ་ཕྲ་ཞིང་དྲང་ཐད་ནས་ནང་ལ་གུག་ཡོད། སྐེའི་སྦོམ་ཕྲ་རན་

པ་དང་གསུམ་ཕོག་ཟོ་དབྱིབས་སུ་སྣང་། ཤ་ཁ་གཏོས་ཤིང་ཕོག་སྨད་ལས་ཕོག་སྟོད་རྒྱས་འདུག ཐང་ཕོག་ཟབ་ཅིང་དྲུག་མགོ་སྐམས་པོ་ཡིན། སུག་བཞི་བཀན་ཞིང་བརླ་ཤ་བདོ་བ་དང་ནུ་ཁ་རྒྱས་འདུག ཆགས་སླང་ཁ་གང་ཞིག་གི་ཆ་སྙོམས་ལྗིད་ཚད་ལ་སྟོང་ཁེ 800~1200ཡོད་པ་དང་། བཞོན་མ་ཞིག་གི་ཆ་སྙོམས་ལྗིད་ཚད་ལ་སྟོང་ཁེ 650~800བཅས་མཆིས།

2.ཐོན་སྐྱེད་བྱེད་ནུས། ཞི་མུན་ཐར་བ་རྒྱུད་ཀྱི་འོ་སྤྱོད་དང་ཤ་སྤྱོད་བྱེད་ནུས་སོགས་ལེགས་ཤིང་། ཆ་སྙོམས་ཀྱི་ལོ་རེར་འོ་མའི་ཐོན་ཚད་ནི་སྟོང་ཁེ 4070 དང་། འོ་སྣུམ 3.9%བཅས་ཡིན། བ་རྒྱུད་དེ་ནར་སོན་པ་ཧ་ཅང་མགྱོགས་ཤིང་། ཉི་མ་རེར་ཤ་སྟོང་ཁེ 1.35 ~1.45ཐོགས་པ་ཡིན་པས། ནར་སོན་པ་ཤ་སྤྱོད་བ་རྒྱུད་གཞན་དག་དང་ཕལ་ཆེར་གཅིག་མཚུངས་ཡིན། ཤ་ཕོག་ཏུ་ཤ་སྣག་མང་ཞིང་ཚིལ་ཉུང་ལ་ཤ་གསེང་དུ་ཁྱབ་འདུག ཕོ་བེའུ་གསོས་ཏེ་བཤས་ན་ཤ་རྒྱང 65% ཡས་མས་ཐོགས་པ་རེད།

རི་མོ 3–3 ཞི་མུན་ཐར་བ་རྒྱུད།

མིག་སྔར་མཚོ་སྔོན་ཞིང་ཆེན་གྱི་རོང་འབྲོག་པས་གཙོ་བོར་བཟུང་ཡོད……

པའི་བཞོན་མའི་བ་རྒྱུད་ནི་ཀྲུང་གོའི་རྟ་སི་ཐན་བ་རྒྱུད་དང་རྟ་སི་ཐན་ལེགས་བསྒྱུར་བ་རྒྱུད། ཤ་འོ་གཉིས་སྤྱོད་ཅན་གྱི་ཞི་མུན་ཐར་བ་རྒྱུད་བཅས་ཡིན།

ལེ་ཚན་གཉིས་པ། བཞོན་མའི་ཕྱིའི་དབྱིབས་ཚུགས་དབྱེ་ཞིབ་གདན་ཁེལ་དང་གཟུགས་གཞིའི་གཞལ་སྟངས།

གཅིག བཞོན་མའི་གཟུགས་གཞིའི་ཁག་སོ་སོའི་མིང་བཏགས།

བཞོན་མའི་གཟུགས་གཞི་ནི་མགོ་སྐེ་དང་ལུས་སྟོད། གཞུང་ཁོག ལུས་སྨད་བཅས་ཁག་ཆེན་པོ་བཞིས་གྲུབ་པ་ཡིན་ཏེ། ཁག་སོ་སོའི་མིང་བཏགས་ནི་རི་མོ 3–4ལ་གཟིགས་རོགས།

རི་མོ 3–4 བཞོན་མའི་ལུས་ཁག་སོ་སོའི་མིང་བཏགས།

གཉིས། བཞོན་མའི་གཟུགས་གཞིའི་དབྱིབས་ཚུགས་ཁྱད་ཆོས།

ཤ་སྤྱོད་བ་རྒྱུད་ལས་སྤྱོད་བ་རྒྱུད་དང་བསྡུར་ན་བཞོན་མར་མངོན་གསལ་

ཀྱི་གཟུགས་གཞིའི་ཁྱད་ཆོས་མངའ་བས་ན། བཞོན་མ་ཉོ་སྐབས་རྫང་གཞིའི་ཞིབ་བྱ་ཁོང་དུ་ཚུད་པར་བྱེད་དགོས། (རི་མོ 3–5)

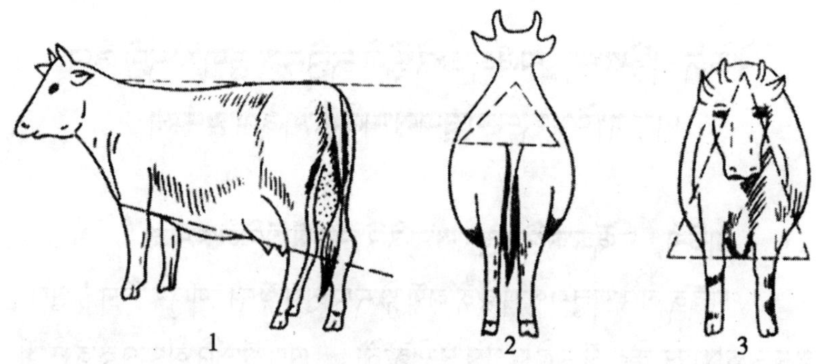

རི་མོ 3–5 བཞོན་མའི་གཟུགས་གཞིའི་དཔེ་རིས།

1.ཟུར་བལྟས། 2.རྒྱབ་བལྟས། 3.མདུན་བལྟས།

(གཅིག) གཟུགས་གཞི་ཡོངས་ཀྱི་ཁྱད་ཆོས།

བཞོན་མའི་གཟུགས་གཞིའི་དབྱིབས་ཚུགས་ཡོངས་ཀྱི་ཁྱད་ཆོས་ནི་སྐྱི་ལྤགས་སྲབ་ཅིང་རུས་ཆང་ཕྲ་བ་དང་། ཁྲག་རྩ་མངོན་གསལ་ཡིན་ལ་ལུས་སྤུ་ཕྲ་ཞིང་ཐུང་བ་དང་འོད་མདངས་ལྡན་འདུག ཤ་གནད་དང་ཚིལ་སྣ་ཉུང་ཞིང་བྲང་གསུམ་གྱི་ཁོག་ཟབ་ཅིང་ལུས་ཁོག་གི་ཤོང་ཚད་ཧ་ཅང་ཆེ། ནུ་ཁ་རྒྱས་ཤིང་ལུས་ཚུགས་ནི་ཞིབ་ཅིང་དོམ་པོ་ཞིག་ཡིན། སྤྱིར་སྐྱི་ལྤགས་སྲབ་པའི་བཞོན་མ་ཡིན་ན་ལུས་སྤུ་ཕྲ་ཞིང་ཐུང་ལ་སྐྱེ་ལྤགས་ལ་གཉེར་སུལ་ཧ་ཅང་མང་། མཐེབ་མོས་འཛིན་ན་སྐྱི་ལྤགས་ཡར་འཛིན་ཐུབ། ཟུར་ངོས་ཤིག་ནས་བཞོན་མའི་ལུས་ངོས་ཡོངས་ལ་བལྟས་ན། བལྟ་བར་ན་ནུ་མ་གཏོས་འདུག་པས་ལུས་སྟོད་ལས་ལུས་སྨད་དར་ཞིང་རྒྱས་ལ། ཁྱིའུ་དབྱིབས་དང་མཚུངས། མདུན་ཐད་ནས་བལྟས་ན་སོག་མགོ་གསལ་ཞིང་རྩིབ་གུ་མཐར་བཅད་པ་ཧ་ཅང་ལེགས་འདུག ཀླད་ངོས་ནས་

མར་བལྟས་ན་སོག་མགོ་དང་དྲུག་ཟུར་གཉིས་མངོན་པར་གསལ་ཞིང་། རྒྱབ་གཞུང་གི་ཤ་གནད་དེ་འདྲའི་བདོ་བ་ཞིག་མིན། སོག་མགོ་དང་དྲུག་ཟུར་གྱིས་དབྱིབས་ཟུར་གསུམ་གྱི་འབུར་ངོས་གསུམ་གྲུབ་འདུག

(གཉིས)མགོ།

1.མགོ། བཞོན་མའི་མགོ་ཡིས་བཞོན་མའི་ལུས་ཀྱི་ཁག་ཆེན་པོ་ཞིག་ཟིན་མེད་པས་ཅུང་ཆུང་བར་སྣང་། མགོ་བོ་བཞུན་ཞིང་ཕྲ་ལ་ཆགས་སྐྲང་གི་མགོ་ཞིང་ཅུང་ཆེ། མིག་ཟུང་ཆེ་ཞིང་འོད་དང་ལྡན་ལ། རྣམ་རིག་ཅིག་འཛུལ་འདུག་པས། འཛིགས་ཉམས་སྤུ་ཙམ་ཡང་མེད། ཁ་ཞིང་ཆེ་ལ་མ་མགལ་ཡང་ཧ་ཅང་ཤུགས་དང་ལྡན་པ་ཞིག་ཡིན། སྣ་ཁུང་ཆེ་ཞིང་སྒོར་ལ་སྣ་མདོ་བཙན་ཤིགས་སེ་འདུག རྣ་འཁྱོག་གི་ཆེ་ཆུང་རན་ཞིང་སྲབ་ལ་འགུལ་ན་མགྱོགས་པ་ཞིག་རེད། རྭ་ཡོད་བཞོན་མ་ཡིན་ན་རྭ་ཅོ་འོད་དང་ལྡན་ཞིང་སྲུས་ཀ་ཞིབ་པ་ཞིག་རེད།

2.སྐེ་མཛིང་། སྐེ་མཛིང་གི་རིང་ཚད་ཀྱིས་ལུས་ཡོངས་ཀྱི 27%–30%ཟིན་ཅིང་། སྐེ་ཤ་སྲབ་ལ་ངོས་གཉིས་སུ་གཉེར་ལྟེབས་ཁྱབ་འདུག སྐེ་མཛིང་དང་བྲང་ཁོག་གི་འབྲེལ་མཚམས་རང་ཤུགས་སུ་གྲུབ་པ་ཞིག་ཡིན་པས། འབྲེལ་མཚམས་ན་ཀོང་འབུར་མེད།

(གསུམ)ཁོག་སྟོད།

1.སོག་མགོ བཞོན་མའི་སོག་མགོ་ཕྲ་ཞིང་རིང་བ་དང་། སོག་མགོ་རིང་ན་ལེགས་པ་ཡིན། སོག་མགོ་འབིག་ལ་བར་སྟབས་མཐའ་བ། སོག་མགོ་སྲབ་པ། སོག་མགོ་ཀོང་བ་བཅས་ནི་སྐྱོན་དུ་བརྩི་བ་ཡིན།

2.ལག་སྒུག ལག་སྒུག་ཏུ་སོག་པ་དང་དཔུང་བ། ལག་ངར། ལག་ཚིགས། རྨིག་ཚིགས། རྨིག་པ། བྲང་གཞུང་བཅས་འདུ་བ་ཡིན།

(བཞི)ཁོག་དཀྱིལ།

སོག་མགོའི་གཞུག་ཐད་ནས་དྲུག་ཟུར་གྱི་བར་གཞུང་ནི་ཁོག་དཀྱིལ་ཡིན་ལ། དེར་རྒྱབ་གཞུང་དང་རྐེད་པ། གསུམ་པ་སོགས་འདུ་བ་ཡིན། བཞོན་མའི་རྒྱབ་གཞུང་རིང་ལ་ཞིང་ཆེ་བ། ངོས་སྙོམས་དྲང་མོ་ཞིག་ཡིན་ན་ལེགས་ཤིང་། སོག་མགོ་དང་སྒལ་ཚིགས་བར་གྱི་འབྲེལ་མཚམས་མིག་ལ་མཛེས་པ་ཞིག་ཡིན་དགོས། རྩིབ་ཀུ་ཕྱིར་བསྐྱེད་པ་དང་མཐར་བཅད་པ་བཟང་ན་ལུས་ཁོག་གི་ཤོང་ཚད་ཆེ་བ་དང་། གསུམ་ཁོག་ཆེ་ཞིང་དལ་ཁུགས་ཁ་གང་བ། ཤོང་ཚད་ཆེ་ཞིང་ཟོ་དབྱིབས་ལྷར་སྣང་ན་ལེགས་ལ། གསུམ་པ་ཡར་བསྐུམས་པ་དང་གསུམ་པ་མར་དཔྱངས་པ་ཡིན་མི་རུང་།

(ལྔ)ཁོག་སྨད།

1.དྲུག་མགོ བཞོན་མའི་དྲུག་ཞིང་ཆེ་ན་སྐྱེ་འཕེལ་དང་ཕྲུ་གུ་བཙའ་བར་ཕན་ལ། བརླ་གཉིས་ཀྱི་བར་ཞིང་ཆེ་ན་བཞོན་མའི་ནུ་ཁ་རྒྱས་པར་ཕན། དྲུག་ཞིང་ཆུང་ཞིང་འཕིག་ལ། ཡང་ན་མཚང་ཚིགས་དང་ཇ་ཚིགས་མཚང་སྣམ་ལས་མཐོ་བ་བཅས་ནི་དྲུག་མགོའི་སྐྱོན་དུ་བརྩི་བ་ཡིན།

2.དཔྱི་མགོ་དང་ཇ་མ། བཞོན་མའི་དཔྱི་མགོ་དང་ནང་ངོས་ཀྱི་བརླ་ཤ་ཞུང་ན་ནུ་ཁ་རྒྱས་པའི་བར་སྟོང་ཆེ་བ་ཡིན། བཞོན་མ་ཞིག་ཡིན་ཕྱིན་དྲུག་ཞིང་ཆེ་ལ་རིང་ཞིང་ངོས་སྙོམས་པོ་ཞིག་ཡིན་དགོས་པར་མ་ཟད། དྲུག་མགོ་དང་དཔྱི་ཟུར་འཕྲེད་ཐིག་གཅིག་གི་སྟེང་ལ་འབབ་དགོས། ཇ་རྩ་འཕྱོར་ཞིང་ཕྲ་སྙོམ་རན་པ་དང་སྐྱི་ལྤགས་སྲབ་ལ་ཇ་སྤུ་ཐུང་བ་ཞིག་ཡིན།

3.རྐང་སུག བཞོན་མའི་རྐང་སུག་གི་མཐའ་སྐོར་གྱི་ཤ་གནད་འཕྱོར་བ་རན་ན། ནུ་ཁ་རྒྱས་པར་བར་སྟོང་ཆེན་པོ་ཡོད་སྲིད། རྐང་ངར་བཞུན་ཞིང་རྐང་རུས་ཀྱི་རིང་ཚད་རན་པ་སྟེ། རྐང་ངར་དང་བརླ་རྐང་བར་དུ་ཏུའུ 100 −130 ཡི་བར་ཟུར་ཡོད་དགོས། རྐང་པ་སྦོམ་པ་བཀན་ཞིང་མཇུར་ཆ་ལྡན་པ་ཞིག་ཡིན

དགོས། ཕྱི་རྒྱུས་ནི་སྤྱ་རྒྱུས་དང་མཚུངས་པར་དོམ་གྱུག་གེར་འདུག ཀང་སུག་གི་རྨིག་པ་ནི་ལག་སུག་གི་རྨིག་པ་ལས་ཆུང་རིང་ཞིང་ཆེ་ལ་བཀན་གྱུག་གེར་མཆིས། ཀང་སུག་དང་འཕོངས་རུས་ཀྱི་དཀྱིལ་རྩེ་ནས་ས་ངོས་ལ་ཐིག་སྐུད་ཅིག་དཔྱངས་ན་ཀང་བའི་སྐྱིད་ཚོགས་ཀྱི་ཕྱི་ངོས་བར་དཀྱིལ་ལ་བབས་འདུག

4.ནུ་མ། བཞོན་མའི་ནུ་མར་དབྱིབས་ཚུགས་ལེགས་པོ་ཞིག་དང་ནུ་ཁ་རྒྱས་པའི་ནུ་རྩེན། ལུས་ཁྲག་འཁོར་སྐྱོད་མ་ལག་ལེགས་པོ་ཞིག་བཅས་ཡོད་དགོས། ནུ་མའི་ངོས་མཉམ་དགོས་པ་དང་སྐྱིད་ཚོགས་ལས་ཆུང་མཐོ་དགོས། ནུ་མའི་ཁུལ 4པོ་སྙོམས་པོ་ཡིན་པ་དང་ནུ་མགོ 4ཡི་ཆེ་ཆུང་དང་རིང་ཐུང་རན་ཞིང་། བུམ་རིལ་ཞིག་ཡིན་དགོས་ལ། ནུ་མ་ནི་ནུ་ཁུལ་རེ་རེའི་དཀྱིལ་དབུས་ན་གནས་ཤིང་། རིང་ཚད་ལ་ལི་སྨིས 7 –8མངའ། ནུ་མ་མདུན་ཕྱོགས་སུ་གསུས་ངོས་དང་རང་ཤུགས་སུ་འབྱར་ཞིང་། གཞུག་ཕྱོགས་སུ་ཡར་བཏེགས་པ་མཐོ་ཞིང་ནུ་མའི་ངོས་རྒྱ་ཆེ་བ་ཡིན། ནུ་མའི་ངོས་སུ་སྤུ་ཕྲན་ཐར་ཐོར་སྐྱེས་ཤིང་། སྐྱི་མོར་ནེམ་ཤུགས་ལྡན་ལ་ནུ་མ་དཔྱངས་པའི་རྒྱུས་ཀར་ཤུགས་དང་ལྡན་ལ་བཀན་གྱུག་གེར་འདུག(རི་མོ 3–6)

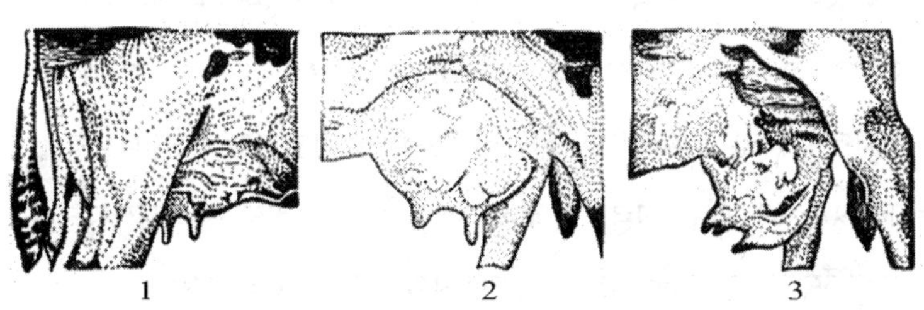

1 2 3

རི་མོ 3–6 བཞོན་མའི་ནུ་མ།

1.ནུ་མ་གཞོང་དབྱིབས་ཅན། 2.ནུ་མ་ཕླང་དབྱིབས་ཅན། 3.ནུ་མ་མར་དཔྱངས་ཅན།

གསུམ། བཞོན་མའི་ལོ་ན་བརྟག་ཐབས།

བཞོན་མའི་ལོ་ན་ནི་དཔལ་འབྱོར་རིན་ཐང་དང་གསོ་སྐྱེལ་རིན་ཐང་བརྟག་པའི་ཚད་གཞི་གལ་ཆེན་ཞིག་ཡིན་པར་མ་ཟད། གསོ་སྐྱོང་བདག་གཉེར་དང་སྤོན་འདེམས་རྒྱུད་སྐྱེལ་བྱེད་པའི་གཞིར་འཛིན་ས་གལ་ཆེན་ཞིག་ཀྱང་ཡིན། བཞོན་མ་འཛིན་མཁན་གྱིས་ས་ཆ་གཞན་དག་ནས་བཞོན་མ་ཉོ་བ་དང༌། བཞོན་མའི་ཡིག་ཚང་རྒྱུ་ཆ་གསལ་པོ་ཞིག་མེད་པའི་གནས་ཚུལ་འོག་ཏུ་བཞོན་མའི་ལོ་ན་ཤེས་ན་འདོད་ཕྱིན། བཞོན་མའི་ཕྱིའི་དབྱིབས་གཟུགས་དང་རྭ་ཚོའི་ཉག་རིས། སོ་བཅས་ལ་བརྟེན་ནས་བརྟག་དགོས། ནང་སྙོམས་སུ་སོ་ལ་བརྟག་པ་ནི་བརྟག་ཐབས་ལེགས་ཤོས་ཤིག་ཡིན།

(གཅིག)ཕྱིའི་དབྱིབས་གཟུགས་གཞིར་བཟུང་ནས་ལོ་ན་བརྟག་ཐབས།

བཞོན་མ་ཁ་ཆུང་ཡིན་ན་ལུས་སྤུ་འཇམ་རྩུབ་རན་ཞིང་སྤུ་མདངས་ལ་འོད་དང་ལྡན་ལ། སྐྱི་ལྤགས་འཇམ་ཞིང་མཉེན་པ་དང༌། མིག་དོང་གི་ཁ་གང་བའི་མིག་ཟླུང་ལ་འོད་སྣང་འཛོམས་ཤིང༌། སྒྲོ་ཉམས་དང་གསོན་ཤུགས་རྒྱས་འདུག བཞོན་མ་ཁ་མཐོ་ཞིག་ཡིན་ཕྱིན་དེ་ལས་ལྡོག་སྟེ། སྐྱི་ལྤགས་ཧྲུགས་ལ་ལུས་སྤུ་རྩུབ་ཅིང་འོད་མདངས་མེད་པ་དང༌། མིག་གི་ཟླད་དོང་ཀོང་བ། མིག་མདངས་ཞན་པ། མིག་གི་ཟླད་མཐར་གཉེར་མ་མང་བ། མིག་སྤུ་དཀར་པོ་བསྲེས་ནས་སྐྱེས་ཡོད་པ། རྣམ་རིག་མི་སྐྱེན་པ་བཅས་ཀྱི་རྣམ་རྟགས་མངོན་འདུག ཁྱད་རྟགས་འདི་དག་གཞིར་བཟུང་ན་རྒན་གཞོན་ཤེས་ཐུབ་མོད། འོན་ཀྱང་བཞོན་མའི་ན་ཚོད་གསལ་པོ་ཞིག་རྟོགས་དཀའ་བས། ཟུར་ལྷ་ཙམ་གྱིས།

(གཉིས)རྭ་ཚོའི་ཐེམ་པ་གཞིར་བཟུང་ནས་ལོ་ན་བརྟག་ཐབས།

ལོ་སྐོར་ཟླ་བ་བཅུ་གཉིས་སུ་འཚོ་བཅུད་སྐྱུད་ལེན་བྱས་པ་མི་མཚུངས་པའི་དབང་གིས་རྭ་ཚོའི་རིང་ཚད་དང་སྦོམ་ཕྲ་ལ་ཁྱད་པར་ངེས་ཅན་ཞིག་འབྱུང

བས་ན། རིང་ཚད་དང་ཕྲ་སྦོམ་མི་གཅིག་པའི་ཐེམ་པ་བྱུང་བ་ཡིན། དུས་ཚིགས་བཞི་པོ་མངོན་གསལ་ཡིན་པའི་ས་ཁུལ་དང་། བཞོན་མས་རང་བྱུང་འཚོ་སྐྱོང་ངམ་རང་བྱུང་གཟན་སྟར་བརྟེན་པའི་གནས་ཚུལ་འོག་ཏུ་དབྱར་ཐོག་རྩྭ་ཆུ་ལེགས་དུས་འཚོ་བཅུད་ཕུན་སུམ་ཚོགས་པ་དང་ལྡན་པས། རྭ་ཅོ་སྐྱེས་པ་ཅུང་མགྱོགས། གཟན་རྩྭ་སེར་པོར་གྱུར་པའི་དུས་ཚིགས་སུ་འཚོ་བཅུད་ཞུང་དྲགས་པ་དང་། རྭ་ཅོ་སྐྱེ་ཚད་ཅུང་དལ་བར་བརྟེན་ལོ་རེར་རྭ་ཅོའི་ཐེམ་པ་ཞིག་བྱུང་བ་རེད། དེར་བརྟེན། རྭ་ཅོའི་ཐེམ་པ་གཞིར་བཟུང་སྟེ་བཞོན་མའི་ལོ་ན་ཚོད་དཔག་བྱས་ཆོག དཔེར་ན་རྭ་ཅོའི་ཐེམ་པའི་གྲངས་ཀའི་སྟེང་ལ་ཐེམ་པ་མེད་པའི་རྭ་རྩེ(ཕལ་ཆེར་ལོ་གཉིས)བསྣན་ན་བཞོན་མའི་ལོ་ན་ངོ་མ་ཡིན། ཡིན་ནའང་རྭ་ཅོའི་ཐེམ་པ་གཞིར་བཟུང་ནས་ལོ་ན་རྩིས་སྐབས་ཆེ་ཞིང་མངོན་གསལ་ཡིན་པའི་ཐེམ་པ་ལས་ཆུང་ཞིང་མངོན་གསལ་མིན་པའི་རྭ་ཅོའི་ཐེམ་པ་མི་བརྩི་བ་ཡིན། གཞན་བཞོན་མ་མགོ་ཡུ་དང་ཡང་ན་ཆུང་དུས་ནས་རྭ་གཏུབས་པའི་བཞོན་མ་ལ་རྭ་ཅོའི་སྟེང་ནས་ལོ་ན་བརྟག་མི་ཐུབ་པ་ཡིན།

(གསུམ)སོ་གཞིར་བཟུང་སྟེ་ལོ་ན་བརྟག་ཐབས།

བཞོན་མའི་ལོ་ན་ཇེ་ཆེར་སོང་བ་དང་སོའི་དབྱིབས་ཚུགས་ལའང་འགྱུར་ལྡོག་ངེས་ཅན་ཞིག་འབྱུང་སྲིད། སོ་ལ་བརྟེན་ནས་ལོ་ན་བརྟག་ན་གཙོ་བོ་ནུ་སོ་སྐྱེ་བ་དང་ནུ་སོ་བརྗེ་བ། སོའི་ཟད་ཚད་བཅས་ལ་བརྟེན་ནས་ལོ་ན་ཤེས་པར་བྱེད་དགོས།

1.སོའི་མིང་། བཞོན་མ་དར་མ་ཞིག་ལ་སོ་32མངའ། མདུན་སོ་ལ་ཆ4མཆིས་ཤིང་། (བསྡོམས་པའི་སོ8)ཡ་མགལ་ན་སོ་མེད། དཀྱིལ་དབུས་ཀྱི་མདུན་སོ་ཆ་དང་པོ་ལ་མདུན་སོ་སྐམ་པ་ཟེར་ཞིང་། མདུན་སོ་ཆ2པ་ལ་བར་དཀྱིལ་ནང་ངོས་མདུན་སོ་ཟེར། མདུན་སོ་ཆ3པ་ལ་བར་དཀྱིལ་ཕྱི་ངོས་མདུན་སོ་ཟེར།

མདུན་སོ་ཆ 4བ་ལ་བར་དཀྱིལ་ལྷིབས་སོ་ཟེར། འགྲམ་སོ་ལ་མདུན་བསྐོར་འགྲམ་སོ་དང་ཕྱི་བསྐོར་འགྲམ་སོ་ཞེས་རིགས་གཉིས་མཆིས། ངོས་ཕྱོགས་རེ་ན་འགྲམ་སོ་ཆ 6སྟེ། བསྡོམས་པས་འགྲམ་སོ 24བདོག

2.མདུན་སོ་སྐྱེ་ཚུལ། བེའུ་བཙའ་སྐབས་ནུ་སོ་ཆ 2–3མཆིས། གཟའ་འཁོར་གཅིག་འགོར་རྗེས་ནུ་སོ་ཆ 4བ་སྐྱེ་བ་ཡིན། ལོ་ན་ངེས་ཅན་ཞིག་ལ་བསླེབས་ཚེ་ནུ་སོ་ལྷུང་སྟེ་སོ་བརྗེ་བ་ཡིན། ནུ་སོ་ཆུང་ཞིང་དཀར་ལ་སོ་སྐྲ་མཆིས་པར་མ་ཟད། སོ་བར་ཐུང་ཆེ། སོ་ངོ་མ་ཐུང་ཆེ་ཞིང་སེར་ཞད་འདྲེས་པ་དང་སོ་བར་དོམ་པོ་ཡིན།

3.མདུན་སོ་བརྗེ་བ། ལོ 1.5–2ཡི་སྟེང་དུ་དཀྱིལ་དབུས་ཀྱི་མདུན་སོ་སྐམ་པའི་ནུ་སོ་བརྗེ་བ་དང་། སོ་ངོ་མ་སྐྱེ་བ་ཡིན། ལོ 2.5–3གྱི་སྟེང་དུ་བར་དཀྱིལ་ནང་ངོས་ཀྱི་ནུ་སོ་སོ་ངོ་མར་བརྗེ་བ་ལགས། ལོ 3–3.5ཡི་སྟེང་དུ་བར་དཀྱིལ་ཕྱི་ངོས་ཀྱི་ནུ་སོ་སོ་ངོ་མར་བརྗེ་བ་ཡིན། ལོ 4–4.5ཡི་སྟེང་དུ་བར་དཀྱིལ་ལྷིབས་སོའི་ནུ་སོ་སོ་ངོ་མར་བརྗེ་བ་ཡིན། ལོ 5ཡི་སྟེང་དུ་བར་དཀྱིལ་ལྷིབས་སོ་སོ་གཞན་དག་དང་མཐོ་དམའ་མེད་པར་སྐྱེས་ཡོད་ནའང་སོ་ད་དུང་ཟད་མེད་པས་བཞོན་མ་ཁ་གང་ཟེར།

4.མདུན་སོ་ཟད་པ། བཞོན་མའི་མདུན་སོ་ཟད་ཚད་དང་སོ་ངོས་ཀྱི་རི་མོ་ནི་བཞོན་མ་ལོ་ན་རྒས་པ་དང་མཉམ་དུ་འགྱུར་ལྡོག་འབྱུང་བཞིན་ཡོད་པས། སོ་ངོ་མའི་ཟད་ཚད་ལ་གཞིར་བཟུང་ནས་བཞོན་མའི་ན་ཚོད་ལ་དཔྱད་དཔག་བྱེད་དགོས།

བཞི། བཞོན་མའི་གཟུགས་གཞི་དཔྱད་འཛལ་བྱེད་པ་དང་ལྡིད་ཚད་དཔྱད་རྩིས་བྱེད་པ།

བཞོན་མའི་ལུས་ཁག་སོ་སོའི་སྐྱེ་འཕེལ་བྱུང་ཚུལ་དང་ལུས་ཁག་སོ་སོའི་བར་དུ་རྟོས་བཅས་ཀྱི་སྐྱེ་འཕེལ་འབྲེལ་བ་བྱུང་ཚུལ་ཁོང་དུ་ཆུད་ཆེད་བཞོན་མའི

གཟུགས་གཞིར་དཔྱད་འཇལ་བྱེད་དགོས། ལུས་གཟུགས་དཔྱད་འཇལ་བྱེད་པར་རྒྱུན་དུ་བཀོལ་བའི་ཡོ་བྱད་ལ་འཇལ་དཔྱུག་དང་སྐོར་དབྱིབས་འཇལ་ཆས། དཀྱིས་ཁྲུ་སོགས་མཆིས། སྤྱིར་བཏང་དུ་དཔྱད་འཇལ་བྱེད་སྐབས་བཞོན་མ་རང་ཁུགས་སུ་དྲང་མོར་ལང་དུ་འཇུག་དགོས། བཞོན་མའི་ལུས་གཟུགས་འཇལ་ས་ཁོད་སྙོམས་དང་གསལ་ཡངས་ཡོད་དགོས་པ་ཞིག་ཡིན་ལ། དཔྱད་འཇལ་ཡོ་བྱད་དག་སྤྲ་མོ་ནས་ཁྲ་སྙིག་གང་ལེགས་བྱེད་དགོས། རྒྱུན་ལྡན་ལྟར་སྐྱེ་འཕེལ་བྱུང་བའི་གནས་ཚུལ་འོག་ཏུ་བཞོན་མའི་གཟུགས་གཞིའི་ཚད་གཞི་དང་ལུས་ཀྱི་ལྷེད་ཚད་ལ་ཚད་གཞི་ངེས་ཅན་ཞིག་མཆིས་སོད། གལ་ཏེ་བར་ཁྱད་ཆེ་དྲགས་ན་བཞོན་མ་གསོ་སྐྱོང་བྱས་པ་ཕུན་སུམ་ཚོགས་པ་ཞིག་མིན་པ་དང་། ཡང་ན་རྒྱུད་སྤེལ་བྱེད་པར་དོན་དག་བྱུང་བ་ཡིན་པས། དུས་ཐོག་ཏུ་རྒྱུ་མཚན་ཞིབ་དཔྱད་དང་ལེགས་བཅོས་སམ་བཞོན་མ་བཞོན་ཁྲུ་ནས་འདོར་བར་བྱེད་དགོས།

(གཅིག)བཞོན་མའི་གཟུགས་གཞི་དཔྱད་འཇལ་བྱེད་པ།

བཞོན་མའི་གཟུགས་གཞི་དཔྱད་འཇལ་བྱེད་པའི་དམིགས་ཡུལ་མི་གཅིག་པའི་དབང་གིས་དཔྱད་འཇལ་བྱེད་པའི་ལུས་ཁག་དང་གྲངས་ཀའང་གཅིག་མཚུངས་ཤིག་མིན། སྤྱིར་བཏང་གི་རེ་འདུན་ཡིན་ན་མ་མཐའ་ཡང་བཞོན་མའི་གཟུགས་ཚད་དང་གཟུགས་གཞིའི་རིང་ཚད། བྲང་ཁོག་གི་སྦོམ་དང་གསུས་ཁོག་གི་སྦོམ་བཅས་ལ་དཔྱད་འཇལ་བྱེད་དགོས། རྒྱུད་སྤེལ་བྱེད་པའི་ཟིན་ཐོར་འགོད་ན་དཔྱད་འཇལ་བྱེད་ས་ཁག 14ཡོད། (རི་མོ 3–7)

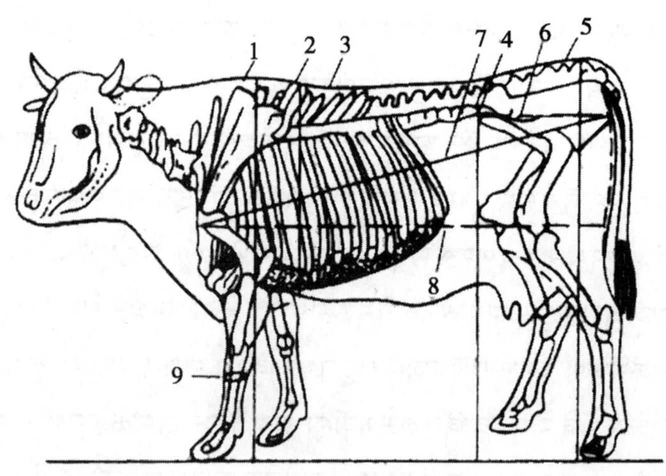

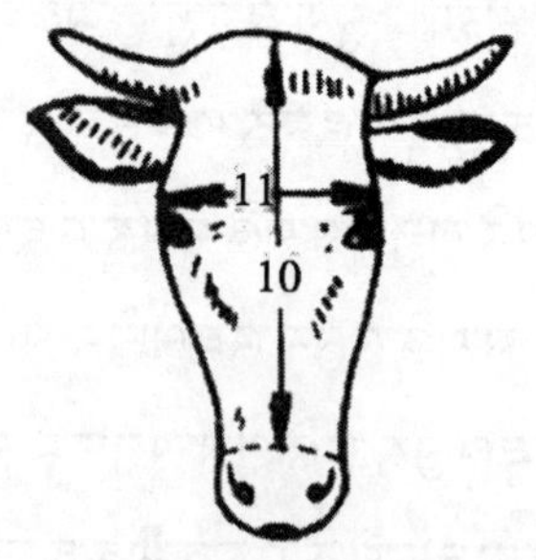

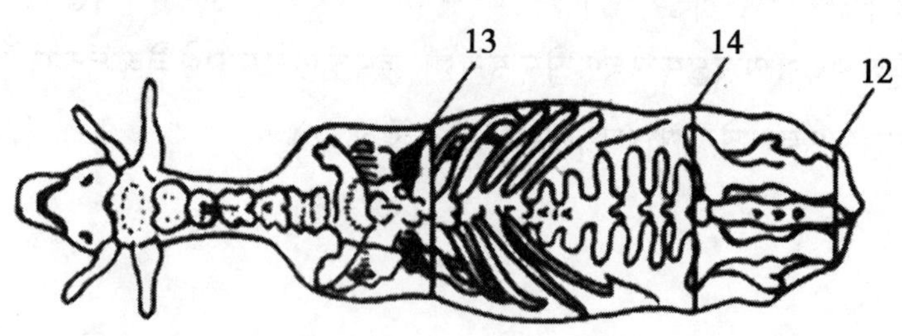

རི་མོ 3–7 བཞོན་མའི་གཟུགས་གཞི་དཔྱད་འཇལ་བྱེད་པའི་ལུས་ཀྱི་ཁག་སོ་སོ།

1.གཟུགས་ཀྱི་མཐོ་ཚད། 2.བྲང་ཁོག་གཏིང་ཚད། 3.བྲང་ཁོག་གི་སྟོམ། 4.རྐིག་པ་ནས་མཚང་སྒམ་བར་གྱི་མཐོ་ཚད། 5.རྐིག་པ་ནས་དྲུག་མགོའི་མཐོ་ཚད། 6.དྲུག་མགོའི་རིང་ཚད། 7.ལུས་ཀྱི་བསེགས་ཚད་རིང་ཐུང་། 8.གཟུགས་གཞིའི་རིང་ཚད། 9.ལག་སུག་གི་སྟོམ། 10.མགོ་སྣའི་རིང་ཚད། 11.དཔྲལ་ཞེང་། 12.འཕོངས་མགོའི་ཞེང་ཚད། 13.བྲང་ཁོག་གི་ཞེང་ཚད། 14.མཚང་སྒམ་གྱི་ཞེང་ཚད།

1.གཟུགས་གཞིའི་མཐོ་ཚད། སོག་མགོའི་ཆེས་མཐོ་ས་ནས་རྐིག་པའི་བར།

2.བྲང་ཁོག་གཏིང་ཚད། སོག་མགོ་ནས་བྲང་མགོའི་བར།

3.བྲང་ཁོག་གི་སྟོམ། སོག་མགོ་ནས་བྲང་ཁོག་གཞལ་བ།

4.རྐིག་པ་ནས་མཚང་སྒམ་གྱི་མཐོ་ཚད། རྐིག་པ་ནས་མཚང་སྒམ་བར་གྱི······མཐོ་ཚད།

5.རྐིག་པ་ནས་དྲུག་མགོའི་མཐོ་ཚད། རྐིག་པ་ནས་དྲུག་མགོའི་བར་གྱི་མཐོ་ཚད།

6.དྲུག་མགོའི་རིང་ཚད། མཚང་སྒམ་ནས་དྲུག་མགོའི་བར་གྱི་རིང་ཚད།

7.ལུས་ཀྱི་བསེགས་ཚད། དཔུང་ཚིགས་ནས་དཔྱི་མགོའི་བར་གྱི་རིང་ཚད།

8.གཟུགས་གཞིའི་རིང་ཚད། སོག་མགོའི་མདུན་ངོས་ནས་འཕོངས་རུས······བར་གྱི་རིང་ཚད།

9.ལག་སུག་གི་སྟོམ། ལག་ངར་གྱི 1/3གི་གོང་རོལ་གྱི་སྟོམ་སྐོ། ཕལ་ཆེར···གཡོན་ཕྱོགས་ལག་ངར་གྱི་གོང་རོལ་ཕྲ་ས་ནས་དཀྲིས་ཁྲུས་གཞལ་དགོས།

10.མགོ་སྣའི་རིང་ཚད། སྤྱི་གཙུག་ནས་སྣ་ཁུང་གོང་རོལ་བར་གྱི་རིང་ཚད།

11.དཔྲལ་ཞེང་། མིག་ཟུར་གོང་གི་ཞེང་ཚད།

12.འཕོངས་མགོའི་ཞེང་ཚད། འཕོངས་རུས་གཡས་གཡོན་བར་གྱི་ཞེང་ཚད།

13.བྲང་ཁོག་གི་ཞེང་ཚད། གཡས་གཡོན་སོག་རུས་གཉིས་བར་གྱི་ཞེང་ཚད།

14.མཚང་སྒམ་གྱི་ཞེང་ཚད། དཔྱི་མགོ་གཉིས་བར་གྱི་ཞེང་ཚད།

(གཉིས)ལུས་ལྗིད་དཔྱད་འཇལ།

ལུས་ལྗིད་ནི་སྐྱེ་འཕེལ་བྱུང་ཚད་འཇལ་བའི་ཚད་གཞི་གལ་ཆེན་ཞིག་ཡིན་ལ། ཆགས་སྐྲང་དང་ཡར་ཐེའུ་བཅས་ཀྱི་ལུས་ལྗིད་གཞལ་རྒྱུ་ནི་ཧ་ཅང་གལ་ཆེན་ཞིག་ཡིན། བཞོན་མའི་ལུས་ལྗིད་ནི་འོ་མ་ཐོན་ཚད་ཆེས་མཐོ་བའི་དུས་སུ་གཞལ་དགོས། བཞོན་མའི་ལུས་ལྗིད་འཇལ་སྐབས་མངལ་གནས་ཕྲུ་གུའི་ལྗིད་ཚད་འཕྲི་དགོས།

1.ཐད་ཀར་དུ་ལུས་ལྗིད་འཇལ་ཐབས། ཐད་ཀར་དུ་ལུས་ལྗིད་འཇལ་ཐབས་ནི་ཆེས་ཡང་དག་པའི་ལུས་ལྗིད་འཇལ་ཐབས་ཤིག་ཡིན། ལུས་ལྗིད་ནི་ཕྱ་ཚོ་ལྟོ་སྟོང་སྟེ་བཞོན་མ་མ་བཞོས་པའི་སྔོན་ལ་འཇལ་དགོས། ལུས་ལྗིད་བསྡུད་མར་ཉི་མ་གསུམ་ལ་འཇལ་དགོས་པ་དང་། ཆ་སྙོམས་ཀྱི་ལྗིད་ཚད་གཞིར་འཛིན་དགོས། ལུས་ལྗིད་འཇལ་སྐབས་མགྱོགས་ཤིང་ཏན་ཏན་ཏིག་ཏིག་ཡིན་དགོས་པར་མ་ཟད། ཟིན་ཐོ་ལེགས་པོ་ཞིག་འགོད་དགོས།

2.རྩིས་གཞིས་དཔག་རྩིས་བྱེད་ཐབས། ཐད་ཀར་དུ་ལུས་ལྗིད་གཞལ་ཐབས་མེད་ན་གཞལ་ཐྲེ་ཐིག་སྐུད་ལ་བརྟེན་ནས་ལུས་ལྗིད་དཔག་རྩིས་བྱེད་པ་དང་། ཟིན་ཐོར་ལེགས་པར་འགོད་དགོས། རྒྱུན་སྤྱོད་དཔག་རྩིས་བྱེད་ཐབས་ནི་གཤམ་གསལ་ལྟར་ཏེ། ཤ་འོ་གཉིས་སྤྱོད་ཀྱི་བ་ལང་དང་མ་ཧེའི་ལུས་ལྗིད་དེ་ལྟར་བརྩིས་ཏེ་བྲིར་ལྟ་བྱས་ཆོག

བཞོན་མའི་ལུས་ལྗིད(སྟོང་ཁེ) =[བྲང་ཁོག་གི་སྒོམ(སྨི)]2 ×ལུས་ཀྱི་བསེགས་ཚད(སྨི)90

༣། བཞོན་མའི་ཕྱི་ཚུགས་ལ་བརྟགས་ཏེ་སྐར་གྲངས་སྟེར་ཚུལ།

(གཅིག)བཞོན་མར་ཕྱི་ཚུགས་དཔྱད་འཇོག་བྱེད་པའི་དོན་སྙིང་།

བཞོན་མའི་ཕྱི་ཚུགས་ལ་མི་རྣམས་ཀྱིས་མཐོང་ཆེན་ནས་མཐོང་ཆེན་བྱེད་

དོན་ནི་གཙོ་བོ་གཤམ་གསལ་གྱི་ཕྱོགས་འགའ་ལ་བརྟེན་ནས་བྱུང་བ་ཞིག་རེད།

1.མཉམ་སྦྱོང་ལྟར་ན་ལུས་ཀྱི་ཕྱི་ཚུགས་ལེགས་པའི་བཞོན་མ་ཞིག་ཡིན་ན་འོ་མའི་ཐོན་ཚད་ཀྱང་མཐོ་བ་རེད།

2.འོ་མ་ཐོན་སྐྱེད་འཕྲུལ་ཆས་ཅན་དང་ཕྱོགས་བསྡུས་ཅན་གྱི་རྒྱུ་ཚད་ཇེ་མཐོ་ནས་ཇེ་མཐོར་གྱུར་པར་བརྟེན། བཞོན་མའི་གཟུགས་གཞི་ཚད་ལྡན་ཡིན་ན་ད་གཟོད་འཕྲུལ་ཆས་ཀྱིས་འོ་མ་བཞོ་བ་དང་། ཐོན་འབབ་མཐོ་བའི་ཐོན་སྐྱེད་བདག་གཉེར་ལ་བསྟུན་ཐུབ་པ་རེད།

3.གཟུགས་གཞི་དཔྱད་སྡོམ་བྱས་ན། སོན་རྒྱུད་སྤེལ་བའི་དུས་ཡུན་ཇེ་ཐུང་དང་ཕྲུ་མོ་ནས་ཆགས་སྐྱང་འདེམས་གསོ་སོགས་བྱེད་དགོས་པར་མ་ཟད། སོན་བཟང་ལེགས་སྤེལ། སོན་རྒྱུད་འཛིན་པ་བཅས་ལ་གཞི་འཛིན་ས་མཁོ་སྤྲོད་བྱེད་དགོས། དུས་མཚུངས་སུ་བཞོན་ཕྲུའི་སྤུས་ཀ་ལ་དཔྱད་སྡོམ་བྱས་ཏེ་གསོ་སྐྱོང་བདག་གཉེར་བྱེད་པར་ཕན་འདེགས་པར་བྱེད་དགོས།

4.ཚོང་ལས་ཀྱི་ཟུར་སྣ་ནས་བསམ་བློ་བཏང་ན། གཟུགས་གཞི་ལེགས་པའི་བཞོན་མ་བཙོངས་ན་རིན་གོང་མཐོན་པོ་སྟེར་བ་ཡིན་ལ། གཟུགས་གཞི་ལེགས་པའི་ཆགས་སྐྱང་གི་ཁམས་དཀར་གྱི་རིན་གོང་ཡང་མཐོ་བ་རེད།

མདོར་དྲིལ་ཏེ་བཤད་ན། བཞོན་མའི་གཟུགས་གཞི་ལ་དཔྱད་སྡོམ་བྱས་ན་གཟུགས་གཞིའི་ཕྱི་ཚུགས་ལེགས་པའི་བཞོན་མ་བདམས་ཏེ། སོན་རྒྱུད་དུ་བཞག་ན་ཐོན་ཚད་མཐོ་བ་དང་བདེ་ཐང་ཡིན་པ། སྤྱོད་ཡུན་རིང་བའི་བཞོན་ཕྲུ་སྤུས་ལེགས་གསོ་སྐྱོང་བྱེད་པར་རམ་འདེགས་བྱེད་ཐུབ།

(གཉིས)བཞོན་མའི་གཟུགས་གཞིའི་ཕྱི་ཚུགས་ལ་སྐར་གྲངས་སྟེར་བ།

བཞོན་མའི་གཟུགས་གཞིའི་ཕྱི་ཚུགས་ལ་སྐར་གྲངས་བྱིན་ཏེ་དཔྱད་སྡོམ་བྱེད་པ་ནི་བཞོན་མའི་ལུས་གཟུགས་ཀྱི་ཁག་སོ་སོ་དང་། ཐོན་སྐྱེད་བྱེད་ནུས།

བདེ་ཐང་ཚད་གཞི་བཅས་ཀྱི་འབྲེལ་བར་གཞིགས་ཏེ་སོ་སོར་གཏན་ཁེལ་བྱས་པའི་སྐར་གྲངས་དང་སྐར་གྲངས་ཚད་གཞི་ལྟར་དཔྱད་སྡོམ་བྱེད་པ་དང་། མཇུག་མཐར་ཁག་སོ་སོར་ཐོབ་པའི་སྐར་གྲངས་སྤྱིགས་སྡོམ་བྱས་ཏེ་བཞོན་མ་དེར་ཐོབ་པའི་སྤྱིའི་སྐར་གྲངས་ལ་བརྟེན་ནས་ད་གཟོད་བཞོན་མའི་ཕྱི་ཚུགས་ཀྱི་རིམ་གྲས་གཏན་ཁེལ་བྱེད་དགོས།

1.དཔྱད་སྡོམ་སྔོན་འགྲོ། དཔྱད་སྡོམ་མ་བྱས་པའི་སྔོན་དུ་བཞོན་མའི་བཞོན་རྒྱུད་དང་ལོ་ཚོད། བེའུ་བཙའ་ཐེངས། བེའུ་བཙའ་བའི་དུས་ཚོད། འོ་མ་བཞོས་པའི་ཉིན་གྲངས། མངལ་ཆགས་པའི་དུས་ཚོད། བདེ་ཐང་གི་གནས་ཚུལ། གཟུགས་ཚད་དང་ལྗིད་ཚད། འོ་མ་ཐོན་ཚད། གསོ་སྐྱོང་བདག་གཉེར་སོགས་ཀྱི་གནས་ཚུལ་རེ་རེ་བཞིན་རྩད་གཅོད་གསལ་པོ་ཞིག་བྱས་རྗེས་ཐོ་འགོད་བྱེད་དགོས།

2.དཔྱད་སྡོམ་བྱེད་ཐབས། བཞོན་མར་ཕྱི་ཚུགས་གཟུགས་གཞི་ལ་སྐར་གྲངས་བྱེན་ཏེ་དཔྱ་སྡོམ་བྱེད་སྐབས། དཔྱད་སྡོམ་བྱེད་པའི་བཞོན་མ་ཁོད་ཡངས་ས་ཞིག་ཏུ་རང་ཤུགས་སུ་ལང་དུ་འཇུག་པ་དང་། དཔྱད་སྡོམ་པ་བཞོན་མ་དང་བར་ཐག་ལ་སྨིས 4ཡས་མས་ཡོད་ས་ནས་ལངས་ཏེ་བཞོན་མའི་གཟུགས་གཞི་ཡོངས་ལ་རགས་ལྟ་བྱེད་པ་དང་། དེ་ནས་བཞོན་མའི་ཉེ་སར་བཏུད་དེ་དཔྱད་སྡོམ་ཚད་གཞི་ཇི་བཞིན་ལུས་ཀྱི་ཁག་སོ་སོར་རེག་སྟེ། རེའུ་མིག་ཏུ་བཀོད་པའི་ཚད་གཞིའི་ནང་དོན་ལྟར་སྐར་གྲངས་རྒྱག་པ་དང་། དེ་ནས་སྤྱིའི་སྐར་གྲངས་འགོད་ཅིང་མཇུག་མཐར་གཟུགས་གཞིའི་དཔྱད་སྡོམ་རིམ་གྲས་འབྱེད་པའི་ཚད་གཞི་ལྟར་བཞོན་མའི་རིམ་གྲས་གཏན་ཁེལ་བྱེད་དགོས།

བཞོན་མ་དར་མ་ཞིག་གིས་ཕྲུ་གུ་དང་པོ་དང་གསུམ་པ། ལྔ་བ་སོགས་བཙས་རྗེས་ཀྱི་ཟླ 1 –2ཀྱི་ནང་དུ་ཕྱིའི་གཟུགས་གཞི་ལ་དཔྱད་སྡོམ་བྱེད་དགོས།

ཆགས་སླང་དར་མ་ཞིག་ཡིན་ན་ལོ་རེར་ཕྱིའི་གཟུགས་གཞི་ལ་དཔྱད་སྟོམ་ཐེངས་གཅིག་བྱེད་དགོས། ཕྲུ་གུ་དང་ཡར་བེའུ་ཡར་སྐྱེ་འབྱུང་བཞིན་པའི་སྐབས་ཡིན་པས། དཔྱད་སྟོམ་བྱེད་སྐབས་ཚེས་ལེགས་ནའང་རིམ་གྲས་དང་པོ་ལས་རིམ་གྲས་ཁྱད་པར་ཅན་དུ་མི་འདེམས་པ་ཡིན། ལུས་ཀྱི་སྡོད་ཚད་དང་ཕྱིའི་གཟུགས་གཞིའི་སྐྱེ་ཚད་ཡོངས་ཚད་གཞིའི་རེ་འདུན་དང་མཐུན་ན་རིམ་གྲས་དང་པོར་བཀོད་ཆོག་པ་དང་། གལ་ཏེ་དེའི་ནང་གི་སྣ་གཅིག་ཚད་གཞི་དང་མི་མཐུན་ན་རིམ་གྲས་གཅིག་མར་འཐེན་དགོས། ཕྲུ་གུ་བཙས་པ་དང་དཔྱད་སྟོམ་བྱས་ཏེ་སོན་ཕྱུགས་སུ་བསྒྱུར་ན་ཟླ་བ་6གམ་ཟླ་བ་12 ཟླ་བ་18རེ་འགོར་རྗེས་དཔྱད་སྟོམ་ཐེངས་རེ་བྱེད་དགོས།

(གསུམ)བཞོན་མའི་གཟུགས་གཞིའི་རྣམ་པར་ཐིག་སྐྲུད་རང་བཞིན་གྱི་དཔྱད་སྟོམ་བྱེད་དགོས།

གཟུགས་གཞིའི་ཕྱི་ཚུགས་དཔྱད་སྟོམ་བྱེད་པ་ནི་བཞོན་མར་ཆེས་རྩེག་འཛིང་ལྡན་ལ་ཆེས་ཕུན་སུམ་ཚོགས་པའི་དཔྱད་སྟོམ་བྱེད་ཚུལ་ཞིག་ཡིན། མིག་སྔར་ཡོངས་ཁྱབ་ཏུ་བཀོལ་བཞིན་ཡོད་པའི་བྱེད་ཐབས་གཙོ་བོ་ནི་གཟུགས་གཞིའི་ཐིག་སྐྲུད་རང་བཞིན་གྱི་དཔྱད་སྟོམ་བྱེད་སྟངས་དེ་ཡིན། དེ་ནི་སྐྱེ་དངོས་རིག་པའི་བྱེད་ནུས་ཀྱི་རྣམ་པ་ངེས་ཅན་ཡོད་པ་སོ་སོར་རེ་རེ་བཞིན་དཔྱད་སྟོམ་བྱེད་པ་དང་། བྱེད་ནུས་ཀྱི་རྣམ་པ་སོ་སོར་རྩིས་ཡིག་ཅན་གྱི་ཐིག་སྐྲུད་རང་བཞིན་གྱི་ཆ་ཚད་ཀྱིས་མཚོན་པར་བྱེད་ལ། སྐྱེ་དངོས་རིག་པའི་བྱེད་ནུས་རྣམ་པ་ཞིག་གི་མཐའ་སྣེ་ནས་སྐྱེ་དངོས་རིག་པའི་བྱེད་ནུས་རྣམ་པའི་མཐའ་སྣེས་རྣམ་པ་མི་འདྲ་བ་དཔྱད་འཛལ་བྱེད་པ་ལ་ཐིག་སྐྲུད་རང་བཞིན་གྱི་དཔྱད་སྟོམ་བྱེད་པ་ཟེར།

1.བཞོན་མའི་གཟུགས་གཞིའི་ཐིག་སྐྲུད་རང་བཞིན་གྱི་བྱེད་ནུས་དབྱེ་འབྱེད་དང་བརྗར་ཤ་གཅོད་པ། བྱེད་ནུས་ལ་ཐིག་སྐྲུད་རང་བཞིན་གྱི་དཔྱད་སྟོམ་

བྱེད་དགོས་མི་དགོས་དེ་བཞོན་མའི་དཔལ་འབྱོར་རིན་ཐང་གིས་ཐག་གིས་གཅོད་པ་ཡིན། ཡང་ཅིག་བཤད་ན་བྱེད་ནུས་དཔྱད་སྡོམ་བྱས་པའི་འབྲས་བུ་ནི་སོན་ཕྱུགས་འདེམས་པའི་གཞི་འཛིན་ས་བྱེད་དགོས། ང་ཚོས་བྱེད་ནུས་རྣམ་པ་འདི་དག་བྱེད་ནུས་རྣམ་པ་གཙོ་བོ་དང་བྱེད་ནུས་རྣམ་པ་ཕལ་བ་སྟེ། རིམ་གྲས་དང་པོའི་བྱེད་ནུས་རྣམ་པ་དང་རིམ་གྲས་གཉིས་པའི་བྱེད་ནུས་རྣམ་པ་ཞེས་རིགས་གཉིས་བཀར་ཡོད། རྟ་སི་ཐན་བ་རྒྱུད་ལ་ཐེག་སྐྱུད་རང་བཞིན་གྱི་བྱེད་ནུས་རྣམ་པ 29མཆིས་ཤིང་། དེའི་ནང་ན་བྱེད་ནུས་རྣམ་པ་གཙོ་བོ 15དང་བྱེད་ནུས་རྣམ་པ་ཕལ་བ 14ཡོད།

རང་རྒྱལ་ལ་ཐེག་སྐྱུད་རང་བཞིན་གྱི་དཔྱད་སྡོམ་བྱེད་ནུས་རྣམ་པ་གཙོ་བོ 14དང་བྱེད་ནུས་རྣམ་པ་ཕལ་བ 1མཆིས། འདིར་བྱེ་བྲག་གི་དཔྱད་སྡོམ་རེ་འདུན་དང་ཚད་གཞི(རྟ་སི་ཐན་བ་རྒྱུད་ཚད་མར་བཟུང་བ་ཡིན)རེ་རེ་བཞིན་གསལ་པོར་བརྗོད་པ་ཡིན།

I བྱེད་ནུས་རྣམ་པ་གཙོ་བོ། (རྣམ་གྲངས 14)

(1)གཟུགས་གཞིའི་མཐོ་ཚད། དཔྱད་སྡོམ་པས་མཚང་ཚིགས་དང་རྨིག་པའི་བར་གྱི་མཐོ་ཚད་གཞིར་བཟུང་སྟེ་སྐར་གྲངས་སྟེར་དགོས། གཟུགས་གཞིའི་མཐོ་ཚད་འབྲིང་ཙམ་སྟེ། ལི་སྨིས 140ཡིན་ན་སྐར་གྲངས 25སྟེར་དགོས། ལི་སྨིས 1ཙམ་གྱིས་མཐོ་ན་སྐར་གྲངས 2རེ་བསྣན་དགོས། གཟུགས་གཞིའི་མཐོ་ཚད་ལ་ལི་སྨིས 150ཡོད་ན། སྐར་གྲངས 40~50བྱིན་ན་སྐར་གྲངས་ཆེས་མཐོན་པོ་ཡིན། གཟུགས་གཞི་ལི་སྨིས 130མ་གཏོགས་མེད་ན་སྐར་གྲངས་ཆེས་དམའ་བ་ཡིན་ཏེ། སྐར་གྲངས 1~5མ་གཏོགས་སྟེར་མི་རུང་།

(2)བྲང་ཞེང་། (དེར་ལུས་སྟོབས་ཀྱང་ཟེར)བྲང་ཞེང་ནི་ལག་སུག་གཉིས་བར་གྱི་བྲང་ཞེང་ལ་ཟེར་བ་ཡིན་ཏེ། ཞེང་ཚད་ལ་ལི་སྨིས 25ཡོད་ན་སྐར་གྲངས

25སྐོར་དགོས། ཞིང་ཚད་ལི་སྨིས་རེས་ཆེ་ན་སྐར་གྲངས་2རེ་བསྣན་དགོས། བྲང་ཞིང་ལ་ལི་སྨིས་35ཡི་ཡན་ཡོད་ན་སྐར་གྲངས་45~50སྐོར་དགོས། བྲང་ཞིང་ལི་སྨིས་15ཡི་མན་ཡིན་ན་སྐར་གྲངས་1~5སྐོར་དགོས།

(3)ལུས་ཐོག་གི་གཏིང་ཚད། སྒལ་གཞུང་དང་གསུམ་ཐོག་བར་གྱི་གཏིང་ཚད་གཞིར་བཟུང་སྟེ་དཔྱད་སྡོམ་སྐར་གྲངས་སྐོར་དགོས། གཙོ་བོ་རྩིབ་ཞབས་ཀྱི་རིང་ཚད་དང་བསྐྱེད་ཚད། གཏིང་ཚད་བཅས་ལ་གཞིག་དགོས། བྲང་ཞིང་སོག་མགོའི་མཐོ་ཚད་ཀྱི་ཕྱེད་ཀ་ལས་མེད་པ་དང་རྩིབ་བར་ཏུའུ་70ཡིན་ན་སྐར་གྲངས་25སྐོར་དགོས། བྲང་ཞིང་སོག་མགོའི་མཐོ་ཚད་ལས་ཕྱེད་ཀའི་ཡན་ལས་ལི་སྨིས་1གིས་ཆེ་ན་སྐར་གྲངས་རེ་བསྣན་པ་དང་། བྲང་ཞིང་སོག་མགོའི་མཐོ་ཚད་ལས་ལི་སྨིས་1གིས་ཆུང་ན་སྐར་གྲངས་1འཐེན་དགོས། གསུམ་ཐོག་ཏ་ཙང་གཏིང་ཟབ་ན་སྐར་གྲངས་45~50སྐོར་དགོས། གསུམ་ཐོག་གཏིང་མི་ཟབ་ན་སྐར་གྲངས་1~5མ་གཏོགས་མི་སྐོར་བ་ཡིན།

(4)སླིང་ཟུར་རང་བཞིན(བཞུན་ཚད)གཙོ་བོ་རྩིབ་བར་བསྐྱེད་ཚད་དང་རུས་ཟུར་འབུར་ཚད་བཅས་ལ་བརྟག་དགོས། རྩིབ་བར་གྱི་ཞིང་ལ་སོར་དོ་དང་ཕྱེད་ཡོད་ན་སྐར་གྲངས་25སྐོར་བ་དང་། རྩིབ་བར་ཆེ་ཞིང་རུས་པ་མངོན་གསལ་ཡིན་ན་སྐར་གྲངས་སྐོར་དགོས། རྩིབ་བར་ཏ་ཙང་ཆེ་ཞིང་རུས་ཚིགས་ཏ་ཙང་མངོན་གསལ་ཡིན་ན་སྐར་གྲངས་45~50སྐོར་བ་དང་། རྩིབ་བར་ཏ་ཙང་ཆུང་ཞིང་རུས་ཚིགས་མངོན་གསལ་མིན་ན་སྐར་གྲངས་1~5 འཐེན་དགོས། སྐར་གྲངས་35~45 ཐོབ་པ་ཞིག་ཡིན་ན་ཆེས་ལེགས་པ་ཡིན། གཞན་བཞོན་མ་ནི་བཞོན་མའི་དབྱིབས་གཟུགས་ཡིན་མིན་དང་སྐྱེ་ལྤགས་ཀྱི་སྲབ་མཐུག་ལའང་བརྟག་དགོས།

(5)རྡུག་ངོས་ཀྱི་བསེག་ཚད། ཟུར་ངོས་ནས་བལྟས་ན་མཚང་གཙུག་དང་

འཕོངས་རུས་བར་གྱི་བསེག་ངོས་ཏེ། འཕོངས་རུས་ཀྱི་སྟེ་མོ་དང་མཚང་གཙུག་བར་གྱི་སྟོས་བཅས་བསེག་ངོས་ལ་བཤད་པ་ཡིན། མཚང་གཙུག་འཕོངས་སྟེའི་རུས་པ་ལས་ལི་སྨིས 4ཡིས་མཐོན་ན་སྐར་གྲངས 25སྙེར་བ་དང་། འཕོངས་རུས་མཚང་གཙུག་ལས་ལི་སྨིས 4ཡིས་མཐོན་ན་སྐར་གྲངས 1~5སྙེར་བ་ཡིན། མཚང་གཙུག་འཕོངས་རུས་ལས་ལི་སྨིས 12ཀྱིས་མཐོན་ན་སྐར་གྲངས 45~50སྙེར་དགོས།

(6)ཐུག་ཞེང་། དཔྱི་རུས་གཉིས་བར་གྱི་ཞེང་ཚད་ལ་ཐུག་ཞེང་ཟེར་ཏེ། ཐུག་མགོའི་ཞེང་ཚད་ལི་སྨིས 20ཡིན་ན་སྐར་གྲངས 25སྙེར་བ་དང་། ལི་སྨིས 20ཡི་ཐུག་ཞེང་དེ་ལི་སྨིས 1གིས་ཆེན་ན་སྐར་གྲངས 2རེ་བསྣན་ཅིང་། ཐུག་ཞེང་ལི་སྨིས 15ཡི་མན་ཡིན་ན་སྐར་གྲངས 1~5ལས་མི་སྙེར་བ་དང་། ཐུག་ཞེང་ལི་སྨིས 24ཡི་ཡན་ཡིན་ན་སྐར་གྲངས 40~50སྙེར་དགོས།

(7)ཟུར་ཡོགས་ནས་རྐང་སུག་ལ་བལྟ་བ། སྒྲིད་འབུར་ཟུར་སྣ་ཏུའུ 145ཡིན་ན་སྐར་གྲངས 25སྙེར་བ་དང་། སྒྲིད་འབུར་ཟུར་སྣ་ཏུའུ 145ལས་ཏུའུ 1གིས་མཐོན་ན་སྐར་གྲངས 2རེ་བསྣན་དགོས། སྒྲིད་འབུར་ཟུར་སྣ་ཏུའུ 135ཡི་མན་ཡིན་ན་སྐར་གྲངས 45~50སྙེར་དགོས། སྒྲིད་འབུར་གྱི་ཟུར་སྣ་ཏུའུ 155ཡི་ཡན་ཡིན་ན་སྐར་གྲངས 1~5སྙེར་དགོས།

(8)སྨིག་པའི་བསེག་ཚད། རྐང་སུག་གི་སྨིག་པའི་མདུན་ངོས་དང་ཕྱི་ངོས་བར་གྱི་བར་ཟུར་ཏུའུ 45ཡིན་ན་སྐར་གྲངས 25སྙེར་བ་དང་། ཏུའུ 45ཡི་བར་ཟུར་ལས་ཏུའུ 1གིས་ཆེན་ན་སྐར་གྲངས་རེ་བསྣན་དགོས། བར་ཟུར་ཏུའུ 25ཡི་མན་ཡིན་ན་སྐར་གྲངས 1~5སྙེར་བ་དང་། བར་ཟུར་ཏུའུ 65ཡི་ཡན་ཡིན་ན་སྐར་གྲངས 45~50སྙེར་དགོས།

(9)མདུན་གྱི་ནུ་སྐྱི་འཁྱོར་ཚད། ནུ་མའི་མདུན་ངོས་དང་གསུས་ངོས་བར་གྱི་བར་ཟུར་ཏུའུ 90ཡིན་ན་སྐར་གྲངས 25སྙེར་བ་དང་། ཏུའུ 1གིས་ཆེན་ན་སྐར་

གྲངས 0.7བསྣན་པ་དང་། ཉུའུ 1གིས་ཆུང་ན་སྐར་གྲངས 0.5འཐེན་དགོས། ནུ་མའི་མདུན་ངོས་དང་གསུམ་ངོས་བར་གྱི་བར་ཟུར་ཉུའུ 45ཡི་མན་ཡིན་ན་སྐར་གྲངས 1~5སྟེར་བ་དང་། བར་ཟུར་ཉུའུ 120ཡི་ཡན་ཡིན་ན་སྐར་གྲངས 45~50སྟེར་དགོས། ནུ་མ་འཁྱོར་ཚད་ཆུང་ལེགས་པའི་བར་ཟུར་ནི་ཉུའུ 90~120ཡིན་ལ། དེར་སྐར་གྲངས 25~45སྟེར་དགོས།

(10)ཕྱིའི་ནུ་མའི་མཐོ་ཚད། དེར་བཞོན་མའི་ལྷག་རྒྱབ་ནས་བརྟག་དགོས། གཙོ་བོ་ནུ་མ་དང་བརླ་རྩའི་འབྲེལ་མཚམས་ཏེ་ནུ་མའི་པགས་སྐྱིའི་གོང་སྣེ་ནས་མཆན་འོག་བར་གྱི་བར་ཐག་ལ་བལྟ་དགོས། ནུ་མའི་པགས་སྐྱིའི་གོང་སྣེ་ནས་མཚན་ཁའི་འོག་ཏུ་བར་ཐག་ལ་ལི་སྨིས 27ཡོད་ན་སྐར་གྲངས 25སྟེར་དགོས། བར་ཐག་ལི་སྨིས 27ལས་ལི་སྨིས་རེས་རིང་ན་སྐར་གྲངས 2རེ་བསྣན་དགོས། ནུ་མའི་པགས་སྐྱིའི་གོང་སྣེ་ནས་ཐིང་ཁའི་འོག་ཏུ་བར་ཐག་ལི་སྨིས 35ཡན་ཡོད་ན་སྐར་གྲངས 1~5སྟེར་བ་དང་། ནུ་མའི་པགས་སྐྱིའི་གོང་སྣེ་ནས་ཐིང་ཁའི་འོག་ཏུ་བར་ཐག་ལི་སྨིས 19ཡི་མན་མ་གཏོགས་མེད་ན་སྐར་གྲངས 45~50སྟེར་དགོས།

(11)ནུ་མའི་ཕྱི་ལྷག་གི་ཞེང་ཚད། ནུ་མའི་ལྷག་རྒྱབ་ཀྱི་ནུ་སྐྱི་དང་བརླ་རྩའི་བར་གྱི་བར་ཐག་སྟེ་ནུ་རྩའི་ཞེང་ཚད་ལི་སྨིས 15ཡིན་ན་སྐར་མ 25སྟེར་བ་དང་། ལི་སྨིས 7ཀྱི་མན་ཡིན་ན་སྐར་གྲངས 1~5སྟེར་བ་ཡིན། ཞེང་ཚད་ལ་ལི་སྨིས 23ཀྱི་ཡན་ཡོད་ན་སྐར་གྲངས 45~50སྟེར་དགོས།

(12)མར་དཔྱངས་རྒྱུས་ལེབ། ནུ་མའི་ལྷག་རྒྱབ་ནས་དཀྱིལ་དབུས་རྒྱུས་ལེབ་བར་གྱི་ཟབ་ཤུར། ཟབ་ཤུར་གྱི་གཏིང་ཚད་འབྲིང་ཙམ་སྟེ་ལི་སྨིས 3ཡིན་ན་སྐར་གྲངས 25སྟེར་བ་དང་། ཟབ་ཤུར་ཆེས་གཏིང་བ་སྟེ་གཏིང་ཚད་ལ་ལི་སྨིས 6ཙམ་མཆིས་ན་སྐར་གྲངས 45~50སྟེར་ཞིང་། ཟབ་ཤུར་ལ་གཏིང་ཚད་མེད་པ་དང་

མར་དཔྱངས་རྒྱུས་ལེབ་སྙོད་ཤིགས་སེ་ཡོད་ན་སྐར་གྲངས 1~5སྟེར་དགོས།

(13)ནུ་མའི་རིང་ཚད། ནུ་མའི་ལྷག་རྒྱབ་ཀྱི་རྩ་ནས་སྙིད་འབུར་བར་གྱི་རིང་ཚད་ལ་བཤད་པ་ཡིན། ནུ་མགོ་དང་སྙིད་འབུར་བར་དུ་ལི་སྨིས 5ཡོད་ན་སྐར་གྲངས 25སྟེར་བ་དང(བེའུ་ཐོག་དང་པོར་བཙས་པ་ཞིག་ཡིན་ན་སྐར་གྲངས 30ཡི་ཡན་དང་། བེའུ 4བཙས་པའི་བཞོན་མ་ཞིག་ཡིན་ན་སྐར་གྲངས 20ཡི་མན་བཙས་སྟེར་དགོས)སྙིད་འབུར་དང་ནུ་མགོའི་བར་ན་ལི་སྨིས 15ཡོད་ན་སྐར་གྲངས 45~50སྟེར་བ་དང་། ནུ་མགོ་སྙིད་འབུར་གྱི་མན་དུ་ལི་སྨིས 5དཔྱངས་ཡོད་ན་སྐར་གྲངས 1~5སྟེར་དགོས།

(14)ནུ་མགོའི་གནས་ས། སྤྱི་ཕྱིའི་ནུ་མགོ་ནུ་ཁུལ་དུ་གནས་པའི་ས་ལ་བཤད་པ་ཡིན། ནུ་མགོ་དཀྱིལ་དབུས་སུ་གནས་པ་ལ་སྐར་གྲངས 25སྟེར་བ་དང་། ནུ་མགོ་ཕྱིར་བཀྱིད་པ་ལ་སྐར་གྲངས་འཐེན་པ་དང་། ནུ་མགོ་ཆེས་ཕྱི་མཐའ་ན་གནས་པ་ལ་སྐར་གྲངས 1~5འཐེན་དགོས། ནུ་མགོ་དཀྱིལ་དབུས་སུ་གནས་པ་ལ་སྐར་གྲངས་བསྣན་དགོས། ནུ་མགོ་ཆེས་ནང་དབུས་ན་གནས་པ་ལ་སྐར་གྲངས 45~50སྟེར་དགོས།

II བྱེད་ནུས་ཐལ་བའི་རྣམ་པ། (རྣམ་གྲངས 1)

(15)ནུ་མགོའི་རིང་ཚད། ནུ་མགོའི་རིང་ཚད་ལ་ལི་སྨིས 5ཡོད་ན་སྐར་གྲངས 25སྟེར་དགོས། ནུ་མགོའི་རིང་ཚད་ལ་ལི་སྨིས 3ལས་མེད་ན་སྐར་གྲངས 1~5སྟེར་བ་དང་། ནུ་མགོའི་རིང་ཚད་ལ་ལི་སྨིས 9ཡི་ཡན་ཡོད་ན་སྐར་གྲངས 45~50སྟེར་དགོས།

2.བྱེ་བྲག་ཏུ་དཔྱད་འདེམས་བྱེད་པའི་རེ་འདུན།

(1)ཐིག་སྐུད་རང་བཞིན་གྱི་དཔྱད་སྒོམ་བྱེད་པར་མཁོ་བའི་བཞོན་མའི་གཟུགས་གཞི་ཆ་རྐྱེན། དཔྱད་སྒོམ་བྱེད་ཡུལ་ནི་བཞོན་མ་ཡིན་པས། བཞོན་མར

ཐིག་སྐུད་རང་བཞིན་གྱིས་དཔྱད་སྟོམ་སྐར་གྲངས་བྱིན་ཏེ། བཞོན་མའི་ཕ་རྒྱུད་ཀྱི་གཟུགས་གཞིའི་རྒྱུད་སྤེལ་ནུས་པ་ལ་དཔྱད་སྟོམ་བྱེད་དགོས། ཁྱབ་ཁྱུངས་སོ་སོར་ཞུགས་པའི་ཆགས་སྐྱང་གི་སྐྱང་རྒྱུད་ལ་དཔྱད་སྟོམ་བྱེད་པར་མོ་བེའུ་དག་གི་ཐིག་སྐུད་རང་བཞིན་གྱི་དཔྱད་སྟོམ་རྒྱུ་ཆ་བེད་སྤྱོད་བྱེད་དགོས། ཆེས་ལེགས་པའི་ཐིག་སྐུད་རང་བཞིན་གྱི་ཡོ་འཇུར་མེད་པའི་དཔག་རྩིས་བྱེད་ཐབས་ལ་བརྟེན་ནས་ཆགས་སྐྱང་སོ་སོའི་བྱེད་ནུས་རྣམ་པ་སོ་སོའི་ཚོད་དཔག་སྤྲོད་ཤུགས་དང་། ཚོད་ལྡན་སྤྲོད་ཤུགས་བཅས་ལ་བརྟེན་ནས་ཆགས་སྐྱང་གི་དབྱིབས་རིས་བྲི་དགོས། དབྱིབས་རིས་འདི་དག་ནི་བྱེད་ནུས་རྣམ་པ་སོ་སོ་ཚུར་སྣང་བྱེད་པའི་ཆགས་སྐྱང་གི་རྒྱུ་སྲུས་གནས་ཚུལ་ཡིན་པས། བཞོན་རས་རྒྱུད་འདེམས་རྒྱུད་སྤེལ་བྱེད་པའི་གཞིར་འཛིན་ས་བྱས་ཚོག ཡིན་ནའང་འོ་མ་བསྒྲུད་དུས་དང་བེའུ་བཙས་པའི་སྔ་ཕྱི། ནད་བྱུང་ཡོད་པ། ལོ 6ཡན་གྱི་བཞོན་མ་བཅས་ཡིན་ན་ཐིག་སྐུད་རང་བཞིན་གྱི་དཔྱད་སྟོམ་བྱེད་ཡུལ་དུ་འཛུག་མི་རུང་། ཆེས་བསམ་ཐོག་ལ་ཡོང་བའི་དཔྱད་སྟོམ་བྱེད་པའི་དུས་ཚོད་ནི་བཞོན་མས་ཐོག་དང་པོར་བེའུ་བཙས་རྗེས་ཀྱི་ཉི་མ 60 –150ཡི་བར་ཡིན་ན་ལེགས།

(2)བྱེད་ནུས་ཀྱི་རྣམ་པ་ཁེར་ཚུགས་རང་བཞིན། དཔྱད་སྟོམ་སྐར་གྲངས་རྒྱག་སྐབས་བྱེད་ནུས་རྣམ་པའི་བར་དུ་ཕན་ཚུན་བསྡུར་མི་རུང་སྟེ། བྱེད་ནུས་ཀྱི་རྣམ་པ་རེ་རེར་སྐྱེད་དངོས་རིག་པའི་ཁྱད་ཆོས་རང་བཞིན་ལྟར་ཁེར་ཚུགས་སྟོབས་སྐར་གྲངས་རྒྱག་དགོས། འདི་ནི་ཐིག་སྐུད་རང་བཞིན་གྱི་དཔྱད་སྟོམ་ཁྱད་ཆོས་ཡིན་པས། དཔྱད་སྟོམ་བྱེད་ཐབས་གཞན་དག་དང་མི་མཚུངས། འདི་ལྟར་དཔྱད་སྟོམ་སྐར་གྲངས་བྱིན་ན་ད་གཟོད་དཔྱད་སྟོམ་བྱས་པ་དེས་ཕྱོགས་གཉིས་ཀྱི་སྙེ་ལ་བར་ཐག་འབྱེད་ཐུབ་པ་ཡིན།

3.ཐིག་སྐུད་རང་བཞིན་གྱིས་དཔྱད་སྟོམ་བྱེད་པ་གོ་བརྗེ་བའི་བྱེད་ནུས།

ཐིག་སྐུད་རང་བཞིན་གྱི་དཔྱད་སྡོམ་སྐར་གྲངས་སྟེར་ཐབས་ནི་སྐར་གྲངས 1 ~50 ཡིས་གཟུགས་གཞིའི་བྱེད་ནུས་ཀྱི་མཐའ་སྣེ་གཅིག་ནས་མཐའ་སྣེ་གཞན་ཞིག་གི་ཚད་གཞི་མི་འདྲ་བའི་མཚོན་ཐབས་རྣམ་པ་ཞིབ་བརྗོད་བྱེད་པ་ཞིག་ཡིན། ཐིག་སྐུད་རང་བཞིན་གྱི་སྐར་གྲངས་མཐོ་དམའ་ནི་བྱེད་ནུས་མཚོན་ཚད་ཀྱི་ཚབ་མ་ཙམ་ཡིན་པས། ཐད་ཀར་དུ་བརྩི་ཚད་མཐོ་དམའ་ཡིས་དབྱིབས་ནུས་ཀྱི་དགེ་སྐྱོན་འཆད་མི་ཐུབ་སོད། རྒྱུ་མཚན་ནི་དབྱིབས་ནུས་ལ་ལ་ནི་ཆེས་ལེགས་པའི་ཚད་ལ་བསླེབས་ཤིང་། དབྱིབས་ནུས་ལ་ལ་ཞིག་བར་དུ་གནས་པ་ཡིན་ན་ཧ་ཅང་ལེགས་པས། ཐིག་སྐུད་རང་བཞིན་གྱི་སྐར་གྲངས་བྱེད་ནུས་སྐར་གྲངས་སུ་འགྱུར་བར་བྱེད་དགོས།

ལེའུ་བཞི་པ། བཞོན་མ་གསོ་སྐྱེལ་བྱེད་པ།

ལེ་ཚན་དང་པོ། བཞོན་མ་དབྱད་འདེམས་བྱེད་པ།

གཅིག བཞོན་མ་དབྱད་འདེམས་བྱེད་པ།

བཞོན་མ་གསོ་བར་གནད་འགག་གི་ལག་རྩལ་བཞི་ཡོད་དེ། བཞོན་མ་རྒྱུད་སྤེལ་ལག་རྩལ་དང་བཞོན་མ་གསོ་སྐྱོང་བདག་གཉེར་ལག་རྩལ། བཞོན་མ་འཚོ་བཅུད(གཟན་ཆས)ལག་རྩལ། བཞོན་མའི་ནད་རིགས་འགོག་བཅོས་དང་ཚོད་འཛིན་ལག་རྩལ་བཅས་ཡིན། བཞོན་མ་རྒྱུད་སྤེལ་ལག་རྩལ་ནི་གནད་འགག་དང་པོ་ཡིན་ཏེ། བསྡུར་ཚད་ཀྱི་བརྒྱ་ཆར་བཀུག་ན 40%ཟིན་འདུག བཞོན་མའི་འོ་མ་ཐོན་ཚད་ནི་བཞོན་མའི་རྒྱུད་རྒྱུ་ཡིས་ཐག་གིས་གཅོད་པ་ཡིན་ལ། ཁོར་ཡུག་གི་ཤན་ཤུགས་ལའང་འབྲེལ་བ་ཡོད། རྒྱུད་སྤེལ་བའི་རྨང་གཞི་ལེགས་པོ་ཞིག་མེད་ཕྱིན། ཁོར་ཡུག་གི་རྒྱུ་རྐྱེན་ཇི་འདྲ་ལེགས་ནའང་འོ་མའི་ཐོན་ཚད་དེ་འདྲའི་ཇི་མཐོར་ཡོང་མི་ཐུབ། རྒྱུད་རྒྱུའི་རྨང་གཞི་ལེགས་མི་ལེགས་དེ་སོན་རྒྱུད་གསོ་སྐྱོང་བྱས་པ་དེས་ཐག་གཅོད་བྱེད་པ་ཡིན། བཞོན་རྒྱུད་སོན་སྤེལ་བྱེད་པའི་དོན་སྙིང་དེ་གསལ་པོར་ཤེས་དགོས་ན། ང་ཚོས་གཤམ་གྱི་གནད་དོན་གཉིས་གསལ་པོར་རྟོགས་པར་བྱེད་དགོས།

(གཅིག)བཞོན་མ་གསོ་བའི་དམིགས་ཡུལ།

བཞོན་མ་གསོ་བའི་དམིགས་ཡུལ་ནི་རྗེས་སྐྱོང་འོ་ཡོད་པ་མོ་མང་པོ་གསོས་

ཏེ། ཕྲུས་ལེགས་འོ་མ་ཐོན་སྐྱེད་བྱེད་པ་དེ་ཡིན་མོད། འོ་ཡོད་རྗེས་སྐྱོང་བ་མི་མང་པོར་བསླེག་པ་ནི་ཧ་ཅང་གལ་ཆེ། རྒྱུ་མཚན་ནི་འོ་ཡོད་བ་མི་མང་པོ་ཡོད་ཕྱིན་ད་གཟོད་ཕྲུས་ལེགས་འོ་མ་འབོར་ཆེན་ཐོན་སྐྱེད་བྱས་ཏེ་ཡོང་སྒོ་མང་པོ་བསྒྲུན་ཐུབ་པ་ཡིན།

(གཉིས)བཞིན་རའི་ནུས་ཚོད་གཏན་ཁེལ་མ་རྩ།

ནུས་ཚོད་གཏན་ཁེལ་མ་རྩ་ཞེས་པ་ནི་བཞིན་རར་བ་རྒྱུད་ཕྱུལ་དུ་བྱུང་བའི་འོ་ཡོད་བཞིན་མ་མངའ་བ་དེར་སྟོན་པ་ཡིན། བ་རྒྱུད་ལེགས་པའི་འོ་ཡོད་བཞིན་མ་ཡོད་ཕྱིན། ད་གཟོད་བཞིན་རའི་མ་རྩ་འཕར་དུ་འཇུག་ཐུབ་པ་དང་། ཡོང་སྒོ་གསར་དུ་བསྒྲུན་ཐུབ་པས། ཕྱུལ་བྱུང་རྒྱུད་སྤེལ་རྩང་གཞི་ཡོད་པའི་ཐོན་ཚད་མཐོ་བའི་བཞིན་མ་ཡོད་འདོད་ན། བཞིན་མ་གསོ་སྤེལ་ལ་བརྟེན་དགོས་པར་བརྟེན། བཞིན་མ་གསོ་སྤེལ་བྱེད་པ་ནི་འོ་ལས་ཐོན་སྐྱེད་བྱེད་པའི་ཆེས་ལག་རྩལ་གལ་ཆེན་ཞིག་ཡིན།

གཉིས། སོན་འདེམས་རྒྱུད་སྤེལ།

བཞིན་མ་སོན་སྐྱོང་ནི་སྣ་འཛོམས་ཉིག་དྲ་ཆེ་བའི་ལག་རྩལ་ཞིག་ཡིན་ལ། བྱེད་ཐབས་གཙོ་བོ་ནི་སོན་འདེམས་རྒྱུད་སྤེལ་བྱེད་པ་ཡིན། ལག་བསྟར་གོ་རིམ་དངོས་ནི་གཤམ་གསལ་ལྟར་ཏེ།

(གཅིག)སོན་སྐྱོང་དམིགས་ཡུལ་གཏན་ཁེལ་བྱེད་པ།

རྒྱུད་སྐྱོང་བའི་མཐའ་མཇུག་གི་དམིགས་ཡུལ་ནི་འོ་མའི་ཐོན་ཚད་མཐོ་བའི་བཞིན་མ་མང་པོ་སྤེལ་བ་དང་། རྗེས་རབས་བཞིན་མའི་འོ་མ་ཐོན་ཚད་སྔ་རབས་བཞིན་མ་ལས་ཇེ་མང་དུ་གཏོང་བ་དེ་ཡིན། དཔེར་ན་ད་ཡོད་བཞིན་ཕྲུའི་ཆ་སྙོམས་འོ་མ་ཐོན་ཚད་སྟོང་ཁེ 4000ཡིན་རུང་། ལོ་གསུམ་འཁོར་རྗེས་ཀྱི་བཞིན་ཕྲུའི་ཆ་སྙོམས་འོ་མ་ཐོན་ཚད་ནི་སྟོང་ཁེ 5000ནས་སྟོང་ཁེ 6000གི

དམིགས་ཡུལ་ལ་ཐོན་དུ་འཇུག་དགོས། ཡིན་ནའང་བཞོན་ཁྲུ་ཞིག་གི་སོན་སྐྱོང་དམིགས་ཡུལ་གཏན་ཁེལ་བྱེད་པ་དེ་ལས་སླ་བའི་བྱ་བ་ཞིག་ག་ལ་ཡིན། སོན་སྐྱོང་དམིགས་ཡུལ་ནི་བཞོན་ར་རེ་རེའི་བྱེ་བྲག་གི་གནས་ཚུལ་གཞིར་བཟུང་སྟེ་གཏན་ཁེལ་བྱེད་པ་ལས་མགོ་འཐོམ་སྟེ་གང་འདོད་ལྟར་གཏན་ཁེལ་བྱ་རྒྱུ་ཞིག་མིན། སྤྱིར་ཡིན་ན་མིག་སྔར་གྱི་རྒྱུད་སྤེལ་ལེགས་སྒྱུར་བྱས་ཚད་གཞིར་བཟུང་སྟེ། རྗེས་རབས་བཞོན་ཁྲུའི་འོ་མ་ཐོན་ཚད་སྔ་རབས་བཞོན་ཁྲུའི་འོ་མ་ཐོན་ཚད་ལས 10%–15%ཇི་མཐོར་འགྲོ་བ་དེ་མངོན་འགྱུར་བྱེད་ཐུབ་པ་ཡིན།

(གཉིས)བཞོན་མ་རེ་རེའི་བརྒྱུད་ཟིན་ཐྲིས་རྒྱུ་ཆ་ལེགས་སྒྲིག་བཟང་པོ་བྱེད་པ།

བརྒྱུད་ཟིན་ཐྲིས་རྒྱུ་ཆ་ནི་བརྒྱུད་འདེམས་པའི་གཞིར་འཛིན་ས་གཙོ་བོ་ཞིག་ཡིན། བརྒྱུད་ཀྱི་ཟིན་ཐྲིས་རྒྱུ་ཆ་གསལ་པོ་ཞིག་གིས་བཞོན་ར་ར་རམ་འདེགས་བྱས་ནས་ཕུལ་ཕྱུང་རྗེས་སྐྱོང་བཞོན་ཁྲུ་གསོ་སྐྱེལ་བྱེད་ཐུབ།

(གསུམ)བཞོན་མ་རེ་རེའི་ཐོན་སྐྱེད་གཞི་འཛིན་ས་ཟིན་ཐྲིས་ལེགས་སྒྲིག་བྱེད་པ།

ཐོན་སྐྱེད་གཞི་འཛིན་ས་ནི་གཙོ་བོ་བཞོན་མ་རེ་རེའི་ཉིན་རེའི་འོ་མ་ཐོན་ཚད་དང་འོ་མ་འཇོ་ཡུན་ཞིག་གི་སྤྱིའི་འོ་མ་ཐོན་ཚད་དམ། འོ་སྤྱིའི་ཐོན་ཚད། འོ་ཞག་གི་ཐོན་ཚད། བཞོན་མ་སྦྲིག་དུས། བཞོན་མའི་སྦྲིག་ཐེངས། བཞོན་མའི་བེའུ་བཙས་པའི་བར་ཐག བེའུ་བཙའ་དཀའ་མི་དཀའ་སོགས་ཀྱི་རྩིས་གཞི་འདུ་བ་ཡིན་ལ། རྩིས་གཞི་དེ་ཁ་ཅི་ཙམ་གསལ་ན་དེ་ཙམ་གྱིས་བཟང་བ་ཡིན།

(བཞི)བཞོན་མ་རེ་རེའི་གཟུགས་གཞིའི་ཕྱི་ཚུགས་དང་ཐོན་སྐྱེད་བྱེད་ནུས་གསལ་འབྱེད་བྱེད་པ།

གཙོ་བོ་སུག་བཞིའི་སྒྲིག་གཞི་དང་ནུ་མའི་སྒྲིག་གཞི། གཟུགས་གཞིའི་

སྙལ་གཞུང་སོགས་ཀྱི་སྒྲིག་གཞི་གསལ་འབྱེད་བྱེད་པ་བཅས་འདུ་ཞིང་། ལེགས་ཉེས་གསལ་འབྱེད་བྱས་པ་ལ་བརྟེན་ནས་ཕུལ་བྱུང་བྱེད་ནུས་དང་ཚད་ཁན་བྱེད་ནུས་གསལ་འབྱེད་བྱེད་དགོས།

(༢)བཞོན་མ་རྒྱུད་འདེམས་རྩ་དོན།

བཞོན་མའི་རྒྱུད་འདེམས་རྩ་དོན་ནི་ཆགས་གླང་གི་ཕུལ་བྱུང་བྱེད་ནུས་གཙོ་བོ་བེད་སྤྱོད་དེ་བཞོན་མའི་ཚད་ཁན་བྱེད་ནུས་གཙོ་བོ་ལེགས་སྒྱུར་བྱེད་པ་དང་། བསལ་འདེམ་བྱས་པའི་བྱེད་ནུས་རྒྱུད་སྐྱོང་དམིགས་ཡུལ་དང་ཟུང་འབྲེལ་དམ་པོ་བྱེད་པ་ལས་རྩ་བ་དོར་ནས་རྩེ་མོར་བསྙེག་མི་རུང་། ཁྱད་པར་དུ་ཉེ་རྒྱུད་ཕན་ཚུན་ནང་སྡེབ་མི་བྱེད་པར་གཟབ་གཟབ་བྱེད་དགོས། བ་རབས་གསུམ་གྱི་ནང་དུ་ཆགས་གླང་དང་བཞོན་མའི་བར་ན་ཉེ་འབྲེལ་ཡོད་མི་རུང་།

གསུམ། ཐོན་སྐྱེད་བཞོན་མ་བསལ་འདེམ་བྱེད་པ།

ཐོན་སྐྱེད་བཞོན་མའི་གཟུགས་གཞིའི་རང་སྟེང་གི་ཁྱད་ཆོས་གཙོ་བོ་གཞིར་བཟུང་སྟེ་བསལ་འདེམ་བྱེད་དགོས། བཞོན་མའི་རང་སྟེང་གི་ཁྱད་ཆོས་སུ་གཟུགས་གཞིའི་ཕྱི་ཚུགས་དང་ལུས་ཀྱི་ལྗིད་ཚད། གཟུགས་གཞིའི་ཆེ་ཆུང་། འོ་ཐོན་བྱེད་ནུས། བཞོན་མའི་འཕེལ་སྟོབས། ནར་སོན་ཚད། ཚེ་ཚད་སོགས་ཀྱི་བྱེད་ནུས་བཅས་འདུ་བ་ཡིན། ཐོན་སྐྱེད་བཞོན་མ་ནི་གཙོ་བོ་འོ་ཐོན་བྱེད་ནུས་ལ་དཔྱད་འདེམ་བྱེད་པ་དང་། བཟང་འདེམ་ངན་འདོར་བྱེད་དགོས།

བཞོན་མའི་འོ་ཐོན་བྱེད་ནུས་སུ་འོ་མ་ཐོན་ཚད་དང་འོ་མའི་སྤྲུས་ཀ་གཟན་ཆས་སྤྱོད་ནུས། འོ་མ་སྟེར་ཚད། འོ་ཐོན་སྙོམས་སྟེར་རང་བཞིན་སོགས་འདུ་བ་ཡིན།

བཞི། མོ་བེའུ་དང་ཡར་མོ་བསལ་འདེམ་བྱེད་པ།

(གཅིག)མོ་བེའུ་བསལ་འདེམ།

རྒྱུད་སྐྱོང་ཚད་གཞིའི་རེ་འདུན་གཞིར་འཛིན་དགོས། མོ་བེའུ་ལ་བཙས་མ་ཐག་པའི་ལྗིད་ཚད་ངེས་ཅན་ཞིག་ཡོད་དགོས(ཀྱང་གོའི་ཧེ་སི་ཐན་བ་རྒྱུད་ཀྱི་བེའུ་ཡིན་ན་ལུས་ཀྱི་ལྗིད་ཚད་ལ་སྟོང་ཁེ38ཡན་ཡོད་དགོས)པ་དང་། སྤུ་མདངས་ལ་འོད་སྣང་ལྡན་པ། ཕྱིའི་དབྱིབས་ཚུགས་ལེགས་པ། ཡར་སྐྱེད་འཚར་ལོངས་འབྱུང་བ་སྤྱིར་བཏང་ལས་མཐོ་བ། བདེ་ཐང་ནད་མེད་ཡིན་པ་བཅས་ཀྱི་ཁྱད་ཆོས་ལྡན་དགོས། དུས་མཚུངས་སུ་ཕ་རབས་བ་རྒྱུད་དང་ཉེ་རྒྱུད་ཡར་བེའུ་བཅས་ཀྱི་བཙས་མ་ཐག་པའི་གནས་ཚུལ་ལ་གཞིགས་ཏེ་བསལ་འདེམ་བྱེད་མི་བྱེད་གཏན་ཁེལ་བྱེད་དགོས།

(གཉིས)རྒྱུད་སྐྱོང་ཡར་མོ་བསལ་འདེམ་བྱེད་པ།

མོ་བེའུ་བསལ་འདེམ་བྱས་པའི་རྨང་གཞིའི་སྟེང་ནས་རྒྱུད་སྐྱོང་ཡར་མོ་བསལ་འདེམ་བྱེད་པར་མནོ་བསམ་གཏོང་དགོས། ནན་ཏན་སྨོས་བཤད་ན། རྒྱུད་སྐྱོང་ཡར་མོ་ཞིག་ཡིན་ན་ཐེངས་གསུམ་ལ་བསལ་འདེམ་བྱེད་དགོས། ཐེངས་དང་པོ་ནི་ཟླ6ཡིན་དུས་དང་ཐེངས་གཉིས་པ་ནི་ཟླ12ཡིན་དུས། ཐེངས་གསུམ་པ་ནི་ཟླ18ཡིན་དུས་བཅས་ཐེངས་གསུམ་ལ་བསལ་འདེམ་བྱེད་དགོས། རྒྱུད་སྐྱོང་ཡར་མོ་ནི་ཡར་སྐྱེད་འཚར་ལོངས་འབྱུང་བའི་སྐབས་ཡིན་པས། ནུ་ཁ་རྒྱས་ཚད་དང་གསུས་ཁོག་གི་སྦོང་ཚད་བཅས་ལོ་ན་ཇེ་ཆེར་སོང་བ་དང་བསྟུན་ནས་ཇེ་ཆེར་འགྱུར་བ་ཡིན། རྒྱུད་སྐྱོང་ཡར་མོ་བསལ་འདེམ་བྱེད་སྐབས་ནུ་ཁའི་ཆེ་ཆུང་དང་གསུས་ཁོག་གི་སྦོང་ཚད་ལ་ནན་འཛིན་བྱེད་པ་ཐལ་དྲགས་མི་རུང་། འོན་ཀྱང་ནུ་མ་སྟོད་ཅིང་ནུ་མའི་སྟེང་དུ་གཉེར་མ་མང་བ། ནུ་ཏོག་ཆེ་ཆུང་རན་པ། ནུ་མའི་ཁྱབ་རྒྱ་འོས་པ། གསུས་ཁོག་ལ་སྦོང་ཚད་ངེས་ཅན་ཞིག་ཡོད་པ་བཅས་ནི་དགོས་ངེས་ཀྱི་རེ་འདུན་ཞིག་ཡིན། དུས་མཚུངས་སུ་རྗེབ་རུས་ཀྱི་བསྐྱེད་རྒྱ་ཆེ་བ། སྒལ་གཞུང་དང་དྲུག་ཞིང་ངོས་སྙོམས་ཡིན་པ་བཅས་ཀྱི་རེ་འདུན་མངའ་ཚོག

ལེ་ཚན་གཉིས་པ། བཙོན་མ་འདེམ་སྒྲིང་བྱེད་པ།

གཅིག རང་རྒྱུད་འདེམ་སྒྲིང་།

རང་རྒྱུད་འདེམ་སྒྲིང་ཞེས་པ་ནི་བ་རྒྱུད་ནང་ཁུལ་ལ་བརྟེན་ནས་རྒྱུད་འདེམ་རྒྱུད་སྤེལ་དང་རྒྱུད་སྒྲིང་གསོ་སྤེལ། རྒྱུད་སྒྲིང་ཆ་རྐྱེན་སོགས་ཀྱི་ཐབས་ལམ་སྤྱད་དེ་བ་རྒྱུད་ཐོན་སྐྱེད་བྱེད་ནུས་ཇེ་མཐོར་གཏོང་བའི་རྒྱུད་སྒྲིང་བྱེད་ཐབས་ཤིག་ཡིན། རང་རྒྱུད་འདེམ་སྒྲིང་བྱེད་པ་དེས་ཚད་ངེས་ཅན་ཞིག་གི་སྟེང་ནས་རང་གི་བ་རྒྱུད་ཀྱི་ཕུལ་བྱུང་ཕྲུས་ཀ་རྒྱུན་འཁྱོངས་དང་གོང་འཕེལ་དུ་གཏོང་བ་དང་། བ་རྒྱུད་ནང་གི་ཁེར་རྐྱང་ཕུལ་བྱུང་ཕྲུས་ཚད་མཐོ་ཞིང་། བ་རྒྱུད་ཀྱི་ཞན་ཆ་ག་གེ་མོ་སེལ་ནས་བ་རྒྱུད་ཀྱི་ཕྲུས་ཀ་དག་མོ་རྒྱུན་འཁྱོངས་བྱས་ཏེ། ལུ་མཐུད་དུ་བ་རྒྱུད་ཀྱི་ཕྲུས་ཀ་དང་གྲངས་ཀ་ཇེ་ལེགས་སུ་གཏོང་དགོས། ཕྱིར་ཡིན་ན་རང་རྒྱུད་འདེམ་སྒྲིང་དུ་རང་ས་གནས་ཀྱི་ཕྱུགས་རྒྱུད་དང་ཕྱུགས་རྒྱུད་གཞན་ནང་འདྲེན་བྱས་ཏེ་འདེམ་སྒྲིང་བྱེད་སྟངས་གཉིས་འདུ་བ་ཡིན།

(གཅིག)རང་ས་གནས་ཀྱི་བ་རྒྱུད་འདེམ་སྒྲིང་།

རྒྱལ་ནང་གི་རང་ས་གནས་ཀྱི་བ་རྒྱུད་འདེམ་སྒྲིང་ཚད་གཞི་གཞིར་བཟུང་ན་ཕལ་ཆེར་རིགས་3དུ་བཀར་ཆོག་སྟེ། རིགས་དང་པོ་ནི་འདེམ་སྒྲིང་ཚད་གཞི་ཅུང་མཐོ་ཞིང་བ་རྒྱུད་ཀྱི་རིགས་སྣ་འཛོམས་པ། ཐོན་སྐྱེད་བྱེད་ནུས་འབྱུར་དུ་ཐོན་པ་ཞིག་ཡིན། རིགས་གཉིས་པ་ནི་འདེམ་སྒྲིང་ཚད་གཞི་ཅུང་དམའ་ཞིང་ཁྱུ་སྣ་གཅིག་མཚུངས་མིན་པ། བྱེད་ནུས་ཕྲུས་ཀ་མི་དག་པ། ཐོན་སྐྱེད་བྱེད་ནུས་འབྲིང་ཙམ་ཡིན་པ་སྟེ། རྒྱལ་ནང་གི་ས་ཆ་མང་ཆེ་ཤས་ཀྱི་བ་རྒྱུད་ལེགས་པོ་ནི་རིགས་འདི་ལ་གཏོགས་པ་ཡིན། རིགས་གསུམ་པ་ནི་སྟེབ་སྦྱོར་ལ་བརྟེན་ནས་གསོ་གྲུབ་བྱུང་བའི་བ་རྒྱུད་གསར་བའམ་བ་རྒྱུད་སོ་མ་ཞིག་ཡིན་ལ། རིགས་དེའི་བ

རྒྱུད་ཀྱི་ཕྲུན་སོང་ཆ་རྐྱེན་ནི་ཐོན་རྐྱེན་བྱེད་ནུས་ཚུང་མཐོ་ཞིང་། ས་འཕྲོད་ཚུ་ལོབ་རང་བཞིན་བཅས་ལེགས་སོད། འོན་ཀྱང་ཕྲུས་ཀ་མི་དག་པ་དང་རིགས་དབྱིབས་ཀྱང་གཅིག་མཚུངས་ཤིག་ཡིན།

རིགས་སྣ་འདི་གསུམ་ལ་གཏོགས་པའི་བ་རྒྱུད་ལེགས་པོ་དག་ལ་འདེམས་སྐྱོང་བྱེད་ཐབས་མི་གཅིག་པ་ལག་བསྟར་བྱེད་དགོས། རིགས་དང་པོར་མཚོན་ན་གཙོ་བོ་འདེམས་སྐྱོང་བྱེད་པ་ཚད་གཞི་མཐོ་བ་དང་། བ་རྒྱུད་གསོ་སྐྱེལ་དར་རྒྱས་སུ་བཏང་ནས་བ་རྒྱུད་མི་གཅིག་པ་ཕན་ཚུན་སྡེབ་སྦྱོར་བྱས་ཏེ། ཐོན་སྐྱེད་བྱེད་ནུས་ཇེ་མཐོར་གཏོང་དགོས། རིགས་གཉིས་པར་མཚོན་ན་གཙོ་བོ་སྤྲུག་ཤིང་དུ་གྱུར་པའི་བ་བྲུ་བཙུགས་ཏེ། ནང་བཙུག་གསོ་སྐྱེལ་དང་བསལ་འདེམས་བྱས་ནས་བ་རྒྱུད་ཇེ་ལེགས་སུ་གཏོང་དགོས། རིགས་གསུམ་པར་མཚོན་ན་གཙོ་བོ་ནན་ཏན་སྒོས་རྒྱུད་འདེམས་རྒྱུད་སྤེལ་བྱས་ཏེ་བ་རྒྱུད་ཀྱི་ཕྲུས་ཀ་ཇེ་དག་ཏུ་བཏང་ཞིང་། བྱེད་ནུས་བརྟན་པོའི་སྒོ་ནས་ཇེས་རབས་བ་མོའི་སྟེང་དུ་སྤྲོད་པར་བྱས་ཏེ། རིགས་དབྱིབས་གཅིག་མཚུངས་སུ་གཏོང་དགོས། བཞོན་བྲུ་རུ་བཞོན་མ་ཉུང་ན་བཞོན་མ་ཇེ་མང་དུ་གཏོང་དགོས།

(གཉིས)ནང་འདྲེན་བ་རྒྱུད་འདེམས་གསོ་བྱེད་པ།

ནང་འདྲེན་བ་རྒྱུད་ཅེས་པ་ནི་ས་ཆ་གཞན་དག་ནས་ཚུར་དྲངས་པའི་བ་རྒྱུད་ལ་བཤད་པ་ཡིན། དེར་ཕྱི་རྒྱལ་ནས་ནང་འདྲེན་བྱས་པའི་བ་རྒྱུད་དང་རྒྱལ་ནང་གི་ས་ཆ་གཞན་དག་ནས་ནང་འདྲེན་བྱས་པའི་བ་རྒྱུད་བཅས་འདུ། ནང་འདྲེན་བྱས་པའི་བ་རྒྱུད་ནི་ས་གནས་རང་གི་ཆ་རྐྱེན་འོག་ནས་གསོས་པ་མིན་པས། ས་ལྷག་འགྱུར་ཉེན་ཡོད། དེར་བརྟེན་ནང་འདྲེན་བྱས་པའི་བ་རྒྱུད་གསོ་སྐྱོང་བྱེད་ན་ཐོག་མར་བ་རྒྱུད་དེ་རང་ས་གནས་ཀྱི་ཆ་རྐྱེན་ལ་སོབ་ཏུ་འཇུག་པ་ནས་མགོ་བརྩམས་ཏེ། རིམ་བཞིན་དུ་དེ་དག་གི་ཐོན་སྐྱེད་བྱེད་ནུས་ཇེ་མཐོར་གཏོང

དགོས། དེ་ཡང་ནང་འདྲེན་བྱས་པའི་བ་རྒྱུད་ཀྱི་གྲངས་ཀ་ཕལ་ཆེར་མང་མི་སྲིད་པས། རང་ཁྲུ་རང་སྤེལ་བྱས་ན་ཉེ་སྐྱོར་རྒྱུད་ལད་དུ་འགྱུར་ཉེན་ཡོད་པས་ན། ངེས་པར་དུ་འོས་ཤིང་འཚམ་པའི་རྒྱུད་འདེམ་རྒྱུད་སྤེལ་ལམ་ལུགས་སྤྱད་དེ་ནང་འདྲེན་བྱས་པའི་བ་རྒྱུད་བདེ་ཐག་དང་གོང་འཕེལ་དུ་གཏོང་བར་ཁག་ཐེག་བྱེད་དགོས།

ནང་འདྲེན་བྱས་པའི་བ་རྒྱུད་འདེམ་སྐྱོང་བྱེད་པར་གཤམ་གྱི་ཕྱོགས་འགའ་དང་ལེན་བྱེད་དགོས་ཏེ། གཅིག་སྨད་གསོ་སྐྱོང་དང་རིམ་བཞིན་དུ་དར་སྤེལ་དུ་གཏོང་བ། གཟབ་གཟབ་སྒོས་ཕར་བརྒྱལ་བྱེད་དགོས། མ་བཞིན་དུ་ནང་འདྲེན་བྱས་པའི་བ་རྒྱུད་གསོ་སྐྱོང་བྱེད་པའི་ཆ་རྐྱེན་ལེགས་སྒྱུར་བྱེད་པ་དང་། ས་ཡོབ་ཆུ་ཡོབ་རང་བཞིན་ལ་ཤུགས་སྣོན་བྱེད་པ། ཚན་རིག་དང་མཐུན་པའི་སྒོ་ནས་རྒྱུད་སྤེལ་གསོ་སྐྱོང་བྱེད་པ་དར་སྤེལ་དུ་གཏོང་བ། ཐར་ཡོད་བ་རྒྱུད་ཀྱི་ཕུལ་བྱུང་ཁྱད་ཆོས་རྒྱུན་འཛིན་དང་ཞན་ཆ་བཅོས་སྒྱུར་བྱས་ཏེ་རང་ས་གནས་དང་ཐར་ལས་མཐུན་པ་ཞིག་བྱེད་དགོས།

(གསུམ)རང་རྒྱུད་འདེམ་སྐྱོང་བྱེད་པའི་རྩ་དོན་ལག་བསྟར་བྱེད་པ།

ཐོག་མར་རང་རྒྱུད་ཀྱི་ཐར་ཡོད་ལེགས་ཆ་དང་བྱེད་ནུས་ཁྱད་པར་ཅན་རྒྱུན་འཛིན་དང་དར་སྤེལ་དུ་གཏོང་བ་དང་མཉམ་དུ་ཐར་ཡོད་བ་རྒྱུད་ལ་ཡོངས་ཁྱབ་ཏུ་གནས་པའི་ཞན་ཆ་ལ་དོ་སྣང་བྱེད་དགོས། དེ་ནས་རྒྱུད་འདེམ་དང་རྒྱུད་སྐྱོར་ཟུང་འབྲེལ་བྱེད་ཅིང་། རྒྱུད་འདེམ་བྱེད་སྐབས་བདམས་ཚོག་པའི་གདམ་བྱ་ངེས་ཅན་ཞིག་བསྒྱུར་པ་དང་། ཚོད་ལྟ་ལ་བརྟེན་ནས་བྱེད་ནུས་ཕུལ་བྱུང་ཡིན་པ་དེ་ར་སྤྲོད་བྱེད་དགོས། དེའི་འཕྲོར་ལུགས་མཐུན་སྒོས་འདེམ་སྐྱོར་བྱེད་དགོས། དེ་མིན་ཕྱིན་ཐར་བཞིན་དུ་ཐོན་སྐྱེད་བྱེད་ནུས་ཇེ་མཐོ་དང་བཞོན་ཁྲུའི་གསོན་ཤུགས་ཇེ་ལེགས་སུ་གཏོང་བར་གནོད་པ་བཟོ་སྲིད། རང་རྒྱུད་འདེམ་སྐྱོང་

བྱེད་པ་དང་མཉམ་དུ་གཟན་སྟེར་བདག་གཉེར་ལག་རྩལ་ཇེ་ལེགས་སུ་གཏོང་བ་དང་། སྟོར་སྐྱོང་ཆ་རྐྱེན་ལེགས་པོ་བསྒྲུབ་དགོས། གཟན་ཆས་དཀོན་ཞིང་སྟོར་སྐྱོང་བྱེད་པའི་ཆ་རྐྱེན་ཞན་ཕྱིན་འོ་མའི་ཐོན་ཚད་མཐོ་བའི་བ་རྒྱུད་ཡིན་ཡང་ཐོན་ཚད་མཐོ་བའི་བྱེད་ནུས་འདོན་མི་ཐུབ་པ་རེད། ཡང་ཞིག་བཤད་ན་འཚོ་སྐྱོང་བདག་གཉེར་བྱས་པ་ཞན་ཕྱིན་སྟར་ཡོད་བ་རྒྱུད་ལེགས་པའི་ཕུལ་བྱུང་དཔལ་འབྱོར་བྱེད་ནུས་མེད་པར་འགྱུར་བས་ན། རང་རྒྱུད་འདེམ་སྐྱོང་བྱེད་སྐབས་སྟོར་སྐྱོང་ཆ་རྐྱེན་ཇེ་ལེགས་སུ་གཏོང་བར་སྣང་ཆུང་བྱེད་མི་རུང་།

གཉིས། རྒྱུད་འདྲེས་སྤེལ་སྦྱོར་ལེགས་སྒྱུར་བྱེད་པ།

རྒྱུད་འདྲེས་སྤེལ་སྦྱོར་ལ་བརྟེན་ན། བ་ཕྱུགས་ཀྱི་རྒྱུད་འཛིན་རྩང་གཞི་ཕུན་སུམ་ཚོགས་པ་རྒྱ་བསྐྱེད་ཐུབ་པ་དང་། བ་ཕྱུགས་ཀྱི་རྒྱུད་རྒྱ་བསྒྱུར་ཏེ་བ་ལང་གི་རྒྱུད་འཛིན་འགྱུར་ལྡོག་གི་ཁྱབ་རྒྱ་ཇེ་ཆེར་བཏང་ནས། རྗེས་རབས་པ་རྒྱུད་འགྱུར་ལྡ་བའི་རང་བཞིན་ལ་ཤུགས་སྣོན་བྱས་ན། རྒྱུད་འདེམ་རྒྱུད་སྐྱོང་བྱེད་པར་ཕན་འདེགས་ཐུབ།

(གཅིག) རིམ་སྤེལ་རྒྱུད་འདྲེས་སྤེལ་སྦྱོར།

རིམ་སྤེལ་རྒྱུད་འདྲེས་སྤེལ་སྦྱོར་ཞེས་པ་ལ་ལེགས་སྒྱུར་རྒྱུད་འདྲེས་སྤེལ་སྦྱོར་རམ་ནང་འདྲེན་རྒྱུད་འདྲེས་སྤེལ་སྦྱོར་ཡང་ཟེར་ཏེ། འདི་ནི་བྱེད་ནུས་ཕུལ་དུ་བྱུང་བའི་ཕྱུགས་རྒྱུད་ལེགས་སྒྱུར་བྱེད་པའམ་བྱེད་ནུས་ཅུང་ཞན་པའི་ཕྱུགས་རྒྱུད་ཀྱི་བྱེད་ནུས་ཇེ་ལེགས་སུ་གཏོང་བར་རྒྱུན་དུ་སྤྱོད་པའི་རྒྱུད་འདྲེས་སྤེལ་སྦྱོར་བྱེད་སྟངས་ཤིག་ཡིན། དོན་ཐོག་ལ་འབབ་པར་བྱ་ན་འདི་ལྟར་བྱེད་དགོས་ཏེ། ཕུལ་བྱུང་ཕྱུགས་རྒྱུད་(ལེགས་པར་སྒྱུར་བྱེད་ཀྱི་ཕྱུགས་རྒྱུད་)ཀྱི་ཆགས་སླང་དང་ཐོན་ཚད་ཞན་པའི་ཕྱུགས་རྒྱུད་(ལེགས་པར་བསྒྱུར་བྱའི་ཕྱུགས་རྒྱུད་)ཀྱི་མོ་ཕྱུགས་དང་སྤེལ་སྦྱོར་བྱེད་པ། དེ་ལས་བཙས་པའི་རྒྱུད་འདྲེས་སྤེལ་སྦྱོར་བ་མོ་ཕུལ་བྱུང་

ཆགས་སྣང་གིས་སྟེབ་སྦྱོར་བྱེད་པ། དེ་ལས་བཙས་པའི་རྒྱུད་འདྲེས་བ་རྒྱུད་རབས་གཉིས་པའི་བ་མོ་མུ་མཐུད་དུ་ཕྱུལ་བྱུང་ཆགས་སྣང་དང་སྟེབ་སྦྱོར་བྱེད་པ། ཐབས་ལམ་འདི་ལ་བརྟེན་ན་རྒྱུད་འདྲེས་བ་རྒྱུད་རབས་གསུམ་པ་དང་རབས་བཞི་བ་ཡན་ཚོད་པ་ཡིན། རབས་ག་གེ་མོ་ཞིག་གི་འདྲེས་སྦྱོར་བ་རྒྱུད་ཀྱི་ཕྱུགས་ཀ་བསམ་ཐོག་ལ་ཡོང་བ་ཡིན་ན། འདྲེས་སྦྱོར་བྱེད་མཚམས་བཞག་སྟེ་འདྲེས་སྦྱོར་བྱས་པའི་བ་རྒྱུད་ཀྱི་ཆགས་སྣང་དང་བ་མོ་བར་དུ་སྟེབ་སྦྱོར་གཏན་ཁེལ་བྱས་ཤིང་། བ་རྒྱུད་གསར་བ་ཞིག་གྲུབ་རག་བར་དུ་དེ་ལྟར་བྱེད་དགོས། རིམ་སྤེལ་རྒྱུད་འདྲེས་སྟེབ་སྦྱོར་ནི་རང་རྒྱལ་གྱིས་ཆེས་བཀོལ་སྤྱ་བའི་རྒྱུད་འདྲེས་སྟེབ་སྦྱོར་ལེགས་སྒྱུར་བྱེད་པའི་ཐབས་ལམ་ཞིག་ཡིན། ཧོ་ལན་རྒྱལ་ཁབ་ཀྱི་ཕྱུགས་དཀ་ཆགས་སྣང་དང་རང་ས་གནས་ཀྱི་བ་རྒྱུད་བར་དུ་རིམ་སྤེལ་རྒྱུད་འདྲེས་སྟེབ་སྦྱོར་ལ་བརྟེན་ནས་རང་རྒྱལ་ལ་འོ་སྤྲོད་རང་བཞིན་གྱི་བཞོན་རྒྱུད་གསར་སྐྲུན་དང་རྒྱུད་སྐྱོང་བྱས་པ་དེར་གྲུབ་འབྲས་མངོན་གསལ་བླངས་ཡོད།

(གཉིས)ནང་འདྲེན་རྒྱུད་འདྲེས་སྟེབ་སྦྱོར།

ནང་འདྲེན་རྒྱུད་འདྲེས་སྟེབ་སྦྱོར་ལ་ནང་འགུགས་རྒྱུད་འདྲེས་སྟེབ་སྦྱོར་རམ་ལེགས་སྒྱུར་རྒྱུད་འདྲེས་སྟེབ་སྦྱོར་བཅས་ཟེར། ཕྱུགས་རྒྱུད་གཅིག་ལ་ཕྱུལ་བྱུང་ལེགས་ཆ་མང་ཡང་། ད་དུང་མངོན་གསལ་ཅན་གྱི་ཞན་ཆའམ་དཔལ་འབྱོར་གྱི་བྱེད་ནུས་གཙོ་བོ་དུས་ཡུན་ཐུང་ངུའི་ནང་དུ་ཇེ་མཐོར་གཏོང་དགོས་མོད། འོན་ཀྱང་ཞན་ཆ་དེ་རང་རྒྱུད་འདེམས་སྐྱོང་བྱས་པ་དེས་ལེགས་སྒྱུར་བྱེད་མི་ཐུབ་ཕྱིན། ཕྱུགས་རྒྱུད་གཞན་ཞིག་གི་ལེགས་ཆ་ནང་འདྲེན་བྱེད་པའི་ཐབས་ལམ་ལ་བརྟེན་ནས་ཞན་ཆ་ལེགས་སྒྱུར་བྱས་ཏེ། བཞོན་ཕྲུའི་ཐོན་སྐྱེད་བྱེད་ནུས་བསམ་ཐོག་ལ་ཡོང་བ་བྱས་ཆོག ནང་འདྲེན་རྒྱུད་འདྲེས་སྟེབ་སྦྱོར་གྱི་ཁྱད་ཆོས་ནི་སྔར་ཡོད་པ་རྒྱུད་ཀྱི་ཁྱད་ཆོས་ཁྱད་རྟགས་གཙོ་བོ་རྒྱུན་འཛིན་བྱེད་པའི་རྨང་གཞིའི་སྟེང་། རྒྱུད་

འདྲེས་སྡེབ་སྦྱོར་ལ་བརྟེན་ནས་དེའི་ཞན་ཆ་ལེགས་སྒྱུར་བྱས་ཏེ། སྔར་ལས་ལྷག་པའི་སྒོ་ནས་སྔར་ཡོད་པ་རྒྱུད་ཀྱི་ཕྲུས་ཀ་ཇེ་ལེགས་སུ་གཏོང་བ་ལས་རྩ་བ་ནས་བསྒྱུར་བཅོས་བྱེད་པའི་ཆེད་དུ་མིན།

གསུམ། བཞོན་རྒྱུད་ལེགས་སྒྱུར་བྱེད་པར་ངོ་སྣང་བྱེད་དགོས་པའི་གནད་དོན།

(གཅིག)རྒྱུད་འདྲེས་སྡེབ་སྦྱོར་བྱས་པའི་བཞོན་མ་རབས་དང་པོ་དང་རབས་གཉིས་པ་ཕོར་བརྟག་འབྱུང་བ་སྔོན་འགོག་བྱེད་པ།

མིག་སྔར་རང་རྒྱལ་གྱི་བཞོན་མའི་ཐོན་ཁུངས་སྟོས་བཅས་ཀྱིས་ཁག་པོ་ཡིན་པས། རྒྱུད་འདྲེས་སྡེབ་སྦྱོར་བྱས་པའི་བཞོན་མ་རབས་དང་པོ་དང་རབས་གཉིས་པ་ཕོར་བརྟག་འབྱུང་བ་སྔོན་འགོག་བྱེད་པ་ནི་རྨང་གཞིའི་བཞོན་ཕྲུའི་གྲངས་ཀ་སྲུང་སྐྱོབ་བྱེད་པ་དང་། བཞོན་ཕྲུ་ལེགས་སྒྱུར་བྱེད་པའི་ལས་གཞི་བརྟན་བརླང་སྒོས་ལག་བསྟར་བྱེད་པ་ཁག་ཐེག་བྱེད་པའི་རྨང་གཞི་ཡིན།

(གཉིས)བཞོན་མ་བྱེ་བྲག་འདམ་ཀ་བྱེད་པ་ཤུགས་སྣོན་བྱེད་པ།

རིམ་སྤེལ་རྒྱུད་འདྲེས་སྡེབ་སྦྱོར་བྱེད་པའི་དམིགས་ཡུལ་ནི་ཕུལ་བྱུང་ཕྱུགས་རྒྱུད་གསར་པ་ཞིག་འདེམས་སྐྱོང་བྱེད་རྒྱུ་དེ་ཡིན། བཞོན་མ་ལེགས་པོ་ཡོད་ན་ད་གཟོད་བེའུ་ལེགས་པོ་གསོ་སྐྱོང་བྱེད་ཐུབ་པས། དང་ཐོག་བཞོན་རྒྱུད་ལེགས་སྒྱུར་བྱེད་པའི་བཞོན་མ་ནི་ངེས་པར་དུ་རིམ་སྤེལ་རྒྱུད་འདྲེས་སྡེབ་སྦྱོར་བྱས་པའི་རབས་གསུམ་པའི་ཡན་གྱི་བ་རྒྱུད་ཡིན་དགོས་པར་མ་ཟད། གཟུགས་གཞི་ལེགས་ཤིང་གཟུགས་སྟོབས་ཆེ་བ། རྒྱུད་འཛིན་བྱེད་པར་ཞན་ཆ་མེད་པ་བཅས་ཡིན་དགོས། དུས་མཚུངས་སུ་རྒྱུད་འདྲེས་རབས་དང་པོ་དང་རྒྱུད་འདྲེས་རབས་གཉིས་པའི་བཞོན་མ་ཡིན་ཡང་བྱེ་བྲག་འདེམས་པར་ཤུགས་སྣོན་བྱེད་པ་དང་། ཚད་ལྡན་མིན་པའི་བཞོན་མ་བཞོན་མ་ལེགས་སྒྱུར་བྱེད་པའི་ཁྲོད་དུ་ཞུགས་མི་ཆོག

(གསུམ) བཞོན་རྒྱུད་ལེགས་སྒྱུར་བྱེད་པའི་ཡིག་ཚང་འཁྲུས་ཚང་ཅན་འཛུགས་པ།

བཞོན་རྒྱུད་ལེགས་སྒྱུར་དུ་ཞུགས་པའི་བཞོན་མ་རེ་རེར་བཞོན་རྒྱུད་ལེགས་སྒྱུར་བྱེད་པའི་ཡིག་ཚང་འཁྲུས་ཚང་ཞིག་བཙུགས་ཏེ། ཡིག་བྱང་དུ་བཞོན་མ་དེའི་བརྒྱུད་དང་ཕྲུ་མདོག སོ་ཚོད། བཞོན་རྒྱུད་ལེགས་སྒྱུར་དུ་ཞུགས་པའི་དུས་ཚོད། སྦེབ་སྦྱོར་བྱས་པའི་ཆགས་སྐྱང་གི་ཨང་རྟགས། བེའུ་བཙས་པའི་དུས་ཚོད། བེའུ་ཕོ་མོའི་དབྱེ་བ། བེའུ་བཙས་མ་ཐག་གི་ལྗིད་ཚད་དང་འཚར་ལོངས་བྱུང་བ་སོགས་ཀྱི་གནས་ཚུལ་འགོད་དགོས། ཡིག་ཚང་ལ་བརྟེན་ནས་བདག་གཉེར་ལ་ཤུགས་སྣོན་དང་ལས་གཞི་དོ་དམ་ཚད་ལྡན་ཅན་དུ་བཏང་སྟེ། ཉེ་རྒྱུད་སྦེབ་སྦྱོར་བྱས་ཏེ་བརྒྱུད་ཇེ་ཐུ་རུ་གྱུར་ཏེ་བཞོན་རྒྱུད་ལེགས་སྒྱུར་གྱི་ལས་གཞིའི་ཕྲུས་ཀ་དང་ལེགས་སྒྱུར་དུས་ཡུན་ལ་གནོད་པ་བཟོ་བ་སྔོན་འགོག་བྱེད་དགོས།

ལེ་ཚན་གསུམ་པ། བཞོན་མ་སྐྱེ་འཕེལ་བྱེད་པའི་ལག་རྩལ།

གཅིག བཞོན་མའི་སྐྱེ་འཕེལ་སྐྱེ་ཁམས།

བཞོན་མ་སྐྱེ་འཕེལ་དང་བེའུ་བཙའ་བའི་དམིགས་ཡུལ་ནི་སྒྲུམ་ཆགས་ཚད་མཐོ་བ་དང་བེའུ་བཙའ་ཐག་ཁག་ཐེག་བྱེད་པ་དང་མཉམ་དུ་བཞོན་མས་རྒྱུན་ལྡན་ལྟར་བེའུ་བཙའ་བ་དང་བཞོན་མ་མ་བུ་བདེ་ཐང་ཡིན་པ་བཅས་ཁག་ཐེག་བྱས་ན། ད་གཟོད་བཞོན་མའི་ཐོན་སྐྱེད་བྱེད་ནུས་ཇེ་མཐོ་དང་བཞོན་རའི་དཔལ་འབྱོར་ཁེ་ཕན་ཇེ་མཐོར་གཏོང་ཐུབ། དམིགས་ཡུལ་འདི་མངོན་འགྱུར་བྱེད་པར་མིའི་ཐབས་ཀྱིས་ཁམས་དཀར་འཛུག་པ་ཙམ་གྱིས་གཏན་ནས་ཚོག་པ་ཞིག་མིན་ཏེ། ངེས་པར་དུ་ཆ་ཚང་ནུས་ཚོད་ཀྱི་སྐྱེ་འཕེལ་བྱེད་ཐབས་དང་འཆར་གཞི་ཞིག་

གཏན་ཁེལ་བྱེད་དགོས།

སྐྱེ་འཕེལ་གསོན་ཚད=A×(སྨྱིག་མིན་གསལ་འབྱེད)×B(བཞོན་མའི་སྐྱེ་འཕེལ་ནུས་སྟོབས)×C(ཆགས་སླང་གི་སྐྱེ་འཕེལ་ནུས་སྟོབས་ཏེ། ཁམས་དཀར་ལ་བཤད་པ་ཡིན)×D(བེའུ་བཟུང་བའི་དུས་ཚོད)×E(ནད་གཞི་དང་བེའུ་བཙའ་དཀའ་བ) རྩིས་གཞི་འདི་ལས་ཤེས་ཐུབ་པ་ཞིག་ནི་བར་མཐུད་གཅིག་ཆད་ཕྱིན་བེའུ་ཡོད་མི་སྲིད་པས། སྐྱེ་འཕེལ་འབྲས་བུ་ཡང་མེད་དོ།།

དེར་བརྟེན། སྐྱེ་འཕེལ་བྱས་པ་འགྲོངས་མི་འགྲོངས་དེ་སྟེབ་སྦྱོར་ལག་རྩལ་དངོས་ལ་རག་མི་ལས་པར། འཛུར་བ་མེད་པའི་ཆགས་པ་ལངས་ཡོད་མེད་གསལ་འབྱེད་བྱེད་པ་དང་དུས་ཐོག་ཏུ་སྟེབ་སྦྱོར་བྱེད་པ། བ་མོ་ཕོ་མོའི་སྐྱེ་འཕེལ་ནུས་སྟོབས། བཞོན་མའི་བདེ་ཐང་སོགས་དང་འབྲེལ་བ་དམ་པོ་ཡོད་པ་དང་། འབྲེལ་བ་དེ་དག་ཏན་ཏན་གསོ་སྐྱོང་བདག་གཉེར་དང་འཕྲོད་བསྟེན་ལུས་བདེའི་ཁོར་ཡུག་སོགས་ཕྱོགས་སོ་སོའི་མི་སྣ་དང་ཕན་ཚུན་མཉམ་འབྲེལ་ལམ་འགན་ཁུར་བསམ་བློ་བཅས་དང་འབྲལ་ཐབས་མེད་པ་རེད།

1.ཆགས་པ་ལངས་ཚད་ཐོན་པ། བེའུ་ནར་སོན་ཏེ་ཟླ་8ནས་ཟླ་14སོན་སྐབས་ཆགས་པ་ལང་བའི་རྟགས་ཐོན་པ་དང་། སྐྱེ་འཕེལ་བྱེད་ནུས་ཡོད་པ་དེར་ཆགས་པ་ལང་ཚད་ཐོན་པ་ཟེར། ཡིན་ནའང་སྐབས་ཐོག་དེར་ལུས་ཕུང་སྨིན་ཡག་ཅིག་མིན་པས་སྟེབ་སྦྱོར་བྱས་མི་ཆོག

2.བེའུ་ལ་སྨྱིག་པ། བེའུ་ལ་སྨྱིག་པ་ཞེས་པ་ནི་ཆགས་པ་ལངས་ཀྱང་མངལ་སྦྲུམ་མེད་པའི་བཞོན་མར་ཆགས་པ་ལངས་པའི་སྐྱེ་ཁམས་གནས་ཚུལ་ཞིག་ཡིན། བཞོན་མ་ནི་ལོ་སྐོར་ཟླ་བ་བཅུ་གཉིས་སུ་ནམ་ཡང་ཆགས་པ་ལང་སྲིད་པ་ཞིག་ཡིན། སྤྱིར་བཞོན་མ་ཞིག་ཉི་མ 21 (18ནས 24)འགོར་བ་ན་ཆགས་པ་ཐེངས་གཅིག་ལང་སྲིད། ཆགས་པ་ལང་ཡུན་ནི་ཉི་མ 1ནས་ཉི་མ 2ཡིན་མོད། བཞོན་མ་

ལ་ལའི་ཆགས་པ་ལང་ཡུན་ནི་ཉི་མ 3ནས་ཉི་མ 5སྟེ། ཆ་སྙོམས་བྱས་ན་དུས་ཚོད 18ཡིན།

3.སྦེབ་སྦྱོར་བྱེད་རན་པའི་ལོ་ཚད། སྐྱེང་གྲུབ་བཞོན་མ་དང་ཐོག་སྦེབ་སྦྱོར་བྱེད་པའི་ལོ་ཚད་ནི་ཆགས་པ་ལང་ཚད་ལས་ཅུང་འཕྱིས་ཚོག སྦེབ་སྦྱོར་བྱེད་སྔ་ན་བཞོན་མ་དང་བེའུ་ནར་སོན་པར་གནོད་པ་དང་། སྦེབ་སྦྱོར་འཕྱིས་དྲགས་ན་བཞོན་མ་གསོ་བའི་འགྲོ་སོང་ཇེ་མང་དུ་འགྲོ་བ་ཡིན་པས། སྤྱིར་སྐྱེང་གྲུབ་བཞོན་མ་དང་ཐོག་སྦེབ་སྦྱོར་བྱེད་པའི་ལོ་ཚད་ནི་ཟླ་བ 18ཡས་མས་ཡིན། སྐབས་དེར་ལུས་ཀྱི་ལྗིད་ཚད་བཞོན་མ་དར་མ་ཞིག་གི་ལས་ཀྱི་ལྗིད་ཚད་ཀྱི 70%ཟིན་འདུག རྒྱུན་བཅའ་བཞོན་མ་ཡིན་ཕྱིན་བེའུ་བཙས་ནས་ཟླ་ངོ་གཉིས་ཡས་མས་འགོར་རྗེས་སྦེབ་སྦྱོར་བྱས་ན་བེའུ་ཏ་ཅང་འཛོན་སྐྱ།

4.སྨྲིག་ཡུན་དུས་འཁོར། མོ་ལུས་སྲོག་ཆགས་ལ་དང་ཐོག་ཆགས་པ་ལངས་རྗེས། བསམ་བསེའུ་ཊུ་དུས་འཁོར་རང་བཞིན་གྱི་ཁམས་སྣོང་གྲུབ་པ་དང་ཁམས་དམར་ཕྱིར་ཐུད་ཅིང་། སྐྱེ་འཕེལ་དབང་རྟེན་དང་ལུས་ཐུང་ཡོངས་སུ་དུས་འཁོར་རང་བཞིན་གྱི་ལུས་ཁམས་འགྱུར་ལྡོག་འབྱུང་བ་ཡིན་ལ། འགྱུར་ལྡོག་དེ་ཡང་ནས་ཡང་དུ་བྱུང(ཆགས་པ་ལང་བའི་དུས་ཚིགས་དང་མངལ་སྦྲུམ་པའི་དུས་ཚོད་ཐུད)སྟེ། ཆགས་པའི་བྱེད་ནུས་མཚམས་འཛོག་པའི་ལོ་ཚད་བར་དུ་འབྱུང་བ་ཡིན། འདི་ལྟ་བུའི་དུས་འཁོར་རང་བཞིན་གྱི་ཆགས་པ་ལང་ཡུན་ལ་སྨྲིག་ཡུན་དུས་འཁོར་ཟེར།

5.སྣུ་མཐུད་དེ་སྨྲིག་ཡུན། སྤྱིར་མོ་ཕྱུགས་ཐོག་དང་པོར་སྨྲིག་པ་ནས་མགོ་བརྩམས་ཏེ་སྨྲིག་མཚམས་མཇུག་སྡུད་པའི་བར་གྱི་དུས་ཡུན་དེར་སྣུ་མཐུད་དེ་སྨྲིག་ཡུན་ཟེར།

6.མངལ་བཙས་རྗེས་ཆགས་པ་ལང་བ། མངལ་བཙས་རྗེས་ཆགས་པ་ལང

བ་ཞེས་པ་ནི་མོ་ལུས་སྒྲིག་ཆགས་ཀྱིས་མངལ་བཙས་རྗེས་ཐོག་དང་པོར་ཆགས་པ་ལངས་པ་དེར་བཤད་པ་ཡིན། བཙོན་མས་བེའུ་བཙས་རྗེས་ཐོག་དང་པོར་ཆགས་པ་ལང་བའི་དུས་ཡུན་ནི་ཚད་གཅིག་ལ་མི་འགྲོ་སྟེ། ནམ་ཟླ་དང་གཟན་སྟེར་བདག་གཉེར། མངལ་བཙས་རྗེས་ནད་ཡོད་མེད་དང་འོ་མ་བཞོས་པའི་གྲངས་ཀ་བཅས་ལ་རག་ལས་པ་ཡིན། རྒྱུན་ལྡན་གྱི་གནས་ཚུལ་འོག་ཏུ་བཙོན་མ་སྒྲིག་དུས་ནི་བེའུ་བཙས་རྗེས་ཀྱི་ཉིན་མ 35 ནས་ཉིན་མ 50 ཡི་བར་ཡིན།

7.བཙོན་མ་སྒྲིག་པ་ལུགས་མཐུན་མིན་པ། ལུགས་མཐུན་མིན་པར་སྒྲིག་པ་ནི་མོ་ལུས་སྒྲིག་ཆགས་ལ་མངོན་གསལ་གྱི་ཕྱི་རྟགས་མེད་པའམ་ཡང་ན་མངོན་གསལ་གྱི་ཕྱི་རྟགས་ཡོད་ཀྱང་ཁམས་དམར་ཕྱིར་མ་ཐུད་པའམ་སྒྲིག་ཡུན་དུས་འཁོར་རང་བཞིན་མེད་པ་སོགས་ཁ་ཚང་བའི་ཆགས་པ་ལང་བའི་སྒྲིག་རྟགས་མེད་པ་བཅས་ལ་ཟེར། རྒྱུན་དུ་མཐོང་བའི་ལུགས་མིན་སྒྲིག་རྟགས་ནི་གྲག་འགྱུལ་མེད་པར་སྒྲིག་པ་དང་དུས་ཡུན་ཐུང་ངུར་སྒྲིག་པ། མཚམས་ཆད་མཚམས་མཐུད་སྒྲིག་པ། སུ་མཐུད་དེ་སྒྲིག་པ། མངལ་སྦྲུམ་རྗེས་སྒྲིག་པ་སོགས་མཆིས།

གཉིས། བཙོན་མ་སྒྲིག་མིན་གསལ་འབྱེད།

བཙོན་མའི་སྒྲིག་ཡུན་ཐུང་ཐུང་བ་དང་ཕྱི་རྟགས་ཐུང་མངོན་གསལ་ཡིན། དེར་བརྟེན་བཙོན་མ་སྒྲིག་མིན་གསལ་འབྱེད་བྱེད་པའི་ཆེས་རྒྱུན་ལྡན་གྱི་ཐབས་ལམ་ནི་ཕྱིའི་ལྟ་ཞིབ་དང་བཤང་ལམ་བརྟག་ཞིབ་གཉིས་ཡིན།

(གཅིག)བཙོན་མ་སྒྲིག་པའི་ཁྱད་ཆོས།

བཙོན་མ་ཕན་ཚུན་གྱི་སྟེང་ལ་ཞིང་བའི་གནས་ཚུལ་ལ་གཞིགས་ཏེ་སྒྲིག་བཞིན་པའི་བཙོན་མ་བཙལ་བ་ནི་ཆེས་རྒྱུན་ལྡན་གྱི་ཐབས་ལམ་ཞིག་ཡིན། སྤྱིར་བཏང་གི་བཙོན་རས་བཙོན་མ་འགྱུལ་སྐྱོད་ར་བ་རུ་བཀག་སྟེ་ནངས་དགོང་རེར་ཐེངས་གཅིག་ལ་བལྟ་བ་དང་། ཕན་ཚུན་གྱི་སྟེང་ལ་ཞིང་བའི་གནས་ཚུལ་མཐོང་

པ་ན་བཙོན་མ་སྦྲིག་པ་ཡིན་པས། སྨུ་མཐུད་དུ་ཞིབ་ལྟ་དང་ཞིབ་བརྟག་བྱེད་དགོས།

1.བཙོན་མའི་སྦྲིག་ཡུན་ཐུང་ཞིང་ཁམས་དམར་ཐུད་པ་མགྱོགས་པ། སྤྱིར་བཙོན་མ་དར་མ་ཞིག་གི་སྨུ་བསྲིངས་ཏེ་སྦྲིག་ཡུན་ནི་ཆ་སྙོམས་བྱས་ན་དུས་ཚོད་ 18 ཡིན། བཙོན་མ་སྦྲིག་རྗེས་ཁམས་དམར་ཐུད་པ་དང་། བཙོན་མ་མང་ཆེ་བའི་ཁམས་དམར་ནི་སྦྲིག་མཚམས་བཞག་རྗེས་ཀྱི་དུས་ཚོད་ 4ནས་དུས་ཚོད་ 16འགོར་རྗེས་ཕྱིར་ཐུད་པ་ཡིན།

2.བུ་སྣོད་ཀྱི་ཁ་ཕྱེ་ཚད་ཆུང་བ། བཙོན་མ་སྦྲིག་དུས་ཀྱི་བུ་སྣོད་ཀྱི་ཁ་ཕྱེ་ཚད་ནི་རྟ་དང་བོང་བུ། ཕག་སོགས་དང་བསྡུར་ན་ཅུང་ཆུང་སྟེ། ཐ་ན་སྦྲིག་བཞིན་པའི་སྐབས་ལ་བསླེབས་པའི་བཙོན་མའི་བུ་སྣོད་ཀྱི་ཁ་གདངས་ཚད་ནི་ལི་སྨིས 3 ནས་ལི་སྨིས 5ཙམ་ལས་མེད་དེ། བཙོན་མ་སྦྲིག་སྐེ་མཇུག་ལ་བསླེབས་པ་ན། བུ་སྣོད་ཀྱི་ཁ་ཧ་ཅང་ཆུང་བ་དང་། ཁམས་དཀར་འཇུག་པ་ལ་དཀའ་ཁག་མི་ཉུང་བ་ཞིག་བཟོ་སྲིད་པས། ཁམས་དཀར་འཇུག་མཁན་ལ་མཆོན་ན་ལག་རྩལ་ཧ་ཅང་བྱང་ཆུད་པ་ཞིག་ལྡན་དགོས།

3.མངལ་ལམ་ནས་ཐོན་པའི་འབྱར་ཁུ་མང་བ། སྦྲིག་བཞིན་པའི་བཙོན་མའི་མངལ་ལམ་ནས་བཞུར་བའི་འབྱར་ཁུ་ཧ་ཅང་མང་བ་དང་། འབྱར་ཤུགས་ཆེ་ཞིང་ཕྱི་གསལ་ནང་གསལ་སྣང་ཁུ་དང་མཚུངས་པའི་འབྱར་ཁུ་བུ་སྣོད་ཀྱི་ཁ་དང་ཉེ་བའི་མངལ་ལམ་ནས་ཕྱིར་བཞུར་བ་ཡིན།

4.སྦྲིག་ཡུན་མཇུག་ཛོགས་རྗེས་མངལ་ལམ་ནས་ཁྲག་འཛག་པ། བཙོན་མའི་མངལ་ལམ་ནས་ཁྲག་འཛག་པ་ནི་བཙོན་མ་སྦྲིག་པ་མཇུག་བསྡུས་རྗེས་ཀྱི་དུས་ཚོད་ 2ནས་དུས་ཚོད་ 3འགོར་རྗེས་འབྱུང་བ་ཡིན། སྤྱིར་སྐྱོང་གྲུབ་བཙོན་མ་ཡིན་ན་སྦྲིག་ཡུན་མཇུག་ཛོགས་རྗེས་མངལ་ལམ་ནས་ཁྲག་འཛག་ཚད་ནི 70% ནས 80%དང་། རྒྱུན་བཅའ་བཙོན་མ་ཡིན་ན་སྦྲིག་ཡུན་མཇུག་ཛོགས་རྗེས

མང་ལ་ལམ་ནས་ཁྲག་འཛག་ཚད་ནི 30%ནས 40%བཅས་ཟིན་པ་རེད།

5.ཕན་ཚུན་གྱི་སྟེང་ལ་ལྷིང་བའི་བྱ་སྤྱོད། སྤྱིར་ཡིན་ན་བཞོན་མ་གཞན་དག་གི་ལུས་སྟེང་ལ་ལྷིང་པ་ནི་བཞོན་མའི་སྨྱིག་རྟགས་སུ་ངོས་འཛིན་པ་ཡིན་མོད། འདིར་བཤད་དགོས་པ་ཞིག་ལ་བཞོན་མ་བཞོན་མ་གཞན་གྱི་སྟེང་ལ་ལྷིང་བ་ནི་སྨྱིག་ངོ་མ་ཡིན་པའི་ངེས་པ་མེད། བརྟག་ཞིབ་བྱས་པ་ལྟར་ན། བཞོན་མ་གཞན་གྱི་སྟེང་ལ་ལྷིང་བའི་བཞོན་མའི་ནང་ན་སྨྱིག་བཞིན་པའི་བཞོན་མ 56.7%དང་། མང་ལ་ཡོད་པའི་བཞོན་མ 19.9%བཅས་མངའ་བ་རེད། ཡིན་ནའང་རང་གི་ཐོག་ལ་བཞོན་མ་གཞན་དག་ལྷིང་དུ་འཇུག་པའི་བཞོན་མའི་ནང་ན་སྨྱིག་བཞིན་པའི་བཞོན་མ 98.6%ཡོད་པ་དང་། དེ་ལས 64.3%གྱི་བཞོན་མ་ནི་མཚན་མོར་བཞོན་མ་གཞན་དག་རང་གི་སྟེང་ལ་ལྷིང་དུ་འཇུག་པ་ཡིན་ལ། དེ་ལས 46.4%ཡི་བཞོན་མའི་སྨྱིག་རྟགས་ནི་ནམ་གུང་ཆུ་ཚོད 1:00ནས་ནངས་མོའི་དུས་ཚོད 7:00གྱི་བར་དུ་མངོན་པ་ཡིན།

6.གྲག་འགྱུལ་མེད་པར་སྨྱིག་ཚད་མཐོ་བ། སྨྱིག་བཞིན་པའི་བཞོན་མ་སྟེ་ཁྱད་པར་དུ་རྡོད་ཁང་དུ་གསོས་པའི་བཞོན་མ་ཡིན་ཕྱིན་བཞོན་མ་མི་ཉུང་བ་ཞིག་གི་བསམ་བསེའུ་རུ་སློན་ཐག་ཆོད་པའི་ཁམས་དམར་ཡོད་པ་དང་། རྒྱུན་ལྟར་ཁམས་དམར་ཕུད་དེ་མངལ་ཆགས་ཐུབ་པ་ཡིན་མོད། འོན་ཀྱང་ཕྱི་ཚུལ་དུ་མངོན་པའི་སྨྱིག་རྟགས་མི་གསལ་ཞིང་། ཐ་ན་ཞིབ་བརྟག་བྱས་ཀྱང་ཤེས་མི་ཐུབ་པས་ན། བཞོན་མ་སྐམ་པར་ལུས་ཉེན་ཧ་ཅང་ཆེ་བས། བརྟག་ཞིབ་གསལ་པོ་བྱེད་པ་དང་བེའུ་བཙའ་བའི་ཟིན་ཐོ་ལ་དོ་སྣང་བྱེད་དགོས།

(གཉིས)སྨྱིག་རྟགས།

1.ཛིང་ཁ་ཡི་འགྱུར་ལྡོག ཆགས་པ་ལངས་པའི་བཞོན་མའི་མངལ་ལམ་གྱི་ཁ་ནི་སྐྲངས་ཤིང་དམར་པོར་གྱུར་ཅིང་། ཛིང་ཁའི་སྐྱི་ཤུན་ཏུ་ཁྲག་རྒྱས་ཏེ་མངལ

ལམ་ནས་འབྱར་ཁུ་བཞུར་བ་ཡིན། དང་ཐོག་བཞུར་བའི་འབྱར་ཁུ་ནི་ཧུང་དྭངས་མོ་ཡིན་པ་དང་། འཐེན་ན་འབྱར་སྐྱུད་ཕྲ་མོ་འབྱུང་སྲིད། འབྱར་ཁུ་དེ་རིམ་བཞིན་ཏུ་དཀར་སྐྱར་འགྱུར་བ་ཡིན།

2.ཆགས་པའི་རྗེས་མོར་བསླེབ་པ། ཆགས་པའི་རྗེས་མོར་བསླེབ་པ་ཞེས་པ་ནི་བཞོན་མར་ཆགས་པ་ལངས་སྐབས་འབྱུང་བའི་ལུས་ཡོངས་ཀྱི་ཤ་ཁྲིམ་ཚད་ཀྱི་འགྱུར་ལྡོག་ལ་བསྟན་པ་ཡིན། བཞོན་མར་ཆགས་པ་ལང་སྐབས་སྡོད་མི་ཚུགས་པར་དུར་བ་དང་། ཇ་མ་རང་ཤུགས་སུ་ཡར་འཁྱོགས་པ། བཞོན་མ་འཚོ་སྐབས་རྩྭ་མི་ཟ་བར་མགོ་བོ་ཡར་བཀུགས་ནས་ཕར་འགྲོ་ཚུར་འགྲོ་བྱེད་པ། ཡང་ན་རང་ལས་ཆེ་བའི་བཞོན་མ་རང་གི་ཐོག་ལ་ལྷིང་བར་སེམས་པ་བཅས་བྱེད་པ་རེད།

3.འདོད་ཆགས། ཆགས་པ་དང་ཐོག་ལངས་དུས་བཞོན་མའི་འདོད་ཆགས་དེ་མངོན་གསལ་ཞིག་མིན། དེ་ནས་ཁམས་དམར་སྨིན་པ་དང་མཉམ་དུ་མོ་ཕྱུགས་སྐྱལ་རྗེ་ཇེ་མང་དུ་སོང་བ་དང་འདོད་ཆགས་ཀྱང་མངོན་གསལ་དུ་གྱུར་ཏེ། བཞོན་ཕྲུ་རུ་བཞོན་མ་ཕན་ཚུན་གྱི་སྟེང་ལ་ལྷིང་བའི་རྟགས་སྟོན་སྲིད། ཆགས་པ་ལངས་པའི་བཞོན་མ་ནི་བཞོན་མ་གཞན་དག་རང་གི་སྟེང་ལ་ལྷིང་བར་མི་གཞའ་མི་འཁྲོ་བ་ཡིན། ཆགས་པ་ལང་བའི་བཞོན་མ་བཞོན་མ་གཞན་དག་གི་སྟེང་ལ་ལྷིང་སྐབས་མོ་མཚན་ལས་རྫིང་ཆུ་ཐིགས་པ་དང་། སྐད་མགོ་དམའ་བའི་ངུར་སྐད་འབྱིན་པ་རེད། བཞོན་མ་ཁ་ཆུང་ཡིན་ན་རྟགས་ཏ་ཙང་མངོན་གསལ་ཡིན།

4.ཁམས་དམར་ཕྱིར་ཐུད་པ། བཞོན་མས་ཁམས་དམར་ཐུད་པ་ན་བཞོན་མ་ཆགས་ལང་ཡུན་མཐུག་བསྐྱིལ་བ་ཡིན། ཁམས་དམར་ཕྱིར་ཐུད་ཚད་ནི་བཞོན་མས་རང་གི་སྟེང་ལ་བཞོན་མ་གཞན་དག་ལྷིང་དུ་མི་འཇུག་པར་དུས་ཚོད 8ནས་དུས་ཚོད 16འགོར་རྗེས་ཆགས་པ་ལང་ཡུན་མཐུག་བསྐྱིལ་བ་ཡིན། བཞོན་མ་ཕལ་ཆེར་གྱིས་མཚན་གུང་ངམ་ནམ་ལང་ཁར་ཁམས་དམར་ཕྱིར་ཐུད་སྲིད།

5.བཞོན་མའི་སྨྲིག་རྟགས། བཞོན་མའི་སྨྲིག་རྟགས་ལ་ཆོས་ཉིད་ངེས་ཅན་ཞིག་ཡོད་མོད། ཕྱི་ནང་གི་རྒྱུ་རྐྱེན་སོགས་ཀྱི་དབང་གིས་སྨྲིག་རྟགས་དེ་འདྲའི་མངོན་གསལ་ཞིག་མིན་པའམ་ཆོས་ཉིད་རང་བཞིན་ཅུང་ཞན་པས་ན། ཁམས་དཀར་འཛུག་སྐབས་ངེས་པར་དུ་ཕྱོགས་བསྡུས་སྙོམས་ཚོད་བགམ་བྱས་ཏེ། དཔྱེ་ཞིབ་དོན་ཐོག་ལ་འབབ་པ་བྱེད་དགོས།

(གསུམ)སྨྲིག་རྟགས་གསལ་འབྱེད་བྱེད་ཐབས།

1.ཕྱིའི་བརྟག་ཐབས། བཞོན་མས་སྨྲིག་ཚོད་ལེན་པའི་ཆགས་སྣང་ངམ་བཞོན་མ་གཞན་དག་རང་གི་ཐོག་ལ་ལྷིང་དུ་འཛུག་པ། ཡང་ན་གཞོན་མ་ཕན་ཚུན་གཅིག་ཐོག་ལ་གཅིག་ལྷིང་བ་བྱེད་པ་ནི་བཞོན་མ་སྨྲིག་པ་རེད་ཅེས་གཏིང་ཐག་བཅད་ཆོག ཕྱི་ནས་བལྟས་ན་བཞོན་མ་སྡོད་མི་ཚུགས་པ་དང་། ངུར་སྐད་འབྱིན་པ། ཡར་མར་ལ་རིག་རིག་རིག་ལྟ་བ། སྙལ་བ་འཁྱིལ་བ། རྔེང་གཏོང་ཐེངས་མང་བ། རྔེང་ཁ་སྐྲངས་ཤིང་བརླན་པ། མངལ་ལམ་དམར་སྐྱུར་འགྱུར་བ། འབྱར་ཁུ་དྭངས་མོ་བཞུར་བ། ཡི་ག་ཆད་པ། འོ་མ་ཐོན་ཚད་ཇེ་ཉུང་དུ་འགྲོ་བ་སོགས་ཀྱི་རྟགས་མངོན་པ་ན། བཞོན་མ་སྨྲིག་པའི་རྟགས་ཡིན།

ཕྱིའི་བརྟག་ཐབས་ནི་བཞོན་མ་སྨྲིག་མིན་གསལ་འབྱེད་བྱེད་པའི་ཐབས་ལམ་གཙོ་བོ་ཡིན། འདོད་ཆགས་དང་ཆགས་པ་ལངས་པ། རྔེང་ཁའི་འགྱུར་ལྡོག་བཅས་ལ་བརྟེན་ནས་བརྟག་དགོས། ཡང་ན་ཆགས་པ་ལངས་ཡོད་མེད་བརྟག་པའི་ཆགས་སྣང་ལ་བརྟེན་ནས་སྨྲིག་མིན་གསལ་འབྱེད་བྱས་ཆོག ཕྱིའི་སྨྲིག་ཚུལ་ལྟར་ན་མགོ་བར་མཇུག་གསུམ་དུ་བཀར་ཆོག

(1)སྨྲིག་མགོ་རྩོམ་སྐབས། བཞོན་མ་གཞན་གྱི་སྟེང་ལ་ལྷིང་བ་དང་། རྣམ་རིག་ཁྲོག་ཁྲོག་ཏུ་འགྱུར་བ། མཚམས་ལན་རེར་ངུར་བ་བཅས་བྱེད་མོད། འོན་ཀྱང་ཆགས་སྣང་རང་གི་ལུས་སྟེང་ལ་ལྷིང་དུ་མི་འཛུག་པ་རེད། རྔེང་ཁ་ཅུང་

སྐྲངས་ཤིང་མངལ་ལམ་གྱི་སྐྱི་ཤུན་དུ་ཁྲག་རྒྱས་ཏེ་དམར་སྐྱར་གྱུར་ཏེ། མངལ་ལམ་ནས་འབྱར་ཁུ་དྭངས་མོ་ཉུང་ཙམ་བཞུར་བ་དང་། འབྱར་ཁུའི་འབྱར་ཤུགས་ཆུང་ཞན། དེ་ནས་རྣམ་རིག་སྐྱོད་ལ་འབབ་མི་ཐུབ་པར་རྩ་སའམ་ཁ་ར་ཁ་ནས་ཡར་རྒྱུག་མར་རྒྱུག་བྱེད་པ་དང་། ཡི་ག་ཆད་པ། འོ་མའི་ཐོན་ཚད་ཇེ་ཉུང་དུ་འགྲོ་བ་བཅས་ཀྱི་ཕྱི་རྟགས་མངོན་པ་ཡིན་པས། སྐབས་ཐོག་དེར་ཁམས་དཀར་འཇུག་མི་རུང་།

(2)བར་དུ་སྡིག་སྐབས། ངུར་སྐད་མི་ཆད་པ་དང་རྣ་གཤོག་གཉིས་ཀྱིས་གཡས་གཡོན་ལ་ཉན་པ། རྗིང་གཏོང་བའི་ཚུལ་ཡང་ནས་ཡང་དུ་སྟོན་པ། བཞོན་མ་གཞན་དག་གི་རྗེས་བསྙེག་པ་དང་བཞོན་མ་གཞན་དག་གི་སྟེང་དུ་ཞིང་བ། བཞོན་མ་གཞན་དག་རང་གི་སྟེང་ལ་ཞིང་དུ་འཇུག་པ་བཅས་ཀྱི་ཕྱི་ཚུལ་སྟོན་པར་མ་ཟད། མངལ་ལམ་ནས་འབྱར་བག་ཆེ་བའི་འབྱར་ཁུ་དྭངས་མོ་མོད་པོ་བཞུར་བ་དང་། འབྱར་ཁུ་དེ་ཐུར་པོ་འཐེན་ན་མི་ཆད་པ་ཤེལ་རྒྱུག་དང་མཚུངས་པ་ཞིག་ཡིན། མངལ་ལམ་གྱི་སྐྱི་ཤུན་དུ་ཁྲག་རྒྱས་ཤིང་དམར་སྐྱར་གྱུར་ཡོད། རྗིང་ཁ་སྐྲངས་པ་མངོན་གསལ་ཡིན། སྐབས་དེར་ཁམས་དཀར་བཙུག་ཆོག

(3)མཇུག་ཏུ་སྡིག་སྐབས། ངུར་མཚམས་འཇོག་པ་དང་བཞོན་མ་གཞན་དག་རང་གི་སྟེང་ལ་ཞིང་དུ་མི་འཇུག་པར་མ་ཟད། མངལ་ལམ་ནས་ཆུང་དྭངས་ཤིང་དཀར་སྐྱའི་འབྱར་བག་ཞན་པའི་འབྱར་ཁུ་བཞུར་བ་ཡིན། མངལ་ལམ་གྱི་སྐྱི་ཤུན་དམར་སྐྱ་ཡིན་པ་དང་མཚམས་ལན་རེར་དམར་པོ་ཡིན། རྗིང་ཁའི་སྐྲངས་ཞུད་འགྲོ། དང་ཐོག་བཞོན་མ་གཞན་དག་རང་གི་སྟེང་ལ་ཞིང་དུ་མི་འཇུག་པའི་སྐབས་ནི་ཁམས་དཀར་བཙུག་ན་བེའུ་ཧ་ཅང་ཆགས་སླ་བ་ཡིན་ཞིང་། དུས་འགོར་གྱིན་འགོར་གྱིན་ཁམས་དཀར་བཙུག་ཀྱང་བེའུ་ཆགས་དཀའ་བ་ཡིན།

2.བཤང་ལམ་བརྒྱུད་ནས་བརྟག་ཐབས། བཤང་ལམ་བརྒྱུད་དེ་བསམ……

བསེའུ་ལ་རིག་སྐེ་ཁམས་དམར་སྨིན་ཡོད་མེད་ལ་བརྟག་པ་ནི་ཆེས་བློ་གཏད་རུང་བའི་སྨྱིག་མིན་གསལ་འབྱེད་བྱེད་པའི་ཐབས་ལམ་ཞིག་ཡིན་མོད། འོན་ཀྱང་མི་ཕྱུགས་གཉིས་ཀྱི་བདེ་འཇགས་དང་འཕྲོད་བསྟེན་ལག་རྩལ་ལ་དོ་སྣང་བྱེད་དགོས། བསམ་བསེའུ་ནང་གི་ཁམས་དམར་སྨིན་ཡོད་མེད་ཀྱི་གནས་ཚུལ་ལ་གཞིགས་ཏེ་བཞོན་མ་སྨྱིག་མིན་ལ་དཔྱད་པ་དང་། བཞོན་མའི་ཁམས་དམར་སྨིན་ཡུན་ལ་ཕལ་ཆེར་དུས་སྐབས་ལྔ་མཆིས་ཏེ།

དུས་སྐབས་དང་པོ། ཁམས་དམར་འབྱུང་སྐབས། བསམ་བསེའུ་རྡུང་ཆེ་བར་འགྱུར་བ་དང་བསམ་བསེའུ་ཆེ་ཆུང་ལ་སྲན་རྡོག་ཙམ་ཡོད། མཛུབ་མོས་མནན་ན་བསམ་བསེའུ་ཡི་ཁག་ཅིག་སྒོ་མོར་གྱུར་ཡོད་ཀྱང་ལྷེམ་ཤུགས་མེད་པ་རེད། དུས་ཚོད 9ནས་དུས་ཚོད 11གི་ནང་དུ་ཁམས་དཀར་འཛུག་མི་རུང་བ་ཡིན།

དུས་སྐབས་གཉིས་པ། ཁམས་དམར་སྨིན་པར་འགྱུར་སྐབས། བསམ་བསེའུ་ལྟབ་གཅིག་གིས་ཇེ་ཆེར་འགྱུར་བ་དང་། ཁམས་དམར་མངོན་གསལ་དུ་ལྷང་བུ་ཆུང་ཆུང་ཞིག་སྐྱེ། ཆེ་ཆུང་ལ་ལི་སྨིས 1ནས་ལི་སྨིས 1.5ཙམ་མཆིས། མཛུབ་མོས་རེག་ན་བཞུར་འཁྱོ་དང་ལྷེམ་ཤུགས་ཡོད་པ་རེད། མྱུ་བསྲིངས་ཏེ་དུས་ཚོད 8ནས་དུས་ཚོད 12ཀྱི་དུས་ཡུན་དུ་ཁམས་དཀར་འཛུག་མི་རུང་།

དུས་སྐབས་གསུམ་པ། ཁམས་དམར་སྨིན་སྐབས། ཁམས་དམར་སྒོང་སོབ་མངོན་གསལ་སྒོས་བསམ་བསེའུ་ཕྱི་ངོས་སུ་འབུར་ཅིང་། ཁམས་དམར་སྒོང་སོབ་ཀྱི་ཕྱི་ཤུན་ཇེ་སྲབ་ལ་སོང་བ་དང་། ཕྱི་ངོས་དོམ་ཞིང་ལྷེམ་ཤུགས་ཡོད་པ་ཞིག་རེད། ཁམས་དམར་ཕྱིར་ཐུད་གྲབས་ཡོད་སྐབས་ཁམས་དམར་སྒོང་སོབ་ནི་སྨིན་ཐག་ཆོད་པའི་རྒྱུན་འབྲུམ་ཇི་བཞིན་རེག་པ་ཙམ་གྱིས་རལ་འགྲོ་བ་ལྟ་བུའི་ཚོར་སྣང་སྐྱེར་བ་རེད། དུས་ཡུན་འདི་དུས་ཚོད 4ནས་དུས་ཚོད 10བསྲིངས་པ་ཡིན་པས། སྐབས་ཐོག་འདིར་ཁམས་དཀར་བཙུག་ན་འཚམས་པ་དང་། ཆེས་ལེགས་

པའི་མངལ་འཛིན་སྐབས་ཡིན།

དུས་སྐབས་བཞི་བ། ཁམས་དམར་ཕུད་སྐབས། ཁམས་དམར་སྙོང་ཤུན་རལ་བ་དང་སྙོང་ཤུན་སྙི་མོར་གྱུར་ཏེ་སྙོང་ཁུ་རིམ་བཞིན་དུ་བཞུར་འགྲོ་བ་ཡིན། མཛུབ་མོས་རེག་ན་ཀོང་ཀོང་ཞིག་མངའ། མཚམས་ལན་རེར་བཤད་ལམ་ནས་རེག་ན་ཁམས་དམར་སྙོང་ཤུན་གློ་བུར་དུ་རལ་སོང་བ་ལྷ་བུའི་ཚོར་སྣང་སྐྱེར་བ་དང་། ཚོར་སྣང་དེར"ལག་ནས་ཕུད་པ"ཟེར་ཞིང་། སྐད་ཅིག་ཙམ་ལ་འབྱུང་བ་ཞིག་ཡིན། ཡིན་ནའང་ཁམས་དམར་ཕུད་པའི་དུས་ཡུན་ནི་སྤྱིར་བཞིན་དུ་དལ་གྱིས་གྲུབ་པ་དང་། དུས་ཡུན་དུས་ཚོད་འགའ་ལ་བསྒྲིངས་པ་ཡིན་པས། སྐབས་ཐོག་དེར་མངལ་ཆགས་ཚད 30%ཡས་མས་ལ་བསླེབ་སྲིད།

དུས་སྐབས་ལྔ་བ། སེར་ཕུང་གྲུབ་སྐབས། ཁམས་དམར་ཕུད་དེ་དུས་ཚོད 6འགོར་རྗེས། ཁམས་དམར་སྙོང་ཤུན་རལ་ས་རུ་རེག་ན་རྩེན་བུ་དང་མཚུངས་པའི་ཉབ་ཉོབ་ཀྱི་ཕུང་པོ་སྟེ་སེར་ཕུང་ཡོད་པ་ཚོར་ཐུབ། དེ་ནས་སེར་ཕུང་ནི་ཕྱི་རྡོག་ཆུང་ཆུང་ཞིག་དང་མཚུངས་པར་བསམ་བསེའུ་རུ་གནས་པ་དང་། བསམ་བསེའུ་ཡི་ཕྱི་ངོས་སུ་མི་མངོན་པ་རེད། སྐབས་ཐོག་དེ་དང་སྐབས་ཐོག་གཉིས་པའི་ཁམས་དམར་སྙོང་སོབ་གཉིས་ཀྱི་ཁྱད་པར་རྩུང་འབྱེད་དཀའ་བ་ཡིན།

གསུམ། བཙོན་མ་སྡེབ་སྦྱོར།

མིའི་ཐབས་ཀྱིས་ཁམས་དཀར་འཇུག་པ་ནི་དེ་མཚུངས་ཀྱི་ཡོ་བྱད་ལ་བརྟེན་ནས་བསྡུ་ལེན་དང་ལས་སྣོན་བྱས་པའི་ཁམས་དཀར་མོ་ཕྱུགས་ཀྱི་སྐྱེ་འཕེལ་དབང་རྟེན་དུ་བཙུག་སྟེ་བེའུ་འཛིན་དུ་འཇུག་པའི་བརྒྱུད་རིམ་དེ་ཡིན། མིའི་ཐབས་ཀྱིས་ཁམས་དཀར་འཇུག་ཐབས་སྤྱད་ན་ཕུལ་བྱུང་ཆགས་སྐྱང་གི་འཕྲུགས་བཟོས་ཁམས་དཀར་ཁྱབ་རྒྱ་ཆེན་པོའི་སྒོ་ནས་དར་སྤེལ་དུ་བཏང་སྟེ། མགྱོགས་མྱུར་དང་རྗེས་རབས་བཙོན་རྒྱུད་ཀྱི་ཐོན་སྐྱེད་ཆུ་ཚད་ཇེ་མཐོར་བཏང་ནས་བཙོན

ཁྱུའི་སྐྱེ་འཕེལ་ནད་ཡམས་སྔོལ་སྔེབ་བྱས་ཏེ་འགོ་བར་འཇོར་བར་བྱེད་དགོས།

(གཅིག)ཁམས་དཀར་འཛུག་པར་གྲ་སྒྲིག་བྱེད་སྟངས།

1.ཁམས་དཀར་འཛུག་པའི་ཡོ་བྱད་གྲ་སྒྲིག་བྱེད་པ། ཁམས་དཀར་འཛུག་པའི་ཡོ་བྱད 75%ཡི་ཆང་བཙུད་དམ་ཡང་ན་ཚ་དྲོད་ཆེ་བའི་ལྦུགས་སྣམ་དུ་བཞག་སྟེ་དུག་སེལ་བྱེད་པ་དང་། བཞོན་མ་རེར་ཁམས་དཀར་འཛུག་བྱེད་རེ་དང་ཐེངས་གཅིག་སྤྱོད་པའི་ལག་ཤུབས་རེ་གྲ་སྒྲིག་བྱེད་དགོས།

2.བཞོན་མ་གྲ་སྒྲིག་བྱེད་པ། ཁམས་དཀར་འཛུག་ཡུལ་གྱི་བཞོན་མ་ག ཏྲུག་འགོག་དྲ་ཏུ་སྲ་མོ་ཞིག་བཀྱིགས་པ་དང་། ཇ་མ་སྦྱུགས་གཅིག་ལ་འཐེན རྗེས། 0.1%གི་ཞིན་ཅེ་ཨར་ནློ་སྨན་ཆུས་རྗེང་ཁ་གཙང་བཀྲུ་བྱེད་དགོས།

3.ཁམས་དཀར་འཛུག་པའི་མི་སྣས་གྲ་སྒྲིག་བྱེད་པ། ཁམས་དཀར་འཛུག་མཁན་གྱིས་ལས་སྐྲུབ་གོན་རྒྱུ་གོན་པ་དང་། སེན་མོ་བྲེགས་ཏེ་སེན་རྡར་གྱིས་བརྡར་རྗེས། ཐེངས་གཅིག་སྤྱོད་པའི་ལག་ཤུབས་གོན་དགོས།

4.ཁམས་དཀར་དྲོས་སུ་བཙུག་སྟེ་ཁམས་དཀར་གྱི་ཕྲུས་ཀ་ཞིབ་བརྟག་བྱེད་པ། ཤེལ་སྨྲུག་ཕྲ་མོ་རུ་བཙུག་པའི་ཁམས་དཀར་འབྲུགས་པ་ཧུའུ 38ནས་ཧུའུ 40ཡི་ཆུ་དྲོད་འཇམ་དུ་ཐད་ཀར་དུ་མེའོ 10ནས་མེའོ 12ཙམ་ལ་དྲོས་སུ་བཙུག ཚོག ཁམས་དཀར་དྲོས་རྗེས་ཕྲུས་ཀར་ཞིབ་བརྟག་ལེགས་པོ་ཞིག་བྱས་ན་བཟང་། ཁམས་དཀར་དྲོས་རྗེས་ཁམས་དཀར་གྱི་གསོན་ཤུགས 0.35%དང་ཁམས་དཀར་གྱི་ཕྱིར་སད་ཚད 50%ལས་དམའ་མི་རུང་། ཁམས་དཀར་དྲོས་རྗེས་དུས་ཐོག་ཏུ་ཁམས་དཀར་འཛུག་དགོས། གལ་ཏེ་དུས་འགྱངས་དགོས་པ་བྱུང་ཚེ་ཡང་དག་པའི་སྒོ་ནས་ཁམས་དཀར་དོ་དམ་བྱེད་དགོས། ཤེལ་སྨྲུག་ཕྲ་མོའི་ཁམས་དཀར་འབྲུགས་པ་དྲོས་རྗེས་ཧུའུ 0ནས་ཧུའུ 4ཡི་དྲོད་ཚད་དུ་དོ་དམ་བྱས་ན་ལེགས།

(གཉིས) ཞེལ་སྨུག་ཕྲ་མོའི་ཁམས་དཀར་འཁྱུགས་པ་ཁམས་དཀར་འདྲེན་འཇུག་སྨུ་གུ་ཉ་འདྲེན་པ།

ཞེལ་སྨུག་ཕྲ་མོའི་ཁམས་དཀར་འཁྱུགས་པ་ཁམས་དཀར་འཇུག་སྨུག་ཏུ་འཇུག་སྐབས་ཁམས་དཀར་འཇུག་སྨུག་གི་འདེད་མདའ་ཕྱིར་ལི་སྨིས 10ཡས་མས་འཐེན་པ་དང་། དེའི་ནང་ལ་འཁྱིག་སྨུག་ཕྲ་མོ་འཇུག་པ་དང་མ་མོག་གིས་ཁ་བཙད་ཡོད་པའི་སྣེ་མོ་ཁམས་དཀར་འཇུག་སྨྱུད་ཀྱི་འདེད་མདའི་སྟེང་ལ་ལི་སྨིས 0.5ཙམ་སྲུད་རྗེས། སྣེ་མོ་གཞན་ཞིག་གི་ཁ་དྲས་ཏེ་འཁྱིག་བཟོས་ཕྱི་ཤུན་ཁམས་དཀར་འཇུག་སྨུག་གི་སྟེང་ལ་བསྐོན་ནས་གཙུ་གཟེར་གཙུས་རྗེས་ཁམས་དཀར་བཙུག་ཆོག

(གསུམ) བཤང་ལམ་བརྒྱུད་དེ་ཁམས་དཀར་འཇུག་སྨུག་ལག་འཛིན་བྱེད་པ།

ཁམས་དཀར་འཇུག་མཁན་གྱིས་གཡོན་ལག་ཏུ་བཤང་ལམ་ཞིབ་བཤེར་ལག་ཤུབས་གོན་པ་དང་། དེའི་སྟེང་ལ་འབྲུག་རྫས་བྱུགས་རྗེས་ལག་པ་ཙོག་ཙོག་བྱས་ཏེ་བཙོན་མའི་བཤང་ལམ་དུ་བཏང་སྟེ། བཤང་ལམ་ནང་གི་ལྷི་བ་ཕྱིར་སྲུས་རྗེས་རྫིང་ཁ་བཀྲུས་ཤིང་དུག་སེལ་བྱེད་དགོས། ཁམས་དཀར་འཇུག་སྨུག་མངལ་ལམ་དུ་མ་བཏང་བའི་སྔོན་དུ་མི་རྫོབ་པའི་ཆེད་དུ་གཡོན་ལག་གི་སོར་མོ་བཞིས་བཤང་སྒོ་མར་ནོན་པ་དང་མཉམ་དུ། མཐེབ་མོས་རྫིང་ཁར་མནན་ཅིང་ཡར་འཐེན་པ་ཙམ་བྱས་ཏེ་རྫིང་ཁ་བསྐྱེད་ནས། གཡས་ལག་གིས་འོས་དང་བསྟུན་ཏེ་ཁམས་དཀར་འཇུག་སྨུག་མངལ་ལམ་དུ་འཛུགས་པ་ཡིན།

གཡོན་ལག་ཡང་བསྐྱར་བཤང་ལམ་དུ་བཏང་སྟེ་བུ་སྣོད་ཀྱི་མངལ་ཁ་བཙལ་ཏེ་རྙེད་ཙ་ན། གཡོན་ལག་གི་ལག་མཐིལ་གཡས་ཕྱོགས་སུ་གཏད་དེ་བུ་སྣོད་ཀྱི་མངལ་ཁ་འཛུབ་དང་། མཛུབ་ཆུང་གིས་མངལ་ཁའི་མཐའ་སྐོར་འཛུ་དགོས།

སྐབས་ཐོག་དེར་ལག་པས་དམ་ལྷོད་རན་པའི་སྒོ་ནས་མངལ་ཁ་འཛུ་དགོས། མངལ་ཁའི་སྣེ་མོ་འཛུ་དྲགས་ན་མངལ་ཁ་ནང་ཤུག་བྱས་ཏེ་ཁམས་དཀར་འཛུག་སྦྲུག་མངལ་ཁ་དང་ཁ་འཕྲོད་པ་བྱེད་དཀའ། གཡས་ལག་གིས་ཁམས་དཀར་འཛུག་སྦྲུག་བཟུང་སྟེ་གཡོན་ལག་གི་ཐད་དུ་བཙུགས་ན་ཁམས་དཀར་འཛུག་སྦྲུག་གི་སྣེ་མོ་མངལ་ཁའི་ཁ་ལ་འཁེལ་སྲིད། དེ་ནས་ཁམས་དཀར་འཛུག་སྦྲུག་གི་སྣེ་མོ་བསྐོར་ཏེ་མངལ་ཁའི་ནང་ལ་འཛུགས་པ་དང་མཉམ་དུ་གཡོན་ལག་གིས་མངལ་ཁ་ཡར་བཀུགས་ཏེ། ཁམས་དཀར་འཛུག་སྦྲུག་གི་སྣེ་མོའི་སྟེང་ལ་བསྐོན་དགོས། ཁམས་དཀར་འཛུག་སྦྲུག་གི་སྣེ་མོ་མངལ་ཁའི་སྐྱི་གཉེར་བརྒྱུད་སྐབས་ཚོར་སྣང་གསལ་པོ་ཞིག་ཡོད་ངེས། ཁམས་དཀར་འཛུག་སྦྲུག་གི་སྣེ་མོ་མངལ་ཁ་ལས་ཕར་བརྩོལ་བ་ན་འགོག་ཤུགས་ཅི་ཡང་མེད་པར་འགྱུར་བ་དང་། ཁམས་དཀར་འཛུག་སྦྲུག་གི་སྣེ་མོ་བུ་སྣོད་དུ་བསླེབས་པ་ཡིན། ཁམས་དཀར་འཛུག་སྦྲུག་གི་སྣེ་མོ་མངལ་ཁ་བརྒྱུད་སྐབས་མཛུབ་མོས་མི་ཚོར་བ་ཡིན། ཁམས་དཀར་འཛུག་སྦྲུག་བུ་སྣོད་དུ་བསླེབས་ཙ་ན་ཁམས་དཀར་འཛུག་སྦྲུག་གི་སྣེ་མོ་གསལ་པོར་ཚོར་ཐུབ།

ཁམས་དཀར་འཛུག་སྦྲུག་གི་སྣེ་མོ་བུ་སྣོད་དུ་བསླེབས་ཡོད་མེད་བརྟག་ན། ཁམས་དཀར་འཛུག་སྦྲུག་ཕྱིར་འཐེན་ཙམ་བྱས་ཏེ་བུ་སྣོད་ཀྱི་ནང་སྐྱི་དང་མི་འབྱར་བར་བྱས་རྗེས། ཁམས་དཀར་དལ་གྱིས་བུ་སྣོད་དུ་བཙུག་ཅིང་། ཁམས་དཀར་འཛུག་སྦྲུག་དལ་གྱིས་ཕྱིར་ལེན་དགོས།

(བཞི)འོས་ཤིང་འཚམ་པའི་ཁམས་དཀར་འཛུག་སྐབས་དང་ཁམས་དཀར་འཛུག་ཐེངས།

འོས་ཤིང་འཚམ་པའི་ཁམས་དཀར་འཛུག་སྐབས་ནི་བཞོན་མ་སྤྲིག་རྗེས་ཀྱི་དུས་ཚོད 12ཡས་མས་སམ་ཁམས་དམར་ཕྱིར་མ་ཐུད་པའི་སྔོན་ཙམ་སྟེ། སྤྱིར་ཡིན་ན་ནངས་མོ་སྤྲིག་པ་ཡིན་ན་དགོང་ཁར་ཁམས་དཀར་འཛུག་པ་དང་། ཉིན་

ཀྱང་སྨྱིག་པ་ཡིན་ན་མཚན་མོར་ཁམས་དཀར་འཇུག་པ། དགོང་ཁར་སྨྱིག་ན་ནངས་མོ་ཁམས་དཀར་འཇུག་དགོས་པ་བཅས་ཕོང་དུ་ཆུད་པར་བྱེད་དགོས། བཞིན་མ་སྨྱིག་ཐེངས་རེར་ཁམས་དཀར་ཐེངས་1ནས་ཐེངས་2ལ་འཇུག་པ་དང་། ཁམས་དཀར་ཐེངས་གཉིས་ལ་འཇུག་པའི་བར་ཐག་ལ་དུས་ཚོད་8ནས་དུས་ཚོད་12འགོར་བར་བྱེད་དགོས། ཁམས་དཀར་འཇུག་སྔོན་ཁམས་དམར་བསླེབས་དུས་ཁམས་དཀར་རྒས་ནས་འཆི་འགྲོ་བ་དང་། ཁམས་དཀར་འཇུག་འཕྱིས་ན་ཁམས་དམར་ཤུད་སྔོ་བས་མངལ་ཆགས་ཚད་ཧ་ཅང་དམའ་བ་རེད།

(ལྔ)ཁམས་དཀར་འཇུག་སྐབས་དོ་སྣང་བྱེད་དགོས་པའི་བྱ་བ།

1.ཁམས་དཀར་འཇུག་སྐབས་བཞིན་མས་ཕྱིར་བ་ཙོར་དྲགས་ན། བཞིན་མར་གཟན་རྩ་སྔེར་བ་དང་སྐལ་བ་ཤུར་བ། མིག་སྐྱིབས་ལ་ཐལ་མོས་རྫེབ་པ། བྱ་ལིའི་སྟེང་དུ་ཤུར་ཤུར་བྱེད་པ་སོགས་ཀྱི་བྱ་ཐབས་སྤྱད་དེ་ལྟོད་ལ་འབབ་ཏུ་འཇུག་དགོས། བཞིན་མས་ཤ་བསྒྲིམས་ཏེ་བཤང་ལམ་རྫ་སྟོད་ལྟར་གྱུར་ཚེ། ལག་པ་བཤང་ལམ་དུ་བསྲིངས་སྐྱུམ་བྱས་ན་ལྟོད་ལ་འབབ་ཏུ་འཇུག་ཐུབ།

2.ཁམས་དཀར་འཇུག་སྒྲུག་མངལ་ལམ་དུ་འཇོག་སྐབས་ཁ་འཛམ་ལག་འཛམ་བྱས་ཏེ་མངལ་ཁ་དང་བུ་སྣོད་ལ་མི་བསྣད་པ་བྱེད་དགོས།

3.བུ་སྣོད་ཀྱི་གནས་ཚུལ་དང་ཁམས་དཀར་གྱི་ཕྲུས་ཀ་ལ་ཞིབ་བཤེར་བྱེད་དགོས། བུ་སྣོད་ནང་སྐྱིར་ཚ་ནད་ཡོད་པའི་བཞིན་མ་ཡིན་ན་གནས་སྐབས་ཙམ་ལ་ཁམས་དཀར་མ་བཙུག་པར་མྱུར་དུ་སྨན་བཅོས་བྱེད་དགོས། མིའི་ཐབས་ཀྱིས་འཇུག་པའི་འཁྲུགས་བཟོས་ཁམས་དཀར་ཡིན་ན། ཕྱི་རབས་བཞིན་རྒྱུད་བརྟགས་ཟིན་པའི་ཕུལ་བྱུང་ཆགས་སླང་གི་ཁམས་དཀར་ཡིན་དགོས།

བཞི། མངལ་ཆགས་བཞིན་མ་བརྟག་ཐབས།

མངལ་ཆགས་པ་ཞེས་པ་ནི་ཁམས་དཀར་བཙུག་པ་ནས་མགོ་རྩོམ་པ་ཡིན་

ལ། སྨྲུམ་རྗེན་དང་མངལ་གནས་ཕྲུ་གུ་འཚར་ལོངས་འབྱུང་བ་ནས་མངལ་གནས་ཕྲུ་གུ་བཙའ་བའི་བར་གྱི་སྐྱེ་ཁམས་འགྱུར་ལྡོག་གི་གོ་རིམ་དེར་བཤད་པ་ཡིན། མངལ་ཆགས་ཡུན་ཞེས་པ་ནི་བཞོན་མར་མངལ་ཆགས་པའི་གོ་རིམ་ཡོངས་བརྒྱུད་པའི་དུས་ཡུན་དེར་བསྟན་པ་ཡིན། མངལ་སྨྲུམ་ཡུན་གྱི་རིང་ཐུང་ནི་ཕྱུགས་སྣ་དང་ཕྱུགས་རྒྱུད། ལོ་ཚོད། མངལ་གནས་ཕྲུ་གུའི་རྒྱུ་རྐྱེན། ཁོར་ཡུག་ཆ་རྐྱེན་སོགས་མི་གཅིག་པའི་དབང་གིས་འགྱུར་ལྡོག་གི་གོ་རིམ་ཡང་མི་གཅིག་པ་ཡིན།

(གཅིག)མངལ་རྗེན་ལ་བརྟག་པའི་དོན་སྙིང་།

བཞོན་མ་སྡེབ་སྦྱོར་རམ་ཁམས་དཀར་བཙུག་རྗེས། དུས་ཡུན་ངེས་ཅན་ཞིག་འགོར་བ་ན་རིམ་པར་མངལ་རྗེན་ལ་བརྟག་ཞིབ་བྱེད་དགོས། མངལ་སྐྱུང་ཤོར་འགོག་དང་སྐམ་པར་མི་ལུས་པ། བཞོན་མའི་འཕེལ་ཚད་ཇེ་ཆེར་གཏོང་བ་བཅས་ལ་དོན་སྙིང་གལ་ཆེན་ལྡན་འདུག མངལ་རྗེན་ལ་བརྟག་ཞིབ་བྱས་པ་བརྒྱུད་དེ་མངལ་བཟུང་ཡོད་པ་གཏན་འཁེལ་བྱས་རྗེས། མངལ་སྨྲུམ་བཞོན་མར་མཁོ་བའི་ཆ་རྐྱེན་ལྟར་གཟན་སྐྱེར་བདག་གཉེར་བྱས་ཏེ། བཞོན་མ་མ་བུའི་བདེ་ཐང་ཁག་ཐེག་བྱེད་ཆེད་མངལ་སྐྱུང་གི་བྱ་བ་ལེགས་སྒྲུབ་བྱེད་དགོས། མངལ་བཟུང་མེད་པའི་བཞོན་མར་མངལ་ཆགས་མ་ཐུབ་པའི་རྒྱུ་མཚན་ལ་ཞིབ་བཤེར་བྱས་ནས་དུས་ཐོག་ཏུ་ཐབས་ལམ་ལེགས་སྒྱུར་བྱེད་པ་དང་། བཞོན་མའི་སྤྱིག་རྟགས་ལ་བལྟས་ཏེ་ཡང་བསྐྱར་སྡེབ་སྦྱོར་བྱས་ནས་བཞོན་མའི་མངལ་ཆགས་ཚད་ཇེ་མཐོར་གཏོང་དགོས།

(གཉིས)མངལ་རྗེན་ལ་བརྟག་ཐབས།

1.ཕྱིའི་བརྟག་ཐབས། བཞོན་མར་མངལ་ཆགས་རྗེས་སྤྱིག་མཚམས་འཛོག་པ་དང་ཡི་ག་ཕྱེ་སྐྱེ་ཆུ་བཏུང་ཚད་ཇེ་མང་དུ་འགྱུར་ཅིང་། འཚོ་བཅུད་ཀྱི་གནས་ཚུལ་ཇེ་ལེགས་དང་སྤུ་མདངས་ཇེ་ཡག ཤ་ཤེད་ཇེ་ལེགས་སུ་འགྱུར་བ་ཡིན། དེ་ནས་

བཙོན་མའི་གཤིས་ཀ་ཇེ་འཇམ་དང་ཇེ་སྐྱོད་ལ་འགྲོ་བ་དང་། འགུལ་སྐྱོད་ཇེ་དལ་ལམ་བཙོན་མ་གཞན་གྱིས་བདའ་འདེད་བྱེད་པ་ལ་འཛུར་ཞིང་། རི་ནས་འཚོ་བ་དང་གཞུག་ནས་འདེད་སྐབས་ནམ་ཡང་བཙོན་ཕྲུའི་རྗེས་ནས་འགྲོ་བ་ཡིན། མངལ་ཆགས་བཙོན་མའི་གསུས་ཁོག་ཇེ་ཆེར་འགྱུར་ཞིང་། གཡས་ཕྱོགས་ཀྱི་གསུས་ངོས་འབུར་བ་ཡིན་ལ། ལག་པས་རེག་ན་མངལ་གནས་ཕྲུ་གུ་འགུལ་བ་ཚོར་ཐུབ། གསོས་གྲུབ་བཙོན་མ(ཡར་མོ)ཡིན་ན་མངལ་སྦྲུམ་སྟེ་ཟླ་བ 4ནས་ཟླ་བ 5ཙམ་འགོར་བ་ན་ནུ་མ་འཕངས་ཏེ་ནུ་ཁ་རྒྱས་པ་ཏ་ཙང་མགྱོགས། བཙོན་མ་དར་མ་ཡིན་ན་བེའུ་བཙའ་རན་ཁར་ད་གཟོད་ནུ་ཁ་རྒྱས་པ་ཡིན། ཕྱིའི་བརྟག་ཐབས་ལ་ཆེས་སྨིན་ཆ་ཞིག་ཡོད་པ་ནི་ཐ་མོ་ནས་བེའུ་བཟུང་ཡོད་མེད་ཤེས་དཀའ་བ་དེ་རེད།

2.བཤང་ལམ་ནས་བརྟག་ཐབས། ལག་པས་བཤང་ལམ་གྱི་གཞུང་དཀར་ནག་བརྒྱུད་དེ་བསམ་བསེའུ་དང་བུ་སྣོད། མངལ་གནས་ཕྲུ་གུ། བུ་རོགས་བཅས་ཀྱི་འགྱུར་ལྡོག་ཅི་བྱུང་ལ་བརྟག་པ་དེ་ཡིན། བརྟག་ཐབས་དེས་བཙོན་མ་དང་ཐོག་སྦྲུམ་ཡོད་མེད་ལ་བརྟག་ཚོག་པ་དང་། བརྟག་ཐབས་དེ་གཟུ་ཞིང་མགྱོགས་པ་ན། ཐོན་སྐྱེད་དུ་སྤྱོད་སྒོ་ཏ་ཙང་ཆེ། མངལ་སྦྲུམ་ནས་ཟླ 2ཡས་མས་འགོར་བ་ན་བརྟག་ཐབས་དེས་གསལ་པོར་ཤེས་ཐུབ་པ་ཡིན། ཕྱོགས་བསྡུས་ཀྱིས་བརྗར་ཤ་གཅོད་པར་དོ་སྣང་བྱས་ཏེ་སྦྲིག་པ་དང་མངལ་ཆགས་པ་གཉིས་དབྱེ་འབྱེད་གསལ་པོ་བྱེད་དགོས། ཉིས་བེའུ་སྦྲུམ་པ་ཡིན་ན་ཕྱོགས་གཉིས་ཀྱི་གསུས་ངོས་ཇེ་ཆེར་འགྱུར་བ་ཡིན་པས། མངལ་ཆགས་སེར་ཕུང་བསམ་བསེའུ་ཡི་སྟེང་དུ་མངོན་པ་ཡིན། ཞིབ་བརྟག་བྱེད་སྐབས་བུ་སྣོད་དུ་མངལ་ཆགས་པ་དང་བུ་སྣོད་ལ་ཚ་ནད་ཡོད་པ་གཉིས་ཡང་དག་པའི་སྒོ་ནས་དབྱེ་འབྱེད་བྱེད་པ་དང་། མངལ་ཆགས་པའི་བུ་སྣོད་དང་རྫིང་རྒྱ་ཁེངས་པའི་གཅིན་ལྷང་གཉིས་ཀྱི་དབྱེ་བ་གསལ

ཐོར་འབྱེད་དགོས།

3.ཚོད་འདས་སྒྲ་རླབས་ཀྱི་བརྟག་ཐབས། ཚོད་འདས་སྒྲ་རླབས་ཀྱི་དངོས་ལུགས་ཁྱད་ཆོས་པེད་སྤྱད་དེ་ཚོད་འདས་སྒྲ་རླབས་འཕྲོ་སྐབས་བཤོན་མའི་བུ་སྣོད་ཀྱི་ཤ་སྐྱིའི་གྲུབ་ལུགས་ལྟར་ཚུར་སྣང་མི་འདྲ་བ་བྱུང་བ་དེ་གཞིར་བཟུང་སྟེ། མངལ་རྟེན་ཡོད་མེད་དང་མངལ་གནས་སྤྲུ་གུ་འགུལ་བ། མངལ་གནས་སྤྲུ་གུའི་སྙིང་གི་འཕར་སྒྲ། མངལ་གནས་སྤྲུ་གུའི་འཕར་རྩ་ལྡིང་བ་སོགས་ཀྱི་གནས་ཚུལ་ལ་བརྟག་པ་ཡིན། ཚོད་འདས་སྒྲ་རླབས་སྤྱད་དེ་བེའུ་བཟུང་ཡོད་མེད་གཏིང་ཐག་ཆོད་ཚད་ནི་དཔྱད་ཆས་ལེགས་མི་ལེགས་ལ་རག་ལས་ཡིན། ཚོད་འདས་སྒྲ་རླབས་སྤྱད་དེ་བེའུ་བཟུང་ཡོད་མེད་བརྟག་ཞིབ་བྱས་ན་ཟླ་མོ་ནས་བཤོན་མར་མངལ་ཆགས་ཡོད་མེད་དེ་གསལ་པོར་ཤེས་ཐུབ། གལ་ཏེ་ལག་རྩལ་པས་ལག་ཟུང་ལ་བརྟེན་ནས་མངལ་སྦྲུམ་ཡོད་མེད་བརྟག་ཐུབ་པར་བྱས་ཀྱང་། བེའུ་ཡི་ཕོ་མོ་ཤེས་དགོས་ན་ངེས་པར་དུ B བརྒྱལ་གཟུགས་རིས་ལ་བརྟེན་ནས་གཏིང་ཐག་གཅོད་དགོས། Bབརྒྱལ་གཟུགས་རིས་དཔྱད་ཆས་སྤྱད་ན་སྟབས་བདེ་བ་དང་གནད་ལ་འཁེལ་ཚད་ཆེ་བར་མ་ཟད། མངལ་གནས་སྤྲུ་གུ་ཤི་ཡོད་མེད་ཀྱང་ཤེས་ཐུབ་པ་ཡིན།

ལྔ། བེའུ་བཙའ་བ།

(གཅིག)བེའུ་བཙའ་ཚོད་དཔག་རྩིས་བྱེད་པ།

བཤོན་མའི་མངལ་སྦྲུམ་ཡུན་ནི་ཕལ་ཆེར་ཉི་མ 280ཡིན་པ་དང་། བར་ལ་ཉི་མ 5ནས་ཉི་མ 7བརྒྱུགས་ན་རྒྱུན་ལྡན་ཡིན། བཤོན་རས་བཤོན་མའི་བཙའ་དུས་དཔག་རྩིས་བྱེད་ཐབས་ནི་འདི་ལྟ་སྟེ། སྟེབ་སྦྱོར་བྱས་པའི་ཟླ་གྲངས་ལས 3འཐེན་པ་ན་བེའུ་བཙའ་བའི་ཟླ་དེ་ཤེས་ཐུབ་པ་དང་། སྟེབ་སྦྱོར་བྱས་པའི་ཉི་མའི་སྟེང་ལ 6བསྣན་ན་བེའུ་བཙའ་བའི་ཉི་མ་ཤེས་ཐུབ།

(གཉིས)བེའུ་བཙའ་བ།

བཞོན་མས་དུས་ཡུན་ངེས་ཅན་ཞིག་ལ་མངལ་སྦྲུམ་པ་ན་མངལ་གནས་སྦྲུ་གུ་འཚར་ལོངས་འབྱུང་བ་དང་། བཞོན་མས་མངལ་གནས་སྦྲུ་གུ་དང་བུ་རོགས། མངལ་ཆུ་སོགས་ལུས་ཀྱི་ཕྱི་རོལ་དུ་ཕུད་པ་ཡིན། ལུས་ཁམས་འགྱུར་ལྡོག་བྱུང་བའི་གོ་རིམ་དེར་བེའུ་བཙའ་བ་ཟེར།

1.བཞོན་མས་བེའུ་བཙའ་སྐབས་ཀྱི་སྔ་ལྟས། བེའུ་མ་བཙས་པའི་ཉིན་བཅོ་ལྔའི་ཡར་སྔོན་དུ་བཞོན་མས་ནུ་མ་འཕེན་པ་དང་། ཆུ་སེར་ཞུགས་ཏེ་སྐྲངས་པ་ཡིན། སྐྲངས་པ་ནུ་མ་ཡོངས་དང་གསུས་ཁུགས་ལ་ཁྱབ་སྲིད། བེའུ་མ་བཙས་པའི་ཉིན་7གྱི་སྔོན་ལ་རྫིང་ཁ་སྐྲངས་ཏེ་མར་ལུགས་པ་ཡིན། བེའུ་མ་བཙས་པའི་སྔོན་གྱི་ཉིན་1ནས་ཉིན་2གྱི་ཡར་སྔོན་དུ་མངལ་ལམ་ནས་སྣེར་ཁུ་དང་མཚུངས་པའི་འབྱར་ཁུ་དྭངས་མོ་ཞིག་མར་བསྣར་སྲིད། སྐབས་དེར་བཞོན་མར་བེའུ་བཙའ་བའི་མངོན་རྟགས་ཁྱད་པར་བ་མངའ་སྟེ། དཔེར་ན་མཚང་སྣམ་གྱི་ཤ་རྒྱུས་ལྷོད་པ་དང་། མཚང་སྣམ་གྱི་ཁ་བསྐྱེད་པ་ཡིན། ཕྱི་ནས་བལྟས་ན་མཚང་རུས་ཁ་ཕྲལ་ས་ཀོང་ལ་བབས་ཡོད་པ་དང་། ཁྱད་པར་དུ་ཇ་ཛའི་གཡས་གཡོན་དུ་ཤ་གནད་ཀོང་ལ་བབས་ཡོད་པ་གསལ་པོར་ཤེས་ཐུབ། བཞོན་མ་མང་ཤས་ནི་བེའུ་མ་བཙས་པའི་ཡར་སྔོན་དེར་སྡོད་མི་ཚུགས་པ་དང་ཡི་ག་ཞན་པ། སྣལ་བ་འཁྱིལ་ཞིང་ཇ་མ་ཡར་འཁྱོགས་པ། རྫིང་ཡང་ནས་ཡང་དུ་གཏོང་བ། ཁ་ཕྱིར་འཁོར་ཏེ་གསུམ་ངོས་ལ་ལྟ་བ། ངུར་སྐད་ཡང་ཡང་འབྱིན་པ། ཕོག་ནས་ཡང་ནས་ཡང་དུ་ཕྱིར་བ་ཙོར་བ་བཅས་བྱེད་པ་ཡིན།

2.བེའུ་བཙའ་བའི་བརྒྱུད་རིམ། བེའུ་བཙའ་བའི་བརྒྱུད་རིམ་ཡོངས་སྐབས་གསུམ་དུ་དབྱེ་ཆོག་སྟེ། མངལ་ལམ་ཁ་འབྱེད་པའི་དུས་སྐབས་དང་བེའུ་བཙའ་བའི་དུས་སྐབས། བུ་རོགས་ཕྱིར་ཕུད་པའི་དུས་སྐབས་སོགས་དུས་སྐབས་གསུམ་ཡོད་པ་ཡིན།

(1)མངལ་ལམ་ཁ་འབྱེད་པའི་དུས་སྐབས། བཙའ་རན་བཞིན་མས་ཕྱིར་བ་ཙོར་བ་ནས་མགོ་བརྩམས་ཏེ་བུ་སྣོད་ཀྱི་ཁ་ཡོངས་སུ་ཕྱེ་བ་ཡིན། མངལ་ལམ་ཁ་འབྱེད་པའི་དུས་སྐབས་ཡོངས་ལ་དུས་ཚོད་6མངའ། ཐོག་དང་པོར་བཙའ་བའི་བཞིན་མ་ཡིན་ན་དུས་ཡུན་ཅུང་རིང་བ་དང་བཞིན་མ་དར་མ་ཡིན་ན་དུས་ཡུན་ཅུང་ཐུང་བ་ཡིན། སྐབས་ཐོག་དེར་བཞིན་མ་ཅུང་མི་བདེ་བར་འགྱུར་བ་དང་། ཡི་ག་ཞན་པར་འགྱུར་བ། སྐྱུགས་ལྡད་བྱེད་པ་རྒྱུན་ལྡན་མིན་པ། ཛ་རྩ་ཡང་ནས་ཡང་དུ་ཡར་འཀྱོགས་པ། ཐིང་གཏོང་ཐེངས་མང་ཡང་ཐིང་མེད་པ། མཚམས་ལན་རེར་ལྕི་བ་ཉུང་ཙམ་ཕྱིར་གཏོང་བ་བཅས་ཀྱི་རྟགས་མངོན་སྲིད།

(2)བུ་བཙའ་བའི་དུས་སྐབས། བུ་མདུན་ཐད་མངལ་ལམ་དུ་ཞུགས་ཏེ་ཕྱིར་འབུད་པའི་དུས་སྐབས་དེར་ངོས་འཛིན་པ་ཡིན། བུ་བཙའ་ཡུན་དུས་ཚོད་0.5ནས་དུས་ཚོད་4ཙམ་ལ་བསྲིང་སྲིད། དང་ཐོག་བུ་བཙའ་བའི་བཞིན་མ་ཡིན་ན་བཙའ་ཡུན་ཅུང་རིང་བ་ཡིན། སྐབས་དེར་བཞིན་མས་ཡང་ནས་ཡང་དུ་བ་ཙོར་བ་དང་། ཟུག་ཟུ་ལངས་ཏེ་ཡང་ནས་ཡང་དུ་ཡར་ལང་བ་དང་མར་ཉལ་བ་ཡིན་ལ། སྨལ་བ་འཁྱིལ་ཞིང་ཛ་མ་བཀུགས་ཏེ་ཐིང་གཏོང་བའི་ཚུལ་སྟོན་པ་ཡིན། ཅང་མ་འགོར་བར་མངལ་ཆུ་དང་པོ་བཞུར་བ་དང་། དུས་རྒྱུན་དུ་མཐོང་བ་ནི་ཕྱི་ངོས་ལྷུ་ཆུ་ཡིན་ལ། བུ་རོགས་རལ་ཤ་སྐྱག་ཏུ་གྱུར་རྗེས་ལྷུ་སོབ་དཀར་པོ་བཞུར་ཡོང་བ་ཡིན། བུ་རོགས་ནི་མངལ་གནས་ཕྲུ་གུ་ཕྱིར་འབུད་སྐབས་རལ་བ་ཡིན་པ་དང་། དེ་ལས་དཀར་ཞིང་ཅུང་སེར་ཞད་འདྲེས་པའི་མངལ་ཆུ་བཞུར་བ་ཡིན། བཞིན་མས་ཤུ་མཐུད་དེ་བ་ཙོར་བ་དང་མངལ་གནས་ཕྲུ་གུའི་ལག་སྒུག་གམ་ཀང་སྒུག་མངལ་ལམ་ནས་ཕྱིར་མངོན་པ་ཡིན། ཡང་ནས་ཡང་དུ་ཕྱིར་མངོན་ནང་སྐུམ་བྱས་རྗེས་བུ་མགོ་པོ་འཛུར་བ་དང་། མངལ་ལམ་དང་གསུམ་ཤས་ཡང་ཡང་བ་ཙོར་བ་ན་བུའུ་རང་ཤུགས་སུ་མར་ལྷུང་བ་དང་ལྟེ་ཐག་ཀྱང་རང་ཤུགས་སུ

ཆད་འགྲོ་བ་ཡིན། མངལ་བཙའ་ཚན་ཁག་གི་ནད་ཐོག་སྨན་བཅོས་ཉམས་མྱོང་ལྟར་ན་ཕྲུ་གུ་བཙའ་དཀའ་བ་ནི་བེའུ་བཙའ་བའི་དུས་སྐབས་ལ་འབྱུང་བ་ཡིན། ཕྲུ་གུ་བཙའ་དཀའ་བ་ནི་བཞིན་མའི་མངལ་ལམ་དོག་པ་དང་བ་ཙོར་ཤུགས་ཆུང་བ། མངལ་གནས་ཕྲུ་གུ་ཆེ་དྲགས་པ། མངལ་གནས་ཕྲུ་གུའི་སྡོད་སྟངས་སམ་སྡོད་ཕྱོགས། སྡོད་གནས་འགྲིག་མེད་པ་སོགས་རྒྱུ་རྐྱེན་སྣ་ཚོགས་ཀྱིས་བཟོས་པ་ཞིག་ཡིན། དེར་བརྟེན་སྔ་མོ་ནས་ཕྲུ་གུ་སྐྱེ་ལེན་ནམ་བཙའ་རོགས་བྱེད་པ་གྲ་སྒྲིག་བྱེད་དགོས།

(3)བུ་རོགས་ཕྱིར་ཐུད་པའི་དུས་སྐབས། བེའུ་བཙས་ཏེ་བུ་རོགས་ཕྱིར་ཐུད་ཡག་བྱུས་པའི་བར་ལ་བུ་རོགས་ཐུད་པའི་དུས་སྐབས་ཟེར། སྐབས་ཐོག་དེའི་དུས་ཡུན་ནི་དུས་ཚོད་2ནས་དུས་ཚོད་12འགོར་བ་ཡིན་མོད། བཞིན་མ་ལ་ལའི་བུ་རོགས་ཐུད་ཡུན་ནི་དེ་ལས་ཀྱང་རིང་བ་ཡིན། ཡིན་ནའང་བུ་རོགས་ཐུད་ཡུན་དུས་ཚོད་12ལས་བརྒལ་མི་རུང་། གལ་ཏེ་དུས་ཚོད་12འགོར་རྗེས་བུ་རོགས་ད་དུང་མ་འོངས་ན། སྔ་མོ་ནས་སྨན་བཅོས་བྱེད་དགོས།

3.བཙའ་རོགས་ལག་ལེན་གྱི་གནད་འགག བཞིན་མ་ཐོན་སྐྱེད་བྱེད་སྐབས་དུས་རྒྱུན་དུ་བཞིན་མས་བཙའ་དཀའ་བའི་གནས་ཚུལ་མཐོང་བ་ཡིན་ལ། བཞིན་མ་བཙའ་དཀའ་བའི་རྒྱུ་མཚན་ནི་ཧ་ཅང་ཉོག་དྲ་ཆེ་བ་ཞིག་ཡིན་པས། བཙའ་རོགས་བྱེད་སྐབས་གནས་ཚུལ་གསལ་པོ་ཞིག་རྒྱུས་ལོན་བྱེད་པ་དང་། གང་ལ་གང་འཚམ་གྱིས་བཙའ་རོགས་སྣ་ཚོགས་སྤྱད་དེ་བཞིན་མ་མ་བུ་བདེ་ཐང་ཡོང་བ་ཁག་ཐེག་བྱེད་དགོས།

རྒྱུན་ལྡན་ལྟར་བེའུ་བཙའ་སྐབས་བཞིན་མའི་སྟེབ་སྦྱོར་ཟིན་ཐོ་དང་བེའུ་བཙའ་བའི་སྔ་ལྟས་གཞིར་བཟུང་སྟེ། བཞིན་མ་བེའུ་མ་བཙས་པའི་སྔོན་གྱི་གཟའ་འཁོར1ནས་གཟའ་འཁོར2ཀྱི་སྔོན་དུ་བེའུ་བཙའ་ཁང་དུ་བསྐྱལ་ནས་གཟན་

སྔེར་དོ་དམ་བྱེད་དགོས། བེའུ་བཙའ་ཁང་ནི་དལ་འཛགས་གཙང་མ་ཡིན་པ་དང་། དབྱར་བསིལ་ཞིང་དགུན་དྲོ་བ། མཁའ་དབུགས་གཙང་མ་བཅས་ཡིན་དགོས། བཙའ་རན་བཞིན་མ་བཙའ་ཁང་དུ་མ་བསླེབས་གོང་ལ་དུག་སེལ་གཙང་སྲ་བྱས་ཤིང་། བཞིན་མའི་འོག་ཏུ་རྩྭ་སྐྱ་སྙམ་པོ་གཏོང་དགོས། བེའུ་མ་བཙས་པའི་སྔོན་དུ་རྒྱུན་སྤྱོད་སྨན་རྫས་དང་ཡོ་བྱད་གྲ་སྒྲིག་བྱེད་པ་དང་། ཆ་རྐྱེན་ཡོད་ཕྱིན་རྒྱུན་སྤྱོད་སྨན་བཅོས་སམ་འབྲེལ་ཡོད་གཤགས་བཅོས་ལག་ཆ་གྲ་སྒྲིག་བྱེད་དགོས། བཞིན་མས་བེའུ་བཙའ་སྐབས་ནི་ཕལ་ཆེར་མཚན་མོ་ཡིན་པར་བརྟེན། ཉིན་མཚན་གཉིས་ཀར་ལས་རེས་མི་སྣ་བཀོད་སྒྲིག་བྱེད་དགོས། སྤྱིར་ཡིན་ན་བཞིན་མས་རྒྱུན་ལྡན་ལྟར་བེའུ་བཙའ་སྐབས་མིས་ཐེ་གཏོགས་བྱེད་མི་དགོས། སྐབས་དེར་བཙའ་རོགས་མི་སྣའི་ལས་ཀ་གཙོ་བོ་ནི་བེའུ་བཙའ་བའི་གནས་ཚུལ་ལ་ལྟ་རྟོག་བྱེད་པ་དང་། བཙས་མ་ཐག་པའི་བེའུ་སྐྱོར་སྐྱོང་ལེགས་པོ་བྱེད་ཅིང་། དབུགས་ལམ་གྱི་འབྱར་ཁུ་འབྱིད་པ་དང་། ལྟེ་ཐག་གཅོད་པ། ལུས་ཕྱིས་ཏེ་བརླན་བསྲད་དུ་འཇུག་པ། ཕྲི་མགོ་ཉུ་རུ་འཇུག་པ་བཅས་བྱེད་དགོས། བེའུ་བཙའ་དཀའ་བ་ཁོ་ཐག་ཡིན་ཕྱིན་ད་གཟོད་བཙའ་རོགས་བྱེད་དགོས། བེའུ་སྐྱེ་ལེན་བྱེད་སྐབས་གཤམ་གྱི་ཕྱོགས་འགའ་ལ་མཉམ་འཇོག་བྱེད་དགོས།

(1) བེའུ་མངལ་ལམ་དུ་སླེབས་སྐབས། སྐབས་ཐོག་དེར་བེའུ་ཁ་འཁོར་ཕྱོགས་དང་གནས་སྟངས་སོགས་རྒྱུན་ལྡན་ཡིན་མིན་གཏིང་ཐག་གཅོད་དགོས། ཞིབ་བཤེར་བྱེད་སྐབས་ལག་པ་མངལ་ལམ་དུ་བསྙིངས་ཏེ་བུ་རོགས་ཀྱི་ཕྱི་ངོས་ནས་ལག་སླབ་བརྟག་དཔྱད་བྱས་ནས། མངལ་ཆུ་སྦུ་མོ་ནས་མི་འཆོར་བར་བྱེད་དགོས། བེའུ་ཁ་འཁོར་ཕྱོགས་དང་གནས་སྟངས་བཅས་རྒྱུན་ལྡན་ཡིན་ན་འཚབ་འཚུབ་ངང་བེའུ་ཕྱིར་མ་འཐེན་པར་རང་ཤུགས་སུ་བཙའ་རུ་འཇུག་དགོས། གལ་ཏེ་བེའུ་སྡོད་སྟངས་འཁྲིག་མེད་ཕྱིན། བེའུ་བུ་སྡོད་དུ་གཏད་དེ་བེའུ་སྡོད་སྟངས

ལེགས་བཅོས་བྱེད་པ་དང་། བེའུ་མགོ་བོ་མངལ་ལམ་ནས་ཕྱིར་འཇུར་ཞིང་བུ་རོགས་ད་དུང་རལ་མེད་ཕྱིན། བུ་རོགས་དུས་ཐོག་ཏུ་དྲལ་བར་བྱས་ཏེ་བེའུ་སྣ་མདོ་ཕྱིར་མངོན་པར་བྱས་ཏེ་བེའུ་དབུགས་བཏུམ་དུ་གཏོང་བ་སྔོན་འགོག་བྱེད་དགོས།

(2)རྒྱུན་ལྡན་ལྟར་བཙའ་བའི་བེའུ། བེའུ་མགོ་བོ་དང་ལག་སུག་མངལ་ལམ་གྱི་ཕྱིར་མངོན་ཡང་། དུས་ཐོག་ཏུ་བཙའ་མ་ཐུབ་ཕྱིན་རིམ་པར་བཙའ་རོགས་བྱེད་དགོས། བཙའ་རོགས་བྱེད་སྐབས་བུ་རོགས་དྲལ་ཏེ་སྐྱེ་ཤུན་མངལ་ལམ་གྱི་ཁར་སྨྱུར་ཏེ་བེའུ་ཡི་ཁ་སྣའི་འབྱར་ཁུ་ཕྱིས་རྗེས། བཞོན་མའི་བ་ཚོར་ཤུགས་དང་བསྟུན་ནས་མཚང་སྨམ་གྱི་དཀྱིལ་དབུས་ཐད་དུ་འཐེན་དགོས། བེའུ་དཔྱི་མགོ་མངལ་ལམ་བརྒྱུད་སྐབས་ཤུགས་ཀྱིས་འཐེན་མི་རུང་། ཤུགས་ཀྱིས་འཐེན་ན་བུ་སྣོད་ཕྱིར་འགོག་ཉེན་ཆེ། བེའུ་མགོ་བོ་མངལ་ལམ་ལས་འཇུར་མེད་ཕྱིན་བུ་རོགས་སྤྱ་མོ་ནས་དྲལ་མི་རུང་། བུ་རོགས་སྤྱ་མོ་ནས་དྲལ་ན་མངལ་རྒྱུ་ཤོར་བ་དང་མངལ་ལམ་ཧྲུག་ཧྲུག་ཏུ་འགྱུར་ཉེན་ཡོད།

(3)བེའུ་གསུས་པ་མངལ་ལམ་གྱི་ཁ་རྒྱུ་སྐབས། ལག་པ་བེའུ་གསུས་འོག་ལ་བཏང་སྟེ། ལྟེ་ཐག་གི་རྩ་ནས་འཇུས་ཤིང་ལྟེ་ཐག་ལྟེ་ཁུང་ནས་ཆད་པར་སྔོན་འགོག་བྱེད་དགོས།

(4)བཞོན་མ་ལངས་ཏེ་བེའུ་བཙའ་སྐབས། ལག་ཟུང་གིས་བེའུ་བཟུང་སྟེ་སར་མི་ལྷུང་བར་བྱེད་དགོས།

(5)བེའུ་བཙས་རྗེས། བེའུ་ཁ་སྣ་དང་ལུས་ཡོངས་ཀྱི་འབྱར་ཁུ་ཕྱིས་རྗེས་ལྟེ་ཐག་གཅོད་དགོས། བེའུ་གསུས་ངོས་དང་བར་ཐག་ལ་ལི་སྨིས 8ནས 10ཡོད་སའི་ལྟེ་ཐག་སྟེང་དུ 5%ཡི་ཏན་ཏིན་བསྐུས་རྗེས་ལག་ཟུང་གིས་ལྟེ་ཐག་གཅོད་པར་བྱེད་དགོས།

(6) བེའུ་བུ་རོགས་ཕྱིར་ཐོན་རྗེས། དུས་ཐོག་ཏུ་བུ་རོགས་ཁ་ཚང་ཡིན་མིན་ལ་བརྟག་དགོས། བུ་རོགས་ཁ་ཚང་མིན་ན་བཞོན་མའི་བུ་སྣོད་དུ་བུ་རོགས་ཀྱི་ལྷག་རོ་ལུས་ཡོད་པས། དུས་ཐོག་ཏུ་ལེན་པར་བྱེད་དགོས།

(7) བེའུ་བཙས་རྗེས་བཞོན་མར་བཏུང་ཆུ་འགྲང་ཚད་ཅིག་ལྡུད་དགོས། བེའུ་བཙས་རྗེས་བཞོན་མར་དུས་ཐོག་ཏུ་ཆུ་དྲོད་འཇམ་དང་བུད་ཚེ་བསྲེས་པའི་ཆུ་དྲོད་འཇམ་ལྡུད་དགོས། བེའུ་བཙས་རྗེས་ཀྱི་དུས་ཚོད་འགའི་ནང་དུ་བཞོན་མས་མར་ཤུགས་ཀྱིས་བ་ཅོར་ཕྱིན་ཡོད་མེད་ལ་བརྟག་དགོས། བཞོན་མའི་བ་ཅོར་ཤུགས་ཆེ་ན་བུ་སྣོད་ལུག་ཉེན་ཆེ་བས། འགོག་བཅོས་བྱེད་པར་དོ་སྣང་བྱེད་དགོས།

4. བཙའ་དཀའ་བའི་བཞོན་མར་བཙའ་རོགས་བྱེད་པ།

(1) བཙའ་དཀའ་བའི་བཞོན་མར་རིགས་ག་ཙམ་ཡོད་པ། བཞོན་མས་བེའུ་བཙའ་བའི་གོ་རིམ་ཁྲོད་དུ་གལ་ཏེ་བཙའ་ཡུན་རིང་བའམ་བེའུ་ཕྱིར་མ་བུད་པ་ལ་བེའུ་བཙའ་དཀའ་བ་ཟེར། བཙའ་དཀའ་བའི་ནད་ཀྱི་འབྱུང་རྐྱེན་མི་གཅིག་པ་གཞིར་བཟུང་སྟེ་བཙའ་དཀའ་བར་བ་ཅོར་ཤུགས་ཞན་པའི་བཙའ་དཀའ་བ་དང་། མངལ་ལམ་རང་བཞིན་གྱི་བཙའ་དཀའ་བ། མངལ་བེའུ་རང་བཞིན་གྱི་བཙའ་དཀའ་བ་སོགས་རིགས་དུ་མ་བཀར་ཆོག བ་ཅོར་ཤུགས་རང་བཞིན་གྱི་བཙའ་དཀའ་བར་བུ་སྣོད་དང་གསུས་ཁོག་གི་བ་ཅོར་ཤུགས་ཞན་ཞིང་། མངལ་ཆུ་བཞུར་སྔ་བ། བུ་སྣོད་རྒྱུ་རྩུག་འབྱུང་བ་བཅས་ཀྱི་དབང་གིས་བ་ཅོར་ཤུགས་ཞན་པ་དང་བཙའ་དཀའ་བ་འབྱུང་བ་བཅས་འདུ། མངལ་ལམ་རང་བཞིན་གྱི་བཙའ་དཀའ་བ་ནི་བུ་སྣོད་འཁྱུས་པ། མངལ་ལམ་དོག་པ། མཚང་སྐམ་གྱི་ཁོག་ཆུང་བ། མངལ་ལམ་དུ་ངན་སྐྲན་འབྱུང་བ་བཅས་ཀྱི་དབང་གིས་བཙའ་དཀའ་བ་བཅས་འདུ། མངལ་བེའུ་རང་བཞིན་གྱི་བཙའ་དཀའ་བར་བེའུ་ཆེ་དྲགས་པ་དང་བེའུ་ཁ

འཁོར་སྐྱོགས། བེའུ་སྟོད་སྐྱངས་མི་འགྲིག་པ་བཅས་ཀྱི་དབང་གིས་བཙའ་དཀའ་བ་བྱུང་བ་སོགས་འདུ། གོང་སྨྲས་རིགས་སྣ་མི་གཅིག་པའི་བཙའ་དཀའ་བ་གསུམ་ལས་མང་ལ་བུ་རང་བཞིན་གྱི་བཙའ་དཀའ་བ་ནི་ཆེས་རྒྱུན་དུ་མཐོང་བ་ཞིག་ཡིན།

(2)བེའུ་བཙའ་དཀའ་བར་བཙའ་རོགས་བྱེད་པའི་རྩ་དོན། བཙའ་དཀའ་བའི་ནད་ལ་རིགས་མང་ཞིང་ཉོག་དྲ་ཆེ་བ་ཞིག་ཡིན་ལ། བཙའ་རོགས་བྱེད་ཐབས་ཀྱང་ཧ་ཅང་མང་། ཡིན་ནའང་བཙའ་དཀའ་བ་གང་ལ་བཙའ་རོགས་བྱེད་ཀྱང་ངེས་པར་དུ་ལག་ཐབས་ངེས་ཅན་ཞིག་བཟོ་སྒྲུང་བྱེད་དགོས། བཙའ་རོགས་བྱེད་པའི་དམིགས་ཡུལ་ནི་བཞོན་མ་མ་བུ་གཉིས་ཀྱི་སྲོག་བསྐྱབས་ཏེ་བེའུ་གསོན་པོ་ཕྱིར་ལེན་ཐབས་བྱེད་དགོས་པར་མ་ཟད། བཞོན་མའི་སྐྱེ་འཕེལ་བྱེད་ནུས་མི་ཉམས་པ་བྱེད་དགོས། བཙའ་རོགས་བྱེད་དུས་གཙོ་བོ་བཞོན་མ་མ་བུ་གཉིས་ཀྱི་བདེ་ཐང་ལ་ཁག་ཐེག་བྱེད་པ་དང་། གལ་ལ་ཐུག་ན་བེའུ་དོར་ཏེ་བཞོན་མ་བསྐྱབ་གང་ཐུབ་བྱེད་དགོས།

(3)བཙའ་དཀའ་བ་བཙའ་རོགས་བྱེད་ཐབས། བཙའ་རོགས་བྱེད་སྐབས་བཙའ་རོགས་བྱེད་མཁན་གྱིས་རང་གི་ལག་པ་དང་བཞོན་མའི་རྗེང་ཁ། བཞོན་མའི་ཁོག་སྐྱད། བཙའ་རོགས་ཡོ་བྱད་སོགས་གཙང་བཀྲུ་དང་དུག་སེལ་བྱས་ཏེ། ཤུགས་གང་ཡོད་ཀྱིས་མང་ལ་ལམ་ལ་བསྣད་པ་དང་རྫོབ་པ་སོགས་མེད་པར་བཏང་སྟེ། གང་མགྱོགས་སྒྲོས་བཞོན་མའི་སྐྱེ་འཕེལ་བྱེད་ནུས་སླར་གསོ་བྱེད་པ་ཁག་ཐེག་བྱེད་དགོས། ཁྱད་པར་དུ་སྐྱེ་འཕེལ་ཚན་ཁག་གི་ཡོ་བྱད་ལ་བརྟེན་ནས་བཙའ་རོགས་བྱེད་སྐབས་ལག་པས་མང་ལ་ལམ་བསྐྱབས་ཏེ་བསྣད་སྐྱོན་མི་བཟོ་བར་བྱེད་དགོས།

བཞོན་མར་བཙའ་དཀའ་བ་བྱུང་བ་མཐོང་དུས་ཐོག་མར་བཙའ་དཀའ་བའི་རྒྱུ་མཚན་དང་རིགས་གང་ལ་གཏོགས་པ་བརྟག་ཞིབ་བྱས་རྗེས། ད་གཟོད

ནད་ལ་བལྟས་ཏེ་བཅའ་རོགས་བྱེད་དགོས། བ་ཙོར་ཤུགས་ཞན་པའི་དབང་གིས་བཅའ་དཀའ་བ་ཡིན་ན་ཚོས་ཁྲན་སྲུའུ་ཞེས་པའི་སྨན་ཁབ་རྒྱག་པའམ་པེའུ་ལག་སུག་ལ་འཇུས་ཏེ། བཙོན་མའི་བ་ཙོར་ཤུགས་ལ་བརྟེན་ནས་པེའུ་ཕྱིར་ལེན་ཐབས་བྱེད་དགོས།

མངལ་ལམ་དོག་པའམ་མངལ་ཁ་ན་རྨ་ཡོད་པ། པེའུ་ཆེ་དྲགས་པ་བཅས་ཀྱི་དབང་གིས་པེའུ་བཙའ་དཀའ་བ་བྱུང་ཚོ། གསུས་ངོས་གཤགས་ཏེ་པེའུ་ལེན་ཐབས་བྱེད་དགོས། མངལ་ལམ་ཅུང་དོག་པས་བཅའ་དཀའ་བ་བྱུང་ན་མངལ་ལམ་དུ་ཧྲི་ལའི་སྨུམ་རྫས་བླུགས་རྗེས། པེའུ་དལ་གྱིས་ཕྱིར་འཐེན་པ་དང་། རྫིང་ཁ་ལ་སྲུང་སྐྱོབ་བྱས་ཏེ་གཤག་པའམ་ཐེད་དུ་འཇུག་མི་རུང་། མངལ་པེའུ་ཆགས་ཕྱོགས་དང་མངལ་པེའུ་ཁ་འཁོར་ཕྱོགས། མངལ་པེའུ་སྡོད་སྟངས་གོ་ལོག་ཡིན་པ་བཅས་ཀྱིས་བཅའ་དཀའ་བ་བྱུང་ན། ཐོག་མར་མངལ་པེའུ་དྲང་འདུག་བྱེད་དུ་བཅུག་རྗེས་མངལ་པེའུ་ཕྱིར་འཐེན་པ་དང་། མངལ་པེའུ་དྲང་འདུག་བྱེད་དུ་འཇུག་དཀའ་ན་གསུས་ངོས་གཤགས་ཏེ་མངལ་པེའུ་ལེན་པའམ་མངལ་པེའུའི་ཀང་སུག་ལག་སུག་བཅད་དེ་ཕྱིར་ལེན་དགོས།

དྲུག བཙོན་མའི་འཕེལ་སྟོབས་རྗེ་ཆེར་གཏོང་བའི་བྱེད་ཐབས།

(གཅིག)བཙོན་མའི་འཕེལ་སྟོབས་ལ་ཤན་ཤུགས་ཆེ་བའི་རྒྱུ་རྐྱེན་གཙོ་བོ།

1.རྒྱུད་འདེད་པ། རྒྱུད་འདེད་རང་བཞིན་གྱིས་འཕེལ་སྟོབས་ལ་བཞག་པའི་ཤན་ཤུགས་ནི་རྒྱུད་མི་གཅིག་པ་དང་བྱེ་བྲག་གི་ལུས་ཕུང་མི་གཅིག་པའི་བར་གྱི་ཁྱད་པར་ཧ་ཅང་མངོན་གསལ་ཡིན་ཏེ། བཙོན་མས་ཁམས་དམར་ཕུད་པའི་གྲངས་ཀའི་མང་ཉུང་ནི་གཙོ་བོ་ཕྱུགས་སྣ་དང་ཕྱུགས་རྒྱུད་ལ་རག་ལས་པ་ཡིན། ཆགས་སྐྱང་གི་ཁམས་དཀར་གྱི་སྤུས་ཀ་དང་མངལ་ཆགས་བྱེད་ནུས་རྒྱུད་འདེད་རང་བཞིན་བཅས་དང་འབྲེལ་བ་དམ་པོ་ཡོད། ཁམས་དཀར་གྱི་སྤུས་ཀ་དང་

མངལ་ཆགས་སུ་འཛུག་པའི་བྱེད་ནུས་ནི་ནམ་ཡིན་ཡང་ཁམས་དཀར་སྨྲུམ་པའི་ཁམས་དམར་གྱི་གྲངས་ཀ་གཏན་ལ་འབེབས་པའི་རྒྱུ་རྐྱེན་ཡིན།

2.ཁོར་ཡུག ཁོར་ཡུག་གི་རྒྱུ་རྐྱེན་གྱིས་བཞོན་མའི་སྐྱེ་འཕེལ་བརྒྱུད་རིམ་ལེགས་སྒྱུར་བྱེད་ཐུབ་པ་དང་། འཕེལ་སྟོབས་ལ་ཤན་ཤུགས་བཟོ་ཐུབ་པ་རེད།

3.འཚོ་བཅུད། འཚོ་བཅུད་ཀྱི་རྒྱུ་རྐྱེན་ནི་བཞོན་མའི་འཕེལ་སྟོབས་ཀྱི་དངོས་པོའི་རྨང་གཞི་ཡིན་པས། འཚོ་བཅུད་ནི་བཞོན་མའི་འཕེལ་སྟོབས་ལ་ཤན་ཤུགས་བཟོ་བའི་རྒྱུ་རྐྱེན་གལ་ཆེན་ཡིན། འཚོ་བཅུད་མ་འདང་ན་ཡར་སྐྱེ་བཞོན་མའི་ཆགས་པ་ལང་ཡུན་རྗེ་རིང་དུ་གཏོང་བ་དང་། བཞོན་མ་དར་མར་ཆགས་པ་མི་ལང་བའམ་ཆགས་པ་ལངས་པ་ཚོད་ལྡན་མིན་པ། ཁམས་དམར་ཕུད་ཚད་རྗེ་ཉུང་དུ་འགྲོ་བ། ནུ་ཁ་རྒྱས་པ་ཞན་པ། ཐ་ན་མངལ་བེའུ་སྔ་མོ་ནས་འཆི་བ། མངལ་བེའུ་འཆི་རོ་དང་སྐྱེས་མ་ཐག་པའི་བེའུ་འཆི་བ་སོགས་རྗེ་མང་དུ་འགྲོ་བ་རེད། འཚོ་བཅུད་མང་དྲགས་ན་བཞོན་མས་ཁམས་དམར་ཕུད་པ་དང་ཆགས་སྐྱང་གི་ཆགས་པ་དང་སྦེབ་སྦྱོར་བྱེད་ནུས་བཅས་ལ་གནོད་པ་ཡིན།

4.ལོ་ན། སྤྱིར་ཡིན་ན་བཞོན་མའི་བཙའ་གྲངས་རྗེ་མང་དང་ལོ་ན་རྗེ་ཆེར་སོང་བ་དང་བསྟུན་སྐྱེ་འཕེལ་སྟོབས་ཤུགས་མུ་མཐུད་དུ་རྗེ་མཐོར་འགྲོ་ཞིང་། ལོ་ན་དར་ཐོག་ན་ཡོད་དུས་སྐྱེ་འཕེལ་སྟོབས་ཤུགས་དེ་ཙམ་གྱིས་ཆེ་བ་ཡིན་ལ། དེ་ནས་ལོ་ན་རྒས་པ་དང་མཉམ་དུ་སྐྱེ་འཕེལ་སྟོབས་ཤུགས་རིམ་བཞིན་དུ་རྗེ་ཞན་དུ་འགྱུར་བ་ཡིན།

5.འོ་མ་ཐོན་པར་ཤན་ཤུགས་བཟོ་བ། བཞོན་མས་མངལ་བཙས་རྗེས་ཆགས་པ་ལང་མི་ལང་དང་ཆགས་པ་ལང་སྔ་འཕྱི་སོགས་བཞོན་མའི་འོ་མ་སྟེར་སྐབས་ཀྱི་བསམ་སེའུ་བྱེད་ནུས་དང་བཙས་མ་ཐག་པའི་བེའུ་ལ་འོ་མ་སྣུན་པ། བཞོན་མའི་འོ་མ་ཐོན་ཚད། འོ་མ་འཛོ་གྲངས་སོགས་དང་ཐད་ཀར་དུ་འབྲེལ་བ

ཡོད་པ་ཡིན།

6. འོས་ཤིང་འཚམ་པའི་སྦྱིན་སྦྱོར་བྱེད་དུས་འདེམས་པ། བཞིན་མའི་ཆགས་པ་ལང་ཡུན་གྱི་ནང་དུ་སྦྱིན་སྦྱོར་བྱས་ན་ཆེས་ལེགས་པའི་དུས་རིམ་ཞིག་ཡིན། ཁམས་དམར་ཐུད་པ་ཙུང་འཁྲིས་པའི་བཞིན་མར་མཚོན་ན་ཏ་ཙང་མངོན་གསལ་ཞིག་ཡིན། རྒྱུན་ལྡན་ལྟར་ན་འོས་ཤིང་འཚམ་པའི་ཁམས་དམར་དུ་ཁམས་དཀར་འཛུག་པའི་སྦྱིན་སྦྱོར་བྱེད་རྒྱུ་ཏ་ཙང་གལ་ཆེ།

7. བདག་གཉེར་དོ་དམ་ཐད་ཀྱི་ཤན་ཞུགས། ཚད་མཐོན་པོ་ཞིག་གི་སྟེང་ནས་བཤད་ན་བཞིན་མའི་འཕེལ་སྟོབས་ནི་མིས་ཚོད་འཛིན་བྱེད་པ་ཡིན་ཏེ། ལུགས་མཐུན་སློས་གཟན་ཆས་སྟེར་བ་དང་རི་ནས་འཚོ་བ། འགྲུལ་སྐྱོད་བྱེད་པ། གཡུང་ལ་ཕབ་པ། ཕྱུགས་ཁང་འཛུགས་སྐྲུན། འཕྲོད་བསྟེན་སྲིག་གཞི། སྦྱིན་སྦྱོར་སྲིག་ལམ་སོགས་བདག་གཉེར་དོ་དམ་བྱེད་ཐབས་བཅས་ཀྱིས་བཞིན་མའི་འཕེལ་སྟོབས་ལ་ཐད་ཀར་དུ་ཤན་ཞུགས་བཟོ་བ་ཡིན།

(གཉིས)བཞིན་མའི་འཕེལ་སྟོབས་ཇེ་ཆེར་གཏོང་བའི་བྱེད་ཐབས།

བཞིན་མའི་འཕེལ་སྟོབས་ཇེ་མཐོར་གཏོང་ན་ཐོག་མར་ཆགས་སླང་དང་བཞིན་མའི་སྐྱེ་འཕེལ་ནུས་པ་རྒྱུན་སྐྱོང་བྱེད་པ་དང་། སྐྱེ་འཕེལ་དང་འཚམ་པའི་ལུས་ཐུང་བཟང་པོ་ཁག་ཐེག་བྱེད་དགོས། བདག་གཉེར་དོ་དམ་གྱི་ཐད་ནས་ཤུགས་གང་ཡོད་ཀྱིས་བཞིན་མའི་བེའུ་ཆགས་ཚད་ཇེ་མཐོར་བཏང་སྟེ། མངལ་མི་ཆགས་པ་དང་སྦྲུམ་ཤོར་བ། བཙའ་དཀའ་བ་བཅས་སྔོན་འགོག་བྱེད་ཅིང་། ལག་རྩལ་གྱི་ཐད་ནས་སྔོན་ཐོན་གྱི་སྐྱེ་འཕེལ་ལག་རྩལ་ལ་ཞིབ་འཇུག་དང་བེད་སྤྱོད་བྱས་ཏེ། མངལ་ཆགས་ཚད་ཇེ་མཐོར་གཏོང་དགོས།

1. སོན་ཕྱུགས་གསོ་སྐྱོང་དང་གཟན་སྟེར་དོ་དམ་བདག་གཉེར་བྱེད་པར་ཤུགས་སྟོན་བྱས་ཏེ། སྟོབས་དང་ལྡན་པའི་སྐྱེ་འཕེལ་བྱེད་ནུས་དང་ཤ་ཤེད་ལེགས་

པོ་ཞིག་རྒྱུན་འཁྱོངས་བྱེད་དགོས། སྐྱེ་འཕེལ་ནུས་སྟོབས་ལ་རྒྱུད་སྤེལ་རྒྱུ་རྐྱེན་གྱིས་ཤན་ཤུགས་ཆུང་ཆེ་བ་བཟོ་བ་དང་། སོན་བསྐྱར་བཞིན་མར་མཚོན་ན་རྒྱུན་ལྡན་གྱི་སྐྱེ་འཕེལ་སྟོབས་ཤུགས་ནི་ངེས་པར་དུ་མཁོ་བའི་ཆ་རྐྱེན་ཞིག་ཡིན་པས། ཆགས་སློང་དང་བཞིན་མ་གདམ་རྒྱུ་ནི་སྐྱེ་འཕེལ་ནུས་ཤུགས་ཇེ་མཐོར་གཏོང་བའི་སྟོན་འགྲོ་ཡིན། ཡང་ཞིག་བཤད་ན་སོན་ཕྲུགས་ལ་གཟན་སྟེར་གསོ་སྐྱོང་བྱེད་པ་ཤུགས་སྐྱོན་བྱེད་པ་ནི་སོན་ཕྲུགས་ཀྱི་རྒྱུན་ལྡན་གྱི་སྐྱེ་འཕེལ་བྱེད་ནུས་ཁག་ཐེག་བྱེད་པའི་དངོས་པོའི་རྨང་གཞི་ཡིན། སྐྱེ་འཕེལ་བ་ལང་ལ་ཤ་ཤེད་ལྡན་དགོས་པ་དང་། ངེས་པར་དུ་གཟན་སྟེར་ཚད་གཞི་ལྟར་གསོ་སྐྱོང་བྱས་ཏེ། ཟུངས་བཅུད་དོ་མཉམ་ཡོང་བར་བྱས་ནས་སོན་ཕྲུགས་ཀྱི་སྨིག་སྒུར་སྐྱེ་འཕེལ་བྱེད་ནུས་འདོན་སྤེལ་གང་ལེགས་བྱེད་དགོས།

2.བཞིན་མའི་རྒྱུན་ལྡན་གྱི་ཆགས་པ་ལང་བའི་ལུས་ཁམས་བྱེད་ནུས།

བཞིན་མའི་གསོ་སྐྱོང་བདག་གཉེར་བྱེད་པར་ཤུགས་སྟོན་བྱེད་ཅིང་། ཁྱད་པར་དུ་བཞིན་མ་སྨྲིག་པ་དང་སྦེབ་སྦྱོར་བྱེད་པའི་དུས་ཚིགས་སུ་བཞིན་མར་འཚམ་པའི་ཟུངས་བཅུད་ཀྱི་ཁོར་ཡུག་ཅིག་བསྐྲུན་པ་ནི་བཞིན་མ་རྒྱུན་ལྡན་ལྟར་སྨྲིག་པ་དང་ཁམས་དམར་ཕྱིར་ཐུད་པ་ཁག་ཐེག་བྱེད་པའི་དངོས་པོའི་རྨང་གཞི་ཡིན། དུས་མཚུངས་སུ་བཞིན་ཁང་གི་ཕྱི་རུ་འགུལ་སྐྱོད་དང་ཉི་མར་ལྡེས་ན། བཞིན་མ་སྨྲིག་པར་སྐུལ་འདེད་བྱེད་པའི་བྱེད་ནུས་ངེས་ཅན་ཞིག་ཡོད། བེའུ་ཡོད་པའི་བཞིན་མ་ཡིན་ན་ལུགས་མཐུན་སྣོས་ནུ་མ་སྟུན་མཚམས་བཅད་དེ་ཟླ་མོ་ནས་ལུས་ཤེད་རྒྱས་སུ་བཙུག་སྟེ་ཆགས་པ་ལང་བར་སྐུལ་འདེད་བྱེད་དགོས།

3.བཞིན་མ་སྨྲིག་པའི་ཆོས་ཉིད་ཁོང་དུ་ཆུད་པར་བྱེད་དགོས། སྦེབ་སྦྱོར་མ་བྱས་པའི་བཞིན་མའི་སྨྲིག་རྟགས་དང་སྨྲིག་རྟགས་དངོས་ཀྱི་བར་ཐག་དུས་ཡུན་རྒྱུས་ལོན་བྱེད་དགོས། ཉིན་རེར་ཐེངས་3ནས་ཐེངས་5ལ་བརྟག་ཞིབ་བྱེད་པ

རྒྱུན་འཁྱོངས་བྱེད་པ་དང་། བརྟག་ཞིབ་བྱེད་ཐེངས་རེའི་དུས་ཚོད་སྐར་མ 30 ལས་ཤུང་མི་རུང་། ཁྱད་པར་དུ་སྔ་མོའི་དུས་ཚོད 6:00དང་དགོང་མོའི་དུས་ཚོད 8:00བཅས་ཀྱི་ཡར་སྔོན་དུ་བཞོན་མ་སྐྱིག་གིན་ཡོད་མེད་ལ་བརྟགས་ན་སྐྱིག་བཞིན་པའི་བཞོན་མ་རྙེད་ཚད་ཅུང་མཐོ།

4.ཡང་དག་པའི་སྒོ་ནས་བཞོན་མ་སྐྱིག་གིན་ཡོད་མེད་ལ་བརྟག་པ་དང་དུས་ཐོག་ཏུ་སྐྱེབ་སྐྱོར་བྱེད་པ་ཁོང་དུ་ཆུད་པར་བྱས་ཏེ། བཞོན་མའི་སྐྱེབ་སྐྱོར་བྱེད་ཚད་ཇེ་མཐོར་གཏོང་དགོས། སྤྱིར་ཡིན་ན་བཞོན་མ་སྐྱིག་སྐྱེ་ཉིན་བྱེད་ལྷག་འགོར་ན་ཚོར་དབང་རྣོ་བ་ནས་དལ་འཇགས་སུ་གྱུར་ཏེ། བཞོན་མ་གཞན་དག་གམ་ཆགས་སྣང་བཅས་ལུས་སྟེང་དུ་ལྡིང་བ་དང་ལེན་བྱེད་པ་དང་། མངལ་ལམ་ནས་འབྱར་ཁུ་དྭངས་མོ་འཐོར་ཆེན་ནས་འབྱར་ཁུ་ཤུང་ཞིང་འབྱར་ཤུགས་ཆེ་བ་བཞུར་སྐབས། གཞང་རྒྱུ་ནས་བརྟག་ཞིབ་བྱས་ནས་ཁམས་དམར་སྔོང་སོབ་སླིན་ཡོད་དུས་སྐྱེབ་སྐྱོར་བྱས་ན་ཆེས་རན་པའི་དུས་སྐབས་ཡིན། རྒྱུན་ལྡན་གྱི་གནས་ཚུལ་འོག་ཏུ་བཞོན་མས་ཕུད་མ་ཐག་པའི་ཁམས་དམར་གྱི་གསོན་ཤུགས་ཅུང་ཆེ་ཞིང་། ཁམས་དཀར་འཇུག་ཚད་ཀྱང་ཆེས་མཐོ་བ་ཡིན། ཆགས་སྣང་གི་ཁམས་དཀར་བཙུག་སྟེ་དུས་ཚོད 0.5ཡི་ནང་དུ་ཁམས་དཀར་ཞུགས་སར་བསླེབ་ཐུབ། གལ་ཏེ་སྐབས་ཐོག་དེར་ཁམས་དཀར་དང་ཁམས་དམར་འདྲེས་པ་ན། མངལ་ཆགས་ཚད་ཧ་ཅང་མཐོ།

5.སྔ་མོ་ནས་མངལ་ཆགས་ཡོད་པར་ཞིབ་བརྟག་བྱས་ཏེ་སྐྱིག་མགོ་ཡལ་ནས་སྐམ་པར་ལུས་པ་སྔོན་འགོག་བྱེད་པ་དང་། བཞོན་མར་མངལ་ཆགས་ཚད་ཇེ་མཐོར་གཏོང་དགོས། སྔ་མོ་ནས་མངལ་ཆགས་ཡོད་མེད་ལ་བརྟག་ཞིབ་བྱས་ན་སྔ་མོ་ནས་བཞོན་མར་མངལ་ཆགས་ཡོད་མེད་གཏན་ཁེལ་བྱས་ཏེ། སོ་སོར་གང་ལ་གང་འཚམ་བྱེད་དགོས། བཞོན་མར་མངལ་ཆགས་ཡོད་པ་གཏིང་ཐག་ཆོད་ཚེ།

མངལ་བསྲུང་བར་ཤུགས་སྟོན་བྱས་ཏེ་མངལ་བེའུ་རྒྱུན་ལྡན་ལྟར་འཚར་ལོངས་འབྱུང་དུ་འཇུག་དགོས། མངལ་ཆགས་ཡོད་པ་གཏིང་ཐག་ཆོད་ཅུང་ད་དུང་སྨྲིག་བཞིན་པའི་བཞོན་མ"རྫུན་སྨྲིག་བྱེད་པ"ཡིན་ན། ནོར་འཁྲུལ་སློས་སེལ་སྦྱོར་བྱས་ཏེ་མངལ་འཚོར་དུ་འཇུག་པ་སྔོན་འགོག་བྱེད་དགོས། མངལ་མ་ཆགས་པའི་བཞོན་མ་ཡོད་ན་དུས་ཐོག་ཏུ་རྒྱུ་མཚན་བརྩལ་ཏེ་དེར་བསྟུན་གྱིས་ཐབས་ལམ་སྤྱོད་པ་དང་། དུས་ཐོག་ཏུ་བསྐྱར་སེལ་བྱས་ཏེ་སྐམ་པར་ལུས་ཡུན་རྗེ་ཐུང་དུ་གཏོང་དགོས།

6.སྐམ་པར་ལུས་པའི་བཞོན་མ་ཚན་རིག་སློས་དཔྱད་ཞིབ་དང་ཐག་གཅོད་བྱེད་པ། བཞོན་མ་སྐམ་པར་ལུས་པའི་རྒྱུ་མཚན་ཤིན་ཏུ་མང་སྟེ། ཕལ་ཆེར་སྐྱེས་ཐོབ་རང་བཞིན་གྱི་མངལ་མི་ཆགས་པ་དང་། ལོ་ན་རྒས་ཏེ་མངལ་མི་ཆགས་པ། ནད་གཞིའི་རང་བཞིན་གྱི་མངལ་མི་ཆགས་པ། ཟུངས་བཅུད་རང་བཞིན་གྱི་མངལ་མི་ཆགས་པ། བཀོལ་སྤྱོད་རང་བཞིན་གྱི་མངལ་མི་ཆགས་པ། མིའི་དབང་གིས་མངལ་མི་ཆགས་པ་སོགས་མང་འ། གནས་ཚུལ་དེ་དག་ལ་ཕྲད་ན་བྱེ་བྲག་གི་གནས་ཚུལ་ལ་གཞིགས་ཏེ་ཚན་རིག་སློས་དཔྱད་ཞིབ་བྱས་ནས། སྔ་མོ་ནས་སྐམ་པར་ལུས་པའི་རྒྱུ་མཚན་ཤེས་པར་བྱེད་པ་དང་། གང་ལ་གང་འཚམ་གྱི་བྱེད་ཐབས་སྤྱོད་དགོས། སྐྱེས་ཐོབ་རང་བཞིན་དང་ན་རྒས་རང་བཞིན། རྒྱུད་འཛིན་རང་བཞིན། བུ་སྣོད་ལ་ནད་ཀླི་མོ་ཡོད་པ་བཅས་ཀྱི་དབང་གིས་མངལ་མ་ཆགས་པ་ཡིན་ན། དུས་ཐོག་ཏུ་བཞོན་ཁྱུ་ནས་འདོར་དགོས། ཟུངས་བཅུད་རང་བཞིན་དང་བཀོལ་སྤྱོད་རང་བཞིན་གྱིས་མངལ་མ་ཆགས་པ་ཡིན་ན། གསོ་སྐྱོང་དོ་དམ་ལེགས་སྒྱུར་དང་ལུགས་མཐུན་བེད་སྤྱོད་བྱེད་པ་བརྒྱུད་དེ་སྐྱོན་སེལ་གང་ལེགས་བྱེད་དགོས། བུ་སྣོད་ལ་ནད་ཙམ་ཡོད་པས་མངལ་མ་ཆགས་པ་ཡིན་ན། ཏུར་ཐག་གིས་སྨན་བཅོས་བྱས་ཤིང་གང་མགྱོགས་སློས་བཞོན་མའི་སྐྱེ་འཕེལ་ནུས་ཤུགས

བསྐྱར་གསོ་བྱེད་དགོས།

7.སྐྱེ་འཕེལ་ལག་རྩལ་དང་སྐྱེ་འཕེལ་ཐབས་ལམ་ལེགས་སྒྱུར་བྱས་ཏེ། སྐྱེ་འཕེལ་ཐད་ཀྱི་ལག་རྩལ་གསར་པ་དར་སྤེལ་དུ་གཏོང་དགོས། དེང་རབས་བ་ཕྱུགས་གསོ་བའི་ལས་རིགས་ཁྲོད་སྐྱེ་འཕེལ་ལག་རྩལ་མུ་མཐུད་དུ་ལེགས་སྒྱུར་དང་ཇེ་མཐོར་གཏོང་བཞིན་ཡོད་ཅིང་། བཞོན་མ་སྨྲིག་ཚད་ལོངས་པ་དང་སྨྲིག་པ། སྦེབ་སྦྱོར་བྱེད་པ། མངལ་ཆགས་པ། བེའུ་བཙའ་བ་ནས་བེའུ་འོ་མ་ནུ་མཚམས་གཅོད་པ། བེའུ་གསོ་སྐྱོང་བྱེད་པ་སོགས་འགག་མཚམས་མང་པོ་དུ་སྡེ་ཕྱིར་མུ་རྒྱུན་རང་བཞིན་གྱི་ཚོད་འཛིན་ལག་རྩལ་དར་ཡོད། དཔེར་ན་དུས་ཐོག་གཅིག་ཏུ་སྨྲིག་པ་དང་མངལ་བེའུ་གཞན་སྤོར། མངལ་བཙའ་བ་ཚོད་འཛིན། སྡེ་སོ་ནས་འོ་མ་ནུ་མཚམས་གཅོད་པ་སོགས་ལག་རྩལ་གསར་པ་སྤྱོད་བཞིན་ཡོད་པ་ལྟ་བུ།

ལེའུ་ལྔ་བ། བཙོན་མ་གསོ་སྐྱོང་བདག་གཉེར།

ལེ་ཚན་དང་པོ། བཙོན་སྲུང་བེའུ་གསོ་སྐྱོང་བདག་གཉེར།

གཅིག བེའུ་ཡི་འཇུ་བྱེད་ཁྱད་ཆོས།

བེའུ་ཡི་མིད་པའི་ཤུར་ལམ་གྲོད་པུའི་མགྲིན་ཁུང་བརྒྱུད་དེ་གྲོད་སྲུལ་དུ་བསྒྲིངས་འདུག དེ་ནི་མིད་པའི་སྣེ་མོ་ཡིན་ལ། མིད་པ་བསྐུམས་དུས་སྦུ་གུ་ཞིག་ཏུ་གྱུར་ཏེ་གཟན་རྩ་གྲོད་པུ་དང་གྲོད་སྲུལ་བརྒྱུད་དེ་ལྟག་སྣོད་དུ་འདྲེན་པ་ཡིན། འོ་མ་ནུ་སྐབས་ཀྱི་བེའུ་ལ་མཚོན་ན་མིད་ཤུར་གྱིས་ནུ་མ་ནུས་ཏེ་འོ་མ་ཁ་ནང་དུ་ཡོང་བ་དང་བསྟུན་ནས་མིད་ཤུར་གྱི་ཁ་བཅད་པ་དེར་མིད་ཤུར་གྱི་ཚོར་སྣང་ཟེར་ཞིང་། དེས་འོ་མ་ཐད་ཀར་དུ་ལྟག་སྣོད་དུ་དྲངས་ཏེ་འོ་མ་གྲོད་པུ་དང་གྲོད་སྲུལ་དུ་བཞུར་ནས་འབུ་ཕྲས་བསྒྱུར་ལང་དུ་འཇུག་པ་དང་། འཇུ་བྱེད་མ་ལག་གི་ནད་སོགས་འབྱུང་བ་སྔོན་འགོག་བྱེད་ཐུབ། སྤྱིར་བཏང་གི་གནས་ཚུལ་འོག་ཏུ་འོ་མ་ནུ་མཚམས་བཅད་པའི་ཡར་བེའུ་དང་བ་ལང་དར་མའི་མིད་པའི་ཤུར་སྦུག་གི་ཚོར་སྣང་རིམ་བཞིན་དུ་མེད་པར་འགྱུར་སྲིད།

བེའུ་བཙས་ནས་ཟླ་2འགོར་རྗེས་སྐྱུག་ལྡད་བྱེད་སྲིད་པ་དང་། ཉི་མ་རེར་སྐྱུག་ལྡད་ཐེངས་9ནས་ཐེངས་18བྱེད་ཅིང་། སྐྱུག་ལྡད་བྱེད་ཐེངས་རེར་དུས་ཚོད་སྐར་མ་15ནས་སྐར་མ་50མཁོ་བ་ཡིན་ལ། ཉིན་གཅིག་གི་ནང་དུ་དུས་ཚོད་5ནས་དུས་ཚོད་9བཅས་ལ་སྐྱུག་ལྡད་བྱེད་པ་ཡིན།

གཉིས། བེའུ་གསོ་སྐྱོང་ལག་རྩལ།

(གཅིག)བེའུ་འཚར་ལོངས་འབྱུང་བའི་ཁྱད་ཆོས།

1.སྐྱེད་ཚད་ཇེ་ཆེར་འགྲོ་བ། རྒྱུན་ལྡན་གྱི་གསོ་སྐྱོང་ཆ་རྐྱེན་འོག་ཏུ་བེའུ་སྐྱེད་ཚད་ཇེ་ཆེར་འགྲོ་བ་ཧ་ཅང་མགྱོགས། བཙས་མ་ཐག་པའི་བེའུ་སྐྱེད་ཚད་ནི་བཞོན་མའི་སྐྱེད་ཚད་ཀྱི་7%ནས་8%ཡིན། ཟླ་ངོ་3འགོར་བ་ན་བེའུ་སྐྱེད་ཚད་བཞོན་མའི་སྐྱེད་ཚད་ཀྱི་20%དང་། ཟླ་ངོ་6འགོར་བ་ན་30% ཟླ་ངོ་12འགོར་བ་ན་50% ཟླ་ངོ་18འགོར་བ་ན་75% ལོ་5འགོར་བ་ན་འཚར་ལོངས་འབྱུང་ཚད་མཇུག་རྫོགས་པ་ཡིན། དེར་བལྟས་ན་ཤེས་ཐུབ་པ་ཞིག་ནི་ཟླ་ངོ་3ནས་ཟླ་ངོ་12གྱི་བེའུ་དང་། ཡར་བེའུ་ཡིན་དུས་ལུས་ཀྱི་སྐྱེད་ཚད་ཇེ་ཆེར་འགྱུར་བ་ཧ་ཅང་མགྱོགས། ཟླ་18ནས་ལོ་5བར་གྱི་ཡར་བེའུ་ཡི་ལུས་ཀྱི་སྐྱེད་ཚད་ཇེ་སྐྱེར་འགྲོ་བ་ཙུང་དལ་བ་སྟེ25%ཡས་མས་ལས་འཕར་མི་ཐུབ་པ་ཡིན།

2.གཟུགས་གཞི་ཡར་སྐྱེ་འཚར་ལོངས་འབྱུང་བ། བཙས་མ་ཐག་པའི་བེའུ་དང་བ་ལང་དར་མའི་གཟུགས་གཞི་འཚར་ལོངས་འབྱུང་བ་དེ་སྡོམས་བཅས་ཀྱིས་མི་འདྲ་བ་ཡིན། བ་ལང་དར་མ་དང་བསྡུར་ན་བཙས་མ་ཐག་པའི་བེའུ་ཡི་མགོ་ཆེ་བ་དང་གཟུགས་མཐོ་བ། སུག་ཆ་རིང་བ། ཁྱད་པར་དུ་རྐང་སུག་ཧ་ཅང་རིང་འདུག མངལ་སྦྲུམ་སྐབས་བཞོན་མའི་ཤ་ཤེད་མ་ལེགས་ན། མངལ་གནས་སྦྲུ་གུ་འཚར་ལོངས་འབྱུང་བར་གེགས་བྱུང་སྟེ། བཙས་མ་ཐག་པའི་བེའུ་དག་གི་གཟུགས་ཚད་ཡོངས་ཁྱབ་ཀྱིས་ཆུང་འདུག བཙས་མ་ཐག་པའི་བེའུ་ཡི་གཟུགས་གཞིའི་རིང་ཚད་དང་གཟུགས་ཁོག་གི་གཏིང་ཚད་བཅས་འཚར་ལོངས་འབྱུང་བ་ཙུང་མགྱོགས་ཏེ། གལ་ཏེ་བ་ལང་དར་མའི་གཟུགས་ཁོག་ཆུང་ཞིང་གཟུགས་སྒ་ཐུང་ལ། སུག་ཆ་རིང་བ་བཅས་ཡིན་ན་འོ་མ་ནུ་སྐབས་དང་ཡར་བེའུ་ཡིན་སྐབས། ནར་སོན་སྐབས་བཅས་སུ་འཚོ་བཅུད་མ་འདང་བས་ཡིན། དེར་བརྟེན་བེའུ་དང

ཡར་བེའུ་ཡི་སྒྲོམ་ནི་བེའུ་དང་ཡར་བེའུ་བདེ་ཐང་ཡིན་མིན་དང་འཚར་ལོངས་བྱུང་བ་རྒྱུན་ལྡན་ཡིན་མིན་བརྟག་པའི་ཚད་གཞི་གལ་ཆེན་ཞིག་ཡིན།

3.འཇུ་བྱེད་མ་ལག་འཚར་ལོངས་བྱུང་བ། བེའུ་ཡི་འཇུ་བྱེད་ཁྲོད་ཆོས་དེ་བ་ལང་དར་མ་དང་བསྡུར་ན་ཁྱད་པར་མངོན་གསལ་ཅན་ཞིག་མངའ། སྤོས་བཅས་ཀྱིས་བཤད་ན་བཙས་མ་ཐག་པའི་བེའུའི་ལྟོ་ཕྲུག་སྣོད་ཀྱི་ཤོང་ཚད་ཅུང་ཆེ་སྟེ། གྲོད་པུ་སྤྱིའི་ཆེ་ཆུང་གི་70%ཟིན་ཞིང་། གྲོད་པུ་དང་གྲོད་སྲུལ་སོགས་ཀྱི་ཤོང་ཚད་ཅུང་ཆུང་སྟེ། གྲོད་པུ་སྤྱིའི་30%ཟིན་ལ། བྱེད་ནུས་ཀྱང་དེ་འདྲ་མེད། ཟླ་3འགོར་རྗེས་བེའུ་ཡི་གྲོད་པུ་མགྱོགས་མྱུར་ངང་འཚར་ལོངས་བྱུང་བ་དང་། བཙས་མ་ཐག་པ་དང་བསྡུར་ན་ལྡབ་3ནས་ལྡབ་4ཇེ་ཆེར་འགྱུར་བ་དང་། ཟླ་3ནས་ཟླ་6ཡིན་པའི་བེའུ་ཡི་གྲོད་པུ་ལྡབ་1ནས་ལྡབ་2ཀྱིས་ཇེ་ཆེར་འགྱུར་ལ། ཟླ་6ནས་ཟླ་12ཡིན་པའི་བེའུ་གྲོད་པུ་ལྡབ་1གིས་ཇེ་ཆེར་འགྱུར་སྲིད། ཟླ་12འགོར་བའི་ཡར་བེའུ་ཡི་གྲོད་པུའི་ཤོང་ཚད་ནི་ཕལ་ཆེར་བ་ལང་དར་མ་དང་གཅིག་མཚུངས་ཡིན།

(གཉིས)གོ་རིམ་སོ་སོར་བེའུ་གསོ་སྐྱོང་བྱེད་ཚུལ།

1.བཙས་མ་ཐག་པའི་བེའུ་གསོ་སྐྱོང་བྱེད་ཚུལ། བེའུ་བཙས་ཏེ་ཉིན་མ་3ནས་ཉིན་མ་5འགོར་བའི་ནང་དུ་བེའུ་ལ་བཙས་མ་ཐག་པའི་བེའུ་ཟེར། བེའུ་བཙས་རྗེས་ཀྱི་ཉིན་འགའི་ནང་དུ། དབང་རྟེན་གྱི་གྲུབ་ཆ་ད་དུང་འཚར་ལོངས་བྱུང་ཡག་ཅིག་མིན་པས། ཕྱི་རོལ་གྱི་མི་ལེགས་པའི་ཁོར་ཡུག་ལ་འགོག་རྒོལ་བྱེད་པའི་ནུས་པ་ཞན་ལ། དབང་རྩའི་མ་ལག་གི་ཚོར་དབང་མི་རྣོ། དེར་བརྟེན་བཙས་མ་ཐག་པའི་བེའུ་ལ་ནད་རིགས་སྣ་ཚོགས་ཀྱིས་གནོད་འཚེ་བཏང་སྟེ་ནད་འབྱུང་བ་དང་། ཡང་ན་འཆི་བར་འགྱུར་སྲིད།

བེའུ་བཙས་ཏེ་དུས་ཚོད་སྐར་མ་30ནས་སྐར་མ་60ཡི་ནང་དུ་འོ་སྤྲི་ནུ་རུ་འཇུག་དགོས། ཉུང་མཐའ་ཡིན་ཡང་འོ་སྤྲི་སྟོང་ཁ་1བསྣུན་དགོས། ཉིན་མ་རེར་

འོ་སྤྲི་སྣུན་ཚད་ནི་བེའུ་ལྗིད་ཚད་ཀྱི་8%ནས་10%ཟིན་པ་དང་། འོ་སྤྲིའི་དྲོད་ཚད་ནི་ཏུའུ་35ནས་ཏུའུ་38བཅས་ཡིན་དགོས། བེའུ་གསོ་སྐྱོང་བོར་ཡུག་གི་ཡོ་བྱད་ཐམས་ཅད་ངེས་པར་དུ་འཕྲོད་བསྟེན་ཆ་རྐྱེན་དང་མཐུན་དགོས། བེའུ་བཙས་ནས་ཉིན་3ནས་ཉིན་5ཡི་ནང་དུ་ཉི་མ་རེར་ཐེངས་3ལ་བསྣུན་དགོས། གལ་ཏེ་བཞོན་མས་བེའུ་བཙས་རྗེས་ནུ་མའི་ཚ་ནད་བྱུང་སྐྱེ་ཤི་སོང་ན། དུས་མཚུངས་བེའུ་བཙས་པའི་བཞོན་མ་བདེ་ཐང་ཅན་གྱི་འོ་སྤྲིའམ་ཞོ་ཆགས་པའི་འོ་སྤྲི་བསྣུན་ཆོག ནད་འགོག་རྫས་རྒྱུ་འདྲེན་པའི་ནུས་པ་ཇེ་མཐོར་གཏོང་ཆེད། ཞོ་ཆགས་འོ་སྤྲི་སྟོང་ཁེ་1གི་ནང་དུ་ཐན་སོན་ཆེན་ནྲ(ཞའོ་སུའུ་ཏ་ཡང་ཟེར)ཁེམ་བྱུ་གཅིག་བསྲེས་ཏེ་ལྡུད་དགོས།

2.འོ་མ་ནུ་སྐབས་ཀྱི་བེའུ་གསོ་སྐྱོང་བྱེད་ཚུལ། སྤྱིར་ཡིན་ན་བེའུ་ཞིག་གི་འོ་མ་ནུ་ཡུན་ནི་ཉི་མ་45ནས་ཉི་མ་60ཡིན་ལ། འོ་མ་སྣུན་ཐབས་ནི“སྟོན་མཐོ་ཞིང་རྗེས་དམའ་བ”སྤྱོད་དགོས། དེ་ནི་གཙོ་བོ་བཙས་མ་ཐག་པའི་བེའུ་གསུམ་པ་ནི་གཟན་ཆས་ཟོས་ན་མི་འཕྲོད་པའི་དབང་གིས་དང་ཐོག་འོ་མ་འགྲང་ཚད་ཅིག་བསྣུན་དགོས། འོ་མ་བསྣུན་མཚམས་གཅོད་ལ་ཉེ་སྐབས་གཟན་ཆས་བྱིན་ན་འཚམ་པས། འོ་མ་ལྡུད་ཚད་ཇེ་ཉུང་དུ་བཏང་སྟེ་གཟན་ཆས་རགས་ཞིབ་བྱིན་ནས་གསོ་སྐྱོང་བྱེད་དགོས། སྤྱིར་ཡིན་ན་གཤམ་གསལ་གྱི་འོ་མ་ལྡུད་ཚད་ལྟར་བླུད་ན་འཚམ་སྟེ། བེའུ་བཙས་ཏེ་ཉི་མ་1ནས་ཉི་མ་20ཡི་བར་དུ་ཉིན་རེར་འོ་མ་སྟོང་ཁེ་6ལྡུད་པ་དང་། ཉི་མ་21ནས་ཉི་མ་30ཡི་བར་དུ་ཉི་མ་རེར་འོ་མ་སྟོང་ཁེ་4ལྡུད་པ། ཉི་མ་31ནས་ཉི་མ་45སོང་བ་ན་ཉི་མ་རེར་འོ་མ་སྟོང་ཁེ་3རེ་བཅས་ལྡུད་དགོས།

བེའུ་ལ་གཟན་ཆས་ཁ་རེག་ཏུ་འཛུག་པར་གཟན་ཆས་དང་རྩི་རིལ་སྤུས་ལེགས་སྟེར་དགོས། བེའུ་ལ་འོ་མ་བསྣུན་རྗེས་འོ་མ་ཉུང་ཙམ་གཟན་ཆས་ཀྱི་སྟེང་ལ་

གཏོར་བ་དང་། ཡང་ན་གཟན་ཆས་གདུས་ཏེ་ནུར་པོ་ཞིག་ཏུ་བཏང་སྟེ་འོམ་དང་བསྲེས་ནས་ལྡུད་པ་དང་། ཡང་ན་གཟན་ཆས་ཉུང་ཙམ་མཛུབ་མགོར་བསྐུས་ཏེ་བེའུ་ལ་བལྡག་ཏུ་འཇུག་དགོས། སྤྱིར་གཟའ་འཁོར་གཉིས་འགོར་རྗེས་བེའུ་ཡིས་གཟན་ཆས་དང་སྤུས་ལེགས་རྩི་རིལ་ཟ་ཐུབ་པ་ཡིན། དུས་དེ་ནས་བཟུང་ཁ་རའི་ནང་དུ་སྔོ་མ་ཉུང་ཙམ་དང་གཟན་ཆས་སྤུས་ལེགས་གཏོར་ཏེ་བེའུ་ལ་བཟའ་རུ་འཇུག་དགོས།

བེའུ་ཡི་འཇུ་བྱེད་མ་ལག་འཚར་ལོངས་འབྱུང་བར་སྐུལ་འདེད་བྱས་ཏེ་སྔོ་མོ་ནས་གྲོད་པུའི་འབུ་ཕྲའི་ཁྱབ་ཁྱོངས་མ་ལག་བཙུགས་ཏེ། འཇུ་སྟོབས་རྗེ་ཆེར་བཏང་ཞིང་། བེའུ་ལ་སྔོ་མོ་ནས་སྐྱུག་ལྡད་བྱེད་དུ་འཇུག་ཆེད་གཟའ་འཁོར་གཅིག་གི་བེའུ་ལ་སྤུས་ལེགས་སྔོ་མ་དང་སྤུས་ལེགས་རྩི་རིལ། དཀྱུས་བསྐལ་སྔོ་རྩྭ་ཟ་བར་སྦྱོང་བརྡར་བྱེད་མགོ་རྩོམ་དགོས་མོད། འོན་ཀྱང་དཀྱུས་བསྐལ་སྔོ་རྩྭ་སྟེར་ཚད་སྤུས་ལེགས་རྩི་རིལ་གྱི་ 50% (དངོས་ཟས་སྐམ་པོ་གཞིར་བཟུང་སྟེ་བརྩིས་པ་ཡིན)ལས་བརྒལ་མི་རུང་། གཟན་ཆས་ཟ་ཚད་ཉིན་རེ་ལས་རིམ་བཞིན་དུ་ཇེ་མང་ལ་གཏོང་དགོས། བེའུ་ལ་འོ་མ་ནུ་མཚམས་གཅོད་སྐབས་དཀྱུས་བསྐལ་སྔོ་རྩྭ་སྟོང་ཁ 1.5ནས་སྟོང་ཁ 2སྟེར་བ་དང་མཉམ་དུ་ཁུ་མང་གཟན་ཆས་དང་གཏེར་རྫས་གཟན་ཆས་བཅས་སྟེར་དགོས།

3.འོ་མ་ནུ་མཚམས་གཅོད་སྐབས་བེའུ་གསོ་སྐྱོང་བྱེད་ཚུལ། བེའུ་ནར་སོན་ཏེ་ཟླ་ངོ 3ཡས་མས་ལོན་པ་ན། འོ་མ་ནུ་མཚམས་བཅད་ཆོག འོ་མ་ནུ་མཚམས་གཅོད་ཡུན་གྱི་ནང་དུ་བེའུ་འོ་མས་གསོ་བ་གཙོ་བོ་ནས་རིམ་བཞིན་དུ་གཟན་ཆས་དང་གཟན་རྩྭ་ལོན་ཟ་བའི་བར་བརྒྱལ་གྱི་དུས་སྐབས་ཤིག་ཡིན་པས། བེའུ་ལ་མཚོན་ན་དེ་ནི་འགྱུར་ལྡོག་ཆེན་པོ་ཞིག་ཡིན་པ་དང་། ངེས་པར་དུ་སེམས་ཞིབ་མོས་གསོ་སྐྱོང་བྱེད་དགོས།

འོ་མ་ནུ་མཚམས་གཅོད་པའི་གོ་རིམ་ནི་དང་ཐོག་གི་ཟླ་ཕྱེད་དེ་ཡིན། དེ་

ནས་བཟུང་རིམ་བཞིན་དུ་གཟན་ཆས་ཞིབ་མོ་གཟན་ཆས་རགས་མོའི་སྟེར་ཚད་ལས་ཇེ་མང་དང་འོ་མ་སྤྲུན་ཚད་ཇེ་ཉུང་དུ་གཏོང་དགོས། ཉི་མ་རེར་འོ་མ་སྤྲུན་ཐེངས 3ནས་སྤྲུན་ཐེངས 2སུ་གཏོང་དགོས། དེ་ནས་འོ་མ་སྤྲུན་ཐེངས་ཉི་མ་རེར་ཐེངས 2ནས་ཐེངས 1ཏུ་གཏོང་དགོས། དེ་ནས་ཉི་མ་རེ་བར་ལ་བསྐྱུར་ཏེ་འོ་མ་ཐེངས་གཅིག་ལ་བསྟུན་ཆོག བེའུ་འོ་མ་ནུ་མཚམས་གཅོད་སྐབས་ད་དུང་ཆུ་བསྲེས་ཡོད་པའི་འོ་མ་བསྟུན་ཀྱང་ཆོག དང་ཐོག 1:1བསྲེས་ཡོད་པའི་འོ་ཆུ་བསྟུན་པ་དང་། དེ་ནས་རིམ་བཞིན་དུ་ཆུ་བསྲེ་ཚད་ཇེ་མང་དུ་གཏོང་ཞིང་། མཇུག་མཐར་འོ་མའི་ཚབ་ཏུ་ཆུ་དྲོད་འཇམ་རྐྱང་རྐྱང་བསྟུན་ཆོག གལ་ཏེ་འོ་མ་ནུ་མཚམས་མ་བཅད་པའི་ཡར་སྔོན་དུ་བེའུ་གཟན་ཆས་རགས་མོ་ཟ་བར་མི་དགའ་ན་འོ་མ་སྤྲུན་ཡུན་ཇེ་རིང་དུ་བཏང་ཆོག འོ་མ་ནུ་མཚམས་བཅད་མ་ཐག་པའི་བེའུ་ཡིན་ན་བེའུ་ཡི་ཡི་ག་ལ་བརྟག་པ་དང་། གཟན་ཆས་ལ་གློ་བུར་བའི་འགྱུར་ལྡོག་འབྱུང་དུ་འཇུག་མི་རུང་བར་རིམ་བཞིན་དུ་ཪོ་སྣའམ་གཟན་ཆས་རགས་མོ་གཙོ་བོར་བསྐྱུར་ཏེ་སྟེར་དགོས།

གསུམ། བེའུ་སྐྱོང་ཚུལ།

(གཅིག)བེའུ་འགུལ་སྐྱོད་དང་གཡུང་འདུལ་བྱེད་ཚུལ།

བེའུ་བཙས་ནས་ཉི་མ 10ནས་ཉི་མ 15འགོར་བ་ནས་བཟུང་ཉིན་རེར་འགུལ་སྐྱོད་ཐེངས 1བྱེད་པ་དང་། དང་ཐོག་འགུལ་སྐྱོད་བྱེད་ཡུན་དུས་ཚོད་སྐར་མ 10ནས་སྐར་མ 20དང་། དེ་ནས་རིམ་བཞིན་དུ་འགུལ་སྐྱོད་བྱེད་ཡུན་དུས་ཚོད 2ནས་དུས་ཚོད 4རུ་གཏོང་དགོས། ཁང་བའི་ནང་ནས་སྐོར་སྐྱོང་བྱེད་པའི་ཆ་རྐྱེན་འོག་ཏུ་བེའུ་བེའུ་ར་འི་ནང་དུ་རང་དགར་སྐྱོད་པ་དང་། ཡང་ན་བདའ་འདེད་བྱས་ནས་འགུལ་སྐྱོད་བྱེད་དུ་འཇུག་དགོས། ཡིན་ནའང་ཆར་བ་འབབ་པའམ་དགུན་ཐོག་གྲང་ངར་ཆེ་བའི་ཆ་རྐྱེན་འོག་ཏུ་བེའུ་བརྟན་ས་རུ

ཉལ་དུ་འཇུག་མི་རུང་བ་དང་། བེའུ་ར་ནུ་རྫི་རིལ་སྐྱེར་ས་དང་ཚྭ་ཁུ་ལྷག་པའི་ཁ་ར་ཡོད་དགོས། བེའུ་གཡུང་འདུལ་བྱས་ན་རྣ་རྒྱ་ལེགས་པོ་སྐྱོད་པའི་གོམས་སྲོལ་བཟང་པོ་ཡོང་བ་དང་། གཤིས་ཀ་འཇམ་པོར་བསྒྱུར་ཐུབ། དེར་བརྟེན། བེའུ་རྫི་བེའུ་གམ་དུ་བཏུད་ནས་བེའུ་ལ་བྱུག་བྱུག་བྱེད་པ་དང་། ཉུ་མར་བྱུག་བྱུག་བྱེད་པ། ལུས་ལ་འཕྱུག་པ་བཅས་བྱེད་དགོས།

(གཉིས)བེའུ་སྐྱོར་སྐྱོང་བྱེད་ཚུལ།

1.བེའུ་རྣ་ལེན་པ། བེའུ་བཙས་ཏེ་ཉི་མ 15ནས་ཉི་མ 30ཡི་ནང་དུ་མགོ་ཡི་རྣ་ལེན་དགོས། བེའུ་རྣ་ལེན་པའི་རྒྱུ་མཚན་གཙོ་བོ་ནི་ནར་སོན་རྗེས་བཞོན་མ་ཕན་ཚུན་རྣ་གཡུག་བྱེད་རེས་སམ་མི་ལ་བརྡུངས་ཏེ་རྨས་སྐྱོན་བཟོ་བ་སྔོན་འགོག་བྱེད་པ་དང་། སྟར་ལས་གཞན་ཆས་སྐྱེར་བའམ་སྐྱོར་སྐྱོང་བྱེད་བདེ་བ་བྱེད་དགོས། དེང་སང་ཕལ་ཆེར་རྫོད་གློག་རྣ་ལེན་འཕྲུལ་ཆས་སྤྱོད་པ་ཡིན་ལ། ཚ་ལམ་ལམ་གྱི་རྫོད་གློག་རྣ་ལེན་འཕྲུལ་ཆས་རྣ་རྩར་སྣུ་མཐུད་དུ་མནན་ཏེ་སྐར་ཆ 10ནས་སྐར་ཆ 20འགོར་བ་ན་རྣ་ཅོ་རྩད་ནས་ལེན་ཐུབ་པ་དང་། དུག་སེལ་སོགས་བྱེད་མི་དགོས།

2.བེའུ་ལ་འཕྲོད་བསྟེན་བདག་གཉེར་བྱེད་ཚུལ། བེའུ་ལ་འོ་མ་བསྣུན་ཚར་རྗེས་ཡོ་བྱད་དག་དུས་ཐོག་ཏུ་གཙང་མ་ཞིག་བཀྲུ་དགོས། སྤྱིར་ཡིན་ན་ཆུ་གཙང་མ་དང་ལན་ཚྭའི་ཆུ། ཆུ་གཙང་མ་བཅས་ཀྱི་གོ་རིམ་ལྟར་གཙང་མ་ཞིག་བཀྲུ་དགོས། འོ་མ་བསྣུན་ཚར་རྗེས་ལག་ཕྱིས་སྐམ་པོས་བེའུ་ཁ་སྣའི་སྟེང་དུ་ཡེར་བའི་འོ་མ་གཙང་མ་ཞིག་ཕྱིས་ཏེ། བེའུ་ཡིས་ཕན་ཚུན་གྱི་ལུས་སྟེང་གི་འོ་མ་བལྡགས་ཏེ་ཕན་ཚུན་གྱི་སྤུ་བཏོག་པའི་གོམས་སྲོལ་ངན་པ་ཡོང་དུ་འཇུག་མི་རུང་། བེའུ་དག་ཟླ་ཡི་ཆེ་ཆུང་ལྟར་འགོག་སའི་ར་བ་དང་ཁྲུ་དགར་དགོས། ཟླ་ངོ 1ནས་ཟླ་ངོ 3སོན་པའི་བེའུ་ཁྲུ་གཅིག་དང་། ཟླ་ངོ 4ནས་ཟླ་ངོ 5སོན་པའི་བེའུ་ཁྲུ་གཅིག

ཟླ་ངོ་5ནས་ཟླ་ངོ་6སོན་པའི་བེའུ་ཕྲུ་གཅིག་སོགས་བཙུགས་ཏེ། བེའུ་ཕྲུ་གཅིག་གི་བེའུ་མང་ཤུང་ནི་བེའུ་25ཡི་ཡན་ལ་འབུད་དུ་འཇུག་མི་རུང་། ཟླ་ངོ་3སོན་པའི་བེའུ་དག་གི་ཁ་ཟས་སུ་འོ་མ་གཙོ་བོ་ཡིན་པ་དེ་གཟན་རྩྭ་གཙོ་བོར་འགྱུར་བའི་དུས་སྐབས་ཡིན་པས། གསོ་སྐྱོང་གང་ལེགས་བྱེད་དགོས། བེའུ་ཁང་ནི་བསེར་བུ་རྒྱུ་བ་དང་སྐམ་པོ་ཡིན་པ། དབྱར་བསིལ་ཞིང་དགུན་དྲོ་བ་ཞིག་ཡིན་དགོས་ཤིང་། ཐང་ལ་ཉིན་རེ་བཞིན་དུ་རྩྭ་སྐྱ་གཙང་མ་བརྗེ་དགོས། རྩེ་རིལ་ནི་གང་འདོད་དུ་བཟའ་རུ་འཇུག་པ་དང་། སྔོ་ཉར་གཟན་རྩྭ་ནི་དུས་ཚོད་ལྟར་དུ་བྱིན་ཏེ་བཟའ་རུ་འཇུག་དགོས། ཉི་མ་རེ་རེར་རྫ་ཐལ་ཐེངས་2ལ་གཏོར་བ་དང་། གཟའ་འཁོར་རེར་དུག་སེལ་ཆེན་པོ་ཐེངས་1བྱས་ཏེ། བེའུ་ར་དང་ས་ངོས། བར་ཚོད་བཅས་གཙང་མ་ཡིན་པ་ཁག་ཐེག་བྱེད་དགོས། ཉི་མ་རེར་བེའུ་ལུས་ངོས་ལ་གཙང་འབྲད་ཐེངས་1ནས་ཐེངས་2བྱེད་དགོས། གཙང་འབྲད་བྱེད་པར་འཇམ་ཤད་བཀོལ་བ་དང་བེའུ་ལུས་ངོས་གཙང་མ་ཡིན་པ་ཁག་ཐེག་བྱེད་དགོས། བེའུ་འགྲུལ་སྐྱོད་ར་བ་ནི་ངོས་བདེ་བ་དང་ས་བརླན་མེད་པ། བསིལ་འགྲིག་ཡོད་པ། འཁྱིལ་ཆུ་མེད་པ། ལྷི་བ་དང་རྡེའུ་མེད་པ་བཅས་ཡིན་དགོས། ཆུ་གཞོང་དང་ཁ་རའི་ནང་དུ་རྩྭ་ཆུ་འཛོམས་ཤིང་། རྩྭ་ཆུ་རང་དགར་སྤྱད་ཆོག་པ་ཞིག་ཡིན་དགོས།

ལེ་ཚན་གཉིས་པ། ཡར་བེའུ་སྣར་སྐྱོང་དོ་དམ་བྱེད་པ།

ཟླ་ངོ་6ཡིན་པའི་བེའུ་ཡར་བེའུ་ཕྲུ་ལ་བཀར་ཆོག སྐབས་ཐོག་དེའི་གསོ་སྐྱོང་བྱེད་པའི་དམིགས་ཡུལ་ནི་ཡར་བེའུ་རྒྱུན་ལྡན་ལྟར་འཚར་ལོངས་འབྱུང་དུ་འཇུག་པ་དང་དུས་ཐོག་ཏུ་སྦེབ་སྦྱོར་བྱེད་པ་བཅས་ཡིན།

གཅིག ཡར་བེའུ་གསོ་སྐྱོང་བྱེད་པ།

ཡར་བེའུ་གསོ་སྐྱོང་བྱེད་པའི་གཟན་ཆས་ཀྱི་ཚད་གཞི་ནི་འོས་འཚམ་ཞིག་ཡིན་དགོས། ཟླ་ངོ་16ནས་ཟླ་ངོ་18སྟེང་དུ་སྟེབ་སྦྱོར་བྱེད་སྐབས་ཡར་བེའུ་ལུས་ཀྱི་ལྗིད་ཚད་སྟོང་ཁེ་340ནས་སྟོང་ཁེ་380ལས་དམའ་མི་རུང་བ་དང་། ཆེས་ལྗིད་ན་སྟོང་ཁེ་450ཡི་ནང་དུ་ཚོད་འཛིན་བྱེད་དགོས། ཡར་བེའུ་འཚར་ལོངས་འབྱུང་བའི་གོ་རིམ་ནང་དུ་མཐའ་སྐྱེར་སོན་པའི་དུས་རིམ་ཞིག་མངའ། བཞོན་རྒྱུད་ཆེ་བོའི་ལྗིད་ཚད་ནི་སྟོང་ཁེ་90ནས་སྟོང་ཁེ་300དང་བཞོན་རྒྱུད་ཆུང་བོའི་ལྗིད་ཚད་ནི་སྟོང་ཁེ་60ནས་སྟོང་ཁེ་210བཅས་ཡིན། འཚོ་བཅུད་ཀྱི་ཆུ་ཚད་མཐོ་དྲགས་ཏེ་སྐབས་ཐོག་དེའི་ཉིན་རེའི་ལྗིད་ཚད་སོ་སོར་སྟོང་ཁེ་700ནས་སྟོང་ཁེ་500ལས་བརྒལ་ཚེ། བེའུ་བཙའ་མགོ་ཡིན་པའི་བཞོན་མའི་འོ་མའི་ཐོན་ཚད་ཇེ་ཉུང་དུ་འགྲོ་བ་ཡིན། མཐའ་སྐྱེར་སོན་པའི་དུས་རིམ་ཡལ་རྗེས་གལ་ཏེ་འཚོ་བཅུད་ཀྱི་ཆུ་ཚད་ཇེ་མཐོར་བཏང་སྟེ་ལུས་ཀྱི་ལྗིད་ཚད་ཚད་ལས་བརྒལ་ན། འོ་མའི་ཐོན་ཚད་དེ་ལས་ལྷག་སྟེ་ཇེ་མཐོར་གཏོང་ཐུབ། མཐའ་སྐྱེར་སོན་པའི་དུས་རིམ་དུ། ཆུ་ཚད་མཐོ་བའི་འཚོ་བཅུད་ཀྱིས་གསོ་སྐྱོང་བྱས་པའི་ཡར་མོ་ཡིན་ན། ཞུ་ཙིན་གྲུབ་ཆའི་འདུས་ཚད་གཏན་ནས་ཇེ་ཉུང་དུ་འགྱུར་བ་དང་མཉམ་དུ་འོ་ཐོན་སྐྱེལ་རྩིའང་ཇེ་ཉུང་དུ་འགྲོ་བ་དང་། ཁྱད་པར་དུ་འཚར་ལོངས་སྐྱེལ་རྩིའི་གར་ཚད་མཐའ་སྐྱེར་སོན་ཚད་དུ་བསླེབ་ཐུབ།

ཆ་རྐྱེན་ལྡན་པའི་ས་ཁུལ་དུ་ཡར་མོ་གསོ་སྐྱོང་བྱེད་ན་རི་ནས་འཚོ་བ་གཙོ་བོ་བྱས་ན་ལེགས། དགུན་དཔྱིད་དུས་ཚིགས་སུ་བཞོན་ཁང་དུ་གསོ་སྐྱོང་བྱེད་སྐབས་རྩི་རིལ་ཕྲུས་ལེགས་འབོར་ཆེན་དང་སྔོ་ཉར་གཟན་རྩྭ་སྟེར་དགོས། གཟན་ཆས་སྟེར་ཚད་ནི་གཟན་རྩྭའི་རྩྭ་ཕྲུས་ལེགས་ཉེས་ལ་བསྟུན་ཏེ་སྟེར་དགོས།

(གཅིག)ཟླ 6ནས་ཟླ 12སོན་པའི་ཡར་བེའུ།

ཡར་བེའུ་ཟླ 6ནས་ཟླ 12ལོན་ཆེ། སྤྱིག་ཚད་ལོངས་སོང་བ་ཡིན་པས། སྐྱེ་འཕེལ་དབང་རྟེན་དང་ཆགས་པའི་ཁྱད་ཆོས་གཉིས་པ་འཚར་ལོངས་འབྱུང་བ་ཧ་ཅང་མགྱོགས་ཤིང་། གཟུགས་ཚད་འཚར་ལོངས་འབྱུང་བའང་ཤིན་ཏུ་མགྱོགས་པ་དང་མཉམ་དུ་གྲོད་པུའང་སྟོས་བཅས་ཀྱིས་འཚར་ལོངས་བྱུང་སྟེ། ཞོང་ཚད་ལྷབ 1ཡས་མས་ཀྱིས་ཛེ་ཆེར་འགྱུར་བས། གཟན་ཆས་སྟེར་སྐབས་ཚད་དང་ལྡན་པའི་འཚོ་བཅུད་ཡོད་པའི་གཟན་ཆས་སྟེར་དགོས། ཉིན་རེའི་གཟན་ཆས་སུ་རོ་རྒྱ་ཆེ་ཞིང་གྲོད་པུ་ལ་ཕོག་ཐུག་གཏོང་བའི་གཟན་རྩྭ་བསྲེས་ཏེ་གྲོད་པུ་སྦྲུ་མཐུད་དུ་འཚར་ལོངས་འབྱུང་བར་གོ་ཆོད་དུ་འཇུག་དགོས། སྐབས་ཐོག་དེའི་ཡར་བེའུ་ལ་ཕྱུས་ལེགས་རྩི་རིལ་དང་རྩྭ་སྐྱ། ཁུ་མང་གཟན་ཆས་སོགས་སྟེར་དགོས་པར་མ་ཟད། ད་དུང་ངེས་པར་དུ་འབྲུ་སྣའི་གཟན་ཆས་ཀྱང་སྟེར་དགོས། དཔེར་ན་སྟོང་ཁེ 100ཅན་གྱི་ཡར་བེའུ་རྩིས་གཞི་བྱས་ན་སྔོ་ཉར་གཟན་རྩྭ་སྟོང་ཁེ 5ནས་སྟོང་ཁེ 6 རྩི་རིལ་སྟོང་ཁེ 1.5ནས་སྟོང་ཁེ 2 རྩྭ་སྐྱ་སྟོང་ཁེ 1ནས་སྟོང་ཁེ 2 འབྲུ་སྣའི་གཟན་ཆས་སྟོང་ཁེ 1ནས་སྟོང་ཁེ 1.5བཅས་སྟེར་དགོས།

(གཉིས)ཟླ 12ནས་ཟླ 18ལོན་པའི་ཡར་བེའུ།

སྐབས་ཐོག་དེར་ཡར་བེའུ་ཡི་འཇུ་བྱེད་དབང་རྟེན་བསྐྱེད་པའི་ཆེད་དུ་ཉིན་གཟན་དུ་རྩྭ་སྐྱ་དང་ཁུ་མང་གཟན་ཆས་མང་བསྲེ་བྱེད་དགོས། སྐམ་ཐག་ཆོད་པའི་གཟན་ཆས་སུ་གཟན་རྩྭ 75%དང་གཟན་འབྲུ 25%ཟིན་དགོས་པར་མ་ཟད། བེའུ་ར་རུ་རྩྭ་སྐྱ་དང་རྩི་རིལ་སོགས་སྟེར་དགོས་ཤིང་། དབྱར་ཐོག་རི་ནས་འཚོ་བ་གཙོ་བོ་བྱེད་དགོས།

(གསུམ)ཟླ 18ནས་ཟླ 24ལོན་པའི་ཡར་བེའུ།

སྐབས་ཐོག་དེར་སྦེབ་སྦྱོར་བྱས་ནས་མངལ་ཆགས་སུ་བཅུག་ཆོག ཡར་བེའུ་ཡི་འཚར་ལོངས་འབྱུང་ཚད་ཛེ་དལ་དུ་འགྲོ་བ་དང་། གཟུགས་པོག་སྲིད་

དང་ཞིང་དུ་བསྐྱེད་པ་ཡིན། ཕུན་སུམ་ཚོགས་པའི་གསོ་སྐྱོང་ཆ་རྐྱེན་འོག་ཏུ་ལུས་ཁོག་ཏུ་ཚིལ་འཁོར་ཆེན་གསོག་སླ་བས། སྐབས་ཐོག་དེའི་ཉིན་གཟན་ཕུན་སུམ་ཚོགས་པ་ཞིག་ཡིན་མི་ཆོག་པ་དང་། ཧ་ཅང་ཞན་པ་ཞིག་ཀྱང་ཡིན་མི་ཆོག ཉིན་གཟན་ནི་སྤུས་ཀ་ཤིན་ཏུ་ལེགས་པའི་རྩི་རིལ་དང་སྔོ་རྩྭ། སྔོ་ཉར་གཟན་རྩྭ། རྩད་པ་རང་བཞིན་གྱི་གཟན་ཆས་སོགས་གཙོ་བོ་བྱས་ཏེ། འབྲུ་གཟན་ཉུང་སྙེར་རམ་ཡང་ན་མ་བྱིན་ཀྱང་ཆོག མངལ་བཙའ་ལ་ཉེ་སྐབས་ཁོག་གི་མངལ་བེའུ་འཚར་ལོངས་འབྱུང་བ་ཧ་ཅང་མགྱོགས་པས། ངེས་པར་དུ་ཉིན་རེར་འབྲུ་གཟན་སྟོང་ཁེ་2ནས་སྟོང་ཁེ་3ཁ་སྣོན་བྱེད་དགོས། སྐམ་ཐག་ཆོད་པའི་གཟན་སྣ་ལྷར་བརྩིས་ན་རྩ་ཆེ་བའི་གཟན་རྩྭས 70%ནས 75%དང་གཟན་འབྲུའི 25%ནས 30%བཅས་ཟིན་དགོས། རི་ནས་འཚོ་བའི་ཆ་རྐྱེན་ལྡན་པའི་ས་ཁུལ་དུ་ཡར་བེའུ་རི་ནས་འཚོ་བ་གཙོ་བོ་བྱེད་པ་དང་། རྩྭ་ཁའི་གནས་ཚུལ་ལ་གཞིགས་ཏེ་འབྲུ་གཟན་ཇེ་ཉུང་དུ་བཏང་ཆོག

གཉིས། ཡར་བེའུ་སྐོར་སྐྱོང་བྱེད་ཚུལ།

(གཅིག) ས་ཚོད་ལྟར་ཁྲུ་བགོ་བ།

ས་ཚོད་དང་གཟུགས་གཞིའི་ཆེ་ཆུང་འདྲ་བའི་ཡར་བེའུ་ཁྲུ་གཅིག་ཏུ་བགོ་བ་དང་། ཆེས་ལེགས་པ་ཡིན་ན་ཡར་བེའུ་དག་གི་བར་དུ་ཟླ་ངོ 1.5ནས་ཟླ་ངོ 2བརྒྱུག་པ་དང་། གཟུགས་གཞིའི་བར་དུ་སྤྱི་ཀྲ 25ནས་སྤྱི་ཀྲ 30བཅས་བརྒྱུགས་ན་ལེགས་པ་དང་། ཁྲུ་གཅིག་གི་ནང་དུ་བེའུ 40ནས་བེའུ 50ཡོད་ན་ལེགས་པ་ཡིན།

(གཉིས) ཡར་སྐྱེད་འཚར་ལོངས་འཆར་གཞི་གཏན་ཁེལ་བྱེད་པ།

བཞོན་རྒྱུད་མི་འདྲ་བ་དང་ས་ཚོད་མི་འདྲ་བའི་ཁྱད་ཆོས་བཅས་ལ་གཞིགས་ཏེ་གཟན་སྣའམ་གཟན་ཆས་མཁོ་སྤྲོད་བྱེད་པའི་གནས་ཚུལ་གཞིར་བཟུང་སྟེ། ཉིན་གྲངས་མི་གཅིག་པའི་བེའུ་ལྗིད་ཚད་ཇེ་ཆེར་འགྲོ་བའི་ཚད་རྒྱུར་གཞིར་བཟུང་

ནས་ཡར་སྐྱེད་འཚར་ཡོངས་འབྱུང་བར་འཆར་གཞི་གཏན་ཁེལ་བྱེད་ཚད་ནི། སྤྱིར་ཡིན་ན་བཙས་མ་ཐག་པ་ནས་ཟླ་ངོ 18ཀྱི་བར་ཡིན་ལ། གསོན་ལྗིད་ལྷབ 10 ནས་ལྷབ 11འཕར་བ་ཡིན། ཟླ་ངོ 24ཡི་གསོན་ལྗིད་ལྷབ 12ནས་ལྷབ 13 འཕར་བ་ཡིན། (རེའུ་མིག 5–1)

རེའུ་མིག 5 –1 གསོ་སྐྱོང་ཆ་རྐྱེན་མི་འདྲ་བ་དང་ལུས་ལྗིད་རྒྱ་ཚད་མི་འདྲ་བའི་ཆ་རྐྱེན་འོག་ཏུ་ཡར་བེའུ་འཚར་ཡོངས་འཆར་གཞི།

འཚར་ཡོངས་འབྱུང་ཚད་མཚམས་བཞག་པ། (སྟོང་ཁེ)	གཤམ་གྱི་ཟླ་ཚད་དུ་ཉིན་རེའི་ལུས་ལྗིད་འཕར་ཚད། (ཁེ)					
	< 3	3~6	6~9	9~11	12~18	8~24
	I .རིམ་བཞིན་དུ་ལུས་ལྗིད་ཇེ་ཡང་དུ་འགྲོ་བའི་ཆ་རྐྱེན་འོག་ཏུ་གསོ་སྐྱོང་བྱེད་པ།					
500~550	650~700	650~700	550~600	550~600	450~500	450~500
600~650	750~800	750~800	650~700	650~700	550~600	550~600
	II .ཆགས་པ་མ་སྨིན་པའི་སྔོན་དུ་ལུས་ལྗིད་འོས་འཚམ་ཞིག་ཇེ་ལྗིད་དུ་འགྲོ་བ་དང་། དེ་ནས་ཡང་བསྐྱར་ཉིན་རེའི་ལྗིད་ཚད་ཇེ་ཆེར་གཏོང་བ།					
500~550	450~500	500~550	500~550	600~650	600~650	600~650
600~650	550~600	700~750	700~750	700~750	600~650	500~550
	III .བེའུ་བཙས་རྗེས་ཟླ་ངོ 2ཀྱི་ནང་དུ་ལུས་ལྗིད་འོས་འཚམ་སྙོམས་ཇེ་ལྗིད་དུ་འགྲོ་བ།					
500~550	450~500	650~700	650~700	650~700	550~600	450~500
600~650	550~600	700~750	700~750	700~750	600~650	500~550
	IV .དབྱིད་བེའུ་བེའུ་ཁང་དུ་གསོ་སྐབས་ལུས་ལྗིད་འོས་འཚམ་སྙོམས་ཇེ་ཆེར་འགྲོ་བ།					
500~550	650~700	650~700	350~400	350~400	600~650	500~550
600~650	750~800	750~800	400~450	400~450	700~750	600~650

(གསུམ)འགྲུལ་སྐྱོད་ཤུགས་སྟོན་བྱེད་པ།

ཁང་བའི་ནང་ནས་གསོ་སྐྱོང་བྱེད་པའི་ཆ་རྐྱེན་འོག་ཏུ་ཉིན་རེར་མ་མཐའ་ཡང་དུས་ཚོད་2ཡན་ལ་བདའ་འདེད་བྱེད་དགོས། དེ་ནས་འཚོ་སྐྱོང་བྱེད་པ་དང་རི་ཁ་ནས་འཚོ་སྐབས་ཉིན་རེར་དུས་ཚོད་4ནས་དུས་ཚོད་6ལ་འགྲུལ་སྐྱོད་བྱེད་དུ་འཇུག་དགོས།

(བཞི)འཚོ་སྐྱོང་བྱེད་ཚུལ།

འཚོ་སྐྱོང་བྱེད་སྐབས་ཁྱུལ་བགོས་ཏེ་འཚོ་སྐྱོང་བྱེད་དགོས་ཏེ། རྩྭ་ས་ནི་ཁྱུལ་ཆུང་ངུ་འགའ་རུ་བགོ་བ་དང་། ཁྱུལ་ཆུང་རེར་ཉི་མ་1ནས་ཉི་མ་3ལ་འཚོ་སྐྱོང་བྱེད་དགོས། ཁྱུལ་ཆུང་རེའི་དཀྱིལ་དབུས་སུ་གློག་ལྡན་ལྕགས་ར་དང་ཡང་ན་ལྕགས་ར་བཙུགས་ཤིང་། ལྕགས་རའི་ནང་དུ་བཏུང་ཆུ་འདྲེན་པ་དང་མཚོ་རྫས་ཕྲ་རབ་བམ་ལྷེ་ལྷུག་ཚྭ་བསྲེས་རྡོག་པ་སོགས་བཞག་ཅིང་། ཡར་བེའུ་དག་ལ་རང་དབང་གིས་ཆུ་འཐུང་བ་དང་ཚྭ་རྫས་བལྡག་ཏུ་འཇུག་དགོས།

(ལྔ)ནུ་མ་ཕྲུར་མཉེས་བྱེད་པ།

ནུ་རྨེན་ལ་ཕྲུར་ཕྲུར་བྱས་ཏེ་འཚར་ལོངས་འབྱུང་དུ་བཅུག་ཅིང་། བེའུ་བཙས་རྗེས་འོ་མའི་ཐོན་ཚད་ཇེ་མཐོར་གཏོང་བ་ཡར་སྐྱེལ་བྱེད་དགོས། ཟླ་ངོ12ནས་ཟླ་ངོ18ཅན་གྱི་ཡར་བེའུ་ཡིན་ན་ཉིན་རེར་ཐེངས1ལ་མཉེ་ཕྲུར་བྱེད་དགོས། ཟླ་ངོ18ཅན་གྱི་མང་ལ་ཡོད་ཡར་བེའུ་ཡིན་ན་ཉིན་རེར་ཐེངས2ལ་ཕྲུར་མཉེ་བྱེད་ཅིང་། ཕྲུར་མཉེ་བྱེད་ཐེངས་རེར་ལག་ཕྱིས་ཕོལ་མས་ནུ་མར་དྲོད་བསྲོས་རྒྱག་དགོས། བེའུ་མ་བཙས་པའི་སྔོན་གྱི་ཟླ་ངོ1ནས་ཟླ་ངོ2གྱི་ནང་དུ་ནུ་མ་ཕྲུར་མཉེ་བྱེད་མཚམས་འཇོག་དགོས།

(དྲུག)ཕྲུར་འབྲད་བྱེད་པ།

བཞོན་མའི་ལུས་ངོས་གཙང་མ་བྱས་ཏེ་སྐྱི་མོའི་རྙིང་ཚབ་གསར་བརྗེ་དེ

ལེགས་དང་བཞོན་མ་གཡུང་འདུལ་བྱེད་ཆེད། ཉིན་རེར་ཐུར་འཐྲད་ཐེངས 1 ནས་ཐེངས 2བྱེད་པ་དང་། ཐེངས་རེར་དུས་ཡུན་སྐར་མ 5ལ་ཐུར་མཉེ་བྱེད་དགོས།

ལེ་ཚན་གསུམ་པ། ཐོག་དང་པོར་བེའུ་བཙས་པའི་བཞོན་མ་སློར་སྐྱོང་བདག་གཉེར་བྱེད་པ།

བཞོན་མས་བེའུ་དང་པོ་བཙའ་སྐབས་འོ་མའི་ཐོན་ཚད་ལ་གནོད་པར་མ་ཟད། བཞོན་མ་རང་སྙིང་འཚར་ལོངས་འབྱུང་བར་གནོད་པས་ན། ཆེ་གང་གི་འོ་མའི་ཐོན་ཚད་ལའང་བར་ཆད་བཟོ་བ་ཡིན། བེའུ་ཐོག་མ་བཙའ་འཕྱིས་ན་ཆེ་གང་གི་བེའུ་བཙའ་གྲངས་ལ་གནོད་པ་དང་། དེ་ལྟར་ན་འོ་མའི་ཐོན་ཚད་ཇེ་ཉུང་དང་བེའུ་བཙའ་ཚད་ཇེ་ཉུང་དུ་འགྲོ་བ་ཡིན་པས། གསོ་སྐྱོང་འགྲོ་སོང་གི་ཐད་ནས་ཡལ་སྒོ་ཆེ་བ་རེད། སྤྱིར་བཞོན་མའི་ལུས་ལྗིད་བཞོན་མ་དར་མའི་ལུས་ལྗིད་ཀྱི 70%ཡས་མས་ཟིན་པ་ན་སྡེབ་སྦྱོར་བྱེད་དགོས། ཟླ་དོ 24ནས་ཟླ་དོ 26བར་དུ་བེའུ་དང་པོ་བཙས་ན་ཧ་ཅང་ཕན་པ་ཡིན།

གཅིག བེའུ་དང་ཐོག་བཙས་པའི་བཞོན་མ་སློར་སྐྱོང་བྱེད་ཚུལ།

བེའུ་དང་ཐོག་བཙའ་བའི་བཞོན་མར་མངལ་ཆགས་པ་ན། ཟུངས་བཅུད་མཁོ་ཚད་དེ་སྡེབ་སྦྱོར་མ་བྱས་པའི་སྔོན་དང་ཁྱད་པར་ཆེན་པོ་མེད། བེའུ་མ་བཙས་པའི་སྔོན་གྱི་ཟླ་དོ 4ཡི་ནང་དུ་མངལ་བེའུ་ཡི་ལུས་ལྗིད་ཇེ་ཆེར་འགྱུར་བ་མགྱོགས་པ་དང་། དུས་མཚུངས་སུ་བཞོན་མ་རང་སྙིང་གི་ཟུངས་བཅུད་དགོས་མཁོ་ཐུར་དང་བསྟུར་ན་ཧ་ཅང་ཆེ་བས། འོས་འཚམ་སྒྲིམ་བཞོན་མ་གསོ་སྐྱོང་བྱེད་པའི་ཆུ་ཚད་ཇེ་མཐོར་གཏོང་བ་དང་། འོ་མ་འཛོ་བཞིན་པའི་བཞོན་མའི་ཚད་

གཞི་ལྟར་མཚོ་སྦྱོད་བྱེད་དགོས། ཉིན་རེར་འབྲུ་གཟན་སྟོང་ཁེ 2.5ནས་སྟོང་ཁེ 3.0བྱིན་ཏེ་བཞོན་མར་ཤ་ཤེད་རྒྱས་སུ་འཇུག་པ་ལས་ཆོ་འབུད་དུ་འཇུག་མི་རུང་།

གཉིས། བེའུ་དང་ཐོག་བཙས་པའི་བཞོན་མ་བདག་སྐྱོང་བྱེད་ཚུལ།

1.ཁྱུ་དཀར་བ། ཟླ་ཆེ་ཆུང་ལྟར་ཁྱུ་དཀར་དགོས། ཟླ 7ནས་ཟླ 12ཅན་གྱི་བེའུ་དང་། ཟླ 13ནས་ཟླ 18ཅན་གྱི་བེའུ། བཙའ་རན་པའི་བཞོན་མ་སོགས་ཁྱུ་རེ་རེ་སྟེ་ཁྱུ་གསུམ་དུ་དཀར་དགོས།

2.འགུལ་སྐྱོད་བྱེད་པ་ཤུགས་སྟོན་བྱེད་པ། གནམ་ངོ་ཐང་ཡོད་དུས་འགུལ་སྐྱོད་ར་བའི་ནང་དུ་རང་དགར་འགུལ་སྐྱོད་བྱེད་དུ་བཅུག་སྟེ། ལུས་ཤུགས་ཇེ་ལེགས་དང་སྐྱིག་པ་ཇེ་མགྱོགས་སུ་གཏོང་དགོས།

3.ནུ་མ་མཉེ་ཕུར་བྱེད་པ། བཞོན་མ་བཙའ་ལ་ཉེ་བའི་ཟླ་ངོ 2ཀྱི་ནང་དུ་ཉིན་རེར་ནུ་མ་ཐེངས 1ནས་ཐེངས 2ལ་མཉེ་ཕུར་བྱས་ཏེ། ནུ་རྨེན་འཚར་ལོངས་འབྱུང་བར་ཡར་སྐུལ་བྱེད་དགོས།

4.ལུས་སྤུ་ཤད་པ་དང་གཡུང་འདུལ་བྱེད་པ། བཞོན་མའི་ལུས་སྟེང་གཙང་མ་བྱེད་པ་དང་གཤིས་ཀ་གཡུང་ལ་དབབ་དགོས།

5.མངལ་སྲུང་ལེགས་པོ་བྱེད་པ། སྨུམ་ཤོར་དང་བཙའ་སྔ་བ་སྔོན་འགོག་བྱེད་དགོས།

ལེ་ཚན་བཞི་བ། འོ་མ་སྤེར་སྐབས་མི་གཅིག་པའི་ནང་དུ་བཞོན་མ་གསོ་སྐྱོང་བདག་གཉེར་བྱེད་ཚུལ།

རྒྱུན་ལྡན་གྱི་གནས་ཚུལ་འོག་ཏུ་བཞོན་མས་བེའུ་བཙས་རྗེས་འོ་མ་སྤེར་སྐབས་ལ་བསླེབས་པ་ཡིན། འོ་མ་སྤེར་ཡུན་ལ་འགྱུར་བ་ཧ་ཅང་ཆེ་སྟེ། རྒྱུན་མཐུད་

དེ་ཉིམ 280ནས་ཉིམ 320ལ་འོ་མ་སྟེར་བ་སོགས་ཚད་གཅིག་ལ་མི་འགྲོ། འོན་ཀྱང་ཐོ་འགོད་བྱེད་སྐབས་ཉིམ 305ལྟར་བརྩི་བ་ཡིན།

གཅིག སྤྱིར་བཏང་གི་འོ་འཛོ་བཞོན་མ་སློར་སྐྱོང་བདག་གཉེར་ལག་རྩལ།

(གཅིག) ཉིན་གཟན་གྱི་རིགས་དང་ཕྲུས་ཀར་དོ་སྣང་བྱེད་པ།

1.འོ་འཛོ་བཞོན་མའི་ཉིན་གཟན་དུ་ཕྲུས་ཀ་ལེགས་པའི་ཁུ་མང་སྔོ་ལྗང་གཟན་ཆས་དང་སྲན་རྩྭ་སྐམ་པོ་བཅས་འདུ་བ་དང་། མཐོ་སྤྲོད་བྱེད་པའི་གཟན་ཆས་སྐམ་པོ་ཉིན་གཟན་སྐམ་པོའི 60%ཡས་མས་ཟིན་དུ་འཇུག་དགོས། ཆ་རྐྱེན་ཡོད་པའི་ས་ཁུལ་དུ་དབྱར་ཐོག་ཡིན་ན་བཞོན་ར་ནས་གསོ་སྐྱོང་བྱེད་པ་དང་། རི་ནས་འཚོ་སྐྱོང་བྱེད་པ་ཟུང་འབྲེལ་བྱེད་པའི་བདག་གཉེར་བྱེད་ཐབས་ལག་བསྟར་བྱེད་དགོས། རི་ནས་འཚོ་སྐྱོང་བྱས་ན་བཞོན་མའི་ལུས་ཕུང་ལ་ཕན་ནུས་ཆེན་པོ་ཡོད་པས། འགུལ་སྐྱོད་གང་ལེགས་བྱེད་པ་དང་ཉི་འོད་གང་འདོད་ལོངས་སུ་སྤྱོད་དེ་སྙིང་ཚབ་གསར་བརྗེ་སྐྱུལ་འདེད་དང་སྐྱེ་འཕེལ་བྱེད་ནུས་ལེགས་སྒྱུར་བྱས་ཏེ། འོ་མའི་ཐོན་ཚད་ཇེ་མཐོར་གཏོང་དགོས། གཟན་རྩྭ་ཙ་ཕུན་སུམ་ཚོགས་པའི་འཚོ་བཅུད་ཕྱི་དཀར་རགས་མོ་དང་ངེས་མཁོ་ཨན་ཅི་སོན། ལེ་ཧྲིན་སུའུ། ནྭེ་སོགས་རྫས་སྣ་ཕྲ་རབ་གང་མང་འདུ་བ་རེད། སྔོ་རྩྭའི་ནང་གི་ལོ་མའི་ལྗང་རྫས་ཀྱིས་སྲོག་ཆགས་ཀྱི་ལུས་སྟེང་གི་ཁྲག་བསྐྲུན་བྱེད་ནུས་གསོན་སྒྱུར་བྱེད་ཐུབ་པ་ཡིན། གལ་ཏེ་རི་ནས་འཚོ་སྐྱོང་བྱེད་པའི་ཆ་རྐྱེན་མེད་པའམ་སྔོ་རྩྭ་མཐོ་སྤྲོད་བྱས་པ་མི་འདང་ན། བཞོན་ཁང་དུ་གསོ་སྐྱོང་བྱེད་པའི་བཞོན་མར་ངེས་པར་དུ་ཕྲུས་ལེགས་སྔོ་ཉར་གཟན་རྩྭ་དང་ཕྱེད་སྔོ་གཟན་རྩྭ། རྩྭ་སྐམ། གཟན་འབྲུ་སོགས་ཁ་སྐོང་བྱེད་དགོས། གཟན་ཆས་རགས་མོ་སྟེར་ཚད་ནི་དངོས་རྫས་སྐམ་པོ་ལྟར་བརྩིས་ན་བཞོན་མ་གསོན་པོའི་ལྗིད་ཚད་ཀྱི 1%ནས 1.5%ལ་བསླེབ་དགོས། འོན་ཀྱང་འབྲུ་

གཟན་སྣེར་ཚད་ནི་འོ་མའི་ཐོན་ཚད་ལྟར་སྣེར་དགོས། སྤྱིར་ཡིན་ན་འོ་མ་སྟོང་ཁ་རེར་འབྲུ་གཟན་ཁ 100ནས་ཁ 300སྣེར་དགོས།

2.འོ་འཛོ་བཞོན་མའི་ཉིན་གཟན་ནི་ངེས་པར་དུ་ཁ་ལ་བྲོ་མས་པའི་གཟན་ཆས་བསྡེབས་པ་ལས་གྲུབ་པ་ཞིག་ཡིན། བཞོན་མ་ནི་ཐོན་ཚད་མཐོ་བའི་སྲོག་ཆགས་ཤིག་ཡིན་པས་ན། ཉི་མ་རེར་སྐྱི་ལྡན་ལུས་ཕུང་ལས་ཟླུངས་བཙུད་དངོས་རྫས་འཕོར་ཆེན་ཕྱིར་གཏོང་བར་བརྟེན། ཉིན་གཟན་ནི་སྣ་མང་ཅན་དང་ཁ་ལ་བྲོ་མས་པ་ཞིག་ཡིན་པའི་ཚད་ལ་ཐོན་དགོས། ཆེས་བཟང་ན་ཉིན་གཟན་དུ་གཟན་རྩྭ་རགས་མོ(རྩྭ་སྐམ་དང་རྩེ་རིལ། སོ་རྩྭ་ཕྱེད་སྐམ)སྣ་ཁ 2ཡན་དང་། ཞུ་མང་གཟན་རྩྭ(སོ་ཉར་གཟན་རྩྭ་དང་རྩད་པའི་རིགས་ཀྱི་གཟན་ཆས)སྣ་ཁ 2ནས་སྣ་ཁ 3ཙམ། འབྲུ་གཟན་སྣ་ཁ 4ནས་སྣ་ཁ 5བཅས་བསྲེས་ནས་གྲུབ་པ་ཞིག་ཡིན་དགོས།

3.ཉིན་གཟན་ལ་རོ་རྒྱ་དང་ཟླུངས་བཙུད་ཀྱི་གར་ཚད་ངེས་ཅན་ཞིག་ལྡན་དགོས། འོ་འཛོ་བཞོན་མས་ཉི་མ་རེར་ཟ་བའི་དངོས་པོ་སྐམ་པོ་བཞོན་མའི་ལུས་ཀྱི་ལྗིད་ཚད་དང་འོ་མ་འཛོ་ཚད་དང་མཐུན་དགོས། གཟན་ཆས་ཀྱི་ཕྲུས་གར་འགྱུར་ལྡོག་ཏུ་ཙང་ཆེ། ཉིན་གཟན་གྱི་སྙིང་ཚབ་གསར་བརྗེའི་ཚོད་ཚད(qཚད) 0.55ནས 0.65ཡི་བར་དུ་གནས་སྐབས། ལུས་ཀྱི་ལྗིད་ཚད་ལྟར་བརྩིས་པའི་དངོས་པོ་སྐམ་པོ་ཟ་བའི་མགོ་རྩོམ་ས་ནི 135 × W0.75(ཁི) ཡིན། འོ་མའི་ཐོན་ཚད་གཞིར་བཟུང་སྟེ་བརྩིས་ན། སྟོང་ཁེ་རེའི 4%ཡི་ཚད་ལྡན་འོ་མར་ཁ 200ཡི་གཟན་ཆས་སྐམ་པོ་མཁོ་བ་ཡིན། ཉིན་གཟན qཚད་གཟན 0.55ལས་དམའ་སྐབས། qཚད 5%རེ་ཉུང་དུ་སོང་ན། སྐམ་གཟན་ཟ་ཚད་སྤྲོས་བཅས་སྒྲོས 15%རེ་ཉུང་དུ་གཏོང་དགོས།

4.ཉིན་གཟན་ལ་ཡང་བཤལ་རང་བཞིན་འོས་འཚམ་ཞིག་ལྡན་དགོས། འོ

འཛོ་བཞིན་མས་གཟན་ཆས་གང་མང་ཟ་ཚད་ཇེ་མཐོར་གཏོང་ན། ངེས་པར་དུ་ཟས་སྣ་དེ་དག་འཇུ་བྱེད་མ་ལག་ཏུ་སྡོད་ཡུན་ཇེ་ཐུང་དུ་གཏོང་དགོས། ཕྱོགས་ཡོངས་ནས་བལྟས་ན་གཟན་ཆས་ཀྱི་འཇུ་ཚད་ཚད་ངེས་ཅན་ཞིག་གི་སྟེང་ནས་ཇེ་དམའ་རུ་གཏོང་སོང། འོན་ཀྱང་ཟོས་པའི་ཟུངས་བཅུད་ཇེ་མང་དུ་འགྲོ་བ་ཡིན། དུས་མཚུངས་སུ་གཟན་ཆས་སྤྲི་དཀར་གྲོད་པུའི་ནང་ནས་འཇུ་ཚད་ཇེ་ཤུང་དུ་བཏང་སྟེ། གྲོད་པུ་བརྒྱུད་པའི་སྤྲི་དཀར་གྱི་གྲངས་ཀ་ཇེ་མང་དུ་གཏོང་ཐུབ།

བུད་ཚ་ནི་ཡང་བཤལ་བྱེད་ཐུབ་པའི་རྒྱུན་སྤྱོད་གཟན་ཆས་ཤིག་ཡིན། བཞིན་མའི་ཉིན་གཟན་ནང་གི་འབྲུ་གཟན་གྱི25%ནས40%ཟིན་ཆོག གཞན་ད་དུང་ཡང་བཤལ་བྱེད་ཐུབ་པའི་ཐོ་རྟ་དང་རྩད་པའི་རིགས་ཀྱི་གཟན་ཆས་བྱིན་ཆོག

(གཉིས)གཟན་ཆས་སྟེར་ཐབས།

1.དུས་ངེས་ཅན་དང་ཚད་ངེས་ཅན། སྟེར་ཚད་ཤུང་ཞིང་སྟེར་ཐེངས་མང་བ། དུས་ཡུན་རིང་པོར་གོམས་པའི་ཆ་རྐྱེན་ཆོར་སྣང་བྱེད་ནུས་ལ་བརྟེན་ནས་བཞིན་མས་གཟན་ཆས་ཟ་སྐབས་འཇུ་བྱེད་རྨེན་བུ་ལས་ཟགས་ཐོན་བྱེད་མགོ་རྩོམ་པ་ཡིན་ཏེ། དེ་ནི་འཇུ་བྱེད་མ་ལག་ནང་གི་ཁོར་ཡུག་རྒྱུན་འཚོངས་བྱས་ཤིང་། གཟན་ཆས་ཀྱི་ཟུངས་བཅུད་དངོས་ཐོས་འཇུ་ཚད་ཇེ་མཐོར་གཏོང་བར་ཕན་ཅང་གལ་ཆེ་འདུག གལ་ཏེ་གཟན་ཆས་སྟེར་སྟན། ཡི་གའི་ཆོར་སྣང་མི་མྱུར་བ་དང་། འཇུ་བྱེད་ཟགས་ཐོན་མི་འདང་བས་འཇུ་བྱེད་བྱེད་ནུས་ཀྱི་གེགས་སུ་འགྱུར་བ་ཡིན། དེ་ལས་ལྡོག་སྟེ་གཟན་ཆས་སྟེར་འཕྱིས་ན། བཞིན་མ་ལྟོགས་དྲགས་ནས་སྡོད་མི་ཚུགས་པ་དང་། འཇུ་བྱེད་རྨེན་བུའི་འགུལ་སྐྱོད་འཚོལ་བར་བྱས་ཏེ། གཟན་ཆས་འཇུ་བ་དང་ཟུངས་བཅུད་ལུས་ལ་འདྲེན་པར་གནོད་པ་ཡིན།

“སྟེར་ཚད་ཤུང་ཞིང་སྟེར་ཐེངས་མང་བ”བྱས་ན། གྲོད་པུའི་ནང་གི་ཁོར་ཡུག་གཏན་འཇགས་རྒྱུན་འཚོངས་བྱེད་ཐུབ་པ་དང་། ཟས་ནུར་སློམས་པོ

བྱས་ནས་འཛུ་བྱེད་མ་ལག་བརྒྱུད་དེ་གཟན་ཆས་ཀྱི་འཛུ་ཚད་དང་འདྲེན་ཚད་ཇེ་མཐོར་གཏོང་ཐུབ།

2.རིམ་པ་བཞིན་དུ་གཟན་ཆས་བསྒྱུར་བ། བཞོན་མའི་གྲོད་ཕུའི་འབུ་ཕྲའི་ཁྱུལ་གྲུབ་པར་ཉི་མ 20ནས་ཉི་མ 30ཡི་དུས་ཡུན་མཁོ་བས། གལ་ཏེ་ཁྱུལ་རྒྱུད་དེ་གཏོར་བ་ན། སླར་གསོ་བྱེད་པ་ཧ་ཅང་དཀའ། དེར་བརྟེན་གཟན་ཆས་ཀྱི་རིགས་བརྗེ་སྐབས་ངེས་པར་དུ་རིམ་བཞིན་དུ་བརྗེ་དགོས།

3.གཟན་ཆས་ཞིབ་འདེམ་བྱེད་པ་དང་རྫས་རིགས་གཞན་དག་འདྲེ་རུ་འཛུག་མི་རུང་། བཞོན་མར་སྟེར་བའི་གཟན་ཆས་རགས་ཞིབ་གང་ཡིན་ཡང་ལྕགས་ཁབ་ལེན་གྱི་བསལ་འདེམ་ཁོལ་ཚགས་སྤྱད་དེ། གཟན་ཆས་ནང་གི་ལྕགས་འཛེར་དང་ལྕགས་སྐུད། ཤེལ་ཆག རྡེའུ་སོགས་ཟུར་རྣོ་དངོས་རྫས་དོར་ཏེ། ཕོ་སྲུལ་དང་སྙིང་ཁྲུམ་རལ་བ་བྱེད་པ་སྔོན་འགོག་བྱེད་དགོས། གཞན་ད་དུང་གཟན་ཆས་གསར་བ་ཡིན་པ་དང་གཙང་མ་ཡིན་པ་ཁག་ཐེག་བྱེད་པ་ལས་གཟན་ཆས་རུལ་བ་དང་འཁྱུགས་འགྱུར་ལ་སོང་བའི་གཟན་ཆས་སྟེར་མི་རུང་།

(གསུམ)གཟན་ཆས་སྟེར་བའི་ཐེངས་གྲངས་དང་གོ་རིམ།

རྒྱལ་ནང་གི་བཞོན་ར་མང་པོས་ཉིན་རེར་གཟན་ཆས་ཐེངས 3ལ་སྟེར་བ་དང་། འོ་མ་ཐེངས 3ལ་འཛོ་བའི་བྱ་བའི་གོ་རིམ་གཏན་ཁེལ་བྱས་ཡོད། ཡང་བཞོན་ར་ལ་ལས་ཉི་མ་རེར་གཟན་ཆས་ཐེངས 2ལ་སྟེར་བ་དང་། འོ་མ་ཐེངས 2ལ་འཛོ་བའི་བྱ་བའི་གོ་རིམ་གཏན་ཁེལ་བྱས་ཡོད། ཚོད་ལྟས་ར་སྤྲོད་བྱས་པ་ལྟར་ན་ཉིན་རེར་གཟན་ཆས་ཐེངས 3བྱིན་ན་གཟན་ཆས་ཐེངས 2ལ་བྱིན་པ་ལས་ཉིན་གཟན་ཟུངས་བཅུད་ཀྱི་དངོས་རྫས་འཛུ་ཚད 3.6%ཇེ་མཐོར་གཏོང་བ་ཡིན་མོད། འོན་ཀྱང་ངལ་ལས་ཆུད་འཛའ་བར་གཏོང་སྲིད།

བཞོན་མར་གཟན་ཆས་སྟེར་བའི་གོ་རིམ་ཀྱི་ཐད་ནས་ཕལ་ཆེར“སྔོན

རགས་རྗེས་ཞིབ”དང་། སྟོན་སྐམ་རྗེས་བསྣན“སྟོན་ལ་གཟན་ཆས་དང་རྗེས་སུ་ཆུ་ལྡུད་པ”སོགས་ཀྱི་ཐབས་ལམ་སྤྱོད་པ་ཡིན། ཆ་རྐྱེན་ཡོད་པའི་བཞོན་ར་ཡིན་ན TMR ཡི་གཟན་ཆས་སྤེར་ཐབས་སྤྱོད་ན་ལེགས།

(བཞི)ཆུ་ལྡུད་པ།

1.ཆུ་ནི་ཆེས་གལ་འགངས་ཆེ་བའི་ཟུངས་བཅུད་ཀྱི་ཉིང་ཁུ་ཡིན་པས། ཚོ་སྤྲུག་གི་གོ་རིམ་ཡོངས་སུ་ཆུ་ཞུགས་དགོས། ཟུངས་བཅུད་དང་དངོས་རྫས་གཞན་དག་ཕྲ་ཕུང་གི་ཕྱི་ནང་དུ་འཁོར་སྐྱོད་བྱེད་པ་འདུ་ཞིང་། ཟུངས་བཅུད་འཇུ་བ་དང་སྙིང་ཚབ་གསར་བརྗེ་བྱེད་པ། འཇུ་བ་དང་སྙིང་ཚབ་གསར་བརྗེའི་འདོར་རྫས(རྫིང་དང་ལྩི་བ། ཕྱིར་འབྱིན་པའི་མཁའ་དབུགས)དང་དྲོད་ནུས་ལྷག་མ་བཅས་ལུས་ནས་ཕུད་པ(རྔུལ་ཆུ་འཛག་པ)ལུས་སྐྱེང་གི་ལུས་ཁུའི་ཁོར་ཡུག་ལ་འཚམས་པ་དང་། གྲིས་རྔུལ་དོ་མཉམ་རྒྱུན་སྐྱོང་བྱེད་པ། མངལ་བེའུ་འཚར་ལོངས་འབྱུང་བར་མངལ་ཁུའི་ཁོར་ཡུག་མགོ་སྒྲིག་བྱེད་པ་ཡིན། བཞོན་མའི་ལུས་སྐྱེང་གི་ཆུའི་གྲུབ་ཆས་ལུས་ཀྱི་ལྗིད་ཚད་ཀྱི 56%ནས 81%ཟིན་པ་དང་། ལུས་སྐྱེང་གི 20%ཡི་ཆུ་ཤོར་བ་ན། སྲོག་ཆགས་རང་ཤུགས་སུ་འཆི་བར་འགྱུར་སྲིད།

2.ལུས་སྐྱེང་གི་ཆུ་ཤོར་ལམ་ནི་འོ་མ་དང་རྫིང་ལུད། རྔུལ་ཆུ། དབུགས་འབྱིན་རྔུབ་བྱེད་པ་བཅས་ཡིན། ཉིན་རེར་འོ་མ་སྟོང་ཁེ 33འཛོ་རྒྱུ་ཡོད་པའི་བཞོན་མར་མཚོན་ན(འོ་མའི་ནང་དུ་ཆུས 87%ཡས་མས་ཟིན་འདུག)འོ་མ་ལས་ཤོར་བའི་ཆུ་ནི་ཕལ་ཆེར་བཏུང་ཆུའི(གཟན་ཆས་ཀྱི་ཆུ+རང་དབང་སྣོམས་འཐུངས་པའི་ཆུ)34%ཟིན་པ་དང་། བཞོན་མའི་ལྩི་བ་ལས་ཤོར་བའི་ཆུ་ནི་འོ་མ་ལས་ཤོར་བའི་ཆུ་དང་ཕལ་ཆེར་གཅིག་མཚུངས་ཡིན(བཏུང་ཆུ་སྤྱིའི 30%ནས 35%ཟིན་འདུག)རྫིང་ལས་ཤོར་བའི་ཆུ་ནི་བཏུང་ཆུ་སྤྱིའི 15%ནས 21%ཟིན་འདུག

3.བཞིན་མར་ཉིན་རེར་མཐོ་བའི་ཆུ་འཕོར་ཆེན་ནི་རྒྱུ་ལམ་གསུམ་ལ་བརྟེན་ནས་ཁ་སྐོང་བ་ཡིན། བཏུང་ཆུ་དང་ཆུ་འདྲེས་པའི་གཟན་ཆས། ལུས་སྟེང་གི་ཟུངས་བཅུད་དངོས་རྫས་རྙིང་ཚབ་གསར་བརྗེ་བྱས་པ་ལས་ཐོན་པའི་ཆུ་བཅས་འདུས་པ་ཡིན། བཏུང་ཆུ་དང་གཟན་ཆས་སྟེང་གི་ཆུ་དང་བསྡུར་ན་རྙིང་ཚབ་གསར་བརྗེ་བྱས་པའི་ཆུ་ནི་ཏ་ཙང་ཉུང་བས། རང་འདོད་ལྟར་ཆུ་འཐུང་བ་དང་གཟན་ཆས་ལས་འཐུངས་པའི་ཆུའི་ཚད་ནི་སྤྱིའི་ཆུ་འཐུང་ཚད་ཀྱི་ཚབ་བྱས་ཆོག

4.ཆུ་འཐུང་སྟངས་དང་ཆུ་འཐུངས་ཚད་ལ་འབྲེལ་བ་ཡོད། རང་འདོད་ལྟར་ཆུ་འཐུང་བ་དང་བཞིན་མར་རན་པའི་ཁ་རའི་རིང་ཚད་ལྡན་ན། བཞིན་མས་ཆུ་འཐུང་བར་ཕན་པ་ཡིན། ཉིན་རེའི་ཆུ་འཐུང་ཚད་དང་གཟན་ཆས་སྐམ་པོ་ཟ་ཚད། ཉིན་རེར་གཟན་ཆས་ཟ་ཐེངས་བཅས་དང་ཕན་ཚུན་འབྲེལ་བ་ཡོད། བཞིན་མས་ཆུ་ཕལ་ཆེར་ཉིན་དཀར་འཐུང་བ་ཡིན་ལ། ཆུའི་དྲོད་ཚད་ཏུའུ 15 ནས་ཏུའུ 25སྟེ། ཆུ་དྲོད་འཇམ་ཡིན་ན་འཚམས།

5.ཆུའི་ཕྲུས་ཀ་ནི་བཞིན་མའི་ཐོན་སྐྱེད་དང་བདེ་ཐང་ལ་ཐད་ཀར་འབྲེལ་བ་ཡོད་པའི་རྒྱུ་རྐྱེན་གལ་ཆེན་ཞིག་ཡིན།

(ལྔ)ཚྭ་བལྡག་ཁ་ར་འཛོག་པ།

འོ་མའི་ནང་དུ་གཉེར་རྫས་དང་ཕྲན་འདུས་རྫས་སྣ་ཕུན་སུམ་ཚོགས་པ་ཞིག་འདུ་བ་དང་། ས་ནང་དང་གཟན་ཆས་བཅས་སུ་རྫས་སྣ་ག་གེ་མོ་འདུ་ཚད་ཀྱི་འགྱུར་ལྡོག་ཏ་ཙང་ཆེ་བས། བཞིན་མའི་སྟེང་དུ"ཟས་སྣ་གོ་ལོག"ཟ་བའི་གནས་ཚུལ་འབྱུང་སྲིད། གོང་སླེབས་གནས་ཚུལ་སྔོན་འགོག་བྱེད་ཆེད་འགུལ་སྐྱོད་ར་བ་རུ་གཉེར་རྫས་སྣ་ཚོགས་འདྲེས་པའི་ཚྭ་བལྡག་ཁ་ར་འཛོག་པའམ"ཚྭ་རྫས་རྩིག་པ"བཀལ་ཏེ། བཞིན་མར་རང་དགར་བལྡག་ཏུ་འཇུག་དགོས།

གཉིས། འོ་མ་འཛོ་སྐབས་ཀྱི་གསོ་སྐྱོང་བདག་གཉེར།

བཞོན་མས་བེའུ་བཙས་རྗེས་ཀྱི་དུས་རིམ་མི་གཅིག་པའི་སྐྱེ་ཁམས་གནས་ཚུལ་དང་ཟུངས་བཅུད་དངོས་རྫས་སྙིང་ཚབ་གསར་བརྗེའི་ཆོས་ཉིད། བཞོན་མའི་ལུས་ཀྱི་ལྗིད་ཚད། འོ་མ་ཐོན་སྐྱེད་བྱེད་པའི་འགྱུར་ལྡོག་བཅས་ལ་གཞིགས་ཏེ། འོ་མ་སྟེར་སྐབས་གཤམ་གྱི་གོ་རིམ་འགའ་བགོས་ཆོག

(གཅིག)དང་ཐོག་འོ་མ་སྟེར་སྐབས།

བེའུ་བཙས་རྗེས་ཀྱི་ཉི་མ་10ནས་ཉི་མ་15ཡི་བར་ནི་འོ་མ་དང་ཐོག་སྟེར་སྐབས་ཏེ། ལུས་ཕུང་སོས་སྐབས་ཀྱང་ཟེར། དེའི་ཁྱད་ཆོས་ནི་བཞོན་མའི་ཡི་ག་ནི་ད་དུང་རྒྱུན་ལྡན་དུ་གྱུར་མེད་པ་དང་། འཇུ་བྱེད་བྱེད་ནུས་ཇེ་ཞན་དུ་གྱུར་པ། ནུ་མའི་སྐྲངས་ཚད་ད་དུང་མ་ཞུད་པ། སྐྱེ་འཕེལ་དབང་རྟེན་སླར་གསོ་བྱེད་བཞིན་པ། ནུ་རྨེན་དང་འཁོར་སྐྱོད་མ་ལག་ད་དུང་རྒྱུན་ལྡན་དུ་གྱུར་མེད་པས། འོ་མའི་ཐོན་ཚད་མཐོ་བའི་བཞོན་མའི་ལུས་ཕུང་སླར་སོས་དང་འོ་མ་ཐོན་སྐྱེད་བྱེད་པའི་བར་གྱི་འགལ་བ་ནི་ཅུང་འབུར་དུ་ཐོན་ཀྱང་། ལུས་ཕུང་སླར་སོས་བྱེད་པ་ནི་འགལ་བ་དེའི་ནང་གི་གཙོ་བོ་ཡིན་པ་དང་། འོ་མའི་ཐོན་ཚད་ནི་འགལ་བ་ཕལ་བ་ཡིན་པས། ཐོན་ཚད་མཐོ་བའི་བཞོན་མས་བེའུ་བཙས་རྗེས་ཀྱི་ཉི་མ་4ནས་ཉི་མ་5ཡི་ནང་དུ་ནུ་མའི་ནང་གི་འོ་མ་འཛོ་ཡག་བྱེད་མི་རུང་། ཁྱད་པར་དུ་བེའུ་བཙས་རྗེས་ཀྱི་ཉི་མ་དང་པོའི་ནང་དུ་ཐེངས་རེར་འོ་མ་སྟོང་ཁ་2ཙམ་བཞོས་པས་ཆོག ཉི་མ་2པར་ཉིན་ཡོངས་ཀྱི་འོ་མའི་1/3འཛོ་བ་དང་། ཉི་མ་3པར་ཉིན་ཡོངས་ཀྱི་འོ་མའི་1/2འཛོ་བ། ཉི་མ་4བར་ཉིན་ཡོངས་ཀྱི་འོ་མའི་3/4མམ་ཡང་ན་འོ་མ་འཛོ་ཡག་བྱེད་དགོས། འོ་མ་འཛོ་ཐེངས་རེར་དུས་ཚོད་སྐར་མ་10ནས་སྐར་མ་20ལ་ནུ་མ་ཕུར་མཉེ་གང་ལེགས་དང་དྲོད་བསྲོས་རྒྱག་པ་དང་། (སྐབས་འགར་འཁྱུགས་བསྲོས་བརྒྱབ་ཀྱང་ཆོག) ནུ་མའི་སྐྲངས་ཞུད་པར་བྱེད་

དགོས། འོ་མའི་ཐོན་ཚད་དམའ་བ་དང་ནུ་མ་སྐྲངས་མེད་པའི་བཞོན་མ་ཡིན་ན་དང་ཐོག་ནས་འོ་མ་འཛོ་ཡག་བྱེད་དགོས།

ཤ་སྲེད་ཞན་པའི་བཞོན་མ་ཡིན་ན། བེའུ་བཙས་རྗེས་ཀྱི་ཉིན་མ 3གྱི་ནང་དུ་སྦྱུས་ལེགས་རྩི་རིལ་སྟེར་བ་དང་། ཉིན་མ 3ནས་ཉིན་མ 4འགོར་རྗེས་ཁུ་མང་གཟན་ཆས་དང་འབྲུ་གཟན་བྱིན་ཆོག དུས་མཚུངས་སུ་ནུ་མ་དང་འཇུ་བྱེད་དབང་རྟེན་སླར་སོས་བྱུང་བའི་གནས་ཚུལ་ལ་གཞིགས་ཏེ། རིམ་བཞིན་དུ་གཟན་ཆས་ཁ་སྣོན་བྱེད་དགོས། ཉིན་མ་རེར་འབྲུ་གཟན་ཁ་སྣོན་བྱེད་པའི་ཚད་ནི་སྟོང་ཁེ 1ལས་འདའ་མི་རུང་། ནུ་མའི་སྐྲངས་ཞུད་སོང་ན་གཟན་ཆས་སྟེར་ཚད་རྒྱུན་ལྡན་དུ་བཏང་ཆོག

(གཉིས)འོ་མ་སྟེར་ཚད་ཆེས་མང་བའི་སྣང་།

དང་ཐོག་འོ་མ་སྟེར་སྐབས་ནས་འོ་མ་སྟེར་ཚད་མཐོ་སྐབས(གཟའ་འཁོར 8ནས་གཟའ་འཁོར 10)ལ་འོ་མ་འཛོ་བའི་སྣང་ཟེར། སྐབས་ཐོག་དེའི་ཁྱད་ཆོས་ནི་ནུ་ཁ་སྐྱོད་ལ་བབས་པ་དང་། ཡི་ག་སླར་སོས་ཡག་ཡིན་ལ་གཟན་ཆས་ཟ་ཚད་ཇེ་མང་དུ་འགྲོ་ཞིང་། ནུ་རྩེན་གྱི་འགུལ་སྐྱོད་ཇེ་དྲག་ཏུ་ཕྱིན་ཏེ་འོ་མའི་ཐོན་ཚད་མགྱོགས་མྱུར་ངང་རྩེར་སོན་པ་ཡིན། དེར་བརྟེན། འོ་མའི་ཐོན་ཚད་ཇེ་མང་དང་ལུས་ཕུང་ནང་གི་ཞན་ཆ་དོ་མཉམ་གྱི་ཚད་ཐིག་ཇེ་ཉུང་དུ་གཏོང་བ་ནི་འོ་མ་སྟེར་བའི་སྣང་གི་འགལ་བ་གཙོ་བོ་ཡིན། གཟན་ཆས་སྤེལ་སྐབས་ནུས་ཞན་གཟན་ཆས་རགས་མོ་སྟེར་བ་ཆོད་འཛིན་བྱས་ཏེ། འབྲུ་གཟན་སྟེར་ཚད་ཇེ་མང་དུ་བཏང་ཞིང་། འོ་མ་དང་གཟན་ཆས་ཀྱི་བསྡུར་ཚད་ནི 0.4:1ནས 0.5:1ཏུ་གཏོང་དགོས། དམིགས་ཡུལ་ནི་བཞོན་མས་འོ་མ་སྟེར་བའི་སྒྲིག་ཤུགས་མངོན་འགྱུར་བྱེད་པ་ཁག་ཐེག་བྱས་ཏེ། འོ་མ་སྟེར་ཚད་ཇེ་མཐོར་གཏོང་བ་དང་འོ་མའི་སྟེར་ཡུན་ཇེ་རིང་དུ་གཏོང་རྒྱུ་དེ་ཡིན། དེ་ལས་ལྡོག་ན་གསོ་སྐྱོང་བྱས་པ་མི་འཚམ

པས་འོ་མ་སྟེར་ཚད་མི་མང་བ་དང་འོ་མ་སྟེར་ཚད་གློ་བུར་དུ་ཇེ་དམར་འགྲོ་བ་དང་། ཡང་ན་ཕྲོང་རྫས་ཐད་ཀྱི་ནད་འབྱུང་བ་དང་སྦྲིག་ཚད་ནོར་ཏེ་མང་ལ་མི་ཆགས་པ་དང་། འོ་མའི་ནང་གི་སྤྲི་དཀག་འདུས་ཚད་ཇེ་ཉུང་དུ་འགྲོ་བ་ཡིན་པས། གཤམ་གསལ་གྱི་ཐབས་ལམ་འགའ་ལག་བསྟར་བྱེད་དགོས།

1.འོ་སྤྲི་འདུ་ཚད་ཇེ་མཐོར་གཏོང་བའི་ནུས་ལྡན་ཉེན་གཟན་གྱི་གར་ཚད་ཇེ་མང་དུ་གཏོང་དགོས། འོ་མ་སྟེར་ཚད་མཐོ་སྐབས་བཞོན་མའི་ལུས་སྟེང་གི་ཟུངས་བཅུད་དངོས་རྫས་ཀྱི་དོ་མཉམ་གནས་ཚུལ་བུན་གྲངས་ཡིན་པས་ན། ལུས་ཕུང་གི་ཤ་ཤེད་གློ་བུར་དུ་ལྷུང་འགྲོ། སྐབས་ཐོག་དེར་རྒྱུན་ལྡན་གཟན་ཆས་བསྟེབས་པ་དེས་ནུས་ལྡན་ཉེན་གཟན་གྱི་གར་ཚད་ཁག་ཐེག་བྱེད་དཀའ་བས། སྲོག་ཆགས་སམ་རྩི་ཤིང་རང་བཞིན་གྱི་སྣུམ་ཞག་ཁ་གསབ་བྱེད་དགོས། ཁ་གསབ་བྱེད་ཚད་ནི་འབྲུ་གཟན་སྟོང་ཁེ་རེར་སྣུམ་ཞག་ཁེ 60ནས་ཁེ 80ཁ་གསབ་བྱེད་དགོས།

2.འཇུ་ཚད་དམའ་བའི་སྤྲི་དཀར་གཟན་ཆས་ཀྱི་བསྡུར་ཚད་ཇེ་མཐོར་གཏོང་བ། འོ་མ་སྟེར་བའི་སྐབས་གི་བཞོན་མར་དེ་མཚུངས་ཀྱི་ཕྲ་ཕུང་སྤྲི་དཀར་མཁོ་སྤྲོད་བྱེད་པ་མི་འདང་བའི་གནད་དོན་མངོན་སྲིད། བཞོན་མའི་ལུས་ལྡིད་སྟོང་ཁེ 1གི་ཇེ་དམར་སོང་བ་ན། ཇེ་དམར་སོང་བའི་ལུས་ལྡིད་དེས་འོ་མ་སྟོང་ཁེ 11.65བསྐྱུན་ཐུབ། ཡིན་ནའང་སྤྲི་དཀར་གྱིས་འོ་མ་སྟོང་ཁེ 3.5ཙམ་ལས་བསྐྱུན་མི་ཐུབ། མཁོ་སྤྲོད་བྱས་པའི་སྤྲི་དཀར་རིགས་མང་ནི་གྲོད་པུའི་ནང་གི་འབུ་ཕྲས་འཇུ་བར་བྱེད་ཐུབ། དེར་བརྟེན། ལྷུག་སྣོད་དུ་བསླེབས་པའི་འབུ་ཕྲའི་སྤྲི་དཀར་དང་གྲོད་པུ་བརྒྱུད་པའི་སྤྲི་དཀར་གྱིས་གྲུབ་ཕུང་སྤྲི་དཀར་གྱི་དགོས་ཚད་ཁ་སྐོང་བྱེད་མི་ཐུབ། སྐབས་དེར་འཇུ་ཚད་དམའ་བའི་སྤྲི་དཀར་གཟན་ཆས་ཁ་སྣོན་བྱེད་དགོས། དཔེར་ན་ཉ་ཕྱེ་དང་ཁྲག་ཕྱེ། ཁེ་ཁེ་རྡུལ་ཕྱེ་ལྟ་བུ།

3. "ཚུར་འགུགས"གསོ་སྐྱོང་བྱེད་ཐབས་སྤྱོད་པ། མགྱོགས་མྱུར་ངང་བཞིན་མའི་འོ་མའི་ཐོན་ཚད་ཇེ་མཐོར་གཏོང་ཆེད། སྔོན་ཆད་ཚང་མས"སྤ་སྤྱོད"གསོ་སྐྱོང་བྱེད་ཐབས་སྤྱོད་པ་སྟེ། བཞིན་མས་འོ་མ་སྟེར་བའི་སྣང་ལ་གསོ་སྐྱོང་ཚད་གཞི་ལྟར་རང་སྟེང་གི་འོ་མ་འདོན་པར་མཁོ་བའི་ཟུངས་བཅུད་དངོས་ཟས་ཁ་སྐོང་བྱེད་དགོས་པར་མ་ཟད། ད་དུང་NND4ནས5ཡི་གཟན་ཆས་ཁ་སྣོན་བྱེད་དགོས། དུས་རབས20ཡི་ལོ་རབས70ནས་བཟུང་། "སྤ་སྤྱོད"གསོ་སྐྱོང་བྱེད་ཐབས་དེ་གོམ་གང་མདུན་སྤོས་སྣོས"ཚུར་འགུགས"གསོ་སྐྱོང་བྱེད་ཐབས་སུ་བསྒྱུར་དགོས། བྱེ་བྲག་གི་ལག་བསྟར་བྱེད་ཐབས་ནི་བཞིན་མའི་འོ་མ་བསྒྲུད་རྗེས་ཀྱི་ཆེས་མཐའ་མཇུག་གི་ཉི་མ15ནས་བཟུང་། བེའུ་བཙས་ཏེ་འོ་མའི་ཐོན་ཚད་ཆེས་མཐོ་བའི་སྐབས་སུ་ཕྱུས་ལེགས་གཟན་ཆས་མཁོ་སྤྲོད་བྱེད་པ་དང་། སྔོང་ཁྲག་གི་ནད་འབྱུང་ཚད་ཇེ་ཉུང་དུ་བཏང་ཞིང་། ལུས་ཀྱི་ལྗིད་ཚད་རྒྱུན་འཁྱོངས་དང་འོ་མའི་ཐོན་ཚད་ཇེ་མཐོར་གཏོང་དགོས། བྱེ་བྲག་གིས་འོ་མ་ཐོན་ཚད་མཐོ་བ་དང་གཟན་ཆས་མང་སྟེར་དང་རགས་གཟན་འོས་འཚམ་རེ་སྟེར་བ། འབྲུ་གཟན་མང་སྟེར་བཅས་བྱེད་དགོས། བེའུ་མ་བཙས་པའི་སྔོན་གྱི་གཟའ་འཁོར2ནས་བཟུང་། ཉི་མ་རེར་འབྲུ་གཟན་སྟོང་ཁེ1.8རེ་སྟེར་བ་དང་། དེའི་འཕྲོར་འབྲུ་གཟན་དེའི་ཁར་འབྲུ་གཟན་སྟོང་ཁེ0.45རེ་སྣོན་པ་དང་། བཞིན་མའི་ལུས་ལྗིད་སྟོང་ཁེ100རེར་འབྲུ་གཟན་སྟོང་ཁེ1.0ནས1.5རེ་བྱིན་ན་ཆོག་འདུག འོ་མ་སྟེར་ཚད་ཆེས་མཐོན་པོར་སླེབས་རྗེས་འབྲུ་གཟན་སྟེར་ཚད་གཏན་ཁེལ་བྱེད་པ་དང་། འོ་མ་མེད་པོ་སྟེར་ཚད་ཡལ་རྗེས་ཡང་བསྐྱར་སྐོམས་སྒྲིག་བྱེད་དགོས།

རྒྱུན་ལྡན་གྱི་གསོ་སྐྱོང་བྱེད་ཐབས་དང་བསྡུར་ན། ཚུར་འགུགས་གསོ་སྐྱོང་བྱེད་ཐབས་ལ་གཤམ་གསལ་གྱི་ལེགས་ཆ་འགའ་ལྡན་ཏེ། བེའུ་མ་བཙས་པའི་

སྔོན་དུ་བཞོན་མའི་གྲོད་པུའི་ནང་གི་འབུ་ཕྲ་སྐྱོམས་སྒྲིག་བྱས་ནས་འབྲུ་གཟན་གྱི་ཉེན་གཟན་འཇུ་བར་འཚམ་པར་བྱེད་ཐུབ། བཞོན་མ་འོ་ཡོད་ཅིག་གིས་བེའུ་མ་བཙས་པའི་སྔོན་ལ་རང་གི་ལུས་སྟེང་དུ་ཟུངས་བཅུད་དངོས་རྫས་འདང་ངེས་ཤིག་གསོག་འཇོག་བྱས་ཏེ། འོ་མ་སྟེར་ཚད་མཐོ་སྐབས་སྐྱོད་གྲབས་བྱེད་པ་ཡིན། འོ་མ་བསྲུད་དུ་འཇུག་པའི་བཞོན་མ་འབྲུ་གཟན་ལ་ཡི་ག་ཡོད་པ་དང་། ཟོས་ན་འཚམ་པ་བཙས་ཡར་སྐྱུལ་བྱེད་ཐུབ། བཞོན་མ་མང་ཤས་ལ་གསར་དུ་འོ་མ་སྟེར་ཚད་མཐོ་བ་མངོན་པ་དང་། ཐོན་སྐྱེད་ཡར་འཕར་གྱི་རྣམ་པ་འོ་མ་སྟེར་སྐབས་ཡོངས་སུ་རྒྱུན་འཁྱོངས་བྱེད་ཐུབ། འོ་མ་དང་ཐོག་སྟེར་སྐབས། ཕུན་སུམ་ཚོགས་པའི་ཟུངས་བཅུད་དང་གཟན་ཆས་སྤྱད་པ་དེས་འོ་མ་སྟེར་བའི་དགོས་མཁོ་བསྐང་ཐུབ་པར་མ་ཟད། སྔོང་གི་ནད་འབྱུང་བ་ཡང་ཇེ་ཉུང་དུ་གཏོང་ཐུབ། བཤད་འོས་པ་ཞིག་ལ་བཞོན་མ་ཐམས་ཅད་ལ་ཚུར་འགུགས་གསོ་སྐྱོང་བྱེད་ཐབས་དེ་འཕྲོད་པའི་ངེས་པ་མེད། ཚུར་འགུགས་བྱེད་ཐབས་དེར་མི་འཕྲོད་པའི་བཞོན་མ་ཐམས་ཅད་བསལ་འདོར་བྱེད་དགོས།

(གསུམ)འོ་མ་སྟེར་བའི་བར།

འོ་མ་སྟེར་ཡུན་མང་བ་ནས་གཟའ་འཁོར་30ནས་གཟའ་འཁོར་35ཡི་ཡར་སྔོན་ལ་འོ་མ་སྟེར་བའི་བར་ཟེར། སྐབས་ཐོག་དེའི་ཁྱད་ཆོས་ནི་འོ་མ་ཐོན་ཚད་རིམ་པ་བཞིན་དུ་མར་འབབ་པ་དང་། ཟླ་རེར་ཇེ་ཉུང་དུ་འགྲོ་ཚད་5%ནས་7%ཡིན། བཞོན་མའི་ལུས་ཕུང་རིམ་བཞིན་དུ་ཕྱིར་སོས་པ་དང་། བེའུ་བཙས་ནས་གཟའ་འཁོར་20འགོར་རྗེས་བཞོན་མའི་ལུས་ལྗིད་ཇེ་ཆེར་འགྲོ་བ་དང་། ཉི་མ་རེར་ཕལ་ཆེར་སྟོང་ཁེ་0.5རེ་ཇེ་ལྗིད་དུ་འགྲོ་བས། སྐབས་ཐོག་དེར་འབྲུ་གཟན་ནི་འོ་མའི་ཐོན་ཚད་གཞིར་བཟུང་སྟེ་སྟེར་བ་དང་། རགས་གཟན་རང་འདོད་ལྟར་ཟ་རུ་འཇུག་ཅིང་། ཆུ་འཐུང་ཚད་རེ་སྣུད་དེ་འགྲུལ་སྐྱོད་ལ་ཤུགས

སྔོན་འགོག་བྱེད་དགོས་པར་མ་ཟད། འཁྲུལ་མེད་ཡང་དག་གི་སྒོ་ནས་འོ་མ་འཛོ་བ་དང་ནུ་མར་ཕུར་མཉེ་བྱས་ཏེ། འོ་མའི་ཐོན་ཚད་རྒྱུན་ལྡན་ཡིན་པ་རྒྱུན་འཁྱོངས་དང་འོ་མ་ཇེ་ཞུང་དུ་འགྲོ་ཚད་ཇེ་དལ་དུ་གཏོང་དགོས།

(བཞི)འོ་མ་སྐྱེར་བའི་མཇུག

འོ་མ་སྐྱེར་བའི་མཇུག་ཅེས་པ་ནི་འོ་མ་མ་བསྒྲད་པའི་སྔོན་གྱི་ཟླ་ངོ་2ཀྱི་ནང་དེ་སྔོན་པ་ཡིན། སྐབས་ཐོག་དེའི་ཁྱད་ཆོས་ནི་བཞོན་མས་བེའུ་བཙའ་རན་སྐབས་ཡིན་པས། བེའུ་འཚར་ལོངས་འབྱུང་བ་ཧ་ཅང་མགྱོགས། བཞོན་མས་ཟུངས་བཅུད་དངོས་རྫས་འཕོར་ཆེན་ཞིག་འཛད་སྤྱོད་བྱས་ནས། བེའུ་འཚར་ལོངས་འབྱུང་བའི་དགོས་མཁོ་བསྐང་དགོས། དུས་མཚུངས་སུ་བུ་རོགས་དང་སེར་གཟུགས་ཟགས་ཐོན་སྐྱུལ་རྩི་འབྱུང་ཚད་ཇེ་མང་དུ་འགྱུར་བ་དང་། སླད་འོག་འཕྱང་གཟུགས་ལས་ཟགས་ཐོན་བྱས་པའི་འོ་འདོན་སྐྱུལ་རྩིས་ཚོད་འཛིན་བྱས་པས། འོ་མ་སྐྱེར་ཚད་སློ་བུར་དུ་ཇེ་དམའ་རུ་འགྲོ་བ་རེད། སྐབས་དེའི་ཉིན་གཟན་དུ་ངེས་པར་དུ་སྲུས་ལེགས་རགས་གཟན་མང་སྐྱེར་དང་འབྲུ་གཟན་འོས་འཚམ་རེ་བྱིན་ཏེ། བཞོན་མའི་འོ་མ་བསྒྲད་པའི་སྔོན་གྱི་གྲ་སྒྲིག་བྱེད་དགོས་པའི་བྱ་བ་མཐའ་དག་ལེགས་སྒྲུབ་བྱས་ཏེ། བཞོན་མའི་བདེ་ཐང་ལ་མི་གནོད་པར་བྱེད་དགོས།

ལེ་ཚན་ལྔ་བ། ཉིན་གཟན་སྡེབ་མ་ཆ་ཚང་གིས་བཞོན་མ་གསོ་སྐྱོང་བྱེད་པའི་ལག་རྩལ།

ཉིན་གཟན་སྡེབ་མ་ཆ་ཚང་(Total Mixed Ration TMR)གིས་བཞོན་མ་གསོ་སྐྱོང་བྱེད་པའི་ལག་རྩལ་ནི་རགས་གཟན་དང་འབྲུ་གཟན། གཉེར་རྫས། ཝེ་ཧྲིན་སུཨུ། བསྲེ་རྫས་གཞན་དག་ཕན་ཚུན་བསྲེ་ཡག་བྱས་ཏེ་བཟོས་པའི་བཅུད་འཛོམས་གཟན་ཆས་ཤིག་སྟེ། ཕག་དང་བྱིམ་བྱའི་བཅུད་འཛོམས་གཟན་ཆས་དང་མཚུངས་འདུག

གཅིག TMRཡི་ལག་རྩལ་ཁྱད་ཆོས།

1.བཞོན་མའི་གཅིག་མཚུངས་མིན་པའི་ཐོན་སྐྱེད་བྱེད་ནུས་དང་གཅིག་མཚུངས་མིན་པའི་ལུས་ཁམས་དུས་སྐབས་ཀྱི་དབང་གིས་འབྲུ་གཟན་དང་རགས་གཟན་ལ་དགའ་ཕྱོགས་གཏན་ནས་མི་གཅིག འབྲུ་གཟན་དང་རགས་གཟན་སོ་སོར་བཀར་ཏེ་བཞོན་མར་སྟེར་སྐབས། བཞོན་མ་སོ་སོས་མི་རྣམས་ཀྱི་འདོད་བློ་ལྟར་དོ་མཉམ་སྒྲོས་འབྲུ་གཟན་ལས་ཟུངས་བཅུད་ཟ་བ་ཁག་ཐེག་བྱེད་མི་ཐུབ་པས། གྲོད་པུའི་བྱེད་ནུས་ལ་ཡ་ཡོལ་འཆལ་འཆོལ་འབྱུང་དུ་འཇུག་སྲིད། ཉིན་གཟན་སྡེབ་མ་ཆ་ཚང་གི་སྐམ་རྫས་སུ་ཟུངས་བཅུད་དོ་མཉམ་ཡིན་ལ། འབྲུ་གཟན་དང་རགས་གཟན་མང་ཉུང་རན་པའི་ཟུངས་བཅུད་འདུ་བ་དང་། གྲོད་པུའི་ནང་ནས་ཐྲན་ཆུ་འགྱུར་རྫས་དང་སྤྲི་དཀར་དབྱེ་ཐྲལ་བེད་སྤྱོད་བྱེད་པ་སྟར་ལས་དུས་མཉམ་པར་འགྱུར་སྲིད། དུས་མཚུངས་སུ་བཞོན་མས་དུས་ཡུན་ཐུང་ངའི་ནང་དུ་འབྲུ་གཟན་ཟ་དྲགས་པའི་དབང་གིས་གྲོད་པུའི་ནང་གི་pHཚད་གློ་བུར་དུ་མར་འབབ་པ་སྔོན་འགོག་བྱེད་ཐུབ། གྲོད་པུའི་ནང་གི་འབུ་ཕྲའི་གྲངས་ཀ་དང་གསོན་ཤུགས། གྲོད་པུའི་ནང་གི་ཁོར་ཡུག་སྟོས་བཅས་སྒྲོས་ལྷིང་འཇགས

ཡོང་བ་རྒྱུན་འགྲོངས་བྱས་ཏེ། བསྐུར་ལང་བ་དང་འཇུ་བ། བཙུད་འདྲེན། སྙིང་ཚབ་གསར་བརྗེ་བཅས་རྒྱུན་ལྡན་ཡོང་བ་བྱས་པ་ན། གཟན་ཆས་བེད་སྤྱོད་བྱེད་པ་དང་འོ་ཞག་ཆགས་ཚད་ལེགས་སྒྱུར་བྱེད་པ་སོགས་ལ་ཕན་ངེས་ཡིན། འཇུ་བྱེད་ནད་རིགས་ཏེ་དཔེར་ན་ལྷུག་སྐོད་གནས་སྤོ་དང་སྦོང་ཁྲག་གི་ནད། ཉུ་ཚ་རྒྱས་པ། བསྐུར་དུག་ཐོག་པ། ཡི་ག་མེད་པ། ཟུངས་བཅུད་གློ་བུར་དུ་ཐོག་ཐུག་བྱུང་བ་སོགས་འབྱུང་བ་ཛེ་ཉུང་དུ་དུ་གཏོང་དགོས།

2.སྲོལ་རྒྱུན་གྱི་གསོ་སྐྱོང་བྱེད་ཚུལ་གྱིས་འབྲུ་གཟན་དང་རགས་གཟན་སོ་སོར་སྟེར་བ། གཟན་ཆས་སོ་སོ་ཁ་ལ་བྱམས་ཚད་མི་འདྲ་བས། སྤྱིའི་སྐམ་རྫས་དུས་རྒྱུན་དུ་ལུས་སྟེང་དུ་དྲངས་པ་མི་འདང་བར་བརྟེན་ཕོན་སྐྱེད་བྱེད་ནུས་ལ་བར་ཆད་བཟོས་ཏེ། སྐྱེ་འཕེལ་ལ་གེགས་འབྱུང་བ་ཡིན། TMR ཡི་གསོ་སྐྱོང་ལག་རྩལ་དར་སྤེལ་དུ་བཏང་བ་བརྒྱུད་ན་སྔར་ལྟར་གཟན་ཆས་ཁེར་རྐྱང་དུ་སྟེར་སྐབས། ཁ་ལ་མི་བྱམས་པའི་འབབ་ཆ་སོགས་ཀྱི་གཟན་ཆས་ཕོན་ཁུངས་རྒྱ་བསྐྱེད་དེ་བེད་སྤྱོད་བྱེད་ཐུབ་པ་ཡིན། ལག་རྩལ་དེས་བཞིན་མར་གཟན་ཆས་ཉུང་སྟེར་ཐེངས་མང་ལ་ཟ་རུ་བཙུག་ཆོག་པས། ནུས་ཚོད་སྨོས་སྲོག་ཆགས་ལ་ཨན་དུག་ཐོག་པ་ཛེ་ཉུང་དང་ཨན་དུག་ཐོག་པ་སྔོན་འགོག་བྱས་ཏེ། ཐྲི་དཀར་ཕོན་ཁུངས་མགོ་སྐྱོད་བྱེད་པ་དོ་མི་མཉམ་པའི་དཀའ་གནད་སེལ་བ་དང་། གཟན་ཆས་དང་གཟན་འབྲུའི་འགྲོ་གྲོན་ཛེ་ཉུང་དུ་གཏོང་བར་དོན་སྙིང་ངེས་ཅན་ཞིག་མཆིས།

གཞན TMR ཡི་གསོ་སྐྱོང་ལག་རྩལ་བེད་སྤྱོད་བྱེད་སྐབས་བཞིན་མའི་འཚར་ལོངས་འབྱུང་བའི་དུས་སྐབས་སོ་སོར་མཁོ་བའི་ཟུངས་བཅུད་མི་གཅིག་པ་གཞིར་བཟུང་སྟེ། ཕོན་སྐྱེད་ནུས་ཤུགས་ཇེ་དམའ་རུ་མི་གཏོང་བའི་སྔོན་འགྲོའི་འོག་ཏུ་ས་གནས་དེའི་རང་བྱིམ་ཕོན་རྫས(དཔེར་ན་རྩྭ་སྐྱ་ལྟ་བུ)དང་བཟོ་ལས་ཞོར་ཕོན་དངོས་རྫས(དཔེར་ན་ཆང་གི་སྦྲང་མ་ལྟ་བུ)སོགས་འོས་འཚམ་སྦྱོར་ལས

སྣོན་བྱས་ཏེ་ནུས་ཚོད་སྙོམས་པེད་སྤྲོད་བྱེད་པ་དང་། སྟོས་བཅས་སྙོམས་མ་རྩ་ཆེས་དམའ་བའི་ཉིན་གཟན་བསྐེབ་དགོས།

3.ཞིབ་འཇུག་བྱས་པ་ལས་ར་སྤྲོད་བྱས་པ་ལྟར་ན། གལ་ཏེ་བཞོན་མས་ཟོས་པའི་འབྲུ་གཟན་གྱི་ཆུ་ཚད་མཐོ་དྲགས་ན(ཉིན་གཟན་གྱིས 60%ཡན་ཟིན་པ)ཁོག་ལ་ཟོས་པའི་ནུས་བཅུད་རྫར་ལས་མང་བའི་སྒོ་ནས་ལུས་ཕུང་གི་གྲུབ་ཆར་འགྱུར་བ་ལས་འོ་མའི་ཐོན་ཚད་ཇེ་མང་དུ་འགྲོ་མི་ཐུབ་པར་མ་ཟད། འོ་མའི་ནང་གི་འོ་ཞག་འདུ་ཚད་སོགས་ཀྱང་ཅུང་དམའ་བར་འགྱུར་བ་ཡིན། གལ་ཏེ་བཞོན་མས་ཟོས་པའི་རགས་གཟན་གྱི་ཆུ་ཚད་མཐོ་དྲགས་ན་ཁ་འདེམས་ཡོད་པའི་དབང་གིས་ཁོག་འབབ་ཆེན་པོ་མེད། TMRཡི་གསོ་སྐྱོང་ལག་རྩལ་སྤྱོད་ན་ཕྱོགས་བསྡུས་ཀྱི་སྒོ་ནས་བཞོན་མ་སོ་སོར་མཁོ་བའི་ཚོ་སྣ་རྩེ་བཅུད་དང་ཕྱི་དཀར། ནུས་བཅུད་སོགས་ཀྱི་རྒྱུ་རྐྱེན་ལ་གཞིགས་ཡོད་པས། ཉིན་གཟན་གྱི་ཟུངས་བཅུད་ནི་དོ་མཉམ་ཡིན་པས་བཞོན་མའི་ཐོན་སྐྱེད་བྱེད་ནུས་འདོན་སྤེལ་བྱེད་པར་ཕན་པ་ཡིན།

4.འོ་ཡོད་བཞོན་མར་ངེས་པར་དུ་འབྲུ་གཟན་འདང་ཚད་ཅིག་ཟ་རུ་འཇུག་པ་ཁག་ཐེག་བྱེད་དགོས། སྐབས་ལ་ལར་འོ་མའི་ཐོན་ཚད་མཐོན་པོ་ཁག་ཐེག་བྱེད་ཆེད། ཉི་མ་རེར་བཞོན་མ་རེར་ངེས་པར་དུ་འབྲུ་གཟན་སྟོང་ཁེ 15ཡས་མས་སྟེར་དགོས། གལ་ཏེ་སྲོལ་རྒྱུན་གྱི་གསོ་སྐྱོང་བྱེད་ཚུལ་ལྟར་ན། འབྲུ་གཟན་དང་རགས་གཟན་ཁ་བཀར་ཏེ་སྟེར་དགོས། བཞོན་མས་དུས་ཡུན་ཐུང་ངུའི་ནང་དུ་འབྲུ་གཟན་འབོར་ཆེན་ཟོས་པ་ན། གྲོད་ཕུའི་ནང་གི་ཟུངས་བཅུད་དངོས་རྫས་འཇུ་བའི་རྙིང་ཚབ་གསར་བརྗེའི་འགྲུལ་རྣམ་དོ་མཉམ་འཆོལ་དུ་བཅུག་སྟེ། འཇུ་བྱེད་མ་ལག་འཁྲུག་ཏུ་འཇུག་པ་དང་། ཚབས་ཆེན་བསྐྱུར་དུག་ཐོག་སྟེ་ཐོན་སྐྱེད་བྱེད་ནུས་འདོན་སྤེལ་བྱེད་པར་གེགས་སུ་འགྱུར་སྲིད། TMRཡི་གསོ་སྐྱོང་ལག

རྩལ་བཀོལ་བདེ་སྤྱོད་བདེ་ཞིག་ཡིན་ལ། བཞོན་མའི་ལྷིང་འཇགས་ཀྱི་གཟན་ཆས་གྲུབ་ཆ་ཁག་ཐེག་བྱེད་ཐུབ་པར་མ་ཟད། རང་ཤུགས་ཀྱིས་སྤུས་ཀ་ཆེས་ལེགས་པའི་གཟན་ཆས་དང་ཕྱུགས་རྫ་ཆབས་ཅིག་ཏུ་བསྡེབས་ཏེ། གཟན་རྫ་བེད་སྤྱོད་བྱེད་ཚད་ཇེ་མཐོར་གཏོང་དགོས།

5.TMRཡི་གསོ་སྐྱོང་ལག་རྩལ། བཞོན་མར་མཚོན་ན TMRཡི་གསོ་སྐྱོང་ལག་རྩལ་བེད་སྤྱོད་བྱས་ན་བཞོན་མའི་འོ་མ་ཐོན་སྐྱེད་བྱེད་ནུས་འདོན་སྤེལ་བྱེད་པར་ཕན་པ་དང་། བཞོན་མའི་སྐྱེ་འཕེལ་བྱེད་ཚད་ཇེ་མཐོར་གཏོང་བ་དང་མཉམ་དུ་ཡར་བེའུས་དུས་ཐོག་ཏུ་བེའུ་བཙའ་བར་ཁག་ཐེག་བྱེད་པའི་ཆེས་ལེགས་པའི་གསོ་སྐྱོང་ལམ་ལུགས་ཤིག་ཡིན། TMRཡི་གསོ་སྐྱོང་ལག་རྩལ་སྤྱད་ན་འཇོ་ཁང་དུ་འབྲུ་གཟན་སྣེར་བ་མེད་པར་གཏོང་བ་དང་། འོ་མ་འཇོ་ཡུན་ཇེ་ཐུང་དུ་གཏོང་བ། ཁ་རའི་རིང་ཚད་གྲོན་ཆུང་བྱས་པ། ལྟོས་བཅས་སྙོམས་གཟན་སྣེར་སྒྲིག་ཆས་གྲོན་ཆུང་བྱས་པར་མ་ཟད། འོ་མ་འཇོ་ཁང་གི་ཐལ་རྡུལ་ཡང་ཇེ་ཉུང་དུ་བཏང་བ་ཡིན། གཞན་ཡང་། འོ་ཡོད་བཞོན་མའི་ཐོན་སྐྱེད་བྱེད་ནུས(འོ་མའི་ཐོན་ཚད་དང་འོ་ཞག་ཐོན་ཚད)ཇེ་ཉུང་དུ་མི་གཏོང་བའི་ཆ་རྐྱེན་འོག་ཏུ TMR ཁྲོད་ཀྱི་ཚི་སྣའི་ཆུ་ཚད་འབྲུ་གཟན་དང་རགས་གཟན་སོ་སོའི་ཚི་སྣའི་ཆུ་ཚད་ལས་འོས་འཚམ་སྙོམས་ཇེ་ཉུང་དུ་བཏང་ཡོད། འོ་མའི་ཐོན་ཚད་མཐོ་སྐབས་ཀྱི་བཞོན་མའི་འོ་ཞག་གི་ཚད་ཇེ་དམའ་རུ་མི་གཏོང་བའི་གནས་ཚུལ་འོག་ཏུ་གར་ཚད་མཐོ་ཞིང་། ཐུར་ལས་ནུས་ལྡན་གྱི་ཉིན་གཟན་ཟ་རུ་བཙུག་སྟེ། ལུས་ལྷིད་ཇེ་དམའ་རུ་འགྲོ་ཚད་ཇེ་ཉུང་དུ་བཏང་སྟེ་ཚད་མཐོན་པོའི་སྔོན་ནས་བཞོན་མའི་ལུས་ཁམས་རྒྱུན་སྐྱོང་བྱེད་པ་དང་། སྐབས་རྗེས་མའི་མངལ་ཆགས་ཚད་ཇེ་མཐོར་གཏོང་དགོས།

6.TMRཡི་གསོ་སྐྱོང་ལག་རྩལ་གྱིས་ཐོན་སྐྱེད་ཚོད་འཛིན་བྱེད་པར་ཕན་འདེགས་ཐུབ་པ་ཡིན། དེས་འོ་མའི་ནང་དུ་འདུ་བའི་དངོས་རྫས་ཀྱི་འགྱུར་ལྡོག

གཞིར་བཟུང་སྟེ་ཁྱབ་རྒྱ་ངེས་ཅན་ཞིག་གི་ནང་དུ TMR ཡི་གསོ་སྐྱོང་ལག་རྩལ་སྙོམས་སྒྲིག་བྱས་ཏེ། ཆེས་ལེགས་པའི་དཔལ་འབྱོར་ཕན་ཁེ་ལེན་པ་ཡིན། སྤྱིལ་རྒྱུན་གྱི་འབྲུ་གཟན་དང་རགས་གཟན་སོ་སོར་བཀར་ཏེ་བཞོན་མར་བྱིན་ན། བཞོན་མས་སྐམ་རྫས་ཟ་ཚད་ཇེ་མཐོར་གཏོང་མི་ཐུབ། འབྲུ་གཟན་དང་རགས་གཟན་གཉིས་ཀྱི་བསྡུར་ཚད་འོས་ཤིང་བརྟན་འཇགས་ཡིན་པ་ཁག་ཐེག་བྱེད་དཀའ་བས། ཁྱོན་རྒྱ་ཆེན་པོའི་སྒོ་ནས་བསྡུ་རུབ་ཅན་གཉེར་ཞིང་གོང་འཕེལ་དུ་གཏོང་བར་མི་འཚམ། དུས་མཚུངས་སུ་གྲོད་པའི་ནང་གི་འཇུ་བྱེད་རྙིང་ཚབ་གསར་བརྗེའི་འགྱུལ་རྣམ་དོ་མཉམ(ཡལ་སྣའི་ཚིལ་སྐྱུར་གྲུབ་པ་དང་འབུ་ཕྲའི་ཕུང་གཟུགས་སྲི་དཀར་གྲུབ་པ། འབུ་ཕྲའི་ཁྱབ་རྒྱུད)ཡོང་བ་འཚོལ་འགྲོ། TMR ཡི་གསོ་སྐྱོང་ལག་རྩལ་སྤྱད་དེ་གཟན་ཆས་ཁྱབ་རྒྱ་ཆེན་པོའི་སྒོ་ནས་བཟོ་གྲྭ་ཅན་བྱས་ནས་གཟན་ཆས་བསྐྲུན་ན། གཟན་སྟེར་གསོ་སྐྱོང་བྱེད་པར་ལས་མི་གྲོན་ཆུང་དང་ལས་ཡུན་གྲོན་ཆུང་བྱས་ཏེ་རྒྱ་ཁྱོན་ཅན་གྱི་གསོ་སྐྱོང་ཕན་ནུས་དང་ངལ་རྩོལ་ཐོན་ཚད་ཇེ་མཐོར་གཏོང་ཐུབ། གཞན་གཟན་ཆས་སྟེར་སྐབས་བྱུང་བའི་གཟན་ཆས་འཕྲོ་བརླག་ཏུ་བཏང་བ་ཇེ་ཉུང་དུའང་གཏོང་ཐུབ།

7.TMR ཡི་གསོ་སྐྱོང་ལག་རྩལ་སྤྱད་དེ་བཞོན་མ་གསོ་སྐྱོང་བྱས་ན། བཞོན་མས་ཉིན་གཟན་ཁམ་གང་ཟོས་པ་ལའང་གཅིག་མཚུངས་ཀྱི་ཟུངས་བཅུད་གྲུབ་ཆ་ཡོད་པ་དང་། ཟུངས་བཅུད་ཀྱང་དོ་མཉམ་ཡིན། TMR ལྟར་གསོ་སྐྱོང་བྱེད་སྐབས 3%ནས 5%ཡི་གཟན་ཆས་ཁག་ཐེག་བྱས་ཏེ་གཟན་ཆས་ཀྱིས་མ་འདང་བར་བཞོན་མ་ལ་ལའི་གསུས་པ་མ་འགྲངས་པའི་གནས་ཚུལ་སྔོན་འགོག་བྱེད་དགོས། TMR ཡི་གསོ་སྐྱོང་བྱེད་ཐབས་ལག་བསྟར་བྱེད་ན་ཁྱུ་བཀར་ཏེ་སྣོར་སྐྱོང་བྱེད་སྐབས། བཞོན་མའི་འོ་མའི་ཐོན་ཚད་ཁོ་ན་གཞིར་བཟུང་སྟེ་ཁྱུ་དཀར་མི་རུང་བར་མ་ཟད། ད་དུང་བཞོན་མའི་ཤ་ཤེད་ལ་སྐར་གྲངས་རྒྱག་པ་དང་།

བཞོན་མའི་ཁ་མཐོ་དམའ། གསོ་སྐྱོང་གནས་ཚུལ་བཅས་ལ་བསམ་བློ་གཏོང་དགོས།

གཉིས། TMR ཡི་གསོ་སྐྱོང་ལག་རྩལ་སྤྱོད་པའི་རྨང་གཞིའི་ཆ་རྐྱེན།

1. TMR ཡི་གཟན་ཆས་སྡེབ་པར་རེ་འདུན་ཞིག་ཡོད་པ་ནི་སྔར་ཡོད་གཟན་ཆས་ཡོད་ཚད་སྦགས་བསྲེ་ཡང་དག་ཅིག་བྱེད་དགོས། སྔོ་ཉར་གཟན་ཆས་དང་སྔོ་ལྷུམ་གཟན་ཆས། རྩྭ་སྐྱ་སོགས་ཆེད་སྤྱོད་འཕྲུལ་ཆས་སྒྲིག་ཆས་ལ་བརྟེན་ནས་ཐུང་གཏུབ་བམ་ཞིབ་འཐག་བྱེད་དགོས། ཉིན་གཟན་གྱི་ཟུངས་བཅུད་དོ་མཉམ་ཡོང་བ་ཁག་ཐེག་བྱེད་ཆེད། བྱེད་ནུས་ལེགས་པའི་སྦགས་བསྲེ་དང་ཚོད་འཛལ་སྒྲིག་ཆས་ཡོད་དགོས། TMR ནི་སྦགས་བསྲེ་འཕྲུལ་ཆས་ཀྱིས་སྦགས་བསྲེ་བྱས་རྗེས་ཐད་ཀར་དུ་བཞོན་མའི་ཁ་ར་ནང་དུ་ཐེངས་གཅིག་ལ་ལྷུག་པར་སྒྲིག་ཆས་ཆ་ཚང་དགོས་པས། སྒྲིག་ཆས་ཀྱི་འགྲོ་གྲོན་ཅུང་ཆེ།

2. བཞོན་མའི་དགོས་མཁོ་ནི་སྐྱེ་ཁམས་ཀོ་རིམ་དང་ཐོན་སྐྱེད་བྱེད་ནུས་གཞིར་བཟུང་ཞིང་ཁྲུ་བཀར་ཏེ་གསོ་སྐྱོང་བྱེད་དགོས། བཞོན་ཁྲུ་རེ་རེའི་ཉིན་གཟན་སྡེབ་ཀ་གཅིག་མཚུངས་ཤིག་མིན་པས། བཞོན་ཁྲུ་སོ་སོར་ཁྱད་པར་བཏོད་དེ་གསོ་སྐྱོང་བྱེད་དགོས། དེར་བརྟེན། བཞོན་རའི་ལག་རྩལ་མི་སྣ་ནི་སྦྱོ་བ་ཡོད་པ་དང་། འགན་ཁུར་དང་ལེན་བྱེད་ཐོད་པ་ཞིག་ཡིན་དགོས།

སྤྱིར་བཤད་ན། TMR ཡི་གསོ་སྐྱོང་ལག་རྩལ་ཐད་འགྲོ་གྲོན་ངེས་ཅན་ཞིག་གཏོང་དགོས་ནའང་། བཞོན་མའི་ཐོན་སྐྱེད་བྱེད་ནུས་ཇེ་མཐོར་བཏང་བ་ཡིན་པས། དཔལ་འབྱོར་གྱི་ཕན་འབྲས་ཇེ་མཐོར་གཏོང་ཐུབ་པ་ཡིན། ལག་ལེན་ལས་ཤེས་གསལ་ལྟར་ན། TMR ཡི་གསོ་སྐྱོང་ལག་རྩལ་གྱི་ཕན་གནོད་ལ་ཕྱོགས་ཡོངས་ནས་བསམ་གཞིག་བྱས་པའི་རྨང་གཞིའི་སྟེང་ནས་བཞོན་རས TMR ཡི་གསོ་སྐྱོང་ལག་རྩལ་སྤྱོད་པ་ལས་འཕར་བའི་ཡོང་སྒོ་མངོན་གསལ་སྔོས་སྒྲིག་ཆས

བསྐུན་པའི་འགྲོ་གྲོན་ལས་མཐོ་འདུག སྤྱིར་ཁྱོན་རྒྱ་ཆེ་བའི་བཞོན་རར་མཚོན་ན། TMRཡི་གསོ་སྐྱོང་ལག་རྩལ་བེད་སྤྱོད་བྱེད་པ་ནི་དཔལ་འབྱོར་ཕན་འབྲས་དང་ཚོང་རའི་འགྲན་ཤུགས་འཕར་སྣོན་བྱེད་པའི་ནུས་ལྡན་བྱེད་ཐབས་ཤིག་ཡིན་པ་ནི་གདོན་མི་ཟའོ།།

གསུམ། TMRབེད་སྤྱོད་བྱེད་པར་དོ་སྣང་བྱེད་དགོས་པའི་དོན་ཚན།

1.ཚད་འཛལ་ལྟ་རྟོག་ངེས་པར་དུ་ས་བཙུགས་རྒྱ་མ་ལས TMRཡི་གསོ་སྐྱོང་ལག་རྩལ་ལག་བསྟར་བྱེད་སར་གནས་སྤར་ཏེ། ནན་ཏན་སྒོས TMRའི་གཏན་ཁེལ་བྱས་པའི་སྒྲིག་ལམ་ལག་བསྟར་བྱེད་དགོས།

2.བེའུ་དང་བཙའ་ཁང་དུ་བསླེབས་པའི་བཞོན་མར TMRཡི་གཟན་ཆས་སྟེར་མི་རུང་།

3.བཞོན་ཁྱུ་ལ་དུས་ཐོག་ཏུ་ལུགས་མཐུན་སྒོས་ཁྱུ་བགོ་བ་དང་སྙོམས་སྒྲིག་བྱེད་དགོས། ཕྱོགས་གཅིག་ནས་འོ་མ་སྟེར་སྐབས་ཀྱི་འོ་མའི་ཐོན་ཚད་གཞིར་འཛིན་པ་དང་། ཕྱོགས་གཅིག་ནས་བཞོན་མའི་ལུས་ཕུང་གི་གནས་ཚུལ་བཅས་ལ་བསམ་བློ་གཏོང་དགོས།

4.རྒྱ་ཁྱོན་ཅུང་ཆུང་བའི་བཞོན་རར་མཚོན་ན་རིན་གོང་ལྟོས་བཅས་ཀྱིས་སླ་བ་དང་། སྲ་མོ་བཀན་མོ་ཡིན་པའི“བརྟན་གནས་ཅན་གྱི་འཕྲུལ་ཆས”བསྒྲིགས་ན་ཅུང་འཚམ་པ་ཡིན།

5. TMRནི་ཐེངས་གཅིག་གི་འགྲོ་སོང་ཅུང་ཆེ། གཞུང་ལམ་དང་སྒྲིག་ཆས་གསོ་སྐྱོང་དང་ཞིག་གསོ་བྱེད་པའི་རེ་འདུན་ཅུང་མཐོ་བར་མ་ཟད། བདག་གཉེར་བྱེད་པའི་རེ་འདུན་ཡང་ཧ་ཅང་ནན་ཏན་ཡིན། དེ་མིན་ཕྱིན་ཆེས་ལེགས་པའི་གཟན་ཆས་ཀྱི་སྡེབ་ཀའང་མི་ག་གེ་མོས་ལག་ཐབས་ཀྱི་དབང་གིས་བཞོན་མའི་འོ་ཐོན་བྱེད་ནུས་དང་བདེ་ཐང་ལ་ཤན་ཤུགས་བཟོ་ཉེན་ཡོད་པས། དཔལ་འབྱོར

ཀྱི་སྟོབས་ཤུགས་དང་ལག་རྩལ་བདག་གཉེར་ཚུ་ཚད་མེད་ཕྱིན། རབ་ཡིན་ན TMRམ་སྤྱད་ན་ལེགས།

བཞི། འོ་ཡོད་བཞིན་མ་གསོ་སྐྱོང་བྱེད་པར་བྱ་བ་འགའ་ལེགས་སྒྲུབ་བྱེད་དགོས།

1. འོ་མ་བསྲུད་སྐབས་བཞིན་མར་གསོ་སྐྱོང་བདག་གཉེར་བྱེད་པར་ཤུགས་སྣོན་བྱས་ཏེ། ཕྱུས་ལེགས་གཟན་རྩྭ་སྟེར་དགོས། འབྲུ་གཟན་གྱི་སྟེར་ཚད་ནི་སྟོང་ཁེ5ནས་སྟོང་ཁེ6རེ་ཕྱིན་ཏེ། བཞིན་མའི་ལུས་ཕུང་བདེ་ཐང་དང་ཤ་ཤེད་ལེགས་པོ་རྒྱུན་འཁྱོངས་བྱེད་དགོས། འོན་ཀྱང་ཆོ་འབུད་དུ་འཛུག་མི་རུང་། བེའུ་བཙའ་དཀའ་བ་དང་སྙིང་ཚབ་གསར་བརྗེའི་ཐད་ཀྱི་ནད་སྣ་ཚོགས་སྔོན་འགོག་བྱེད་དགོས། འགྲུལ་སྐྱོད་ལ་ཤུགས་སྣོན་དང་ཉུ་སྐྲངས་ཀྱི་ནད་སྔོན་འགོག་བྱེད་དགོས།

2. བེའུ་བཙས་རྗེས་ཉུ་མ་ཕལ་ཆེར་རྒྱུན་ལྡན་ཡིན་ཕྱིན། རིམ་བཞིན་དུ་ཁུ་མང་གཟན་ཆས་དང་འབྲུ་གཟན་ཁ་སྣོན་བྱེད་དགོས། གཟན་ཆས་བསྒྱུར་ཚད་མགྱོགས་མི་རུང་། གལ་ཏེ་ཉུ་མ་སྐྲངས་ཡོད་པའམ་ཡི་ག་མེད་ན་གཟན་རྩྭ་མང་སྟེར་བྱེད་པ་དང་། གནས་སྐབས་ཙམ་ལ་ཁུ་མང་གཟན་ཆས་དང་སྔང་མ་སོགས་ཁ་སྣོན་མི་བྱེད་པར་རྩྭ་ཁུ་ཉུང་སྟེར་བྱས་ཏེ། སྐྲངས་ཞུད་པ་དང་ཡི་ག་ཡོད་པ་ན། ད་གཟོད་གཟན་ཆས་བསྣན་ཏེ་འོ་མ་ཐོན་ཚད་ཇེ་མང་ལ་གཏོང་དགོས།

3. འོ་མ་ཐོན་ཚད་མཐོ་བའི་སྐབས་ལ་བཞིན་མར་ཕྱུས་ལེགས་གཟན་རྩྭ་སྟེར་གང་ཐུབ་བྱས་ཏེ། བཞིན་མའི་ཟུངས་བཅུད་ཀྱི་དགོས་མཁོ་བསྐང་དགོས། ཆེས་མང་ན་སྦགས་བསྲེས་བྱས་པའི་གཟན་ཆས་སྟོང་ཁེ 15ལས་མང་མི་རུང་། བཞིན་མའི་ཡི་ག་ཕྱི་ཚད་འོ་མ་ཐོན་ཚད་མོད་པའི་སྐབས་ལས་འཕྱིས་པས། འོ་མ་ཐོན་ཚད་མཐོ་སྐབས་དུས་རྒྱུན་དུ་ཟུངས་བཅུད་དོ་མི་མཉམ་པའི་གནས་ཚུལ་འབྱུང་སྲིད། གཟན་རྩྭའི་ཟུངས་བཅུད་ཀྱི་གར་ཚད་མཐོ་དགོས་པ་དང་། ཕྱུས་ཀ་ལེགས་དགོས

པས། འབུ་སུ་རྡང་དང་སྔོ་ཉར་གཟན་རྫ་གཙོ་བོ་བྱས་ནས་སྟེར་དགོས། གཟན་ཆས་ནི་མ་རྫོགས་ལོ་ཏོག་དང་བུད་ཚེ། འབའ་ཆ། སྲན་སེར་འབའ་ཆ་བཅས་གཙོ་བོ་བྱས་ནས་སྟེར་དགོས། འོན་ཀྱང་མཉམ་འཛོམ་བྱེད་དགོས་པ་ཞིག་ལ་གཟན་ཆས་ཁྲོད་ཀྱི་ཚི་སྣའི་རྩི་བཅུད་ཀྱི་འདུས་ཚད 17%ཡན་ཟིན་དགོས། དུས་མཚུངས་སུ་གཟན་ཆས་སུ་གཏེར་རྫས་དང་ཚྭ་ཁུ་ཁ་སྣོན་བྱེད་ཅིང་། འོས་འཚམ་སྨན་ཀ་ར་ནག་པོ་དང་བུ་རམ་སྙིགས་རོ་སོགས་ཁ་སྣོན་བྱས་ཏེ། ཟུངས་བཅུད་ནུས་ལྡན་མགོ་སྐྱོང་བྱེད་དགོས།

4.ཐབས་བརྒྱ་ཇུས་སྟོང་གིས་གཟན་ཆས་ཀྱི་ཁ་ལ་བྱམས་ཚད་ལེགས་བཅོས་བྱས་ཏེ། བཞོན་མའི་ཡི་ག་འབྱེད་དགོས། དཔེར་ན་འབུ་སུ་རྡང་ཁག་ཅིག་རྫ་རྩལ་དུ་བཏང་སྟེ་གཟན་ཆས་སུ་བསྲེས་ཆོག ཡང་ན་སྲན་སེར་དང་མ་རྫོགས་ལོ་ཏོག་ཞིབ་བཏགས་བྱས་ཏེ་བྱིན་ཆོག བཞོན་མའི་ཟས་མི་འཇུ་བ་དང་རྩ་མི་ཡོང་བ། ལོག་པ་བཤལ་བ། ལྟོ་བ་ཏུ་ཐན་ནག་བྲོ་བ་སོགས་ཀྱི་གནས་ཚུལ་བྱུང་ན་དུས་ཐོག་ཏུ་གཟན་ཆས་སྐོམས་སྒྲིག་བྱེད་དགོས། བཞོན་མ་ལ་ལ་གཟན་རྫ་གི་མོ་ཟ་བར་ཧ་ཅང་དགའ་བས། དེའི་ཕྱོགས་ཀྱི་དགོས་མཁོ་ལ་ཁ་བསྐང་བྱེད་དགོས། ཕྱོགས་གཞན་ཞིག་ནས་བཞོན་མ་དགའ་བའི་གཟན་རྫ་སྟེར་ཆོད་བཟུང་སྟེ་ཡི་གར་མི་གནོད་པའི་ཆེད་དུ་མོད་པོ་ཟ་རུ་འཇུག་མི་རུང་།

5.ནུ་མ་སྲུང་སྐྱོབ་བདག་གཉེར་བྱེད་པར་ཤུགས་སྣོན་བྱེད་པ། ཉིན་རེར་འོ་མ་བཞོས་པའི་སྔོན་ལ་ནུ་མ་ཕུར་མཉེ་དང་དྲོས་བསྐུས་རྒྱུག་པ་རྒྱུན་འཁྱོངས་བྱེད་དགོས། འོ་མ་སྟེར་བའི་སྐབས་ལ་ཉིན་རེར་འོ་མ་ཐེངས 4ལ་འཛོ་དགོས། དུས་ཐོག་ཏུ་འགྲུལ་སྐྱོད་ར་བའི་འཁྱིལ་ཆུ་མེད་པར་གཏོང་བ་དང་གད་སྙིགས་མེད་པར་གཏོང་བ། བཞོན་མའི་ཉལ་སར་རྫ་སྐྱ་སྐམ་པོ་གཏོང་བ་བཅས་བྱེད་དགོས།

6.གསོ་སྐྱོང་ཁོར་ཡུག་དོ་དམ་བྱེད་པར་ཤུགས་སྣོན་བྱེད་པ། བཞོན་མར

མཚོན་ན་ཁོར་ཡུག་ཆ་རྐྱེན་ལ་འགྱུར་བ་ཆུང་ཙམ་བྱུང་ནའང་ཚོར་བ་ཧ་ཅང་རྣོ་བས། རང་དགར་བཞོན་ཁང་དང་བཞོན་མའི་ཉལ་ས་བརྗེ་མི་རུང་བ་དང་། འོ་མ་འཛོ་མཁན་གཏན་ཁེལ་བྱེད་དགོས། དུས་རྒྱུན་དུ་བཞོན་མའི་ལུས་རྡོས་གཙང་ཤད་བྱེད་པ་དང་། རྨིག་པ་གཞོག་བཅོས་བྱེད་པར་མཉམ་འཛོག་བྱེད་དགོས། བཞོན་ཁང་གཙང་མ་ཡོང་བ་དང་གསལ་ཡངས་ཡོད་པ་རྒྱུན་འཁྱོངས་བྱས་ཏེ་བཏུང་ཆུ་གཙང་མ་མཁོ་སྤྲོད་བྱེད་དགོས།

7.བཞོན་མའི་ཤ་ཤེད་ལ་དོ་སྣང་བྱས་ཏེ་དུས་ཐོག་ཏུ་གནད་དོན་གང་དག་ཡོད་པ་ཤེས་དགོས། སྤྱིར་བཤད་ན་འོ་མ་སྟེར་རིམ་མི་གཅིག་པའི་དུས་རིམ་དུ་བཞོན་མར་ཤ་ཤེད་རྒྱས་པའང་མི་གཅིག ཚོ་དྲགས་པའི་བཞོན་མར་སྙིང་ཚབ་གསར་བརྗེའི་ཐད་ཀྱི་ནད་འབྱུང་སླ་བར་མ་ཟད། ནུ་མའི་ཚ་ནད་དང་འགོ་ནད་མ་ཡིན་པའི་ནད་རིགས་འབྱུང་སླ་སྟེ། དཔེར་ན་བུ་རྟོགས་མི་ཡོང་བ་དང་རྐང་ནད་དམ་གྲོལ་ནད་སོགས་འབྱུང་སྲིད། ཤ་ཤེད་ཞན་དྲགས་པའི་བཞོན་མ་ཡིན་ན། ལུས་སྟེང་དུ་ནུས་བཅུད་ངེས་ཅན་མེད་པ་དང་སྤྲི་དཀར་གསོག་པ་ཉུང་བས་ན། འོ་ཁ་ཆགས་ཚད་ཀྱང་ཇེ་ཉུང་དུ་འགྲོ་སྲིད། འོ་མ་སྟེར་སྐབས་ཀྱི་བཞོན་མའི་ལུས་ཕུང་གི་འགྱུར་ལྡོག་གཙོ་བོ་དང་ཐོག་འོ་མ་སྟེར་སྐབས་ཀྱི་ཉི་མ 90ཡི་ནང་དུ་འབྱུང་བ་ཡིན། སྐབས་ཐོག་དེར་འོ་ཡོད་བཞོན་མས་རང་སྟེང་གི་གྲུབ་ཆ་ལ་བརྟེན་ནས་འོ་མ་སྟེར་བའི་དགོས་མཁོ་ཁ་སྐོང་བྱས་ཏེ། ཟུངས་བཅུད་དོ་མཉམ་ཡོང་བ་བྱེད་པ་ཡིན། དེར་བརྟེན། བཞོན་མ་ཚོ་དྲགས་པ་དང་ཧྲུད་དྲགས་པ་གང་ཡིན་རུང་འོ་མའི་ཐོན་སྐྱེད་ལ་གནོད་པ་ཡིན།

ལེ་ཚན་དྲུག་པ། འོ་མ་བསྲུད་པའི་བཞོན་མ་གསོ་སྐྱོང་བདག་གཉེར་བྱེད་ཚུལ།

འོ་མ་བསྲུད་པ་ནི་བཞོན་མ་གསོ་སྐྱོང་བདག་གཉེར་བྱེད་པའི་གོ་རིམ་ཁྲོད་ཀྱི་གལ་འགངས་ཆེ་བའི་ཐོན་སྐྱེད་གནད་འགག་ཅིག་ཡིན། འོ་མ་བསྲུད་ཐབས་ལེགས་མིན་དང་འོ་མ་བསྲུད་ཡུན་གྱི་རིང་ཐུང་། འོ་མ་བསྲུད་སྐབས་ཀྱི་གསོ་སྐྱོང་བདག་གཉེར་བྱེད་ཚུལ་བཅས་ཀྱིས་མངལ་བེའུ་འཚར་ལོངས་འབྱུང་བ་དང་བཞོན་མ་མ་བུའི་བདེ་ཐང་། འོ་མ་སྟེར་ཐེངས་རྗེས་མའི་འོ་མའི་ཐོན་ཚད་དང་ཐད་ཀར་འབྲེལ་བ་དམ་པོ་ཡོད།

གཅིག འོ་མ་བསྲུད་པའི་དོན་སྙིང་།

1.འོ་མ་བསྲུད་པ་བརྒྱུད་དེ་དུས་ཡུན་རིང་པོར་འོ་མ་བྱིན་པའི་དབང་གིས་བཞོན་མའི་ལུས་སྟེང་གི་ཟུངས་བཅུད་ཤོར་བ་ཁ་གསབ་བྱས་ཏེ། བཞོན་མའི་ལུས་ཕུང་བདེ་ཐང་སླར་གསོ་བྱེད་པ་ཡིན།

2.ཉུ་མེན་ཕྲ་ཕུང་ལ་ངལ་གསོ་གང་ལེགས་བྱེད་པར་སྐྱོམས་སྒྲིག་བྱས་ཏེ། རྗེས་ཕྱོགས་འོ་མ་སྟེར་སྐབས་སྔར་ལས་ལྷག་པའི་ཆ་རྐྱེན་ལེགས་པོ་བསྐྲུན་དགོས། དུས་མཚུངས་སུ་བཞོན་མའི་ལུས་སྟེང་དུ་ཟུངས་བཅུད་དངོས་པོ་ངེས་ཅན་ཞིག་གསོག་འཛོག་བྱས་ཏེ། མངལ་བེའུ་བཙས་རྗེས་འོ་མ་སྟེར་ཡུན་ཟླ་ངོ 1ནས་ཟླ་ངོ 2ཀྱི་ནང་དུ་མངོན་སྲིད་པའི་ཟུངས་བཅུད་དོ་མཉམ་མར་ལྷུང་བ་དེ་ཁ་གསབ་བྱེད་དགོས།

3.འོ་མ་བསྲུད་སྐབས་ཟུངས་བཅུད་ལ་ཤུགས་སྟོན་བྱས་ན་འོ་སྤྲིའི་ཟུངས་བཅུད་ཀྱི་གར་ཚད་ཇེ་མཐོར་གཏོང་ཐུབ་པར་མ་ཟད། འོ་སྤྲིའི་ནང་གི་ཀའེ་རྫས་དང་ལིན་རྫས། ཝེ་ཧྲིན་སུའུ་བཅས་ཀྱི་འདུས་ཚད་ཇེ་མང་དུ་གཏོང་ཐུབ།

གཉིས། འོ་མ་བསྲུད་ཡུན་གྱི་རིང་ཐུང་།

འོ་མ་བསྲུད་ཡུན་གྱི་རིང་ཐུང་ནི་བཞོན་མའི་ཁ་མཐོ་དམའ་དང་ལུས་ཐུང་གི་གནས་ཚུལ། འོ་མ་སྟེར་བའི་གནས་ཚུལ་བཅས་ལ་གཞིགས་ཏེ་གཏན་ཁེལ་བྱེད་དགོས། སྤྱིར་ཡིན་ན་འོ་མ་བསྲུད་ཡུན་ནི་ཉིན་མ 45ནས་ཉིན་མ 75ཡིན་ལ། ཆ་སྙོམས་བྱས་ན་འོ་མ་བསྲུད་ཡུན་ནི་ཉིན་མ 50ནས་ཉིན་མ 60ཡིན། དང་ཐོག་བཙའ་བ་དང་སྐྱེབ་སྐྱོར་བྱེད་སྟ་བ། ཤ་ཤེད་ཞན་པའི་བཞོན་མ། བཞོན་མ་ཁ་མཐོ། བཞོན་མ་འོ་ཡོད(འོ་མ་ཐོན་ཚད་སྟོང་ཁེ 6000)གསོ་སྐྱོང་ཆ་རྐྱེན་ཞན་པའི་བཞོན་མ་བཅས་ཀྱི་འོ་མ་བསྲུད་ཡུན(ཉིན་མ 60ནས་ཉིན་མ 75)ཅུང་རིང་། ཤ་ཤེད་ལེགས་པ་དང་འོ་མ་ཐོན་ཚད་དམའ་བ། ཟུངས་བཅུད་ཀྱི་གནས་ཚུལ་ཅུང་ལེགས་པའི་བཞོན་མ་ཡིན་ན་འོ་མ་བསྲུད་ཡུན་ཉིན་མ 30ནས་ཉིན་མ 45ལས་མི་དགོས།

མངལ་བེའུ་ཟླ་ཁ་མ་གང་བར་སྐྱེ་བ་དང་མངལ་བེའུ་འཆི་བ་སོགས་ཀྱི་གནས་ཚུལ་འོག་ཏུ་འོ་མ་བསྲུད་ཡུན་ཐུང་བ་དང་འོ་མ་བསྲུད་ཁོམ་མེད་ན་བེའུ་རྗེས་མ་བཙས་ཏེ་འོ་མ་སྟེར་ཚད་ཇེ་ཉུང་དུ་འགྲོ་བ་ཡིན། དཔེར་ན་མངལ་བེའུ་ཟླ་ཁ་མ་གང་བར་སྐྱེས་པའི་བཞོན་མས་འོ་མ་སྟེར་ཚད་ནི་རྒྱུན་ལྡན་གྱི་བཞོན་མས་འོ་མ་སྟེར་ཚད་ཀྱི 80%ལས་མེད།

གསུམ། འོ་མ་བསྲུད་དུ་འཇུག་ཐབས།

(གཅིག)འོ་མ་རིམ་བཞིན་བསྲུད་དུ་འཇུག་ཐབས།

ཉིན་མ 10ནས་ཉིན་མ 20ཡི་ནང་དུ་འོ་མ་བསྲུད་དུ་འཇུག་ཡག་བྱེད་པ། དེའི་བྱེད་ཐབས་ནི་འདི་ལྟ་སྟེ། འོ་མ་མ་བསྲུད་པའི་སྔོན་གྱི་ཉིན་མ 10ནས་ཉིན་མ 20ཡི་ནང་དུ་གཟན་ཆས་བསྒྱུར་དགོས་ཏེ། རིམ་བཞིན་དུ་སྔོ་རྩྭ་དང་སྔོ་ཤར་གཟན་རྩྭ། ཁུ་མང་གཟན་ཆས་སོགས་ཀྱི་སྟེར་ཚད་ཇེ་ཉུང་དུ་གཏོང་བ་དང་མཉམ་དུ་ཆུ་ལྡུད་ཚད་ཇེ་ཉུང་། འགྲུལ་སྐྱོད་བྱེད་མཚམས་འཇོག་པ། དེ་ནས་འཚོ་སྐྱོང་བྱེད

མཚམས་འཛོག་པ། ཉུ་མ་མཉེ་ཕུར་བྱེད་མཚམས་འཛོག་པ། འོ་མ་འཛོ་སྐབས་བསྐྱུར་བ་སྟེ། ཉིན་རེར་འོ་མ་ཐེངས 3འཛོ་བ་དེ་ཐེངས 2སམ་ཐེངས 1འཛོ་བར་བསྐྱུར་བ་དང་། དེ་ནས་ཉི་མ་རེའི་བར་དང་ཉི་མ་གཉིས་གསུམ་རེའི་བར་དུ་འོ་མ་ཐེངས 1འཛོ་དགོས། དོན་ཐོག་ལ་ཕབ་ནས་བཤད་ན་ཉི་མ 1ནས་ཉི་མ 3ཉི་མ 6 ཉི་མ 10ཡི་ནང་དུ་འོ་མ་འཛོ་བ་དང་། ཉི་མ་གཞན་དག་ཏུ་འོ་མ་མི་འཛོ། འོ་མ་ཐེངས་རེར་འཛོ་སྐབས་འཛོ་ཡག་བྱེད་དགོས། འོ་མའི་ཐོན་ཚད་སྟོང་ཁེ 4ནས་སྟོང་ཁེ 5རུ་ལྷུང་སྐབས་འོ་མ་འཛོ་མཚམས་འཛོག་དགོས།

(གཉིས)མགྱོགས་མྱུར་ངང་འོ་མ་བསྡད་དུ་འཇུག་ཐབས།

འོ་མ་བསྡད་དུ་འཇུག་པའི་ཉིན་མོ་ནས་བཟུང་ཉི་མ 5ནས་ཉི་མ 7ཡི་ནང་དུ་འོ་མ་བསྡད་ཡག་བྱེད་དུ་འཇུག་དགོས། བྱེད་ཐབས་དེ་ཕལ་ཆེར་འོ་མ་ཐོན་ཚད་དམའ་བ་དང་འོ་མ་ཐོན་ཚད་འབྲིང་ཙམ་ཡིན་པའི་བཞོན་མར་སྤྱོད་ཆོག བྱེད་ཐབས་དེ་ནི་འོ་མ་བསྡད་དུ་འཇུག་པའི་ཉི་མ་དང་པོ་ནས་བཟུང་འོས་འཚམ་སློས་འབྲུ་གཟན་སྐྱེར་ཚད་ཇེ་ཉུང་དུ་བཏང་ཞིང་། སྔོ་རྩྭའམ་ཁུ་མང་གཟན་རྩྭ་སྐྱེར་མཚམས་འཛོག་པ་དང་ཆུ་འཐུང་ཚད་ཚོད་འཛིན་བྱེད་པ། འགུལ་སྐྱོད་བྱེད་པ་ཤུགས་སྣོན། འོ་མ་འཛོ་ཐེངས་ཇེ་ཉུང་། འོ་མ་འཛོ་སྐབས་འཚོལ་བ་བཅས་བྱེད་དགོས། ཉི་མ་དང་པོར་འོ་མ་འཛོ་ཐེངས 3བྱེད་པ་དེ་འཛོ་ཐེངས 2སུ་བསྐྱུར་ཏེ། དེའི་ཕྱི་ཉིན་འོ་མ་ཐེངས་གཅིག་འཛོ་བ་དང་། ཡང་ན་བར་ལ་ཉི་མ་རེ་བསྐྱུར་ཏེ་འོ་མ་ཐེངས་གཅིག་བཞོས་ཆོག བཞོན་མའི་འཚོ་བའི་གོ་རིམ་ཐད་དུ་གློ་བུར་དུ་འགྱུར་ལྡོག་བྱུང་བ་ན། འོ་མའི་ཐོན་ཚད་མངོན་གསལ་སློས་ཇེ་དམའ་རུ་འགྲོ་བ་ཡིན། སྤྱིར་ཡིན་ན་ཉི་མ 5ནས་ཉི་མ 7འགོར་བ་ན། ཉིན་རེའི་འོ་མ་ཐོན་ཚད་སྟོང་ཁེ 8ནས་སྟོང་ཁེ 10ཡི་མན་ལ་བསླེབས་རྗེས་འོ་མ་འཛོ་མཚམས་འཛོག་དགོས། ཆེས་མཐའ་མཇུག་ཏུ་འོ་མ་གཙང་འཛོ་བྱས་ཏེ། དུག

སེལ་སྨན་ཁྲུས་ཉུ་མགོ་བཀྲུ་བ་དང་ཉུ་མའི་ནང་དུ་ཆེན་ལྡེ་སུའུ་ཡི་ཁན་ཊ་བརྒྱབ་རྗེས་ཉུ་མའི་ཕྱི་ངོས་དུག་སེལ་བྱེད་ཅིང་། འོ་མ་གཏིང་ནས་བསྲུད་རྗེས་ཉུ་ཁའི་མཐའ་སྐོར་དུ་ཧྲ་མེ་ཙི་སྦྱིན་ཆུ་བསྐུ་དགོས།

(གསུམ)འོ་མ་གློ་བུར་དུ་བསྲུད་དུ་འཇུག་པ།

འོ་མ་བསྲུད་དུ་འཇུག་པའི་ཉིན་མོར་གློ་བུར་དུ་འོ་མ་འཛོ་མཚམས་བཞག་ཅིང་། ཉུ་མའི་ནང་གི་སྣོན་ཤུགས 4000 ~5333pa ལ་བསླེབས་སྐབས་འོ་མ་རང་ཤུགས་སུ་བསྲུད་འགྲོ། ཉུ་མའི་ནང་གི་ལྷག་ལུས་འོ་མ་ཉིན 4ནས་ཉིན 10ནང་དུ་ལུས་སྟེང་དུ་འདྲེན་ཡག་བྱེད་སྲིད། འོ་མའི་ཐོན་ཚད་མཐོ་དྲགས་པའི་བཞོན་མ་ཡིན་ཕྱིན། འོ་མ་འཛོ་མཚམས་བཞག་སྟེ་ཉི་མ 5ནས་ཉི་མ 7འགོར་རྗེས་ཡང་བསྐྱར་འོ་མ་ཐེངས་གཅིག་འཛོ་བ(ཉུ་མར་ཕུར་མཉེ་བྱེད་མི་རུང)དང་། དུས་མཚུངས་སུ་འགོ་ནད་འགོག་སྨན་བརྒྱབ་སྟེ་ཉུ་ཁ་བཏུམ་དགོས། ཐབས་ལམ་འདི་སྤྱད་ན་བཞོན་མའི་རྒྱུན་ལྡན་གྱི་ཟས་འཇུ་བ་བཅས་ལ་མི་གནོད་པས། དུས་ཚོད་གྲོན་ཆུང་དང་ལས་ཀ་གྲོན་ཆུང་། བཞོན་མའི་བདེ་ཐང་སོགས་ལ་ཕན་པ་རེད།

བཞི། འོ་མ་བསྲུད་སྐབས་ཀྱི་བཞོན་མ་གསོ་སྐྱོང་བདག་གཉེར་བྱེད་ཐབས།

འོ་མ་བསྲུད་དེ་ཉི་མ 7ནས་ཉི་མ 10འགོར་ཙ་ན། ཉུ་མའི་ནང་གི་འཕྲོ་ལྷག་འོ་མ་ལུས་སྟེང་དུ་འདྲེན་ཡག་བྱས་ཡོད་པ་དང་། སྐབས་དེའི་བཞོན་མར་རིམ་བཞིན་དུ་འབྲུ་གཟན་དང་ཁུ་མང་གཟན་ཆས་སྟེར་ཚད་ཇེ་མང་དུ་བཏང་སྟེ། ཉི་མ 5ནས་ཉི་མ 7ཀྱི་ནང་དུ་སྦྲུམ་འཛིན་འོ་བསྲུད་ཀྱི་བཞོན་མའི་གསོ་སྐྱོང་ཚད་གཞིར་བསླེབ་སྲིད།

(གཅིག)འོ་མ་བསྲུད་མགོ།

འོ་མ་བསྲུད་པ་ནས་བེའུ་མ་བཙས་པའི་སྔོན་གྱི་གཟའ་འཁོར 2ནས་གཟའ་འཁོར 3ཀྱི་ནང་ལ་འོ་མ་བསྲུད་མགོ་ཟེར། སྐབས་ཐོག་དེར་ཟུངས་བཙུད་

ཀྱི་གནས་ཚུལ་ཞན་པའི་འོ་ཡོད་བཞིན་མའི་གསོ་སྐྱོང་ཆུ་ཚད་ཇེ་མཐོར་བཏང་སྟེ། བཞིན་མའི་ལུས་ལྗིད་འོ་མ་སྟེར་ཚད་མཐོ་བའི་སྐབས་ལས 12% ~15%ཇེ་ལྷི་རུ་གཏོང་ཞིང་། ལུས་ཤེད་འབྲིང་མཐོའི་ཚད་ལ་བསླེབ་ཏུ་འཇུག་དགོས། དེ་ལྟར་བྱས་ན་ད་ད་གཟོད་རྒྱུན་ལྡན་ལྟར་བེའུ་བཙའ་བ་དང་རྗེས་མའི་འོ་མ་སྟེར་སྐབས་ཙུང་མཐོ་བའི་འོ་མ་ཐོན་ཚད་ཁག་ཐེག་བྱེད་དགོས། ཟུངས་བཅུད་ལེགས་ཤིང་འོ་མ་བསྲུད་པའི་བཞིན་མ་ལ་མཚོན་ན། སྤྱིར་སྲུས་ལེགས་རྩེ་རིལ་སྟེར་བ་དང་། སྲུས་ལེགས་རྩེ་རིལ་གྱིས་གྲོད་པའི་བྱེད་ནུས་ལེགས་སྒྱུར་བྱེད་པར་ནུས་པ་གལ་ཆེན་འདོན་པ་ཡིན། ཟུངས་བཅུད་མི་ལེགས་ཤིང་འོ་མ་བསྲུད་པའི་བཞིན་མ་ཡིན་ན། སྲུས་ལེགས་རགས་གཟན་སྟེར་དགོས་པར་མ་ཟད། ད་དུང་འབྲུ་གཟན་སྟོང་ཁ 2 ནས་སྟོང་ཁ 4བྱིན་ཏེ་ཟུངས་བཅུད་ཀྱི་ཆུ་ཚད་ཇེ་མཐོར་གཏོང་དགོས། སྤྱིར་ཡིན་ན་ཉིམ་རེར་འོ་མའི་ཐོན་ཚད་སྟོང་ཁ 10ནས་སྟོང་ཁ 15ཡོད་པའི་ཚད་གཞི་ལྟར་གསོ་སྐྱོང་བྱས་ཏེ། ཉིན་རེར་སྲུས་ལེགས་རྩེ་རིལ་སྟོང་ཁ 8ནས་སྟོང་ཁ 10དང་། ཁུ་མང་གཟན་ཆས་སམ་སྲུས་ལེགས་སྔོ་ཉར་གཟན་རྩྭས་ཁུ་མང་གཟན་རྩྭའི་སྦྱིད་ཀ་བཟུང་ཚོག སྟོང་ཁ 15ནས་སྟོང་ཁ 20དང་། འབྲུ་གཟན་སྟོང་ཁ 3ནས་སྟོང་ཁ 4བཅས་སྟེར་དགོས། གཏེར་འདྲེས་གཟན་སྣ་རང་དགར་ཟ་རུ་བཅུག་ཚོག སྨན་རིགས་གཟན་རྩྭ་སྟེར་སྐབས་ལིན་སོན་ནྭ་སོགས་ལིན་འདྲེས་ཚད་མཐོ་བའི་གཏེར་གཟན་ཁ་སྣོན་བྱེད་དགོས། འོན་ཀྱང་སླེ་མ་ཅན་གྱི་གཟན་རྩྭ་སྟེར་སྐབས་ངེས་པར་དུ་ལིན་དང་ཀའི་ཇྀས་ཁ་སྣོན་བྱས་ཏེ་གསོ་སྐྱོང་བྱེད་པ(ལིན་སོན་ཨིར་ཆེན་ཀའི་འམ་ནུས་བྱེ་སྟེར་བ)ནི་ཏ་ཅང་དགོས་མཁོ་ཆེ་བ་ཞིག་ཡིན།

(གཉིས)འོ་མ་བསྲུད་མཇུག

བེའུ་མ་བཙས་པའི་སྔོན་གྱི་གཟའ་འཁོར 2ལ་འོ་མ་བསྲུད་མཇུག་ཟེར། སྐབས་ཐོག་དེར་གྲོད་པའི་ནང་གི་ཉིན་གཟན་ལ་འགྱུར་ལྡོག་བྱུང་བ་དེར་འཕྲོད

པའི་བྱེད་ནུས་ལ་ངེས་པར་དུ་གྲ་སྒྲིག་ཡོད་དགོས། དེར་བརྟེན། ཉིན་གཟན་དུ་འབྲུ་གཟན་ཇེ་མང་ལ་གཏོང་དགོས། བཙའ་མགོའི་བཞོན་མར་མཚོན་ན་འདི་ནི་ཏ་ཅང་གལ་ཆེ། ནུ་ཆ་རྒྱས་པར་སྔོན་འགོག་བྱེད་ཆེད་ངེས་པར་དུ་བཞོན་མར་ཉིན་རེར་སྟོང་ཁེ 100རེ་མན་གྱི་ཀའི་རྫས་དང་ཁེ 45ཡན་གྱི་ལིན་རྫས་ཟ་རུ་འཇུག་དགོས། གཞན་ད་དུང་ལྷེ་ཧྲིན་སུའུ Dཡི་དགོས་མཁོ་ཁ་གསབ་བྱེད་དགོས། འོ་མ་སྐྱེར་བའི་སྒང་ལ་འབྲུ་གཟན་འབོར་ཆེན་ཞིག་བྱིན་པས་ན། འོ་མ་བསྲིད་མཇུག་ཏུ་འོ་མ་སྐྱེར་སྐབས་ཀྱི་གྲུབ་ཆ་དང་གཅིག་མཚུངས་ཡིན་པའི་ཉིན་གཟན་བྱིན་ཏེ། གྲོད་པུའི་ནང་གི་འབུ་ཕྲའི་ཁུལ་རྒྱུད་དང་འཚམ་པར་བྱེད་དགོས།

གལ་ཏེ་བེའུ་མ་བཙས་པའི་སྔོན་གྱི་ཉི་མ 4ནས་ཉི་མ 7ཀྱི་སྐབས་སུ་བཞོན་མའི་ནུ་མ་སྐྲངས་དྲགས་ན། འབྲུ་གཟན་དང་ཁུ་མང་གཟན་ཆས་ཉུང་སྐྱེར་རམ་སྐྱེར་མཚམས་འཇོག་པ་བཅས་བྱེད་དགོས། གལ་ཏེ་ནུ་མ་རྒྱུན་ལྡན་ཡིན་ན། སྔར་བཞིན་དུ་ཁུ་མང་གཟན་ཆས་བྱིན་ཆོག བེའུ་མ་བཙས་པའི་སྔོན་གྱི་ཉི་མ 2ནས་ཉི་མ 3ཀྱི་ནང་དུ་ཉིན་གཟན་དུ་བུད་ཙེ་སོགས་ཡང་བ་ཤལ་བྱེད་པའི་གཟན་ཆས་བསྲེས་ཏེ་རྩ་འགག་པ་སྔོན་འགོག་བྱེད་དགོས། སྤྱིར་བུད་ཙེ 70% མ་རྨོས་སོ་ཏོག 20% སོ་བ 10% ཙས་ཕྱེ 2% ཚྭ་ཁུ 1.5%ཡི་བསྡུར་ཚད་ལྟར་གཟན་ཆས་བསྡེབས་ཆོག ནུ་ཆ་ཡི་ནད་གཞི་ཡོད་པའི་བཞོན་མ་ཡིན་ན། འོ་མ་བསྲིད་སྐབས་ངེས་པར་དུ་ཀའི་རྫས་སྐྱེར་ཚད་ཇེ་ཉུང་དུ་གཏོང་དགོས། དེར་ནུས་མཐོ་ཀའི་དམའ(གསོ་སྐྱོང་ཚད་གཞི་ལས 20%འམ་ཡང་ན་ཉིན་རེར་ཀའི་རྫས་སྐྱེར་ཚད 15%ལས་ཇེ་ཉུང་དུ་གཏོང་བ)ཡི་ཉིན་གཟན་ཚོད་འཛིན་བྱས་ཏེ་སྐྱེར་བའི་ཐབས་ལམ་བཀོལ་ཆོག འོན་ཀྱང་བེའུ་བཙས་རྗེས་མགྱོགས་མྱུར་དང་ཀའི་རྫས་འདྲིས་ཚད་ཇེ་མང་དུ་བཏང་སྟེ། འོ་མ་སྐྱེར་དུས་ཀྱི་དགོས་མཁོ་ཁ་སྐོང་བྱེད་དགོས།

(གསུམ)འོ་མ་བསྲུད་པའི་བཞོན་མ་སྐྱོར་སྐྱོང་བྱེད་ཚུལ།

1.མངལ་སྲུང་གི་བྱ་བ་ལེགས་སྒྲུབ་བྱས་ཏེ་མངལ་ཤོར་དང་བཙའ་དཀའ་བ། བུ་རོགས་ལུས་པ་བཅས་སྔོན་འགོག་བྱེད་དགོས། དེར་བརྟེན། གཟན་ཆས་གསར་བ་ཡིན་པ་དང་ཕྲུས་ཀ་ལེགས་པ་རྒྱུན་འཁྱོངས་བྱེད་ཅིང་། འཁྱགས་ཀྱིས་བཟུང་བའི་རྩད་པའི་གཟན་ཆས་དང་། ཏུལ་སུངས་སུ་གྱུར་པའི་གཟན་ཆས་སམ་ཏུལ་རྫས་བ་མོ་དང་དུག་རྫ་འདྲེས་པའི་གཟན་ཆས་གཏན་ནས་སྟེར་མི་རུང་། དགུན་ཐོག་འཁྱགས་དྲགས་པའི་ཆུ(ཆུ་དྲོད་ཧྲུའུ 10ནས་ཧྲུའུ 12ལས་དམའ་བ)ལྡུད་མི་རུང་།

2.ཉི་མ་རེ་རེར་འགུལ་སྐྱོད་འོས་འཚམ་རེ་བྱེད་པ་རྒྱུན་འཁྱོངས་བྱེད་པ་དང་། དབྱར་ཐོག་རྩྭ་ས་ལེགས་ས་རུ་འཚོ་སྐྱོང་བྱས་ཏེ་རང་འགུལ་སྐྱོས་འགུལ་སྐྱོད་བྱེད་དུ་འཇུག་དགོས། འོན་ཀྱང་མངལ་ཡོད་བཞོན་མ་བཞོན་ཁྲུ་ལས་བཀར་ཏེ་ཕན་ཚུན་བཙང་རེས་བྱས་ནས་མངལ་འཚོར་བ་སྔོན་འགོག་བྱེད་དགོས། དགུན་ཐོག་ར་བའི་ནང་དུ་རང་དབང་སྐྱོས་དུས་ཚོད 2ནས་དུས་ཚོད 4ལ་འགུལ་སྐྱོད་བྱེད་དུ་འཇུག་དགོས། བེའུ་བཙའ་ཁར་འགུལ་སྐྱོད་བྱེད་དུ་འཇུག་མི་རུང་།

3.ལུས་ངོས་གཙང་ཤད་བྱས་ཏེ་སྐྱི་ལྤགས་གཙང་མ་བྱེད་དགོས།

4.ནུ་མ་ཕུར་མཉེ་དང་ནུ་རྨེན་འབྱུང་དུ་འཇུག་པ། སྤྱིར་འོ་མ་བསྲུད་དེ་ཉི་མ 10འགོར་རྗེས་ཉི་མ་རེར་ནུ་མ་ཕུར་མཉེ་ཐེངས་གཅིག་བྱེད་པ་དང་། འོན་ཀྱང་བེའུ་བཙའ་ཁར་ནུ་མ་སྐྲངས་པའི་བཞོན་མ(རྒྱུན་བཙའ་བཞོན་མ་ཡིན་ན་བེའུ་མ་བཙས་པའི་སྔོན་གྱི་ཉི་མ 15ཡི་ཡར་སྔོན་དང་། བཙའ་མགོ་བཞོན་མ་ཡིན་ན་བེའུ་མ་བཙས་པའི་སྔོན་གྱི་ཉི་མ 30ནས་ཉི་མ 40ཡི་ཡར་སྔོན་དུ)ཡིན་ན་ནུ་མ་ཕུར་མཉེ་བྱེད་མཚམས་འཇོག་དགོས།

ལེའུ་དྲུག་པ། བཞོན་མས་འོ་མ་སྐྱེར་སྐབས་ཀྱི་ལུས་ཁམས་དང་འོ་མ་འཕྲོད་བསྟེན་དོ་དམ་བྱེད་ཚུལ།

ལེ་ཚན་དང་པོ། བཞོན་མས་འོ་མ་སྐྱེར་སྐབས་ཀྱི་ལུས་ཁམས་དང་འོ་མ་སྐྱེར་བར་ཐན་ཤུགས་བཟོ་བའི་རྒྱུ་རྐྱེན།

གཅིག བཞོན་མས་འོ་མ་སྐྱེར་སྐབས་ཀྱི་ལུས་ཁམས།

ནུ་ཟིན་ནི་སྐྱི་སྤུགས་ཟིན་བུ་ལས་གྲུབ་ཅིང་བྱུང་བ་ཞིག་སྟེ། འོ་ནུ་སྲོག་ཆགས་ལ་ཡོད་པའི་ཁྱད་ཆོས་ཤིག་ཡིན། སྲོག་ཆགས་མི་འདྲ་བའི་དབང་གིས་ནུ་མགོའི་མང་ཉུང་དང་ནུ་མགོའི་ཁྱབ་གནས་ཀྱང་གཅིག་མཚུངས་ཤིག་མིན། ནུ་མགོ་རེ་རེ་ནི་འོ་མ་འདོན་པའི་ཚན་ཁག་ཆ་ཚང་ཞིག་ཡིན།

དཔེ་ཞིབ་བྱས་པ་ལྟར་ན། བཞོན་མའི་འོ་མའི་ནང་དུ་རྫས་འགྱུར་གྲུབ་ཆ་མི་གཅིག་པ་སྣ་ཁ 100ལྷག་ཡོད་མོད། འོན་ཀྱང་གྲུབ་ཆ་གཙོ་བོ་ནི་ཆུ་དང་ཚིལ་ཞག སྤྲི་དཀར། འོ་སྤྲིའི་ཀ་ར། ཚྭ་སྣ། ལེ་ཧྲིན་སུའུ། སྣ་ཡི་རིགས་སོགས་ཡིན། གྲུབ་ཆ་དེ་དག་ལས་ཆུས 86%ནས 89%དང་། སྐམ་རྫས་ཀྱིས 11%ནས 14%བཅས་ཟིན་འདུག སྐམ་རྫས་ལས་ཚིལ་ཞག་གིས 3%ནས 5%དང་། འོ་མའི་ཀ་རས 4.5%ནས 5% སྤྲི་དཀར་གྱིས 2.7%ནས 3.7% སྐྱེ་མེད་ཚྭ་ཡིས 0.6%ནས 0.75%བཅས་ཟིན་འདུག ཡིན་ནའང་གྲུབ་ཆ་འདི་དག་ལས་འགྱུར་ལྡོག་ཆེས་ཆེ་བ་ནི་འོ་མའི་ཚིལ་ཞག་ཡིན་ལ། དེའི་འཁོར་འོ་མའི་སྤྲི་དཀར་ཡིན། གྲུབ་

ཆ་གཞན་དག་ནི་ཕལ་ཆེར་བརྟན་འཇགས་ཡིན།

(གཅིག)ཆུའི་གྲུབ་ཆ།

འོ་མའི་ནང་གི་ཆུའི་གྲུབ་ཆ་ཕལ་ཆེར་ནི་མཐའ་བྲལ་གྱི་རྣམ་པ་ལྟར་གནས་ཤིང་། ཁུང་ཤོས་ནི(2%ནས 3%)རྟེན་གྱི་ཐག་རྒྱུན་ལྟར་སྤྲི་དཀར་དང་སྤྲིན་གཟུགས་རྩ་འདྲེས་རྫང་གཞི་དང་ཟུང་འབྲེལ་བྱུས་ཡོད་པས་ན། ཟུང་འབྲེལ་ཆུ་ཟེར་བ་ཡིན།

(གཉིས)འོ་མའི་ཚིལ་ཞག

འོ་མའི་ཚིལ་ཞག་ནི་འོ་མའི་གྲུབ་ཆ་གཙོ་བོ་ཞིག་ཡིན། ཟུངས་བཅུད་ཀྱི་རིན་ཐང་མཐོ་བས་ན། འོ་མའི་ཚིལ་ཞག་གི་འདུས་ཚད་ནི་དུས་རྒྱུན་དུ་འོ་མའི་སྤུས་ཀ་ལེགས་མིན་བརྟག་བྱེད་ཀྱི་གཞི་འཛིན་ས་ཡིན། འོ་མའི་ཚིལ་ཞག་ནི་འོ་མའི་ནང་དུ་སྒོང་དབྱིབས་ཁ་ཏུ་གཡེང་བའི་རྣམ་པ་ལྟར་གནས་འདུག

(གསུམ)སྤྲི་དཀར།

འོ་མའི་ནང་གི་སྤྲུ་དཀར་འདུས་ཚད་ནི 3.4%ཡིན་ལ། དེའི་ནང་གི་གྲུབ་ཆ་གཙོ་བོ་ནི་དཀག་སྤྲི་ཡིན་ཞིང 2.8%ཟིན་པ་རེད། དེའི་འཁོར་མཐའ་བ་ནི་སྤྲི་དཀར(0.5%)དང་སྒོང་དབྱིབས་སྤྲི་དཀར(0.1%)བཅས་ཡིན།

(བཞི)འོ་མའི་ཀ་ར།

འོ་མའི་ཀ་ར་ནི་འོ་ནུ་སྲོག་ཆགས་ཀྱི་འོ་མའི་ནང་ན་དམིགས་གསལ་སྒོས་གནས་པའི་ཀ་རའི་རིགས་ཤིག་ཡིན་པ་ལས་སྲོག་ཆགས་ཀྱི་དབང་རྟེན་གཞན་དག་ཏུ་མེད། འོ་མའི་ནང་དུ་འོ་མའི་འདྲེས་ཚད་ནི 4.5%ཡིན་ལ། རྒྱུན་ལྡན་གྱི་གནས་ཚུལ་འོག་ཏུ་འགྱུར་བ་ཆེན་པོ་མེད། འོ་མའི་ཀ་རའི་ཟུངས་བཅུད་ཀྱི་བྱེད་ནུས་ནི་ལུས་ཕུང་ལ་བྱེད་ནུས་མཁོ་སྤྲོད་བྱེད་པ་དེ་ཡིན།

(ལྔ)གཏེར་རྫས།

འོ་མའི་ནང་དུ་བཙས་མ་ཐག་པའི་བེའུ་ལ་མཁོ་ངེས་ཡིན་པའི་གཏེར་ཟས་འདུ་བ་དང་། གཏེར་ཟས་འདི་དག་ལས་ཀའི་དང་སློ། ནྭ། ཙ། ལྕགས། ཚྭ་སོགས་ནི་ཕལ་ཆེར་སྐྱེ་ལྡན་སྐྱུར་དང་སྐྱེ་མེད་སྐྱུར་ཟུང་འབྲེལ་གྱི་ཚུལ་དུ་གནས་འདུག

(དྲུག)གྲུབ་ཆ་གཞན་དག

འོ་མའི་ནང་དུ་གོང་སྨྲས་ཀྱི་གྲུབ་ཆ་བཅས་ལྡན་པར་མ་ཟད། གྲུབ་ཆ་གཞན་དག་ཀྱང་ཉུང་ཙམ་རེ་འདུ་བ་ཡིན། དཔེར་ན་ཝེ་ཧྲིན་སུའུ་དང་སློའི་རིགས། མདངས་རྩི། རིམས་འགོག་ཕུང་པོ། ཉིང་མེན་སྐྱུར། ཡིན་ཞག སྲ་ཞག་ཁྲུང་སོགས་ལྟ་བུ། གཞན་འོ་མའི་ནང་དུ་ད་དུང་དབུགས་གཟུགས་ཀྱང་མཆིས་ཏེ། འོ་མ་སྐོལ་སྐབས་དབུགས་གཟུགས་ཕལ་ཆེར་ཡལ་འགྲོ་བ་ཡིན།

གཉིས། འོ་འདོན་བྱེད་ནུས་ལ་ཤན་ཤུགས་མངའ་བའི་རྒྱུ་རྐྱེན།

བཞོན་མས་འོ་མ་འདོན་པར་ཤན་ཤུགས་འཇོག་པའི་རྒྱུ་རྐྱེན་ཧ་ཅང་མང་། མདོར་བསྡུས་ཏེ་བཤད་ན། རྒྱུད་སྤེལ་རྒྱུ་རྐྱེན་དང་སྐྱེ་ཁམས་རྒྱུ་རྐྱེན། ཁོར་ཡུག་རྒྱུ་རྐྱེན་བཅས་ཕྱོགས་གསུམ་ལ་འདུ་བ་ཡིན།

1.རྒྱུད་སྤེལ་རྒྱུ་རྐྱེན། བཞོན་མའི་འོ་མའི་ཐོན་ཚད་ནི་རང་གི་བ་རྒྱུད་ལ་འབྲེལ་བ་དམ་པོ་ཡོད་དེ། དེ་ནི་འོ་མའི་ཐོན་ཚད་ལ་ཤན་ཤུགས་འཇོག་པའི་ནང་རྐྱེན་ཡིན་ལ། གཙོ་བོ་བཞོན་རྒྱུད་དང་བཞོན་མ་རང་གི་རྒྱུ་རྐྱེན་མངའ་བ་ཡིན།

2.ཁོར་ཡུག་རྒྱུ་རྐྱེན།

(1)གསོ་སྐྱོང་བདག་གཉེར་བྱེད་པའི་རྒྱུ་རྐྱེན། གསོ་སྐྱོང་བདག་གཉེར་བྱས་པ་ལེགས་པ་སྟེ། དཔེར་ན་གསོ་སྐྱོང་ལུགས་མཐུན་དང་འགྲུལ་སྐྱོད་འོས་འཚམ། རྩིག་ཁ་གཙོག་བཅོས། ཁོར་ཡུག་འཕྲོད་བསྟེན། ལུས་ངོས་རྒྱུན་ཤད་བྱས་པ་སོགས་ལེགས་ན་འོ་མའི་ཐོན་ཚད་མཐོ་བ་དང་། དེ་ལས་ལྡོག་ན་འོ་མའི

ཐོན་ཚད་ལ་གནོད་པ་ཡིན།

(2)གཟན་ཆས་ཀྱི་རྒྱུ་རྐྱེན། གཟན་ཆས་ནི་བཞོན་མར་བྱེད་ནུས་མཁོ་སྤྲོད་བྱེད་པའི་འབྱུང་ཁུངས་ཉག་གཅིག་ཡིན། གཟན་ཆས་ཀྱི་སྤུས་ཀ་ལེགས་ཤིང་ཟུངས་བཅུད་ཆ་ཚང་ན་ཕོ་མའི་ཐོན་ཚད་མཐོ་བ་དང་། གཟན་ཆས་མི་འདང་བ་དང་ཟུངས་བཅུད་ཆ་མི་ཚང་བ། སྤུས་ཀ་ཞན་པ་བཅས་ཡིན་ན་ཕོ་མའི་ཐོན་ཚད་ཇེ་དམའ་རུ་འགྲོ་བ་ཡིན།

(3)དྲོད་གྲང་གི་རྒྱུ་རྐྱེན། བཞོན་མ་ཚ་དྲོད་ལ་འཇིགས་པ་ལས་གྲང་ངར་ལ་མི་འཇིགས་པ་ཡིན། ཆེས་འཚམས་པའི་དྲོད་ཚད་ནི་ཏུའུ་གྲངས 10ནས་ཏུའུ་གྲངས 16བར་ཡིན། དབྱར་ཐོག་ཚ་གདུག་ཆེ་དུས་བཞོན་མའི་ཕོ་མའི་ཐོན་ཚད་ལ་གནོད་པ་ཧ་ཅང་ཆེ་བས། དབྱར་ཐོག་ཚ་དྲོད་སྙོམས་པའི་བྱ་བ་ལེགས་སྒྲུབ་བྱེད་དགོས། དགུན་ཐོག་གྲང་ངར་ཆེ་ཞིང་དྲོད་ཚད་དམའ་བས་ན། བཞོན་མའི་ཕོ་མའི་ཐོན་ཚད་ལ་ཤན་ཤུགས་ངེས་ཅན་ཞིག་བཟོ་ངེས་ཡིན་པས། སྔོ་ཉར་གཟན་རྩྭ་དང་ཁུ་མང་གཟན་ཆས་འདང་ངེས་ཤིག་མཁོ་སྤྲོད་བྱེད་པར་ཁག་ཐེག་བྱེད་དགོས།

(4)ནད་ཀྱིས་བཟོས་པའི་ཤན་ཤུགས། བཞོན་མ་ནད་ཀྱིས་བཟུང་བའམ་བདེ་ཐང་མིན་པའི་གནས་ཚུལ་འོག་ཏུ་ལུས་ཕུང་གི་རྒྱུན་ལྡན་སྐྱེ་ཁམས་བྱེད་ནུས་ལ་གནོད་པ་ཐེབས་ཏེ། ཕོ་མ་གྲུབ་པ་ལ་ཤུགས་རྐྱེན་བཟོས་ནས་ཕོ་མའི་ཐོན་ཚད་ཇེ་ཉུང་དུ་གཏོང་བ་ཡིན། ཁྱད་པར་དུ་ནུ་རྨེན་ཚ་ནད་དང་ལྷོང་ཁྲག་གི་ནད། ནུ་ཚ་རྒྱས་པའི་ནད། འཇུ་བྱེད་མ་ལག་གི་ནད་སོགས་བྱུང་བ་ན། བཞོན་མའི་ཕོ་མའི་ཐོན་ཚད་མངོན་གསལ་སྒྲས་ཇེ་ཉུང་དུ་འགྲོ་བ་དང་། ཕོ་མའི་གྲུབ་ཆ་ལའང་འགྱུར་ལྡོག་འབྱུང་བ་ཡིན།

(5)ཕོ་མ་བཞོ་བ་དང་ནུ་མ་སྲུར་བ། ཡང་དག་པའི་སྒོ་ནས་ཕོ་མ་བཞོ་བ་དང་ནུ་མ་སྲུར་བ་ནི་ཐོན་ཚད་མཐོ་བའི་བཞོན་མ་གསོ་སྐྱོང་བྱེད་པའི་རྒྱུ་རྐྱེན་གལ་

ཆེན་ཞིག་ཡིན། འོ་མ་བཞོ་རྩལ་བྱུང་བ་དང་འོ་མ་བཞོ་ཐེངས་ཇེ་མང་དུ་བཏང་ན་འོ་མའི་ཐོན་ཚད་ཇེ་མཐོར་འགྲོ་སྲིད། འོ་མ་མ་བཞོས་པའི་སྔོན་ལ་ཆུ་ཚན་གྱིས་ནུ་མ་བཀྲུ་བ་དང་ནུ་མ་ཕུར་ཕུར་བྱས་ན་འོ་མའི་ཐོན་ཚད་ཇེ་མཐོ་དང་འོ་ཟུས་ཇེ་ལེགས་སུ་གཏོང་ཐུབ།

3.སྐྱེ་ཁམས་རྒྱུ་རྐྱེན།

(1)ལོ་ནའི་ཆེ་ཆུང་དང་མངལ་བཙའ་ཐེངས། བཞོན་མའི་འོ་མ་སྟེར་བའི་ནུས་ཤུགས་ནི་ལོ་ན་ཇེ་མཐོ་དང་མངལ་བཙའ་ཐེངས་ཇེ་མང་དུ་སོང་བ་དང་བསྟུན་ནས་ཆོས་ཉིད་རང་བཞིན་གྱི་འགྱུར་ལྡོག་འབྱུང་བ་ཡིན། དང་ཐོག་བེའུ་བཙའ་བའི་བཞོན་མའི་ལོ་ན་ཕལ་ཆེར་2.5ཡས་མས་ཡིན་པ་དང་། རང་ཉིད་ཡར་སྐྱེ་འཚར་ལོངས་འབྱུང་བའི་སྐབས་ཡིན་པས་ན། འོ་མའི་ཐོན་ཚད་ཉུང་ཉུང་། དེ་ནས་ལོ་ན་ཇེ་ཆེ་དང་བེའུ་བཙའ་ཐེངས་ཇེ་མང་དུ་སོང་བར་བརྟེན་འོ་མའི་ཐོན་ཚད་ཀྱང་རིམ་བཞིན་དུ་ཇེ་མང་ལ་འགྲོ་བ་ཡིན། བཞོན་མ་ལོ་6ནས་ལོ་9སྟེ། བེའུ་4ནས་བེའུ་7བཙའ་སྐབས་འོ་མའི་ཐོན་ཚད་ཆེ་གང་གི་ཆེས་མཐོ་དུས་ལ་བསླེབ་སྲིད། ལོ་10འགོར་རྗེས། སྐྱེས་ལུས་རིམ་བཞིན་དུ་རྒས་པ་དང་འོ་མའི་ཐོན་ཚད་ཀྱང་རིམ་བཞིན་དུ་ཇེ་ཉུང་ལ་འགྲོ་བ་ཡིན།

(2)འོ་མ་སྟེར་ཡུན། འོ་མ་སྟེར་ཡུན་ཞིག་གི་ནང་དུ་བཞོན་མའི་འོ་མའི་སྟེར་ཚད་ལ་ཆོས་ཉིད་རང་བཞིན་གྱི་འགྱུར་ལྡོག་འབྱུང་བ་ཡིན་ཏེ། དཔེར་ན་བེའུ་བཙས་རྗེས་ཀྱི་དང་ཐོག་གི་ཉི་མ་འགར་འོ་མའི་ཐོན་ཚད་ཉུང་ཉུང་བ་དང་། ལུས་ཕུང་རིམ་བཞིན་དུ་སོས་ཙ་ན། ཉིན་རེའི་འོ་མ་ཐོན་ཚད་རིམ་བཞིན་དུ་ཇེ་མང་ལ་འགྲོ་བ་ཡིན། ཕལ་ཆེར་ཉི་མ་20ནས་ཉི་མ་60ཡི་འོ་མ་སྟེར་ཡུན་ནང་གི་འོ་མ་སྟེར་ཚད་ཆེས་མཐོ་བའི(འོ་མ་སྟེར་ཚད་ཉུང་བའི་བཞོན་མ་ཡིན་ན་བེའུ་བཙས་རྗེས་ཀྱི་ཉི་མ་20ནས་ཉི་མ་30ནང་དང་། འོ་མ་སྟེར་ཚད་མང་བའི་བཞོན

མ་ཡིན་ན་བེའུ་བཙས་རྗེས་ཀྱི་ཉི་མ 40ནས་ཉི་མ 60ནང་ལ་བསླེབ་ཐུབ)བཙོན་མ་ཡིན་ནའང་བེའུ་བཙས་རྗེས་ཀྱི་ཟླ་ངོ 4འགོར་རྗེས་འོ་མའི་ཐོན་ཚད་ཇེ་ཞུང་དུ་འགྲོ་བ་ཡིན། བེའུ་བཙས་ནས་ཟླ་ངོ 7འགོར་རྗེས་འོ་མ་སྟེར་ཚད་མགྱོགས་མྱུར་ངང་ཇེ་ཞུང་དུ་འགྲོ་བ་དང་། བེའུ་བཙས་ནས་ཟླ་ངོ 10ཡས་མས་འགོར་བ་ན་འོ་མ་སྟེར་མཚམས་འཛོག་པ་ཡིན། འོ་མ་སྟེར་ཡུན་ཡོངས་སུ་ཉིན་རེའི་འོ་མ་ཐོན་ཚད་འགྱུལ་རྣམ་གྱི་འཁྱོག་ཐིག་ཅིག་གྲུབ་པ་དེར(འོ་མ་སྟེར་བའི་འཁྱོག་ཐིག)ཟེར་བ་ཡིན།

འོ་མ་སྟེར་ཡུན་ཞིག་གི་ནང་དུ་འོ་མའི་ཐོན་ཚད་དང་འོ་མའི་གྲུབ་ཆ་ལ་འགྱུར་ལྡོག་ཡོད་པ་ཡིན། འོ་མ་སྟེར་ཡུན་གྱི་གོ་རིམ་མི་འདྲ་བ་གཞིར་བཟུང་སྟེ་འོ་མར་སྤྲི་འོ་དང་རྒྱུན་འོ། མཇུག་འོ་ཞེས་རིགས་གསུམ་བཀར་ཆོག བེའུ་བཙས་ནས་ཉི་མ 7ཀྱི་ནང་གི་འོ་མ་ལ་སྤྲི་འོ་ཟེར་ཞིང་། དེའི་ནང་གི་གྲུབ་ཆ་དང་སྤུས་ཀ་ནི་རྒྱུན་ལྡན་གྱི་འོ་མ་དང་བསྡུར་ན་ཁྱད་པར་ཧ་ཅང་ཆེ། བེའུ་བཙས་ཏེ་ཟླ་ངོ 1འགོར་རྗེས་ཀྱི་འོ་མ་ནི་ཕྱི་ཚུལ་དང་གྲུབ་ཆ། དངོས་ལུགས་རྫས་འགྱུར་གྱི་ཚད་གཞི་ལྟར་ན་ཇེ་བརྟན་དུ་འགྱུར་བཞིན་ཡོད་ཅིང་། སྐབས་ཐོག་དེ་དང་འོ་མ་མ་བསྲུད་པའི་སྔོན་གྱི་འོ་མ་ལ“རྒྱུན་འོ”ཟེར་བ་དང་། “རྒྱུན་འོ”ནི་བཏུང་བྱ་དང་ལས་སྣོན་བྱེད་པའི་རྒྱུ་ཆ་ཡིན། དོན་དངོས་ཐོག་བཤད་ན། གསོ་སྐྱོང་བདག་གཉེར་དང་ནམ་ཟླའི་ཆ་རྐྱེན། འོ་མ་སྟེར་བའི་ཟླ་ངོ་སོ་སོའམ་འོ་མའི་ཐོན་ཚད་བཅས་ཀྱི་རྒྱུ་རྐྱེན་ཤན་ཤུགས་ཀྱི་དབང་གིས་སྤྱིར་བཏང་གི་འོ་མའི་གྲུབ་ཆ་དང་འོ་མའི་ཐོན་ཚད་ལའང་ཁྱད་པར་ངེས་ཅན་མངའ་ལ། ཁྱད་པར་དེ་ཙུང་ཆུང་བས་ན། འོ་མ་ཡོངས་སུ་སྤྱོད་མཁན་ལ་ཚོར་སྣང་ཁྱད་པར་བ་ཞིག་མི་སྟེར་བ་རེད།

(3)འོ་མ་བསྲུད་ཡུན། མངལ་ཆགས་ཏེ་བཙའ་ལ་ཉེ་སྐབས། ཁོག་གི་བེའུ་མགྱོགས་མྱུར་ངང་སྐྱེ་འཕེལ་འཚར་ལོངས་འབྱུང་བར་ཟུངས་བཅུད་འཐོར་

ཆེན་ཞིག་དགོས་པ་དང་། མང་ལ་མ་བཙས་པའི་སྔོན་གྱི་ཟླ་ངོ 2ཀྱི་ནང་དུ་མང་ལ་བེའུ་ཡི་ལུས་ཀྱི་ལྗིད་ཚད་ལུས་ལྗིད་སྤྱིའི 2/3ཇེ་ལྗིད་ལ་འགྲོ་བར་མ་ཟད། བཞོན་མས་ཉི་མ་བརྒྱ་ཕྲག་འགའ་ལ་འོ་མ་བྱིན་པ་སྟེ། བཞོན་མ་ཞིག་གིས་འོ་མ་སྟེར་ཡུན་ཞིག་ཏུ་སྐམ་རྫས་ཟོས་པ་ནི་རང་གི་ལུས་ལྗིད་ཀྱི་ལྔབ 3.64 ~4.16ཡིན་པས། བཞོན་མར་འོ་མ་བསྲུད་ཡུན་ཞིག་བྱིན་ཏེ་ནུ་མའི་རྨེན་བུའི་ཕྲ་ཕུང་ལ་ཞིག་གསོ་གང་ལེགས་བྱས་ཏེ། སླད་ཤུལ་ཕྲ་ཕུང་ཟགས་ཐོན་བྱེད་པས་ནུ་རྨེན་ཟགས་ཐོན་བྱ་འགུལ་བྱེད་མཚམས་བཞག་པའི་གོ་སྐབས་དང་བསྟུན་ཏེ་ཞིག་གསོ་བྱས་ནས། བེའུ་བཙས་རྗེས་འོ་མ་འཐོར་ཆེན་སྟེར་བར་གྲ་སྒྲིག་གང་ལེགས་བྱེད་པ་ཡིན། གཞན་བཞོན་མའི་འོ་མ་བསྲུད་ཡུན་དུ་དུས་ཡུན་རིང་པོར་འོ་མ་བསྐྱུན་ཏེ་ལུས་སྟེང་ནས་ཟུངས་བཅུད་ཤོར་བ་དང་། འོ་མ་སྟེར་བའི་མཇུག་ཏུ་ཁ་སྐྱོང་བྱེད་མ་ཐུབ་པའི་ཁག་དེ་ཁ་གསབ་བྱས་ཏེ། བཞོན་མའི་ལུས་ཕུང་བདེ་ཐང་སྐྱར་གསོ་བྱས་ཆོག

རྒྱུན་བཙས་བཞོན་མའི་འོ་མ་བསྲུད་ཡུན་གྱི་རིང་ཐུང་ནི་བཞོན་མའི་ལོ་ཚོད་དང་ལུས་ཕུང་གི་གནས་ཚུལ། འོ་མ་སྟེར་བའི་བྱེད་ནུས། གསོ་སྐྱོང་བདག་གཉེར་གྱི་ཆ་རྐྱེན་བཅས་ལ་བརྟེན་ནས་ཐག་གིས་གཅོད་པ་ཡིན། ལག་ལེན་གྱིས་ར་སྤྲོད་བྱས་པ་ལྟར་ན། འོ་མ་བསྲུད་ཡུན་གྱིས་རྗེས་མའི་འོ་མ་སྟེར་ཡུན་དུ་འོ་མ་སྟེར་ཚད་ལ་ཤན་ཤུགས་ངེས་ཅན་ཞིག་འཇོག་པ་ཡིན། སྤྱིར་འོ་མ་བསྲུད་ཡུན་ནི་ཉི་མ 45ནས་ཉི་མ 75སྟེ། ཆ་སྙོམས་བྱས་ན་ཉི་མ 60ཡིན། སྐེབ་སྦྱོར་བྱས་སྟ་བའི་བཞོན་མ་དང་ལུས་ཤེད་ཞན་པའི་བཞོན་མ། བཞོན་མ་ཁ་མཐོ། བཞོན་མ་འོ་ཡོད(ལོ་རེར་འོ་མ་སྟོང་ཁེ 6000ཡན་སྟེར་བ)གསོ་སྐྱོང་བདག་གཉེར་གྱི་ཆ་རྐྱེན་ཞན་པའི་བཞོན་མ་བཅས་ལ་འོ་མ་བསྲུད་ཡུན་ཐུང་རིང་པོ་ཞིག(ཉི་མ 60ནས་ཉི་མ 75)དགོས་པ་དང་། ཤ་མེད་བཟང་ཞིང་འོ་མའི་ཐོན་ཚད་དམའ་བ། བྱུངས

བཅུད་ཀྱི་ཆུ་ཚད་མཐོ་བའི་བཞོན་མ་ཡིན་ན་འོ་མ་བསྲུད་ཡུན་ནི་ཉིམ 45ཡས་མས་ཡིན། འོ་མ་བསྲུད་ཡུན་གྱི་མགོ་རྩོམ་དུས་ནི་བེའུ་བཙའ་དུས་དཔག་རྩིས་བྱས་རྗེས་གཏན་ཁེལ་བྱེད་དགོས། ད་ལྟ་བཞོན་ར་ཕལ་ཆེར་གྱིས་འོ་མ་བསྲུད་ཡུན་ནི་ཉིམ 60ཙ་གཏན་ཁེལ་བྱས་འདུག

(4)སྦྱིག་པ་དང་མངལ་ཆགས་པ། བཞོན་མ་སྦྱིག་སྐབས་ཆགས་པའི་སྐྱུལ་རྩི་བྱེད་ནུས་ཀྱི་དབང་གིས་འོ་མ་སྟེར་ཚད་གནས་སྐབས་ཙམ་ལ་ཇེ་ཉུང་དུ་འགྲོ་བ་ཡིན་ཏེ། ཇེ་ཉུང་ལ་སོང་ཚད 10%ནས 12%ཡིན་འདུག བཞོན་མར་མངལ་སྨྲུམ་པ་ན་འོ་མའི་ཐོན་ཚད་ལ་ཤུགས་རྐྱེན་བཞག་པ་མངོན་གསལ་དང་རྒྱུན་བསྲིང་བ་ཞིག་ཡིན། མངལ་ཆགས་མགོ་རྩོམ་དུས་འོ་མ་སྟེར་བར་ཤུགས་རྐྱེན་ཆུང་བ་དང་། མངལ་སྨྲུམ་ནས་ཟླ་ངོ 5མགོ་བརྩམས་པ་ན། འོ་མ་སྟེར་ཚད་མངོན་གསལ་སྒོས་ཇེ་ཉུང་དུ་འགྲོ་ཞིང་། མངལ་སྨྲུམ་ནས་ཟླ་ངོ 8ཀྱི་ནང་དུ་འོ་མ་སྟེར་ཚད་མགྱོགས་མྱུར་སྒོས་ཇེ་ཉུང་དུ་སོང་སྟེ། འོ་མ་བསྲུད་ཡག་ཏུ་འགྱུར་བ་ཡིན།

(5)དང་ཐོག་བེའུ་བཙའ་བའི་ལོ་ཚོད། བཞོན་མའི་དང་ཐོག་བེའུ་བཙའ་བའི་ལོ་ཚོད་ཀྱིས་སྐྱི་མགོའི་འོ་མ་ཐོན་ཚད་ལ་ཤུགས་རྐྱེན་འཇོག་པར་མ་ཟད། ཚེ་གང་གི་འོ་མའི་ཐོན་ཚད་ལའང་ཤུགས་རྐྱེན་འཇོག་པ་ཡིན། བེའུ་སྐྱི་མགོ་བཙའ་ཚད་སྔ་དྲགས་ན། འོ་མའི་ཐོན་ཚད་དམའ་བ་དང་། བཞོན་མ་རང་སྟེང་དང་འོ་མ་སྟེར་བའི་དབང་རྟེན་འཚར་ལོངས་འབྱུང་བར་གེགས་བྱས་ཏེ་བཞོན་མའི་བདེ་ཐང་ལ་གནོད་པ་ཡིན། བེའུ་སྐྱི་མགོ་བཙའ་ཚད་འཕྱིས་དྲགས་ན་བེའུ་བཙའ་ཐེངས་དང་འོ་མ་སྟེར་ཐེངས་ཇེ་ཉུང་དུ་སོང་བ་ཡིན་པས། གསོ་སྐྱོང་བདག་གཉེར་གྱི་འགྲོ་སོང་དང་བསྡུར་ན་ཡོང་སྒོ་ལས་ཡལ་སྒོ་ཆེ་བ་རེད།

(6)འོ་མ་བཞོ་ཐེངས་དང་འོ་མ་བཞོ་ཐེངས་རེའི་བར་གྱི་བར་ཐག འོ་མ་ནི་འོ་མ་བཞོ་ཐེངས་གཉིས་ཀྱི་བར་དུ་གྲུབ་པ་ཡིན། འོ་མ་བཞོས་རྗེས་ཀྱི་དུས་ཚོད་

གཅིག་གི་ནང་དུ་འོ་མ་གྲུབ་ཚད་ཙུང་མགྱོགས་པ་དང་དེ་ནས་རིམ་བཞིན་དུ་ཇེ་དལ་ལ་འགྲོ་བ་ཡིན། འོ་མ་བཞོ་རྩལ་དང་འོ་མ་ཐོན་ཚད། སྟུམ་ཞག་འདུ་ཚད་བཅས་ཀྱི་འབྲེལ་བ་ཧ་ཅང་དམ་པོ་ཡིན། ལུགས་མཐུན་སྔོས་འོ་མ་བཞོ་ན་བཞོན་མར་སྔ་མོ་ནས་གྲ་སྒྲིག་ཡོད་པར་བྱེད་པ་སྟེ། ཐོག་མར་ཆུ་ཚན་གྱིས་ནུ་མ་བཀྲུ་བ་དང་ནུ་མ་ཕུར་ཕུར་བྱས་ཏེ། བཞོན་མར་འོ་མ་སྟེར་བའི་ཚོར་སྣང་ཡོད་དུ་འཇུག་དགོས། ནུ་མར་སྲ་ཆགས་ཏེ་འོ་མ་སྟེར་བའི་ཚོར་སྣང་ཡོད་སྐབས། རྣམ་རིག་བསྒྲིམས་ནས་དུས་ཐོག་ཏུ་འོ་མ་བཞོ་དགོས། འོ་མ་བཞོ་མཁན་གྱིས་བཞོན་མས་འོ་མ་སྟེར་བའི་མགྱོགས་ཚད་གཞིར་བཟུང་སྟེ་འོ་མ་བཞོ་ཚད་ཇེ་མགྱོགས་ལ་གཏོང་དགོས། རྒྱུ་མཚན་ནི་འོ་མ་སྟེར་བར་བྱེད་པའི་སྐྱེ་འདེད་སྐུལ་རྩིས་ནུ་མ་རུ་བྱེད་ནུས་འདོན་ཡུན་ཧ་ཅང་ཐུང་སྟེ་དུས་ཚོད་སྐར་ཆ་འགའ་ལས་མེད་པས་ཡིན། སྤྱིར་ཐེངས 3ལ་འོ་མ་བཞོ་བ་ནི་ཐེངས 2ལ་འོ་མ་བཞོས་པ་ལས་འོ་མའི་ཐོན་ཚད 16%ནས 20%ཇེ་མང་དུ་འགྲོ་སྲིད། ཐེངས 4ལ་འོ་མ་བཞོ་བ་ནི་ཐེངས 3ལ་འོ་མ་བཞོས་པ་ལས་འོ་མའི་ཐོན་ཚད 10%ནས 12%ཇེ་མང་དུ་འགྲོ་སྲིད། ཐོན་སྐྱེད་དངོས་ཀྱི་ཁྲོད་དུ་འོ་མ་བཞོ་ཐེངས་ནི་འོ་མ་བཞོ་བའི་བཟོ་པ་དང་བཞོན་མས་ངལ་གསོ་བ། བཞོན་མར་གཟན་ཆས་སྟེར་ཐེངས། བཞོན་མར་ཟླུངས་བཙུད་ཀྱི་ཐད་ནས་དགོས་མཁོ་ཁ་སྐོང་བྱེད་ཐུབ་པ་བཅས་ཚད་གཞིར་འཛིན་པ་སྟེ།

སྤྱིར་བཞོན་མ་འོ་ཡོད་དང་བེའུ་སྐྱེ་མགོ་བཙའ་བའི་བཞོན་མ་ཡིན་ན་འོ་མ་བཞོ་ཐེངས་ཇེ་མང་དུ་བཏང་ནས་འོ་མ་འདོན་པའི་བྱེད་ནུས་འདོན་སྤེལ་གང་ལེགས་བྱེད་པར་སྐུལ་འདེད་བྱེད་དགོས། མིག་སྔར་འཕྲུལ་ཆས་ལ་བརྟེན་པའི་འོ་འཛོ་ལག་རྩལ་སྤྱོད་པ་མང་འདུག འཕྲུལ་ཆས་ཀྱིས་འོ་མ་བཞོ་བ་ནི་འོ་འཛོ་འཕྲུལ་ཆས་ལ་བརྟེན་ནས་འོ་མ་བཞོ་བའི་ལས་ཀ་ལས་པ་ཞིག་ཡིན་ཏེ། ལག་པས་འོ་མ་བཞོ་བ་དང་བསྡུར་ན་འཕྲུལ་ཆས་ཀྱིས་འོ་མ་བཞོ་བར་གཤམ་གྱི་ལེགས་ཆ་འགའ

མཆིས་ཏེ།

①འོ་མའི་འཕྲོད་བསྟེན་སྲུས་ཀ་ཇེ་མཐོར་གཏོང་བར་ཕན་པ་ཡིན། ལག་པས་འོ་མ་བཞོས་ན་ཁ་འདད་འོ་ཟེའུ་སྐྱོད་དགོས་པ་དང་། འོ་ཟེའུ་ཡི་ནང་དུ་ཐལ་རྡུལ་དང་བ་སྤུ། བཞོན་མའི་ལུས་སྟེང་གི་སྐྱི་ཕྱེ། ཡང་ན་ལྕི་བ་སོགས་ཀྱང་འོ་ཟེའུ་ནུ་ལྷུང་སྟེ་འོ་མ་རྫོད་སླ་བ་ཡིན། འཕྲུལ་ཆས་ཀྱིས་འོ་མ་བཞོ་བ་ནི་འོ་མ་ཐད་ཀར་དུ་འཁྱིགས་སྒོད་དུ་བཞུར་བ་ཡིན་པས། འོ་མའི་དྲོད་ཚད་སྙི་ཕྱུར་དུ་ཏུའུ 4ཡི་མཚམས་ལ་བསྙིལ་ཏུ་འཇུག་པ་དང་འོ་མའི་སྲུས་ཀ་འགྱུར་བ་དེ་ནུས་ཡོད་སྒོས་སྔོན་འགོག་བྱེད་ཐུབ།

②བཞོན་མའི་ནུ་མ་སྲུང་སྐྱོབ་བྱེད་པར་ཕན་པ་ཡིན། ལག་པས་འོ་མ་བཞོ་བ་ནི་མི་རེ་རེའི་བཞོ་ཐབས་མི་གཅིག་པ་དང་། ཤུགས་བཀོལ་ཚད་མི་སྙོམས་པ་བཅས་ཀྱི་དབང་གིས་བཞོན་མའི་ནུ་མར་དལ་བའི་རང་བཞིན་གྱི་བསྣད་པ་བཟོ་སྲིད། འཕྲུལ་ཆས་ཀྱིས་འོ་མ་བཞོ་བ་ནི་སྟོང་སངས་འདྲེན་འཐེན་བེད་སྤྱོད་པ་ཡིན་པས། བརྟན་འཇགས་ཀྱི་མཚམས་ཚིགས་ཡོད་པ་དང་། འོ་མ་བཞོ་ཐེངས་རེའི་འཇིབ་ཤུགས་དང་འཇིབ་འཐེན་བར་ཐག་སྙོམས་པོ་ཡིན་པས། ནུ་མར་མི་འཕྲོད་པའི་ཕོག་ཐུག་གཏོང་བ་ཇེ་ཉུང་དུ་བཏང་སྟེ། ནུ་ཙེན་ཚ་ནད་འབྱུང་ཚད་ཇེ་དམའ་རུ་གཏོང་ཐུབ།

③བཞོན་མའི་འོ་མ་ཐོན་ཚད་ཇེ་མཐོར་གཏོང་བར་ཕན་པ་ཡིན། འཕྲུལ་ཆས་ཀྱིས་འོ་མ་བཞོ་ཚད་སྙོམས་པོ་ཡིན་པས་དུས་ཡུན་ཐུང་ངུའི་ནང་དུ་འོ་མ་བཞོ་བའི་གོ་རིམ་གྱི་མཇུག་བསྡུ་བ་ན། བཞོན་མས་འོ་མ་སྟེར་བའི་ཚུར་སྣང་དུས་ཚོད་དང་གཅིག་མཚུངས་ཡིན་པས། བཞོན་མས་འོ་མ་མི་སྟེར་བ་སྔོན་འགོག་དང་འོ་མའི་ཐོན་ཚད་ཇེ་མཐོར་གཏོང་ཐུབ།

④ངལ་ལས་རྩོལ་ཤུགས་ཇེ་ཉུང་དང་ངལ་རྩོལ་ནུས་ཚོད་ཇེ་མཐོར་གཏོང

བར་ཕན་པ་ཡིན། མིས་འོ་མ་བཞོས་ན་མི་གཅིག་གིས་བཞོན་མ 6ནས 8མ གཏོགས་བཞོ་མི་ཐུབ། གནས་སྟོར་འོ་བཞོ་འཕྲུལ་ཆས་སྤྱད་ན་མི་གཅིག་གིས་བཞོན་མ 20ནས་བཞོན་མ 30བཞོ་ཐུབ་པ་དང་། སྤྲུག་ལམ་ཅན་གྱི་འོ་བཞོ་འཕྲུལ་ཆས་སྤྱད་ན་མི་གཅིག་གིས་བཞོན་མ 30ནས་བཞོན་མ 50བཞོ་ཐུབ། འོ་བཞོ་འཕྲུལ་ཆས་ཀྱིས་འོ་མ་བཞོས་ན་ངལ་ལས་ཐོན་སྐྱེད་བྱེད་ཚད་ཇེ་མཐོར་གཏོང་ཐུབ་པར་མ་ཟད། སྟོན་ཐོན་གྱི་གསོ་སྐྱོང་བྱེད་ཐབས་སྤེལ་བར་ཕན་པ་སྟེ། དཔེར་ན་ཐར་ཐོར་དུ་བཞོན་མ་གསོ་སྐྱོང་བྱེད་པ་དང་རང་འགུལ་སྒྲོས་གཟན་ཆས་སྟེར་བ་སོགས་ལྟ་བུ།

(7)གསོ་སྐྱོང་བྱེད་པ། བཞོན་མའི་འོ་མ་སྟེར་ཚད་རྒྱུད་འཛིན་རང་བཞིན་ལ་རག་ལས་ཚད 40%ཡོད་པ་དང་། གཞན་དག་ནི་གསོ་སྐྱོང་བདག་གཉེར་གྱི་རྒྱུ་རྐྱེན་ལ་རག་ལས་པ་ཡིན། གསོ་སྐྱོང་བདག་གཉེར་ལ་ནང་དོན་ཧ་ཅང་མང་སྟེ། དེ་ལས་ཕུན་སུམ་ཚོགས་པའི་ཟུངས་བཅུད་དང་ལུགས་མཐུན་སྒྲོས་གཟན་ཆས་སྟེར་བ། གཟན་ཆས་ལས་སྟོན་བྱེད་པ་བཅས་ནི་བཞོན་མས་འོ་མ་སྟེར་བའི་དངོས་རྫས་ཀྱི་རྨང་གཞི་ཡིན། བ་རྒྱུད་གཅིག་པའི་བཞོན་མ་ཡིན་ནའང་རྣ་ས་མི་གཅིག་ས་ཏུ་འཚོ་སྐྱོང་བྱས་ན་འོ་མའི་ཐོན་ཚད་ལ་ཁྱད་པར་ཧ་ཅང་ཆེ་བ་ཡིན། དེ་ནི་རྣ་ས་ལ་འབྲེལ་བ་ཡོད་མོད། འོན་ཀྱང་རྒྱུ་མཚན་མང་ཤས་ནི་གསོ་སྐྱོང་བདག་གཉེར་གྱི་བར་ལ་ཁྱད་པར་ཐོར་བས་ཡིན། བཞོན་མར་དུས་རྒྱུན་དུ་ཁྲི་ལུས་ཤད་པ་དང་རྨིག་པ་གཞོག་པ། འགུལ་སྐྱོད་བྱེད་པ། དུས་ཚོད་ལྟར་དུ་འོ་མ་བཞོ་བ་བཅས་ནི་དུས་རྒྱུན་བདག་གཉེར་བྱེད་པའི་གནད་འགག་གལ་ཆེན་ཡིན། གནད་འགག་དེ་དག་ཐམས་ཅད་བཞོན་མའི་ལུས་ཕུང་བདེ་ཐང་ཁག་ཐེག་བྱེད་པ་དང་། ཁྲག་རྒྱུན་འཁོར་སྐྱོད་བྱེད་པར་བསྐུལ་བའི་ཐབས་ལམ་ཡིན། བཞོན་མ་བདེ་ཐང་ཡིན་ན་ད་གཟོད་ཡི་ག་ལྡན་ཞིང་འོ་མ་འཕོར་ཆེན་ཐོན་སྐྱེད

བྱེད་ཐུབ་པ་ཡིན། གལ་ཏེ་བདེ་ཐང་མིན་པར་ཤ་ཤེད་མེད་པ་དང་འོ་མ་བསྲད་ཡུན་མི་འདང་བའི་བཞོན་མ་ཡིན་ན་འོ་མའི་ཐོན་ཚད་ངེས་པར་དུ་ཇེ་ཉུང་དུ་འགྲོ་བ་ཡིན་ལ། སྐབས་ཐོག་ཅིག་ལ་འོ་མ་སྟེར་ཚད་མང་ནའང་། སྟེར་ཚད་མཐོ་བའི་འོ་མ་དེ་སྟེར་ཡུན་བསྲིང་རྒྱུ་མེད།

(8)བཞོན་ཕྲུའི་སྒྲིག་གཞི། འོས་ཤིང་འཚམ་པའི་བཞོན་ཕྲུའི་སྒྲིག་གཞིས་འོ་མ་ཐོན་སྐྱེད་དང་དཔལ་འབྱོར་ཁེ་ཕན་ལ་ཤན་ཤུགས་ངེས་ཅན་ཞིག་འཇོག་ཐུབ། སྤྱིར་བཤད་ན། བཞོན་མ་དར་མའི་བསྡུར་ཚད་ནི་བཞོན་ཕྲུའི་སྤྱི་གྲངས་ཀྱི 55%~60%དང་། བཞོན་མ་ན་ཚོད་རན་པས་བཞོན་ཕྲུའི 10%~15% བཞོན་མ་ཡར་སྐྱེ་ཡིས 10% ~15% བེའུ་ཡིས 10%ཡས་མས་བཅས་ཟིན་པར་བྱེད་དགོས། བཞོན་མ་དར་མ་རེས་ཉིན་རེར་འོ་མ་སྟོང་ཁ 22ཐོན་སྐྱེད་བྱེད་ཐུབ་ཕྱིན། བཞོན་ར་དེས་རྒྱུན་ལྡན་ཐོན་སྐྱེད་ནུ་བསྲིང་ཐུབ་པར་མ་ཟད། དཔལ་འབྱོར་གྱི་ཁེ་ཕན་བཟང་པོ་ཞིག་ཀྱང་ཡོད་པ་ཡིན།

ལེ་ཚན་གཉིས་པ། བཞོན་མའི་འོ་མ་བཞོ་བའི་ལག་རྩལ།

བཞོན་མའི་འོ་མ་བཞོ་ཐབས་ལ་ལག་པས་བཞོ་བ་དང་འཕྲུལ་ཆས་ཀྱིས་བཞོ་བ་སྟེ་བཞོ་ཐབས་གཉིས་ཡོད། མིག་སྔར་མཚོ་སྔོན་ཞིང་ཆེན་གྱི་ཕྱོགས་ལས་འཕྲུལ་ཆས་ཅན་གྱི་ཆུ་ཚད་མི་མཐོ་བས། བཞོན་ར་ཆེན་པོ་དང་གསོ་སྐྱོང་ཁུལ་ཆུང་དུ་སྤྱག་ལམ་འོ་བཞོ་འཕྲུལ་ཆས་བེད་སྤྱོད་བཞིན་ཡོད་པ་ལས་བཞོན་ར་ཆུང་ངུ་དང་ཆེད་གཉེར་ཁྱིམ་ཚང་གིས་སྤྱི་བདེ་འོ་བཞོ་འཕྲུལ་ཆས་སམ་ལག་པར་བརྟེན་ནས་འོ་མ་བཞོ་བཞིན་མཆིས།

གཅིག ལག་པས་འོ་མ་བཞོ་བ།

འོ་མ་མ་བཞོས་པའི་སྔོན་དུ་འོ་མ་བཞོ་མཁན་གྱིས་བཞོན་མའི་ནུ་མ་དང་ནུ་མགོ་མི་བསྣད་པའི་ཆེད་དུ་སེན་མོ་འབྲེག་དགོས། ཐོག་མར་འོ་ཟེའུ་ཞིག་དང་དྲོད་ཚད་ཧྲའུ་55ཡིན་པའི་ནུ་མ་བཀྲུ་བའི་བཀྲུ་ཆུ་དང་ལག་ཕྱིས་ཕྲ་སྙིག་བྱེད་ཅིང་། ལུས་ལ་ལས་བཟོ་པའི་གོན་པ་གོན་པ་དང་ལག་ཟུང་གཙང་མ་ཞིག་བཀྲུ་བ་སོགས་སྔོན་འགྲོའི་ཕྲ་སྙིག་བྱས་རྗེས། ཧྲའུ་50ཡས་མས་ཀྱི་ཆུ་ཚན་གྱིས་བཞོན་མའི་ནུ་མགོ་ནས་ནུ་མ་ཡོངས་གཙང་མ་ཞིག་བཀྲུ་དགོས།

1.ནུ་མ་ཕུར་མཉེ་བྱེད་ཐབས། ལག་ཟུང་གིས་ནུ་མ་མནན་ཏེ་ནུ་མ་ཡོངས་ཕུར་མཉེ་བྱས་ནས་ནུ་མ་དཔོས་སུ་བཅུག་སྟེ། སྐྱི་ལྤགས་ངོས་སུ་ཁྲག་རྩ་འབུར་ཞིང་དྲོད་ཚད་ཇེ་མཐོར་སོང་ནས་རེག་ན་སྲ་མོ་དང་དམར་སྐྱུར་འགྱུར་བ་ཡིན། དེ་ནི་ནུ་མས་འོ་མ་སྟེར་བའི་མཚོན་རྟགས་ཡིན་པས། རིམ་པར་འོ་མ་བཞོ་དགོས། ཐེངས་དང་པོ་དང་ཐེངས་གཉིས་པ། ཐེངས་གསུམ་པ་བཅས་སུ་བཞོས་པའི་འོ་མ་གཞན་སྣོད་དུ་བླུགས་ཏེ་འོ་མ་གཞན་པ་དང་བསྲེ་མི་རུང་བར་མ་ཟད། གང་སར་གཏོར་མི་རུང་། རྒྱུ་མཚན་ནི་དང་ཐོག་བཞོས་པའི་འོ་མའི་ནང་དུ་འབུ་ཕྲ་མང་པོ་འདྲེས་པས། བཞོན་མའི་མལ་བསྟན་བཟྟད་དེ་ནད་ཡམས་མཆེད་དུ་འཇུག་སྲིད།

2.འོ་མ་བཞོ་ཐབས། འོ་མ་བཞོ་མཁན་གྱིས་ཨོང་སྟེགས་ཆུང་ཆུང་ཞིག་བཞོན་མའི་གཡས་ལོགས་ཀྱི 1/3ནས 1/2གི་གནས་སུ་བཞག་སྟེ་སྡོད་པ་དང་། བཞོན་མའི་ལུས་དང་ཟུར་སྣེ་ཧྲའུ་50ནས་ཧྲའུ་60ཡི་མཚམས་སུ་བསྡད་རྗེས་བཞོ་ཟེའུ་བརླ་བར་ལ་བ་ཙེར་ཏེ་གཡོན་པུས་བཞོན་མའི་རྐང་ཚིགས་ཀྱི་ཉེ་སར་གཏད་ཅིང་། རྐང་བ་གཉིས་ཀྱི་མདུན་སྣེ་གཡས་གཡོན་དུ་བགྲད་དེ་འོ་མ་བཞོ་མགོ་རྩོམ་དགོས། བཞོན་མར་ནུ་མགོ 4ཡོད་པ་དང་། དང་ཐོག་མདུན་ཐད་ཀྱི་ནུ་མགོ་ལས་འོ་མ་བཞོ་བ་ལ"ཛོས་གཉིས་ནས་འོ་མ་བཞོ་ཐབས"ཟེར། གཞན་ཡང

“སྦྱོགས་གཅིག”(ཐོག་མར་སྦྱོགས་གཅིག་གི་ཉུ་མ་གཉིས་ནས་བཞོ་བ)ནས་བཞོ་ཐབས་དང་། “སྦོལ་སྦེབ”(གཡས་གཡོན་གྱི་ཉུ་མ་གཉིས་བསྡེབས་ཏེ་བཞོ་བ)བཞོ་ཐབས། “ཉུ་མགོ་གཅིག”ལས་བཞོ་ཐབས་སོགས་ཡོད། སྦྱོགས་གཅིག་བཞོ་ཐབས་དང་སྦོལ་སྦེབ་བཞོ་ཐབས་གཉིས་ནི་གནས་ཚུལ་ཁྱད་པར་ཅན་ལ་ཕྲད་ན་མ་གཏོགས་མི་སྤྱོད་པ་ཡིན། ཉུ་མགོ་གཅིག་ལས་འོ་མ་བཞོ་ཐབས་ནི་འོ་མ་བཞོས་རྗེས་ཉུ་མ་ཁྱད་པར་ཅན་ནམ་ཡང་ན་དབྱིབས་གྱུར་པའི་ཉུ་མ(དཔེར་ན་ཁ་འཛེད་ལྟ་བུའི་ཉུ་མ)ཡིན་ན། 1/4གི་ཉུ་མའི་ནང་གི་འོ་མ་བཞོ་ཡག་བྱས་རྗེས་ད་གཟོད་བཞོ་ཐབས་དེ་སྤྱོད་ཆོག

འོ་མ་བཞོ་སྐབས་མཛུ་གུ་ལྔ་ཡིས་ཉུ་མ་སྡར་འཆང་བྱས་ཏེ་ཉུ་མགོ་རིག་མི་ཐུབ། མཛུབ་མགོ་དང་མཛུབ་ཚིགས་བཅས་ཀྱིས་དུས་གཅིག་ལ་བཞོ་བར་བྱེད་དགོས། བཞོ་སྟངས་འདིར་སྡར་འཆང་བྱེད་ཐབས་སམ་བ་ཙོར་སྟོན་བྱེད་ཐབས་ཟེར། བཞོ་ཐབས་དེའི་ལེགས་ཆ་ནི་བཞོན་མའི་ཉུ་མགོ་གཙང་མ་དང་སྐམ་པོ། བསྣད་མེད་པ། དབྱིབས་གྱུར་མེད་པ་བཅས་ཡིན་པར་མ་ཟད། འོ་མ་བཞོ་ཚད་མགྱོགས་པ་དང་ཤུགས་བཀོལ་མི་དགོས་པ། སྟབས་བདེ་ཡིན་པ་བཅས་ཀྱི་ཁྱད་ཆོས་ཡོད།

བ་ཙོར་སྟོན་བཞོ་ཐབས་ལྟར་འོ་མ་བཞོ་སྐབས་སྡར་འཆང་བྱས་པའི་ལག་པའི་འདབས་རོལ་ཉུ་མགོ་དང་མཉམ་པར་བྱས་ཏེ། འོ་མ་ལག་པའི་སྟེང་དུ་མཆེད་དེ་རྫོད་དུ་འཛུག་མི་རུང་། ལག་ཤེད་བཀོལ་ཚད་སྐོང་ཁ་10ནས་སྐོང་ཁ་20ཡིན་པ་དང་། ཤུགས་གང་ཡོད་ཀྱིས་ལག་ཤེད་སྐྱོམས་པོ་བྱེད་དགོས། འོ་མ་བཞོ་ཚད་ནི་དུས་ཚོད་སྐར་མ་རེར་ཐེངས་80ནས་ཐེངས་120ཡིན་ན་འཚམས་ཤིང་། ཁྱད་པར་དུ་བཞོན་མས་འོ་མ་སྟེར་ཚད་མགྱོགས་སྐབས་ལག་རྗེ་མགྱོགས་སུ་བཏང་ནས་འོ་མ་བཞོ་དགོས། སྤྱིར་ཡིན་ན་འོ་མ་དང་ཐོག་བཞོ་སྐབས་ཀྱི

མགྱོགས་ཚད་ནི་དུས་ཚོད་སྐར་མ་གཅིག་གི་ནང་དུ་ཐེངས་80ནས་ཐེངས་90ཡིན་དགོས། དེ་ནས་འོ་མ་སྙེར་ཚད་ཇེ་མང་དུ་སོང་བ་དང་འོ་མ་བཞོ་ཚད་ཀྱང་ཇེ་མགྱོགས་སུ་བཏང་སྟེ་དུས་ཚོད་སྐར་མ་རེར་ཐེངས་120ཙམ་གཏོང་བ་དང་། མཇུག་མཐར་འོ་མ་སྙེར་ཚད་ཇེ་ཉུང་དུ་འགྲོ་བ་དང་། འོ་མ་བཞོ་ཚད་ཀྱང་སྔར་བཞིན་དུ་དུས་ཚོད་སྐར་མ་རེར་ཐེངས་80ནས་ཐེངས་90ཙམ་གཏོང་དགོས། དུས་ཚོད་སྐར་མ་རེའི་འོ་མ་བཞོ་ཚད་སྟོང་ཁེ་1.5ནས་སྟོང་ཁེ་2.0ལ་བསླེབ་ཏུ་འཇུག་དགོས།

ནུ་མགོ་ཆུང་བའི་བཞོན་མའི་འོ་མ་བཞོ་ན་མཛུབ་གནོན་བཞོ་ཐབས་དང་ཤུད་བ་ཙོར་བྱེད་ཐབས་སྤྱོད་པ་སྟེ། མཐེབ་ཆེན་དང་གུང་མཛུབ་ཀྱིས་ནུ་མགོའི་སྙེ་རྩར་འཇུས་ཏེ་མར་ཤུད་བ་ཙོར་བྱས་ནས་འོ་མ་བཞོ་དགོས། འོ་མ་བཞོ་ཐབས་དེ་སྤྱོད་སྐབས་འཇམ་འདྲེད་སྨན་རྫས་སྤྱད་དེ་མཛུབ་མགོ་དང་ནུ་མ་བར་དུ་རྫབ་བརྡར་བྱེད་པ་ཇེ་ཆུང་དུ་གཏོང་དགོས། འོ་མ་ནི་ཆེས་སྟབས་བདེའི་འཇམ་འདྲེད་སྨན་རྫས་ཡིན་མོད། འོན་ཀྱང་དེ་ལྟར་བྱས་ན་འོ་མ་རྫོད་ཉེན་ཡོད་པས། ནུ་མ་ཆེས་ཆུང་བའི་བཞོན་མ་མ་གཏོགས་བྱེད་ཐབས་འདི་སྤྱོད་མི་རུང་།

འོ་མ་མང་ཤས་བཞོས་ཚར་རྗེས་ནུ་མར་ཡང་བསྐྱར་ཕུར་མཉེ་བྱེད་དགོས། ཕྱོགས་ངོས་གཅིག་གི་ནུ་མ་ཕུར་ཐབས་སྤྱོད་པ་སྟེ། སྔ་ཕྱིར་གཡས་ཕྱོགས་དང་གཡོན་ཕྱོགས་ཀྱི་ནུ་མ་ཕུར་དགོས། ཕུར་སྟངས་ནི་འདི་ལྟ་སྟེ། གོང་ནས་འོག་དང་ནང་ནས་ཕྱི་རུ་ཕྱོགས་གཅིག་གི་ནུ་མ་བ་ཙོར་ནོན་བྱེད་པ་དང་། ཤུགས་ཙུང་ཟད་ཆེ་རུ་བཙུག་སྟེ་ཐེངས་6ནས་ཐེངས་7ལ་ཕུར་ནས་ནུ་མའི་ནང་གི་འོ་མ་འོ་རྫིང་ལ་འབབ་ཏུ་བཙུག་རྗེས་ཡང་བསྐྱར་ནུ་མའི་ཁག་སོ་སོ་བ་ཙོར་དགོས། འོ་མ་བཞོས་ནས་ཚར་ལ་ཉེ་སྐབས། ཐེངས་གསུམ་པར་ནུ་མ་ཕུར་མཉེ་བྱེད་དགོས། སྐབས་དེར་ངེས་པར་དུ་ཤུགས་གང་ཡོད་ཀྱིས་ནུ་མ་ཕུར་མཉེ་བྱས་ན། བེའུ་དང་

ཐོག་བཅས་པའི་བཞིན་མ་ལ་ཏ་ཙང་ཕན་འདུག ནུ་མ་ཕུར་ཐབས་དེ་ནི་ལག་ཟུང་གིས་རིམ་པ་བཞིན་དུ་ནུ་མའི་ཁག་བཞི་ཕུར་ཏེ་འོ་མ་བཞོ་ཡག་བྱེད་དགོས། འོ་མ་བཞོ་ཡག་བྱས་རྗེས་ནུ་མགོར་སྨུམ་ཞག་གམ་ཡང་ན་འབྱུག་རྫས་ཕྲན་རྩི་ལེན་བསྐུས་ཏེ། ནུ་མགོར་སེར་ཁ་འགད་པ་སྔོན་འགོག་བྱེད་དགོས། ནུ་མ་ཕུར་མཉེ་བྱེད་ཚེ་བཞོ་ཟེའུ་སོགས་ཟུར་དུ་འཛོག་དགོས། ནུ་མ་ཕུར་མཉེ་བྱེད་སྐབས་བ་ཕྱུ་དང་སྐྱི་ཕྱེ་སོགས་མི་གཙང་བ་བཞོ་ཟེའུ་རུ་ལྷུང་སྟེ་འོ་མ་རྫོད་པ་སྔོན་འགོག་བྱེད་དགོས།

3.འོ་མ་འཛོ་སྐབས་དོ་སྣང་བྱེད་དགོས་ས་འགའ།

(1)འོ་མ་བཞོ་ཚད་མགྱོགས་དགོས། འོ་མ་སྣེར་བ་ནི་ནུ་ཛེན་གྱིས་མངལ་འདེད་སྐུལ་རྩིའི་བྱེད་ནུས་ལ་ཚུར་སྣང་བྱུང་བ་ཡིན་ལ། དེའི་འབྲས་བུ་ནི་ལུས་ཀྱི་འོ་མ་འོ་རྫིང་དང་འོ་མ་འདྲེན་སྦུག་ཆེ་བ་ལས་ཕྱིར་འབུད་པ་ཡིན་པས། འོ་མ་མ་བཞོས་པའི་སྔོན་ལ་ནུ་མ་ལ་དྲོ་བསྲོས་རྒྱག་པ་དང་། གཙང་མ་ཞིག་བཀྲུས་རྗེས་དུས་ཚོད་སྐར་མ་འགའི（སྐར་མ 6ནས་སྐར་མ 10ནང་དུ）འོ་མ་བཞོས་ཚར་དགོས། བར་དུ་བཞོ་མཚམས་འཛོག་མི་རུང་།

(2)འོ་མ་བཞོ་བའི་གོ་རིམ་འཚོལ་དུ་མ་བཅུག་པར་འོ་མ་སྣེར་མཚམས་འཛོག་ཏུ་འཇུག་མི་རུང་། འོ་མ་བཞོ་སྐབས་ནན་ཏན་སྔོས་ངལ་གསོའི་དུས་ཚོད་ལག་བསྟར་བྱས་ཏེ། གོ་རིམ་ངེས་ཅན་གྱི་སྒོ་ནས་འོ་མ་བཞོ་བ་ལས་རང་འདོད་ལྟར་བསྒྱུར་བཅོས་བྱེད་མི་རུང་། འོ་མ་བཞོ་མཁན་གྱིས་རྣམ་རིག་བསྒྲིམས་ཏེ་འོ་མ་བཞོ་བ་ལས་འཕུར་ཟང་ཟིང་དང་སྒྲ་ངན་འབྱིན་མི་རུང་བར་དལ་འཇགས་དང་གཙང་མ་ཡིན་པའི་ཁོར་ཡུག་ཅིག་བསྐྲུན་དགོས། མིར་བརྡུང་བ་དང་འཕྱ་ཡིས་རྒྱག་པའི་བཞིན་མར་བྱམས་དགོས་པ་ལས་གཅར་རྡུང་བྱེད་མི་རུང་། བཞིན་མ་རྒོད་པོ་དང་ཕྲད་ན་འོ་མ་བཞོ་མཁན་གྱིས་སེམས་པ་རྣལ་ལ་ཕབ་སྟེ། བཞིན་མ

ཕྱོད་ལ་འབབ་ཏུ་འཇུག་དགོས། འོ་མ་བཞོ་སྐབས་བཞོན་མའི་རྐང་པ་གཡས་པ་ལ་བལྟ་དགོས་ཏེ། གལ་ཏེ་བཞོན་མས་གཡས་རྐང་ཡར་འཁྱོགས་ཐུབ་ཡོད་ན། གཡོན་ལག་གིས་བཀག་ཆོག གལ་ཏེ་བཞོ་ཐབས་མེད་ན་བཞོན་མའི་རྐང་པ་གཉིས་བསྡམས་ཏེ་འོ་མ་བཞོས་ཆོག འདི་ལྟ་བུའི་བཞོན་མ་ནི་བཞོན་མའི་གྲས་ནས་འདོར་དགོས།

གཉིས། འཕྲུལ་ཆས་ཀྱིས་འོ་མ་བཞོ་བའི་ལག་རྩལ།

(གཅིག)འོ་བཞོ་འཕྲུལ་ཆས་ཀྱི་རིགས།

བཞོན་མ་གསོ་སྐྱོང་བྱེད་པའི་རྣམ་པ་དང་རྫ་སའི་ཆ་རྐྱེན་ནམ་རྒྱ་ཁྱོན། འོ་བཞོ་འཕྲུལ་ཆས་ཀྱི་སྒྲིག་སྟངས་བཅས་ལ་གཞིགས་ནས་དེ་ལ་དེ་འཚམ་གྱི་འོ་བཞོ་འཕྲུལ་ཆས་སྤྱོད་དགོས།

1.འོ་ཟོ་ཅན་གྱི་འོ་བཞོ་འཕྲུལ་ཆས། རླུང་མེད་སྒྲིག་ཆས་བཞོན་ཁང་ནང་དུ་གཏན་ཁེལ་བྱེད་པ་དང་། འོ་བཞོ་འཕྲུལ་ཆས་དང་འཁྱེར་བདེ་བའི་འོ་ཟོ་རིམ་བཞིན་དུ་བཞོན་མ་རེའི་གམ་དུ་ཁྱེར་ཏེ་འོ་མ་བཞོ་བ་དང་། བཞོས་མ་ཐག་པའི་འོ་མ་དེ་མ་ཐག་ཏུ་འོ་ཟོ་རུ་བསྒྱུར་བ་ཡིན། འོ་བཞོ་འཕྲུལ་ཆས་དེ་ནི་བཞོན་མ་བཏགས་འདུག་པའི་བཞོ་ཁང་ལ་འཚམ་པ་ཡིན།

2.སྦུག་ལམ་ཅན་གྱི་འོ་བཞོ་འཕྲུལ་ཆས། རླུང་མེད་སྒྲིག་ཆས་བཞོན་ཁང་དུ་གཏན་ཁེལ་བྱེད་པ་དང་། དེར་ཁ་སྟོན་ཞིག་བྱས་ཡོད་པ་ནི་གཏན་ཁེལ་འོ་མ་འདྲེན་སྦུག་ཡིན་ལ། བཞོས་མ་ཐག་པའི་འོ་མ་ཐད་ཀར་དུ་འོ་མཚོད་ཆས་དང་འོ་མ་འདྲེན་སྦུག་བརྒྱུད་དེ་འོ་མ་འཛོག་ས་རུ་བསྒྱུར་བ་ཡིན། འོ་བཞོ་འཕྲུལ་ཆས་སྤར་བཞིན་དུ་བཞོན་ཁང་སོ་སོར་ཁྱེར་ཏེ་འོ་མ་བཞོས་ཆོག འོ་བཞོ་འཕྲུལ་ཆས་འདི་གཙོ་བོ་འབྲིང་རིམ་བཞོན་རའི་བཞོན་མ་ཁེར་འདོགས་བྱེད་པའི་བཞོན་ཁང་ལ་འཚམ་པ་ཡིན། རིགས་འདིའི་འོ་བཞོ་འཕྲུལ་ཆས་ཀྱི་ལེགས་ཆ་ནི་འོ་མ་བཞོ

སྐབས་འོ་ཟོ་བྱེར་ཏེ་འོ་མ་ལྷུག་ཏུ་འགྲོ་བའི་ལས་རིམ་ཇེ་ཞུང་དུ་བཏང་ཞིང་། འོ་བཞོ་འཕྲུལ་ཆས་ཀྱི་ཐོན་སྐྱེད་ནུས་ཚད་དང་འོ་མའི་སྤུས་ཀ་བཅས་ཇེ་ལེགས་སུ་གཏོང་ཐུབ།

3.སྤྲུལ་སྒོ་ཅན་གྱི་འོ་བཞོ་འཕྲུལ་ཆས། རླུང་མེད་འཕྲུལ་ཆས་དང་འོ་བཞོ་འཕྲུལ་ཆས་སྒོ་སྦྱར་བྱེད་ཐུབ་པས། འོ་བཞོ་འཕྲུལ་ཆས་དེ་འཁོར་ལོ་ཆུང་ངུའི་སྟེང་དམ་སྤྲུལ་སྦྱར་འོ་མ་བཞོ་སྟེགས་སུ་བཞག་ཆོག གཙོ་བོ་ཐག་རིང་གི་བཞོན་ར་དང་ཁྱིམ་ཚང་གི་བཞོན་ཁང་དུ་སྤྱད་ཆོག

(གཉིས)འོ་བཞོ་འཕྲུལ་ཆས་ཀྱིས་བཞོན་མར་བརྟོན་པའི་རེ་འདུན།

འཕྲུལ་ཆས་ཀྱིས་འོ་མ་བཞོ་བ་དང་ལག་པས་འོ་མ་བཞོ་བ་གཉིས་མི་འདྲ་ས་ནི་འོ་མ་བཞོ་དགོས་པའི་བཞོན་མ་ངེས་པར་དུ་ཁུལ་གཅིག་ཏུ་གནས་ཤིང་། གཅིག་གྱུར་རང་བཞིན་དང་མཉམ་སྒྲིལ་རང་བཞིན། ཚོན་མཉམ་རང་བཞིན་བཅས་ཡིན་དགོས། རྒྱུ་མཚན་ནི་འོ་བཞོ་འཕྲུལ་ཆས་ཀྱིས་ལག་པས་འོ་མ་བཞོ་བ་ཇི་བཞིན་གོ་རིམ་རེ་རེ་བཞིན་བསྒྲུབ་དཀའ་བས། འོ་མ་བཞོ་ཁུལ་དུ་ཚད་གཞི་གཅིག་གྱུར་བྱས་ན། ད་གཟོད་འོ་བཞོ་འཕྲུལ་ཆས་དང་འོ་མ་བཞོ་མཁན། བཞོན་མ་སོགས་ཕན་ཚུན་འབྲེལ་འདྲིས་དང་ཕན་ཚུན་ཟུང་འབྲེལ་བྱེད་ཐུབ་པ་དང་། འོ་བཞོ་འཕྲུལ་ཆས་ཀྱི་བྱེད་ནུས་འདོན་སྤེལ་གང་ལེགས་བྱེད་ཐུབ། འོ་བཞོ་འཕྲུལ་ཆས་ལེགས་སྤྱོད་བྱས་ན་འདོད་ཕྱིན། བཞོན་མར་གཤམ་གསལ་གྱི་རེ་འདུན་གསུམ་ཡོད་དེ།

1.ནུ་མའི་དབྱིབས་གཟུགས་གཅིག་གྱུར་རང་བཞིན། གཞོང་དབྱིབས་དང་ཕུམ་དབྱིབས་ཅན་གྱི་ནུ་མ་ནི་འཕྲུལ་ཆས་ཀྱིས་བཞོས་ན་འཚམས་པའི་ནུ་མ་ཡིན་ལ། འོ་མ་བཞོ་ཚད་ཀྱང་མཐོན་པོ་ཞིག་ལེན་ཐུབ། རྒྱུ་མཚན་ནི་དབྱིབས་དེ་དག་གི་ནུ་མགོ་ཐུར་ལ་དཔྱངས་ཤིང་ནུ་མ་བཀན་ཀྱུགས་སེ་འདུག་པས། ནུ་ཕུམ

སྲིད་ན་ནུ་མགོ་མི་གུག་པ་དང་མགྱོགས་མྱུར་སྔོས་འོ་མ་བཞོ་ཡག་བྱེད་པར་ཁག་ཐེག་བྱེད་ཐུབ། ནུ་མགོ་སྔོར་དབྱིབས་ཅན་ཡིན་ཕྱིན་ནུ་ཕུམ་སྲིད་རྗེས་ནུ་མགོ་གུག་སྟེ་འོ་མ་འདོན་སྟུག་གི་དབྱིབས་ཚུགས་འགྱུར་སླ་བས། མཇུག་མཐའི་འོ་མ་འོ་བཞོ་འཕྲུལ་ཆས་ཀྱིས་བཞོས་མི་ཚར་བ་ཡིན། འཕྲུལ་ཆས་ཀྱིས་འོ་མ་བཞོས་ཏེ་ཚར་ལ་ཉེ་སྐབས། གོ་རིམ་ལྟར་ནུ་ཕུམ་ནུ་མགོར་བསྣོན་ཕྱོགས་ཐད་ནས་མདུན་ནམ་མར་འཐེན་པ་བྱས་ཏེ། འོ་མ་བཞོ་ཡག་བྱེད་དགོས། ནུ་དབྱིབས་ཁ་འཛོད་དང་མཚུངས་པའི་ནུ་མ་ཡིན་ན། འོ་བཞོ་འཕྲུལ་ཆས་ཀྱིས་བཞོ་མི་ཐུབ་པས། འདེམ་གསོ་དང་ཉོ་འཚོང་བྱེད་སྐབས་བཞིན་རྒྱུད་དེ་དག་མེད་པར་གཏོང་དགོས།

2.ནུ་མའི་ཁག་སོ་སོ་འཚར་ལོངས་བྱུང་བ་དོ་མཉམ་རང་བཞིན། ནུ་མའི་ཁག་སོ་སོ་ལས་བཞོས་པའི་འོ་མ་ཕལ་ཆེར་གཅིག་མཚུངས་ཡིན། ཁྱད་པར་ཙམ་ཡོད་ཀྱང 5%ནས 7%ལས་མི་འདའ་བ་ཡིན། ནུ་མའི་ཁག་སོ་སོའི་འོ་མ་གཙང་བཞོས་བྱེད་པ་ཁག་ཐེག་བྱེད་ཆེད། བཞོན་མའི་ནུ་ཁྲུལ་འཚར་ལོངས་བྱུང་བར་ཆེ་ཆུང་མེད་དགོས། དེ་མིན་ཕྱིན་འོ་བཞོ་འཕྲུལ་ཆས་སྤྱད་ན་མི་འཚམ་པ་ཡིན། རྒྱུ་མཚན་ནི་འོ་བཞོ་འཕྲུལ་ཆས་ཀྱིས་འོ་མ་བཞོ་སྐབས་དབུགས་ཤོར་ཏེ་ནུ་མགོ་ནས་འཚོར་ཉེན་ཡོད་ལ། ནུ་ཁྲུལ་ལ་ལ་འོ་བཞོ་འཕྲུལ་ཆས་ཀྱིས་སྟོང་བཞོ་བྱེད་པ་ཡིན་པས། འོ་མ་གཙང་བཞོ་བྱེད་མི་ཐུབ་པ་དང་ནུ་མའི་ཚ་ནད་འབྱུང་སླ་བ་རེད།

3.ནུ་མགོའི་ཆེ་ཆུང་གཅིག་གྱུར་རང་བཞིན། ཆེས་ཐུང་བའི་ནུ་མགོའི་རིང་ཚད་ནི་ལི་སྨི 8ནས་ལི་སྨི 10དང་། ཚངས་ཐིག 2ནས་ཚངས་ཐིག 3ཡིན་ལ། ནུ་མགོའི་བར་ཐག་ནི་ལི་སྨི 10ནས་ལི་སྨི 14 ནུ་མགོ་ནས་ས་ངོས་བར་གྱི་བར་ཐག་ནི་ལི་སྨི 35ནས་ལི་སྨི 40ཡོད། ནུ་ཕུམ་སྟབས་བདེ་སྔོས་ནུ་མགོར་སྲིད་ཀྱང་ནུ་མགོ་མི་གུག་པ་དང་། འོ་བཞོ་འཕྲུལ་ཆས་ས་ངོས་ལ་རེག་མི་ཐུབ་པ་ཡིན།

(གསུམ)འོ་བཞོ་འཕྲུལ་ཆས་ཀྱིས་འོ་མ་བཞོ་བའི་གནས་ལུགས་དང་བཀོལ་སྤྱོད་བྱེད་ལུགས།

འཕྲུལ་ཆས་ཀྱིས་འོ་མ་བཞོ་བ་ནི་འཕྲུལ་ཆས་ཀྱིས་སྟབས་བདེས་འཇིབ་རྡུབ་བྱེད་པའི་གོ་རིམ་ཞིག་མིན་པར། བཞོན་མ་དང་འོ་བཞོ་འཕྲུལ་ཆས། འོ་མ་བཞོ་མཁན་བཅས་ཀྱིས་ཡང་དག་པའི་སྒོ་ནས་འཕྲུལ་ཆས་མཉམ་སྤྱོད་བྱེད་པར་འབད་པའི་འབྲས་བུ་ཞིག་ཡིན། བར་བརྒྱུད་གོ་རིམ་ཐམས་ཅད་ཀྱིས་བྱེད་ནུས་གལ་ཆེན་འདོན་བཞིན་འདུག བཞོན་མས་ཕྱི་རོལ་ཁོར་ཡུག་ནས་འོས་ཤིང་འཚམ་པའི་བརྡ་འཕྲིན་ལེན་པ་དང་། འོ་མ་བཞོ་མཁན་གྱིས་ཡང་དག་པའི་སྒོ་ནས་འོ་བཞོ་འཕྲུལ་ཆས་སྤྱད་ན། ད་གཟོད་ནུས་ཚད་མགྱོགས་མྱུར་དང་འོ་མ་བཞོས་ཚར་བ་ཡིན། འོ་མ་བཞོ་སྐབས་བཞོན་མར་མི་བདེ་བའི་གནས་ཚུལ་བྱུང་ན། དབང་རྩའི་བརྡ་འཕྲིན་མཁལ་རྫས་རྨེན་བུའི་སྟེང་དུ་བརྒྱུད་དེ། མཁལ་རྫས་རྨེན་རྩི་ཟགས་ཐོན་བྱས་པ་དེས་ནུ་མའི་ནང་གི་ཁྲག་རྩ་དང་ཁྲག་རྩ་ཕྲ་མོ་བསྐུམ་དུ་བཅུག་ནས་ནུ་མ་རུ་ཞུགས་པའི་ཁྲག་རྒྱུན་ཇེ་ཉུང་དུ་ཕྱིན་ཅིང་། ནུ་མ་རུ་ཞུགས་པའི་འོ་མ་སྐུལ་རྩི་རང་ཤུགས་སུ་ཇེ་ཉུང་དུ་འགྲོ་བ་རེད། གཞན་མཁལ་རྫས་སྐུལ་རྩི་ལ་ད་དུང་ཤ་གནད་སྟེང་ཤུན་ཕྲ་ཕུང་ཤུགས་བསྐུམ་ཚོད་འཛིན་བྱེད་ནུས་མངའ་བས། བཞོན་མར་གློ་བུར་རམ་བཙན་ཤུགས་ཀྱིས་གཅར་རྡུང་བྱེད་མི་རུང་།

1.འོ་བཞོ་འཕྲུལ་ཆས་ཀྱིས་འོ་མ་བཞོ་བའི་རྩ་བའི་རིགས་པ། འོ་བཞོ་འཕྲུལ་ཆས་ཀྱི་ཕྱི་ཚུགས་མི་གཅིག་པར་མ་ཟད། འོ་བཞོ་འཕྲུལ་ཆས་ཀྱི་བྱ་བའི་གོ་རིམ་ལྟར་ན་ད་དུང་ཚིགས་འགྲོས་གཉིས་ཅན་དང་ཚིགས་འགྲོས་གསུམ་ཅན་ཞེས་འོ་བཞོ་འཕྲུལ་ཆས་རིགས་གཉིས་ཡོད། འོ་བཞོ་འཕྲུལ་ཆས་ཀྱིས་བྱ་བ་སྒྲུབ་པའི་རྩ་བའི་རིགས་པ་དང་ཡང་དག་པའི་བཀོལ་སྤྱོད་བརྒྱུད་རིམ་ཁོང་དུ་ཆུད་པ་ན།

ད་གཟོད་འོ་བཞོ་འཕྲུལ་ཆས་ཀྱི་ནུས་ཤུགས་དང་ཐོན་སྐྱེད་ཚད་ནུས་འདོན་སྤེལ་གང་ལེགས་བྱས་ཏེ། དགོས་མེད་ཀྱི་གྱོང་གུན་རེག་མི་དགོས་པ་ཡིན།

ཚོགས་འགྲོས་གཉིས་ཅན་གྱི་འོ་བཞོ་འཕྲུལ་ཆས་ཀྱིས་འོ་མ་བཞོ་སྐབས་འཛིབ་རྫུབ་དང་ཕུར་མཉེ་ཞེས་ཚོགས་འགྲོས་གཉིས་མཆིས། དེའི་བྱ་བ་སྒྲུབ་པའི་རྩ་བའི་རིགས་པ་ནི་རླུང་མེད་འདྲེན་སྦྲུག་དང་རྩ་འཕར་འཕྲུལ་ཆས་ཀྱིས་བྱེད་ནུས་བརྟན་པ་ན། ནུ་མགོས་རེས་མོས་བྱས་ནས་རླུང་མེད(འཛིབ་རྫུབ)དང་དབུགས་སྟོན་ཆེན་པོའི(ཕུར་མཉེ)བྱེད་ནུས་སྤྱོད་པ་དང་། ནུ་བུམ་ཕྱི་ཤུབས་དང་འགྱིག་རྒྱུའི་བར་གྱི་མཁའ་དབུགས་དྲངས་པ་ན། རྩ་འཕར་ཤག་སྟོང་རླུང་མེད་ཀྱི་རྣམ་པ་ལྟར་གནས་པ་དང་། འགྱིག་རྒྱུའི་ནང་ཤུབས་ཀྱི་ཁ་ཕྱེ་བ་ན། ནུ་མགོའི་སྣེ་མོའི་རླུང་མེད་རྣམ་པས་འོ་མ་ནུ་མགོའི་འོ་རྫིང་ནས་ཕྱིར་བཙིར་བ་དང་། མཁའ་དབུགས་རྩ་འཕར་ཤག་སྟོང་དུ་ཞུགས་པ་ན། ནུ་མགོའི་སྣེ་མོའི་འགྱིག་རྒྱུའི་ནང་ཤུན་དོམ་པ(འགྱིག་རྒྱུའི་ནང་ཤུན་ནང་གི་ནང་གནོན་རྩ་འཕར་ཤག་སྟོང་གི་ནང་གནོན་ལས་དམའ་བས)དང་། བར་མཚམས་དེར་ནུ་མགོའི་སྦྲ་གུ་ཁ་གཏན་ཏེ་འོ་མ་སྟེར་མཚམས་འཇོག་པ་ཡིན། ཚོགས་འགྲོས་གཉིས་ཅན་གྱི་འོ་བཞོ་འཕྲུལ་ཆས་ཀྱི་ལེགས་ཆ་ནི་འོ་མ་བཞོས་ན་མགྱོགས་པ་དེ་ཡིན་ལ། ཞན་ཆ་ནི་འོ་མ་བཞོ་སྐབས་ནུ་མགོ་ནམ་ཡིན་ཡང་རླུང་མེད་གནོན་མེད་ཀྱི་བྱེད་ནུས་འོག་ཏུ་ངལ་གསོའི་དུས་སྐབས་མེད་པ་དེ་ཡིན།

ཚོགས་འགྲོས་གསུམ་ཅན་གྱི་འོ་བཞོ་འཕྲུལ་ཆས་ཀྱིས་འོ་མ་བཞོ་སྐབས། འཛིབ་རྫུབ་དང་ཕུར་མཉེ་ཡི་ཚོགས་འགྲོས་གཉིས་བརྒྱུད་རྗེས། ངལ་གསོའི་ཚོགས་འགྲོས་ཞིག་ཁ་སྣོན་བྱས་ཡོད་པ་ཡིན། དེའི་ལེགས་ཆ་ནི་བེའུ་ཡིས་འོ་མ་ནུ་བ་དང་ཙུང་མཚུངས་པས། ནུ་མགོས་ངལ་གསོ་བྱེད་ཐུབ་པ་ཡིན། སྐྱོན་ཆ་ནི་འོ་མ་བཞོ་ཡུན་རིང་འགྲོ་བ་དེ་ཡིན།

2.ཨོ་བཞི་འཕྲུལ་ཆས་ཀྱི་བཀོལ་སྤྱོད་གོ་རིམ།

(1)རླུང་མེད་འདྲེན་སྨུག་ལ་ཞིབ་བཤེར་བྱེད་པ། ཨོ་བཞི་འཕྲུལ་ཆས་ཀྱི་ཁ་ཕྱེ་བ་ན། ཐོག་མར་རླུང་མེད་འདྲེན་སྨུག་འཁོར་སྐྱོད་བྱས་པ་རྒྱུན་ལྡན་ཨེ་ཡིན་ལ་བརྟག་དགོས། བྱ་བའི་སྒྲུབ་ཚད་ཕྭ་ཁྲི་ཚེ་4.67ཡི་དབུགས་ནོན་སྟེང་དུ་འཛོག་དགོས་པ་དང་། གནད་དོན་ཡོད་ན་རྒྱུ་མཚན་ལ་བརྟག་ཅིང་དུས་ཐོག་ཏུ་ཞིག་གསོ་བྱེད་དགོས།

(2)ནུ་མ་གཙང་བཀྲུ་བྱེད་པ། ཨོ་བཞི་འཕྲུལ་ཆས་མ་བཀོལ་བའི་སྔོན་ལ་ནན་ཏན་སྒོས་ནུ་མ་གཙང་བཀྲུ་བྱེད་དགོས། དུས་རྒྱུན་དུ་ནུ་མའི་སྟེང་གི་སྤུ་རིང་འབྲེག་པ་དང་། ལྕགས་ཤད་དང་སྤུད་ཕྱུང་གིས་བཞོན་མའི་ལུས་སྟེང་གི་ས་འདམ་དང་སྤུ་རྫོབ་བྲད་དེ། བཞོན་མའི་ལུས་ངོས་ནམ་ཡིན་ཡང་གཙང་མ་ཡིན་པ་རྒྱུན་འགྱངས་བྱེད་དགོས། བཞོན་མ་མ་བཞོས་པའི་སྔོན་ལ་ཨོ་མ་བཞོ་མཁན་གྱིས་སེན་མོ་བྲེགས་ཏེ་ངལ་ལས་གོན་པ་གོན་ཞིང་ངལ་ལས་ཞྭ་མོ་གྱོན་དགོས། ནུ་མ་གཙང་མ་ཡིན་ན་དེ་འདྲས་བཀྲུ་མི་དགོས། ནུ་མགོ་དང་ནུ་མའི་མཐའ་སྐོར་ཙམ་བཀྲུས་པས་ཆོག དུས་མཚུངས་སུ་ནུ་ཁ་རྒྱས་ཤིང་ནུ་མགོ་འབུར་རག་པར་དུ་ནུ་མར་ཕུར་མཉེ་འོས་འཚམ་བྱས་ཏེ་མཇུག་མཐར་ཐེངས་གཅིག་སྤྱོད་པའི་ཤོག་བུས་ནུ་མ་ཕྱིས་ཤིང་། ཨོ་བཞི་འཕྲུལ་ཆས་སྤྱོད་མགོ་བཙམ་དགོས།

(2)ཨོ་མ་བཞོ་མགོ་དང་པོ་དང་གཉིས་པ། གསུམ་པ་བཙས་འདོར་དགོས། ཨོ་བཞི་འཕྲུལ་ཆས་མ་སྦྱིད་པའི་སྔོན་ལ་ངེས་པར་དུ་ནུ་མགོ་བཞི་ལས་བཞོས་པའི་ཨོ་ཕུད་དང་པོ་དང་གཉིས་པ། གསུམ་པ་བཙས་གཏན་ཁེལ་བྱས་པའི་ཨོ་སྣོད་དུ་གསོག་པ་དང་། བཞོས་མགོའི་ཨོ་མ་རྒྱུན་ལྡན་ཡིན་མིན་ལ་བརྟག་དགོས་ཏེ། གལ་ཏེ་ཨོ་མ་ཟུ་གར་སྐྱིགས་སམ་སྐྱིགས་རོ་ཡོད་ཕྱིན་ནུ་མའི་ཚ་ནད་བྱུང་ཡོད་པའི་མངོན་རྟགས་ཡིན་པས། བཞོན་མ་དེ་ཨོ་བཞི་འཕྲུལ་ཆས་ཀྱིས་བཞོ

མི་རུང་བ་ཡིན།

(4)ནུ་བུམ་སྒྲིག་ཆས་བསྐྱོན་པ། བཙོན་མའི་མགོ་བོ་དང་ཉེ་སའི་ལག་པས་འོ་བཙོ་འཕྲུལ་ཆས་བཟུང་སྟེ་ལག་པ་གཞན་ཞིག་གིས་རླུང་མེད་སྒྲིག་ཆས་སྤྲོལ་པ་དང་། ནུ་བུམ་དང་པོ་རུང་ཐག་རིང་བའི་ནུ་མགོར་སྦྱད་ཅིང་། དེ་ནས་རིམ་པ་བཞིན་ནུ་བུམ་སྦྱོད་པ་དང་། ལག་པ་མགྱོགས་ཤིང་མཁའ་དབུགས་ནང་དུ་འཆོར་བར་ཇེ་ཉུང་དུ་གཏོང་དགོས།

(5)ནུ་བུམ་སྒྲིག་ཆས་ལ་ཞིབ་བཤེར་བྱེད་དགོས། འོ་བཙོ་འཕྲུལ་ཆས་སྤྱད་རྗེས། དུས་ཡུན་ཐུང་ངུའི་ནང་དུ་བརྟག་ཞིབ་བྱེད་དགོས་ཏེ། ནུ་བུམ་ནུ་རྩར་འཕར་དུ་འཇུག་མི་རུང་། ནུ་བུམ་ཡར་འཕར་བ་ན་ནུ་མགོ་བསྣགས་ཏེ་འོ་མ་ཕྱིར་འབུད་དཀའ་བ་ཡིན་པ་དག་སྟོན་འགོག་བྱེད་པ་ཆེས་ལེགས་པའི་བྱེད་ཐབས་ནི་ལག་པ་ཞིག་གིས་ནུ་མགོར་འཇུ་བ་དང་དལ་གྱིས་སྐར་ཆ་འགའ་ལ་ནོན་དགོས།

(6)འོ་མ་བཙོ་མགོ་རྫོམ་པ། འོ་མ་བཙོ་བཞིན་པའི་སྐབས་སུ་ནུ་མར་ཕུར་མཉེ་བྱེད་མི་རུང་། དེ་ལྟར་བྱས་ན་བཙོན་མའི་རྒྱུན་ལྡན་གྱི་ཚུར་སྣང་ཚོར་དབང་ལ་གནོད་པ་བསྐྱལ་སྲིད། འོ་མ་བཙོ་མཁན་གྱིས་འ་ཁུར་ཟང་ཟིང་བྱེད་མི་རུང་བར་མ་ཟད། གཞན་མི་ཡོང་སྟེ་ཁུར་སྒྲ་སྒྲོག་མི་རུང་།

(7)ནུ་མགོ་ཁ་རུབ་ཡོད་ན་འོ་མས་གཙོད་དགོས། ནུ་མགོ་གཉིས་སམ་ནུ་མགོ་གསུམ་ཅན་གྱི་བཙོན་མར་འོ་མ་བཙོ་སྐབས་མཁོ་མེད་ནུ་བུམ་གྱི་ཁ་འོ་མས་གཙོད་པ་ལས་འོ་སྦྲུག་བལྟབས་མི་རུང་། འོ་སྦྲུག་བལྟབས་ན་གཅིག་ན་ཁ་མི་ཆོད་པ་དང་གཉིས་ན་འོ་སྦྲུག་གི་ཚེ་ཚད་ལ་གནོད་པ་ཡིན།

(8)ནུ་བུམ་ལེན་པ། འོ་མ་བཙོ་ཡག་བྱས་རྗེས། ལག་པས་འོ་བཙོ་འཕྲུལ་ཆས་དལ་གྱིས་མདུན་ངོས་སུ་འཐེན་དགོས། དེ་ལྟར་བྱས་ན་ནུ་མའི་ནང་གི་འོ་

མ་ལྷག་འཕྲོ་འབུད་པར་ཕན་པ་ཡིན། འོ་མ་བཞོས་རྗེས་རླུང་མེད་སྒྲིག་ཆས་ཀྱི་འཁོར་མཚམས་བཅད་དེ་མཁའ་དབུགས་ནུ་མ་དང་ནུ་ཐུམ་བར་དུ་ཞུགས་སུ་བཅུག་ན་ནུ་ཐུམ་སྒྲིག་ཆས་རང་ཤུགས་སུ་ལྷུང་བ་ཡིན། རླུང་མེད་སྒྲིག་ཆས་ཀྱི་འཁོར་མཚམས་མ་བཞག་པའི་སྔོན་དུ་མཛུ་གུ་ནུ་མ་དང་ནུ་ཐུམ་གྱི་བར་ལ་བསྒྲིངས་ཏེ་བར་སྟོང་ཡོད་དུ་འཇུག་མི་རུང་། དེ་ལྟར་བྱས་ན་ཕྱིར་བཞོས་པའི་འོ་མ་སླར་ཡང་ནུ་མའི་ནང་དུ་ལྡོག་བཞུར་བྱེད་དུ་འཇུག་སྲིད་པས། བཞོན་མར་ཉེན་ཁ་ཅན་ཆེ།

(9)ནུ་མའི་མགོར་སྨན་བསྐུ་བ། འོ་མ་བཞོས་རྗེས་རིམ་པར་དུག་སེལ་སྨན་རྫས་ཀྱིས་ནུ་མགོ་བསྒྲིས་ཏེ་ཚ་ནད་སྔོན་འགོག་བྱེད་དགོས། རྒྱུ་མཚན་ནི་ཕལ་ཆེར་འོ་མ་བཞོས་ཏེ་དུས་ཚོད་སྐར་མ 15ཙམ་འགོར་རྗེས་དགུ་ཟྡོད་ནུ་མགོའི་ཁ་བསུམ་པ་ཡིན། འོ་མ་བཞོས་རྗེས་ཀྱི་དུས་ཚོད་ངེས་ཅན་ཞིག་ཏུ་བཞོན་མ་ཉལ་དུ་འཇུག་མི་རུང་། དེ་ལྟར་བྱས་ན་ནུ་མར་ནད་འགོ་བའི་གོ་སྐབས་ཇེ་ཉུང་དུ་གཏོང་ཐུབ།

(10)འོ་བཞོ་སྒྲིག་ཆས་གཙང་མ་ཞིག་བཀྲུ་བ། འོ་མ་བཞོས་ཐེངས་རེར་ཆུ་གཙང་མ་ཞིག་གིས་རིམ་པར་འོ་བཞོ་སྒྲིག་ཆས་བཀྲུ་དགོས་ཏེ། དང་ཐོག་ཆུ་དྲོད་འཛམ་གྱིས་དུས་ཚོད་སྐར་མ 4ནས་སྐར་མ 5ལ་བཀྲུ་བ་དང་། ནུ་མགོའི་ནང་གི་འོ་མ་ཕྱིར་ཕུད་རྗེས་ཆེད་དུ་བསྒྲུངས་པའི་བཀྲུ་རྫས་ཀྱིས་བཀྲུ་ཞིང་། བཀྲུ་རྫས་ཀྱི་དྲོད་ཚད་ཧྲུའུ 60ནས་ཧྲུའུ 80ཡིན་དགོས་ལ། བཀྲུ་ཡུན་ནི་དུས་ཚོད་སྐར་མ 10ནས་སྐར་མ 15ཡིན་དགོས། མཇུག་མཐར་ཆུ་གཙང་མས་དུས་ཚོད་སྐར་མ 4ནས་སྐར་མ 5ལ་གཙང་བཀྲུ་བྱེད་དགོས།

གཟའ་འཁོར་རེའི་ནང་དུ་འོ་བཞོ་འཕྲུལ་ཆས་ཀྱི་ལྷུ་ལག་ཡོད་ཚད་ཐེངས་གཅིག་ལ་གཙང་བཀྲུ་ཞིག་བྱེད་དགོས། དང་ཐོག་འོ་བཞོ་འཕྲུལ་ཆས་ཀྱི་ལྷུ་ལག

ཐམས་ཅད་ཧུའུ 50ནས་ཧུའུ 60ཡི་བུལ་ཆུས་བཀྲུས་རྗེས། ཧུའུ 85ཡན་གྱི་ཆུ་ཚན་དུ་དུས་ཚོད་སྐར་མ 30ལ་བཀྲུ་དགོས། དེ་ནས་འོ་བཞོ་འཕྲུལ་ཆས་ཀྱི་ལྷུ་ལག་ཡང་བསྐྱར་སླར་སྒྲིག་བྱེད་དགོས། རླུང་མེད་སྦྲུག་ལམ་ལོ་བྱེད་ཀྱི་ནང་དུ་ཐེངས 1ལ་བཀྲུ་དགོས། སྦྲུག་ལམ་བཀྲུ་སྐབས་སྣེ་གཅིག་ནས་རང་འབབ་ཆུ་བཏང་ཞིང་། སྣེ་གཅིག་ནས་ཕྱིར་བཞུར་དུ་བཙུག་སྟེ་བཀྲུས་ཆོག

རླུང་མེད་འདྲེན་སྦྲུག་སྲུང་སྐྱོང་བྱེད་པར་དོ་སྣང་བྱེད་དགོས་པ་ནི་དུས་རྒྱུན་དུ་འཇམ་འདྲེད་བཟོ་སྣུམ་བུམ་ཆུང་དུ་འཕྲུལ་སྣུམ་གང་ལྷུག་པ་དང་། དུས་ཚོད་སྐར་མ་རེར་སྣུམ་ཐིགས 2རེ་གཉིག་པའི་སྣུམ་གྱི་ལྷུག་ཚད་ལྟར་སྣུམ་ལྷུག་སྙོམས་སྒྲིག་བྱས་ཤིང་། ཤེལ་གྱི་བརྟག་དཔྱད་ཁུང་བུ་ལས་བརྟག་དཔྱད་བྱེད་དགོས། ལོ་བྱེད་ནས་ལོ་གཅིག་འཁོར་རྗེས་རླུང་མེད་འདྲེན་སྦྲུག་གི་ལྷུ་ལག་གཏོར་ཏེ་བཀྲུས་ཤིང་ཞིབ་བཤེར་བྱེད་དགོས།

(བཞི)འོ་བཞོ་འཕྲུལ་ཆས་ཀྱིས་འོ་མ་བཞོ་བར་ལག་པས་བཞོ་རོགས་བྱས་མི་ཆོག

འཕྲུལ་ཆས་ཀྱིས་འོ་མ་བཞོས་རྗེས་ལག་པས་འོ་མ་བཞོ་རོགས་བྱེད་མི་རུང་། ལག་པས་རམ་འདེགས་བྱས་ཏེ་འོ་མ་འཕྲོ་ལྷག་བཞོས་པའི་སྐྱོན་ཆ་ནི་འཕྲུལ་ཆས་ཀྱིས་འོ་མ་བཞོ་བའི་ཚོད་ཚད་ལ་ཤན་ཤུགས་བཟོ་སྲིད་པས། གོམས་སྲོལ་སུ་གྱུར་ན་འཕྲུལ་ཆས་ཀྱི་འོ་མ་བཞོས་ལྷག་ཇེ་མང་ནས་ཇེ་མང་དུ་འགྲོ་བ་ཡིན། མཚམས་ལན་རེར་འཕྲུལ་ཆས་ཀྱིས་འོ་མ་བཞོ་བ་དང་མཚམས་ལན་རེར་ལག་པས་འོ་མ་བཞོས་ན། བཞོན་མ་བཞོ་སྟངས་གང་ལ་ཡོབ་དགོས་པ་མི་ཤེས་པར་འགྱུར་སྲིད། གལ་ཏེ་འོ་མ་ལྷག་འཕྲོ་མང་དྲགས་ན་བཞོན་མ་དེ་འཕྲུལ་ཆས་ཀྱིས་འོ་མ་བཞོ་བར་མི་འཚམ་པས། ཕྱི་མོ་ནས་ལག་པས་འོ་མ་བཞོ་དགོས།

ལེ་ཚན་གསུམ་པ། འོ་མའི་འཕྲོད་བསྟེན་གོ་རིམ།

གཅིག འོ་མ་བཞོ་བའི་འཕྲོད་བསྟེན་བྱ་བ།

1.ནུ་མའི་འཕྲོད་བསྟེན། ནུ་མགོ་ཐད་ཀར་དུ་ཕྱི་རོལ་དང་རེག་ཐུག་བྱེད་པ་ཡིན་པས། ནུ་མགོའི་སྦུ་གུ་རུ་འབུ་སྲིན་ཆུང་མང་པོ་ཞིག་ཡོད། དེར་བརྟེན་དང་ཐོག་བཞོས་པའི་འོ་མ་འདོར་བའམ་ཁེར་འཇོག ཡང་ན་ཐག་གཅོད་གཞན་དག་བཅས་བྱེད་དགོས། ཁྱད་པར་དུ་མཐོང་ཆེན་བྱེད་དགོས་པ་ནི་བཞོན་མའི་ནུ་ནད་ཚ་ནད་དེ། ཁྱད་པར་དུ་ཤེས་དཀའ་བའི་སྙིག་གྱུར་རང་བཞིན་གྱི་ནུ་ནད་ཚ་ནད་ཀྱིས་འོ་མའི་ནང་གི་འབུ་སྲིན་ཇེ་མང་དུ་བཏང་སྟེ་འོ་མའི་སྤུས་ཀ་ཏ་ཅང་ཞན་པར་གྱུར་ཅིང་། ཐ་ན་མིས་ལོངས་སུ་སྤྱོད་མི་རུང་བའི་ཚད་ལ་བསླེབ་སྲིད་པས། ནུ་མའི་བདེ་ཐང་སྲུང་སྐྱོང་བྱས་ཏེ་ནུ་ནད་ཚ་ནད་སྔོན་འགོག་བྱེད་པ་བཅས་ནི་ཏ་ཅང་གལ་ཆེ་བའི་གནད་འགག་ཡིན།

2.བཞོན་མའི་ལུས་ངོས་འཕྲོད་བསྟེན། བཞོན་ཁང་གི་མཁའ་དབུགས་དང་འོག་སྟན། ས་རྡུལ། བཞོན་མ་རང་སྟེང་གི་ལྕི་གཅིན་བཅས་སུ་འབུ་སྲིན་འཁོར་ཆེན་ཞིག་ཡོད་པ་དང་། ནུ་མའི་སྟེང་དུའང་འབུ་སྲིན་འཁོར་ཆེན་འབྱར་འདུག་པས་ན། འོ་མ་བཞོ་སྐབས་ངེས་པར་དུ་བཞོན་མའི་གསུས་ངོས་དང་ནུ་མ་གཙང་མ་ཞིག་བཀྲུས་རྗེས་ལག་ཕྱིས་གཙང་མ་ཞིག་གིས་འཕྱིད་དགོས། སྤྱུག་ལམ་འཕྲུལ་ཆས་ཀྱིས་འོ་མ་བཞོ་སྐབས་ཐོག་མར་ལག་ཕྱིས་རློན་པ་དང་ཤོག་རློན་གྱིས་ནུ་མ་བཀྲུ་ཞིང་འཕྱིད་པ་དང་། དེ་ནས་དུག་སེལ་སྨན་ཁུ་རུ་ནུ་མགོ་བསྲིས་རྗེས། ཤོག་རློན་གྱིས་ནུ་མགོ་ཕྱིས་ཏེ་ནུ་བུམ་སྦྲད་ནས་འོ་མ་བཞོ་དགོས། ཡིན་ནའང་ལུས་དང་ནུ་མགོ་ཏ་ཅང་རྙོག་པོ་ཡིན་པའི་བཞོན་མ་ཡིན་ན། དང་ཐོག་ཆུས་བཀྲུ་བ་དང་དེ་ནས་གོང་སྨོས་ཀྱི་རིམ་འདུན་ལྟར་དུ་བསྒྲུབ་དགོས།

3.མཁའ་དབུགས་འཕྲོད་བསྟེན། མཁའ་དབུགས་སུ་འབུ་སྲ་འབོར་ཆེན་གནས་པ་དང་། ཁྱད་པར་དུ་འདོགས་ཐག་ཅན་གྱི་བཙོན་ཁང་གི་མཁའ་དབུགས་བཛད་པ་ཧ་ཅང་འཚབ་ཆེན་ཡིན་ཏེ། ཧྲོ་ཧྲིན་གཅིག་གི་མཁའ་དབུགས་ནང་དུ་འབུ་སྲ 50ནས་འབུ་སྲ 100འདུ་བ་དང་། ཐལ་རྡུལ་མང་དུས་འབུ་སྲ 10000 ཙམ་ལ་བསླེབ་སྲིད།

4.འོ་བཞོ་ཡོ་བྱད་འཕྲོད་བསྟེན། འོ་མ་བཞོ་བར་སྤྱོད་པའི་འོ་ཟོ་དང་འོ་བཞོ་འཕྲུལ་ཆས། རས་ཚགས། ཉུ་མ་བཀྲུ་བའི་ལག་ཕྱིས། འཕྲུལ་ཆས་ཀྱིས་འོ་མ་བཞོ་བའི་སྦྲུག་ལམ་སྣ་ཚོགས། ཡོ་བྱད། འོ་མ་སོགས་དང་འབྲེལ་བ་ཡོད་པའི་སྒྲིག་ཆས་ཐམས་ཅད་ངེས་པར་དུ་ནན་ནན་ཏན་ཏན་གྱི་སྒོ་ནས་གོ་རིམ་ལྟར་བཀྲུས་ཤིང་དུག་སེལ་བྱས་ཏེ། འོ་མ་རྫོབ་པ་ཇེ་ཉུང་དུ་གཏོང་དགོས།

5.ཕྱུགས་གཞན་གྱི་འཕྲོད་བསྟེན། འོ་མ་བཞོ་མཁན་ལ་འགོ་ནད་ཡོད་མི་རུང་བ་དང་། འོ་མ་བཞོ་སྐབས་ལག་པ་གཙང་མ་ཡིན་དགོས། འོ་བཞོ་ཁང་ངམ་འོ་བཞོ་ཚོམས་ཆེན་གྱི་སྦྲང་ནག་དང་འབུ་ཨང་ཨ་ཙི་སོགས་མེད་པར་གཏོང་དགོས།

གཉིས། འོ་མ་འཁྱག་ཏུ་འཇུག་པ་དང་འཁྱགས་བཟོ་སྐྱེལ་འདྲེན་བྱེད་ཚུལ།

ད་སོ་མ་བཞོས་པའི་འོ་མའི་དྲོད་ཚད་ཏུའུ 36ཡས་མས་ཡིན་པས། འབུ་སྲ་སྐྱེ་འཕེལ་བྱེད་པར་ཤིན་ཏུ་འཚམ། བཞོས་མ་ཐག་པའི་འོ་མ་དུས་ཐོག་ཏུ་འཁྱགས་བཟོ་མ་བྱས་ན་འོ་མའི་ནང་དུ་འབུ་སྲ་འབོར་ཆེན་སྐྱེ་འཕེལ་བྱས་ཏེ། མགྱོགས་མྱུར་ངང་སྐྱུར་འགྱུར་བ་ཡིན་པས། འོ་མའི་སྤུས་ཀ་ཇེ་ཞན་དང་དཀག་འགྲོ་བ་ཡིན། གཞན་འོ་མའི་ནང་དུ་འབུ་སྲ་སྐྱེ་འཕེལ་ཚོད་འཛིན་བྱེད་པ་སྟེ་འབུ་སྲ་འགོག་པའི་དངོས་རྫས་ཏེ་ཁྲང་ཁེ་ཐི་ཉིང་འདུས་པ་ཡིན། འོ་མ་ཅི་ཙམ

འཁྲུགས་ན་འོ་མའི་ནང་དུ་འབུ་ཕྲ་སྐྱེ་འཕེལ་བྱུང་སྟེ་བརྫོད་ཚད་ཆུང་ན། འབུ་ཕྲ་འགོག་པའི་དངོས་རྫས་ཀྱི་གསོན་ཚད་དེ་ཙམ་གྱིས་རིང་བ་ཡིན་པས། འོ་མ་བཞོས་རྗེས་དུས་ཐོག་ཏུ་ཏུའུ 5ཡས་མས་སུ་འཁྱག་ཏུ་འཇུག་དགོས།

རབ་ཡིན་ན་འོ་མ་ནི་འཁྲུགས་བཙོ་སྒྲིག་ཆས་ཅན་གྱི་འོ་སྐྱེལ་སྒྲིག་ཆས་ཡོད་པའི་ལྷངས་འཁོར་གྱིས་སྐྱེལ་འདྲེན་བྱེད་དགོས། གལ་ཏེ་འོ་སྐྱེལ་སྒྲིག་ཆས་ཡོད་པའི་ལྷངས་འཁོར་མེད་ན་འོ་ཟོ་སྤྱོད་དགོས། འོ་ཟོ་སྤྱོད་སྐབས་སེམས་ཆུང་གཟབ་གཟབ་བྱས་ཏེ་སྐྱེལ་འདྲེན་གོ་རིམ་དུ་ཐབས་ལམ་སྤྱད་པ་མ་ལེགས་པར་འོ་མ་སྐྱུར་དུ་འཇུག་པ་སྔོན་འགོག་བྱེད་དགོས། སྐྱེལ་འདྲེན་གྱི་རྣམ་པ་གང་ཞིག་སྤྱད་ཀྱང་ངེས་པར་དུ་གཤམ་གྱི་གནད་འགག་ལ་དོ་སྣང་བྱེད་དགོས།

1.འོ་མ་སྐྱེལ་འདྲེན་བྱེད་སྐབས་དྲོད་ཚད་ཇེ་མཐོར་འགྲོ་བ་སྔོན་འགོག་བྱེད་དགོས། ཁྱད་པར་དུ་དབྱར་ཐོག་ཡིན་ཕྱིན། འཁྲུགས་བཙོ་སྒྲིག་ཆས་མེད་པའི་སྐྱེལ་འདྲེན་ལྷངས་འཁོར་གྱིས་འོ་མ་སྐྱེལ་བ་མིན་ན། ལམ་བར་དུ་འོ་མའི་དྲོད་ཚད་གང་མགྱོགས་སྙོམས་ཇེ་མཐོར་འགྲོ་བ་ཡིན། དེར་བརྟེན། རབ་ཡིན་ན་འོ་མ་སྐྱེལ་འདྲེན་བྱེད་པ་མཚན་མོའམ་ནངས་མོར་བཀོད་སྒྲིག་བྱེད་པ་དང་། དྲོད་འགོག་རྒྱུ་ཆས་འོ་ཟོ་དམ་པོ་ཞིག་འགེབས་དགོས།

2.གཙང་སྲ་རྒྱུན་འཁྱོངས་བྱེད་པ། འོ་མ་སྐྱེལ་འདྲེན་བྱེད་སྐབས་སྤྱོད་པའི་སྣོད་ཆས་ནི་ངེས་པར་དུ་གཙང་སྲ་དང་འཕྲོད་བསྟེན་རྒྱུན་འཁྱོངས་བྱེད་དགོས། ནན་ཏན་སྒོས་འབུ་ཕྲ་གསོད་པ་དང་འོ་ཟོའི་ཁ་ལེབ་ལ་ཟྭ་རྒྱག་དགོས། ཁ་ལེབ་ཀྱི་ནང་སྒོར་དུ་འཁྱིག་ཐེབ་ཡོད་དགོས།

3.འོ་མ་དཀྲུག་པ་སྔོན་འགོག་བྱེད་པ། འོ་སྣོད་དུ་འོ་མ་བཀང་ཞིང་ཁ་ལེབ་གཏན་པོ་ཞིག་རྒྱག་དགོས།

4.ལམ་བར་དུ་འོ་མ་སྐྱུར་བ་སྔོན་འགོག་བྱེད་པ། ནན་ཏན་སྒོས་འགན

ཁྱུར་ལམ་ལུགས་ལག་བསྟར་བྱེད་པ་དང་། ལམ་ཐག་གཞིར་བཟུང་ནས་དུས་ཚོད་བརྩིས་ཏེ་ཐབས་བརྒྱ་ཇུས་སྟོང་སྒྲོས་ལམ་བར་གྱི་ལུས་ཡུན་ཇེ་ཐུང་དུ་བཏང་སྟེ། འོ་མ་སྐྱུར་བ་སྔོན་འགོག་བྱེད་དགོས།

ལེའུ་བདུན་པ། བཞིན་མའི་གཟན་ཆས་ལས་སྔོན་དང་ཉིན་གཟན་སྟེར་ཚུལ།

ལེ་ཚན་དང་པོ། བཞིན་མའི་གཟན་ཆས་ཀྱི་རིགས།

བཞིན་མ་མ་གསོས་པའི་སྔོན་ལ་ངེས་པར་དུ་གཟན་ཆས་དང་གཟན་རྩྭ་འཐོར་ཆེན་ཞིག་གྲ་སྒྲིག་བྱེད་དགོས། སྤྱིར་ཡིན་ན་ལོ་གཅིག་གི་ནང་དུ་བཞིན་མ་གཅིག་ལ་རྩྭ་སྐམ་སྐོར་ཁེ 1000ནས་སྐོར་ཁེ 2000དང་། སྔོ་ཉར་གཟན་ཆས་དང་སྔོ་རྩྭ་སྐོར་ཁེ 7000ནས་སྐོར་ཁེ 10000 གཟན་ཆས་གཞན་དག་སྐྱེ་ལ་སེར་དང་སྒང་མ་སྐོར་ཁེ 1000ནས་སྐོར་ཁེ 4000 འབྲུ་གཟན་ནི་འབྲུ་སྣ་དང་འབའ་ཆས་རིགས་སྣ་ཚོགས་ཡིན་ཏེ། སྐོར་ཁེ 1500ནས་སྐོར་ཁེ 3000ཉར་དགོས། གཞན་ད་དུང་ཚྭ་ཁུ་དང་གཏེར་སྣའི་གཟན་ཆས་གྲ་སྒྲིག་བྱེད་དགོས། ཟླ 6ནང་གི་བེའུ 4བཞིན་མ་དར་མ 1བྱས་ནས་བརྩི་བ་དང་། ཟླ 6ཡན་གྱི་ཡར་བེའུ 2ནི་བཞིན་མ་དར་མ 1བྱས་ནས་བརྩི་དགོས། གོང་གསལ་གྱི་རྩིས་གཞི་གཞིར་བཟུང་སྟེ་གྲ་སྒྲིག་བྱེད་དགོས་པར་མ་ཟད། གཟན་ཆས་རྣམས་དོ་དམ་ལེགས་པོ་བྱས་ཏེ། བརླན་འཚོར་དུ་མི་འཇུག་པ་དང་ཙོ་གུར་ཟ་རུ་མི་འཇུག་པ་བྱེད་དགོས་པ་ལས་བཞིན་མར་གཟན་ཆས་རུལ་བ་གཏན་ནས་སྟེར་མི་རུང་།

སྤྱིར་བཞིན་མའི་གཟན་ཆས་ལ་རིགས་གསུམ་ཡོད་དེ། འབྲུ་གཟན་དང་རགས་གཟན། གཟན་ཆས་ཁྱད་པར་ཅན་བཅས་ཡིན། དེ་ལས་སྲུལ་བྱུང་གཟན་

རྩྭ་དང་སྨན་རིགས་གཟན་ཆས་འབྲུ་སུ་ཧྲང་ནི་བཞོན་མར་ཤིན་ཏུ་འཚམ་པའི་རགས་གཟན་ཡིན། ཁྱད་པར་ཅན་གྱི་གཟན་ཆས་ནི་གཏེར་སྣའི་གཟན་ཆས(དཔེར་ན་ཐན་སོན་ཀའི་ལྷ་བུ)དང་། སྤྲི་དཀར་ཏན་མིན་པ(དཔེར་ན་ལུད་རྫས་ཉོ་སུའུ་ལྷ་བུ)ཞེ་ཧྲིན་སུའུ་ཡི་གཟན་ཆས་སོགས་ལ་བཤད་པ་ཡིན། བཞོན་མའི་ཟུངས་བཅུད་ཀྱི་དགོས་མཁོ་ལྟར་གཟན་ཆས་ལ་རིགས་ཞིབ་མོ་བྱས་ཏེ་བཀར་ན་རིགས་8 མངའ་སྟེ།

1.རགས་གཟན། རྩྭ་སྐྱུའི་རིགས་དང་རྩེ་རིལ་གྱི་རིགས། སྨན་རྩྭའི་རིགས། ཞིང་ཞོར་ཐོན་རྫས། གཟན་ཆས་སྐམ་པོ་ཏྲ་ཚི་སྣ་རགས་མོ≥18%འདུ་བའི་སྦང་མའི་རིགས་དང་ཤིང་ལོའི་རིགས། ཕྱེ་རྟུལ་མ་ཡིན་པའི་རྩིད་པའི་རིགས་བཅས་འདུ་བ་ཡིན།

2.སྔོ་རྩྭ། སྔོ་རྩྭ་དང་སྔོ་ཚོད། རྩེ་ཤིང་རྩིད་པ། སིལ་ཏོག་གི་རིགས་སོགས།

3.སྔོ་ཉར་གཟན་ཆས། སྔོ་ཉར་མ་རྨོས་ལོ་ཏོག སྔོ་ཉར་སོ་བ། སྔོ་ཉར་གྲོ་རྩྭ། སྔོ་ཉར་འབྲུ་སུ་ཧྲང་། སྔོ་ཉར་སོ་ནག སྔོ་ཉར་ཡུག་པོ། ཕྱེད་སྐམ་སྔོ་ཉར་གཟན་ཆས་སོགས།

4.ནུས་སྤྱོལ་གཟན་ཆས། ནུས་སྤྱོལ་གཟན་ཆས་ཞེས་པས་ནུས་ཚད་མཁོ་སྤྲོད་བྱེད་པའི་གཟན་ཆས་ཏེ། དཔེར་ན་མ་རྨོས་ལོ་ཏོག་དང་གྲོ། སོ་བ། བྲུད་ཙོ། ཀའོ་ལང་། ཚིལ་རིགས་བཅས་ལ་སྟོན་པ་ཡིན།

5.སྤྲི་དཀར་གཟན་ཆས། གཙོ་བོ་སྤྲི་དཀར་མཁོ་སྤྲོད་བྱེད་པའི་གཟན་ཆས་ཏེ། དཔེར་ན་འབབ་ཆའི་རིགས་ཏེ་སྲན་མའི་འབབ་ཆ་དང་ཀེ་ཚེའི་འབབ་ཆ། མ་མོག་གི་འབབ་ཆ། ཟར་མའི་འབབ་ཆ། མེ་ཏོག་ཉི་མ་འཁོར་གྱི་འབབ་ཆ། བ་དམ་འབབ་ཆ། ཆང་གི་སྦང་མ། སྤྲི་དཀར་རྟུལ་ཕྱེ། ཨན་ཅི་སོན། སྤྲི་དཀར་

མ་ཡིན་པའི་ཧྭན་སོགས་སྐོན་པ་ཡིན།

6.གཏེར་སྣའི་གཟན་ཆས། རྒྱུན་ལྡན་གྱི་འབྱུང་རྒྱུ་ལིན་སོན་ཆེན་ཀའེ་དང་ཐན་སོན་ཀའེ། ལུའུ་ཧྭ་ཀའེ། དབྱང་ཧྭ་ནྭི། ལུའུ་ཧྭ་ནྭ་སོགས་དང་། ཕྲན་རྫས་ལིག་སོན་ཡ་ཐེ་དང་ལིག་སོན་ཞིན། ལུའུ་ཧྭ་ཀུའུ། ཡ་ཞི་སོན་ནྭ་སོགས་འདུ་བ་ཡིན།

7.ཝེ་ཧྲིན་སུའུ་ཡི་གཟན་ཆས། ཆུར་འདྲེས་པའི་ཝེ་ཧྲིན་སུའུ B ཡི་རིགས་དང་ཚིལ་ལ་འདྲེས་པའི་ཝེ་ཧྲིན་སུའུ A ཝེ་ཧྲིན་སུའུ D ཝེ་ཧྲིན་སུའུ E སོགས་འདུ་བ་ཡིན།

8.སྦྱོར་རྫས། ཟུངས་བཅུད་རང་བཞིན་དང་རྩོལ་ནུས་རང་བཞིན་བཅས་རིགས་གཉིས་འདུ་བ་ཡིན།

ལེ་ཚན་གཉིས་པ། སྒོ་ཉར་གཟན་ཆས་ལས་སྐྲོན་བྱེད་ཚུལ།

སྤྱིར་ཡིན་ན་སྒོ་ཉར་གཟན་ཆས་ནི་བཞོན་རའམ་བཞོན་གསོ་ཁྱིམ་ཚང་རང་གིས་ལས་སྐྲོན་བྱེད་པ་ཞིག་ཡིན། སྒོ་ཉར་གཟན་ཆས་ནི་སྒོ་ལྡང་གཟན་རྫས་དབྱང་དབུགས་མེད་པའི་གནས་ཚུལ་འོག་ཏུ་འོ་སྐྱུར་འབུ་ཕྲ་ལ་བརྟེན་ནས་སྐྱུར་བསྐལ་ལས་སྐྲོན་བྱེད་པའི་རགས་གཟན་གྱི་རིགས་ཤིག་ཡིན། དཔེར་ན་སྒོ་བཟོས་མ་སྨིན་ལོ་ཏོག སྒོ་རྫས། ཚོད་མ་སོགས་སུ་ཆུ་འདུ་ཚད 60%ནས 70%ཡིན་སྐབས་ཐུང་གཏུབ་བྱས་ཏེ་གཞོང་བ(སར་དོང་དང་རྫིང་རིང་། སྣུམ་ཁང)སོགས་སུ་བཙུག་སྟེ། གནོན་ཡག་དང་དབུགས་མི་འཚོར་བར་ཁ་རྒྱག་ཡག་བྱས་ནས་ཉི་མ 40ནས་ཉི་མ 50ལ་སྐྱུར་བསྐལ་བྱས་ཏེ་གྲུབ་པ་ཞིག་ཡིན། སྒོ་ཉར་གཟན་ཆས་ལས་སྐྲོན་བྱེད་སྐབས་གནད་འགག་གལ་ཆེན་གཉིས་ཡོད་དེ། གཅིག་ནི་སྒོ་ཉར

གཟན་རྩྭ་ངེས་པར་དུ་ཐུང་གཏུབ་དང་བཅག་བཅག་ནན་མོ་ཞིག་བྱེད་དགོས། བྱེད་ཐབས་གང་ཞིག་སྤྱད་ཀྱང་ངེས་པར་དུ་དབུགས་མི་འཚོར་བ་དང་རྩ་མི་ལྷུག་པ་ཞིག་བྱེད་དགོས་པར་མ་ཟད། ཚི་གྲུས་ཁུང་བུ་བརྡོད་པ་བཅས་སྔོན་འགོག་བྱེད་དགོས། གཉིས་ནི་རྩ་འདུས་ཚད་མཐོ་བ་དང་ཀར་འདུས་ཚད་དམའ་བའི་སྔོ་རྩྭ་ལས་སྔོན་བྱས་ཏེ་སྔོ་ཉར་བྱེད་སྐབས་སྔོ་རྩྭ་བསིལ་སྐམ་བྱེད་དགོས། རབ་ཡིན་ན་ཀར་འདུས་ཚད་མཐོ་བའི་རྒྱུ་ཆ་དང་བསྲེས་ཏེ་སྔོ་ཉར་གཟན་ཆས་བཟོ་དགོས།

སྔོ་ཉར་གཟན་ཆས་ཀྱིས་ཚུང་མང་བའི་སྣོ་ནས་སྤར་ཡོད་རྒྱུ་ཆའི་ཟུངས་བཅུད་གྲུབ་ཆ་དོ་དམ་བྱས་ཡོད། སྔོ་ཉར་གཟན་ཆས་ལ་ཉབ་ཉོབ་ཁུ་མང་དང་བསུང་ལྡན་ཁ་ལ་བྱམས་པ་བཅས་ཀྱི་ཁྱད་ཆོས་དང་ལྡན་པས། དགུན་དཔྱིད་གཉིས་ཀར་བཞོན་མའི་འོ་མ་ཐོན་ཚད་ཇེ་མཐོར་གཏོང་བ་དང་ལུས་སྲུང་བདེ་ཐང་རྒྱུན་འཁྱོངས་བྱེད་པའི་རགས་གཟན་གལ་ཆེན་ཞིག་ཡིན། སྔོ་ཉར་གཟན་ཆས་བཟོས་པ་ན། དབྱང་དབུགས་མེད་པ་དང་སྐྱུར་བའི་རང་བཞིན་གྱི་ཁོར་ཡུག་ན་གནས་པས། དུས་ཡུན་རིང་པོར་ཉར་ཐུབ།

གཅིག སྔོ་ཉར་མ་སྨོས་ལོ་ཏོག་བཟོ་ཚུལ།

1.དུས་བཅད་རན་པར་འབྲེག་པ། སྔོ་ཉར་མ་སྨོས་ལོ་ཏོག་གི་རྒྱུ་ཆ་འབྲེག་པའི་ཆེས་ལེགས་པའི་དུས་སྐབས་ནི་ལོ་མ་ལྗང་སེར་དུ་འགྱུར་སྐབས་ཡིན།

2.ཐུང་གཏུབ་བྱེད་པ། སྔོ་ཉར་རྒྱུ་ཆ་ཐུང་གཏུབ་བྱས་ན་ད་གཟིར་བཅག་བཅག་བྱེད་ཐུབ་དང་དབྱང་དབུགས་ཕྱིར་ཐུད་དེ་དབྱང་མེད་ཁོར་ཡུག་ཅིག་བསྐྲུན་དགོས། ལྗང་སེར་དུ་གྱུར་པའི་མ་སྨོས་ལོ་ཏོག་ཐུང་གཏུབ་བྱས་པའི་མཚམས་ངོས་སུ་ཀར་འཛག་པ་ཡིན་པས། འོ་སྐྱུར་འབུ་ཕྲ་ལ་ཟུངས་བཅུད་ཁོར་ཡུག་ལེགས་པོ་ཞིག་བསྐྲུན་ཐུབ། སྔོ་ཉར་གཟན་རྩྭ་གཏུབ་པའི་རིང་ཚད་ནི་ལི…

སྨིས 1.5ནས་ལི་སྨིས 3ཡིན་ན་འཚམས།

3.ཆུའི་འདུས་ཚད་སྙོམས་པ། སྔོ་ཉར་རྒྱུ་ཆའི་ཆུའི་འདུས་ཚད་ནི 65% ནས 70%ཡིན་ན་འཚམས། ཆུའི་འདུས་ཚད་མཐོ་ན་རྒྱུ་ཆའི་ནང་གི་ཀ་ར་དང་ཁུ་བ་ཇེ་སླར་གཏོང་སྲིད། སྔོ་ཉར་བྱེད་སྐབས་བཙག་བཙག་བྱས་ན་ཟླུངས་བཙུད་འཚོར་བ་དང་། འོ་སྐྱུར་འབུ་ཕྲ་སྐྱེ་འཕེལ་བྱེད་པར་མི་འཚམས་པ་ཡིན། སྔོ་ཉར་གཟན་རྩྭ་སྐམ་དྲགས་ན་གཟན་རྩྭ་བཙག་བཙག་བྱེད་དཀའ་བ་དང་། དབྱུང་དབུགས་ལ་དགའ་བའི་འབུ་ཕྲ་འཕོར་ཆེན་ཞིག་སྐྱེ་འཕེལ་བྱུང་སྟེ། རྒྱུ་ཆ་རུལ་དུ་འཇུག་སྲིད།

4.བཙག་བཙག་བྱེད་པ། སྔོ་ཉར་གཟན་རྩྭ་རིམ་པ་བཞིན་གཅིག་འཕྲོར་གཅིག་བརྟིངས་ཤིང་། གྲུ་བཞི་མཐའ་བཞི་མནན་མནན་བཙག་བཙག་དབུགས་མི་ཚུད་པ་ཞིག་བྱེད་དགོས། ཕལ་ཆེར་མིས་རྐང་བཙག་བྱེད་པ་ཡིན། དོང་རྫིང་ཆེན་པོ་ཡིན་ན་འཕྲུལ་ཆས་ཀྱིས་བཙག་བཙག་བྱས་ཆོག གཟན་རྩྭ་འཇུག་སྐབས་གཟན་རྩྭ་སྔོ་ཉར་དོང་རྫིང་གི་ཁ་ལས་ལི་སྨིས 100ནས་ལི་སྨིས 200མཐོ་རུ་འཇུག་དགོས། དེ་ལྟར་ན་སྔོ་བསྐལ་གཟན་རྩྭ་སྐྱུར་ལངས་རྗེས་སྔོ་ཉར་གཟན་རྩྭའི་གླད་ངོས་སྔོ་ཉར་དོང་རྫིང་གི་ཁ་ལས་མཐོ་དགོས་པ་དང་། ཁ་ཆར་བབས་ན་ཆུ་འཛར་བར་ཕན་པ་བྱེད་དགོས།

5.ཁ་དམ་པོ་ཞིག་འགེབས་པ། དོང་རྫིང་གི་ཁ་དམ་པོ་ཞིག་བཀབ་སྟེ་ཆར་ཆུ་མི་ཟག་པ་དང་དབུགས་འཚོར་དུ་མི་འཇུག་པ་ནི་སྤུས་ལེགས་སྔོ་ཉར་གཟན་རྩྭ་ལེགས་པོ་ཞིག་འཁྱོངས་མི་འཁྱོངས་པའི་གནད་འགག་གལ་ཆེན་ཞིག་ཡིན་པས། སྔོ་ཉར་དོང་རྫིང་དུ་སྔོ་ཉར་གཟན་རྩྭ་གང་བརྫངས་རྗེས། གཟན་རྩྭའི་སྟེང་དུ་སྔོ་ཉར་ཆེད་སྤྱོད་བྱེད་པའི་རྒྱ་ཤོག་དཀར་ནག་གཉིས་འགེབས་པ་དང་། རྒྱ་ཤོག་དཀར་ནག་གཉིས་ཀྱི་སྟེང་དུ་ཐད་ཀར་དུ་རླངས་འཁོར་སོགས་ཀྱི་འཁོར་ལོ་དང

བྱེ་མ་བཙུས་པའི་སྙེ་མོས་གནོན་དགོས། ཡིན་ནའང་རྒྱུ་ཤོག་ཐེད་དུ་འཇུག་མི་རུང་།

6.བདག་གཉེར་དོ་དམ། སྦོ་ཉར་དོང་རྫིང་གི་ཁ་དམ་པོ་ཞིག་བཅད་རྗེས། ཆུ་སྦོ་ཉར་དོང་རྫིང་དུ་ཆུ་ཟག་ཏུ་མི་འཇུག་པའི་ཆེད་དུ་ཆུ་རགས་འཐེན་དགོས་པར་མ་ཟད། དུས་ཐོག་ཏུ་སྦོ་ཉར་དོང་རྫིང་གི་སླད་ངོས་ཀྱི་གོང་དོང་དང་སེར་ཁ་ཞིག་གསོ་བྱེད་དགོས།

7.སྤུས་ཀ ཕུལ་བྱུང་སྦོ་ཉར་མ་རྨོས་ལོ་ཏོག་གི་ཁ་དོག་ནི་སྦོ་ལྗང་ངམ་སེར་ལྗང་ཡིན་ལ། བལྟས་ཚོད་ཀྱིས་འོད་མདངས་ཡོད་ཅིང་བསུང་ལྡན་ཚང་སྐྱུར་གྱི་དྲི་མ་བྲོ་བ་ཡིན། pH ཡི་ཚད་ནི་ 3.8 ནས 4.2 ཡིན།

གཉིས། དངོས་ལུགས་དང་རྫས་འགྱུར། སྐྱེ་དངོས་བཅས་ཀྱིས་ལས་བཟོ་བྱེད་སྟངས།

རྩྭ་སྐྱ་ནི་འབྲུ་རིགས་ཀྱི་གཞུང་རྐ་དང་ལོ་མ་སྟེ་དཔེར་ན་མ་རྨོས་ལོ་ཏོག་གི་རྩྭ་སྐྱ་དང་གྲོ་ཡི་རྩྭ་སྐྱ་སོགས་ལྟ་བུ། རྒྱུ་མཚན་ནི་རྩྭ་སྐྱ་རུ་ཆེ་སྣ་འདུ་ཚད་མཐོ་ཞིང་སྤྱི་དཀར་གྱི་འདུ་ཚད་དམའ་བ་དང་། འཇུ་ཚད་ཆུང་བ་བཅས་ཀྱི་དབང་གིས་བཞོན་མར་གཟན་རྩྭ་སྟེར་སྐབས་རྩྭ་སྐྱ་འཇུ་སླ་བ་དང་། ཟུངས་བཅུད་ལྡན་པ། ཁ་ལ་བྱམས་པ་ཞིག་ལས་སྒྲོན་བྱེད་དགོས།

རྩྭ་སྐྱ་ལས་སྒྲོན་བྱེད་ཐབས་སུ་དངོས་ལུགས་ལས་སྒྲོན་བྱེད་ཐབས་དང་རྫས་འགྱུར་ལས་སྒྲོན་བྱེད་ཐབས། སྐྱེ་དངོས་ལས་སྒྲོན་བྱེད་ཐབས་སོགས་འདུ་བ་ཡིན།

1.དངོས་ལུགས་ཀྱིས་ལས་སྒྲོན་བྱེད་ཐབས། རྩྭ་སྐྱ་ཐུང་གཏུབ་དང་ཕུར་གཙོག ཞིབ་བཏགས་སོགས་བྱེད་པ་ནི་རྩྭ་སྐྱ་གཟན་རྩྭ་རུ་བསྒྱུར་བའི་ཐབས་ལམ་ཆེས་གཙོ་བོ་དང་ཆེས་སྟབས་བདེ་ཞིག་ཡིན། རྩྭ་སྐྱ་ལས་སྒྲོན་བྱས་རྗེས་བཞོན

མའི་ཁ་ལ་བྱམས་པ་དང་གཟན་རྩྭ་སྟེར་སྐབས་ཚུད་ཐོས་སུ་གཏོང་བ་ཇེ་ཉུང་དུ་གཏོང་དགོས། གཞན་ད་དུང་ཆུར་སྦང་བ་དང་འཐག་པ། བཙག་གཙོན་བྱེད་པ་སོགས་ཀྱི་ལས་སྟོན་བྱེད་ཐབས་ཀྱང་ཡོད།

2.རྫས་འགྱུར་གྱིས་ལས་སྟོན་བྱེད་ཐབས། གཙོ་བོ་བུལ་འགྱུར་ལས་སྟོན་དང་ཨན་འགྱུར་ལས་སྟོན་སོགས་མངའ། བུལ་འགྱུར་ལས་སྟོན་དུ་ཆེན་དབྱང་ཧྭ་ནྭ་རྫས་ཁུ་དང་རྗོ་ཐལ་ཁུ་བ་སོགས་ཀྱི་ལས་སྟོན་བྱེད་ཐབས་ཡོད་མོད། འོན་ཀྱང་བྱེད་ཐབས་འདི་གཉིས་ཀྱིས་ལས་སྟོན་བྱས་པའི་གཟན་རྩྭ་ཁ་ལ་མི་བྱམས་པས་ཐོན་སྐྱེད་བྱས་ཏེ་ཚོང་རྫས་སུ་སྤྱོད་པ་ཉུང་འདུག ཨན་འགྱུར་ལས་སྟོན་བྱེད་ཐབས་སུ་རྒྱུན་དུ་ཉའོ་སུའུ་ལུད་རྫས་སམ་ཐན་སོན་ཆེན་ཨན། ཨན་ཆུ། ཡེ་ཐྣན་ཐྣན་ཁུ་སོགས་ཨན་རྫས་ཀྱིས་རྩྭ་སྐྱ་ལས་སྟོན་བྱེད་པ་ཡིན། ཨན་དུག་ཐོག་ཏུ་མི་འཛུག་པའི་ཆེད་དུ་ལས་སྟོན་བྱས་པའི་རྩྭ་སྐྱའི་ཨན་དྲི་ཡལ་དུ་བཙུག་རྗེས་ད་གཟོད་བཞོན་མར་སྟེར་དགོས།

3.སྐྱེ་དངོས་ཀྱི་ལས་སྟོན་བྱེད་ཐབས། སྐྱེ་དངོས་ཀྱི་ལས་སྟོན་བྱེད་ཐབས་ཀྱི་ངོ་བོ་ནི་འབུ་ཕྲ་བེད་སྤྱད་དེ་ལས་སྟོན་བྱེད་ཐབས་ཤིག་ཡིན། དེར་སྦོ་ཉར་རམ་སྦོ་བསྔལ་ལས་སྟོན་དང་ལྷེ་ཕྲལ་ལས་སྟོན་གཉིས་འདུས། དེའི་ནང་གི་སྦོ་བསྔལ་བྱེད་པ་ནི་ཕན་ཡོད་འབུ་ཕྲའི་བྱེད་ནུས་ལ་བརྟེན་ནས་རྩྭ་སྐྱ་ཉབ་ཉོབ་ཁ་ལ་བྱམས་པ་ཞིག་ཏུ་བཏང་སྟེ། གཟན་རྩྭ་བེད་སྤྱོད་བྱེད་ཚད་ཇེ་མཐོར་གཏོང་བ་ཡིན། ལྷེ་ཕྲལ་ལས་སྟོན་ནི་ཚི་སྣ་དབྱེ་ཕྲལ་ལྷེ་ཆུ་ནང་དུ་བསྒྲུངས་ཏེ་རྩྭ་སྐྱའི་སྟེང་དུ་གཏོར་ནས་གསུམ་ཁོག་ནས་འཇུ་ཚད་ཇེ་མཐོར་གཏོང་བ་ཡིན། མིག་སྔར། རྩྭ་སྐྱ་ལས་སྟོན་བྱེད་པར་བེད་སྤྱོད་བྱེད་རྒྱ་ཆེ་བ་དང་བྱེད་ནུས་ལེགས་པ་ནི་ཨན་འགྱུར་ལས་སྟོན་བྱེད་ཐབས་ཡིན།

ལེ་ཚན་གསུམ་པ། བཞོན་མའི་ཉིན་གཟན་སྤེལ་བའི་རྩ་དོན།

རྩིས་གཞི་ལྟར་ན་བཞོན་མའི་གཟན་ཆས་ཀྱི་མ་རྩས་འོ་མ་ཐོན་སྐྱེད་བྱེད་པའི་མ་རྩས་60%ཡན་ཟིན་པས་ན། ཉིན་གཟན་བསྟེབས་པ་ལུགས་མཐུན་ཡིན་མིན་དེ་བཞོན་མའི་བདེ་ཐང་དང་བཞོན་མའི་ཐོན་སྐྱེད་བྱེད་ནུས་ཀྱི་ཕྱི་ཚུལ་ལམ་གཟན་ཆས་ཐོན་ཁུངས་བེད་སྤྱོད་བྱེད་པར་འབྲེལ་བ་ཡོད་པར་མ་ཟད། ཐད་ཀར་དུ་བཞོན་མའི་དཔལ་འབྱོར་ཁེ་ཕན་ལ་ཤན་ཤུགས་བཟོ་བ་ཡིན།

གཅིག　བཞོན་མའི་ཉིན་གཟན་བསྟེབ་པར་ཤན་ཤུགས་བཟོ་བའི་རྒྱུ་རྐྱེན།

1. བཞོན་མའི་ལུས་ལྗིད། བཞོན་མའི་ལུས་ལྗིད་ཀྱིས་རྒྱུན་འཚོངས་བྱེད་པའི་ཟུངས་བཅུད་དགོས་མཁོ་ཐག་གིས་གཅོད་པ་ཡིན།

2. ཉིན་རེའི་འོ་མ་ཐོན་ཚད། འོ་མའི་ཐོན་ཚད་མི་འདྲ་བའི་བཞོན་མར་མཁོ་བའི་ཟུངས་བཅུད་ཀྱང་གཅིག་མཚུངས་ཤིག་མིན།

3. འོ་མའི་གྲུབ་ཆ། དཔྱད་ཞིབ་མཇུག་སྡོམ་བྱས་པ་ལྟར་ཕྱུགས་རའི་འོ་མ་གསར་ཁྲིད་ཀྱི་གྲུབ་ཆ(གཙོ་བོ་འོ་ཚིལ་ཡོད་ཚད་དང་འོ་སྤྲི་ཡོད་ཚད། འོ་ཚིལ་དང་འོ་སྤྲི་གཉིས་ཀྱི་བསྡུར་ཚད)ཡི་གནས་ཚུལ་ལ་དབྱེ་ཞིབ་བྱས་ཏེ། ཉིན་གཟན་གྱི་སྟེབ་ཚད་སྙོམས་སྒྲིག་བྱེད་དགོས།

4. བཞོན་མས་འོ་མ་སྟེར་བའི་གོ་རིམ། འོ་མ་དང་ཐོག་སྟེར་སྐབས་ནུས་ཚད་སྟོག་ཐད་ཀྱི་དོ་མཉམ་ཡིན་དགོས། མངལ་མཇུག་ཏུ་མངལ་སྦྲུམ་པའི་དགོས་མཁོ་ལ་བསམ་བློ་གཏོང་དགོས།

5. བཞོན་མའི་བཙའ་ཐེངས། དང་ཐོག་བཙས་པའི་བཞོན་མ་དང་ཐེངས་གཉིས་པར་བཙས་པའི་བཞོན་མའི་ཉིན་གཟན་སྟེབ་སྐབས། ངེས་པར་དུ་ཡར་སྐྱེ་འཚར་ལོངས་འབྱུང་བ་རྒྱུན་འཚོངས་བྱེད་པའི་དགོས་མཁོ་ལ་བསམ་བློ་གཏོང་དགོས།

གཉིས། བཞོན་མས་བྲུངས་བཙུད་དོ་མཉམ་ཡོང་བར་ཤན་ཤུགས་འཛོག་པའི་ཉིན་གཟན་བེད་སྤྱོད་བྱེད་པའི་རྒྱུ་རྐྱེན།

1.ཉིན་གཟན་ཁ་ལ་བྱམས་པ། ཆེ་ཆུང་རན་ཞིང་ཉབ་ཉོབ་ཡིན་པ། ཁ་ལ་བྱམས་པའི་གཟན་རྫ་བདམ་པར་དོ་སྣང་བྱེད་དགོས།

2.ཉིན་རེར་གཟན་ཆས་སྟེར་ཐེངས། ཉིན་རེར་གཟན་ཆས་ཐེངས 2ནས་ཐེངས 3ལ་སྟེར་བ་དང་། བཞོན་མའི་བཟའ་ཚད་མི་གཅིག་པ་ཡིན།

3.གཟན་ཆས་སྟེར་ཐབས། གཟན་ཆས་སྟེར་ཐབས་ལ་ཆ་ཚང་མཉམ་བསྲེས་གཟན་ཆས་སྟེར་ཐབས་དང་སློག་སླད་ཚོད་འཛིན་འབྲུ་གཟན་སྟེར་ཐབས། སྔོན་ལ་རགས་གཟན་དང་རྗེས་སུ་འབྲུ་གཟན་སྟེར་ཐབས་བཅས་ཡོད།

4.གཟན་ཆས་ཁེར་སྟེར་དང་གཟན་ཆས་ཁྲུ་སྟེར་བྱེད་ཐབས། ཁེར་འདོགས་སམ་ཁྲུ་འགོག་བྱས་པའི་བཞོན་མ་རེ་རེར་ཐེམས་པའི་ཁ་རའི་རིང་ཚད་ཀྱིས་བཞོན་མའི་གཟན་ཆས་ཟ་ཚད་ལ་ཤན་ཤུགས་བཟོ་བ་ཡིན།

5.ཁ་ར་གཙང་དག་བྱེད་གྲངས། ཁ་ར་གཙང་དག་བྱེད་ཚད་མང་དྲགས་ན་གཟན་ཆས་ཟ་ཡུན་ཇེ་ཉུང་དུ་གྱུར་ནས་བྲུངས་བཙུད་སྐོམས་པོའི་གཟན་ཆས་བེད་སྤྱོད་བྱེད་པར་བར་ཆད་བཟོ་བ་ཡིན།

གསུམ། བཞོན་མར་ཉིན་གཟན་སྤེལ་པའི་རྩ་བའི་རྩ་དོན།

1.གསོ་སྐྱོང་ཚད་གཞི་གཞིར་བཟུང་སྟེ་བྱེ་བྲག་གི་ཆ་རྐྱེན(དཔེར་ན་ཁོར་ཡུག་གི་དྲོད་ཚད་དང་གསོ་སྐྱོང་བྱེད་ཐབས། གཟན་ཆས་ཀྱི་ཕྲུས་ཀ ལས་སྣོན་ཆ་རྐྱེན་སོགས)ལ་ཁ་གཏད་དེ། ངེས་པར་དུ་དགོས་ངེས་ཀྱི་སྐོམས་སྒྲིག་བྱེད་དགོས།

2.རང་ས་གནས་ཀྱི་གཟན་ཆས་ཐོན་ཁུངས་ལ་བེད་སྤྱོད་གང་ལེགས་བྱས་ཏེ། ལུགས་མཐུན་སྙོམས་གཟན་ཆས་བསྡེབ་དགོས། དཔེར་ན་གྲོ་དང་སྦང་མ་སོགས་ཀྱིས་མ་རྫོགས་ལོ་ཏོག་དང་འབྲས། ཁྲི་བོ་བཅས་ཟུང་ལྡན་གཟན་ཆས་ཀྱི་

ཚབ་བྱེད་པ་དང་། དུག་བཏོན་ཀེ་ཆེའི་འབབ་ཆ་དང་འབུ་སྲུ་ཏང་གི་རྫུལ་ཕྱེ……སོགས་ཀྱིས་སྤྲན་མའི་འབབ་ཆ་བཅས་སྤྲི་དཀར་གཟན་ཆས་ཀྱི་ཚབ་བྱེད་པ་ལྟ་བུ། གཟན་ཆས་འདི་དག་ལུགས་མཐུན་སྙོམས་སྙེབ་སྦྱོར་བེད་སྤྱོད་བྱས་ན། གསོ་སྐྱོང་གི་མ་རྩ་ཇེ་ཉུང་དང་འབྲུ་གཟན་གྲོན་ཆུང་བྱེད་པར་ཕན་ནུས་ལེགས་པོ་ལྡན་འདུག

3.ཟུངས་བཅུད་ཕྱོགས་ཡོངས་ནས་དོ་མཉམ་ཡོང་བར་དོ་སྣང་བྱེད་དགོས། གཟན་ཆས་ཀྱི་ཕྲུས་ཀ་དང་རིན་གོང་། དུས་ཚིགས་ལྟར་གསོ་སྐྱོང་རྣམ་པ་སོགས་གཞིར་བཟུང་སྟེ། འོས་འཚམ་སྙོམས་གཟན་ཆས་སྙེབ་ཀའི་ནང་གི་འབྲེལ་ཡོད་རྒྱུ་ཆའི་སྙེབ་ཚད་དམ་ཚད་གཞི་ག་གེ་མོ་ཞིག་གི་འདུས་ཚད་སྙོམས་སྒྲིག་བྱེད་དགོས། གཞན་དུ་དུང་ཆེ་ཆུང་རན་ཞིང་ཁ་ལ་བྱམས་པའི་གཟན་ཆས་རྒྱུ་ཆ་འདེམ་པར་དོ་སྣང་བྱེད་དགོས།

བཞི། མཉམ་བསྲེས་འབྲུ་གཟན་ནང་གི་གཟན་ཆས་སོ་སོའི་བསྡུར་ཚད།

1.ཐོན་ཚད་མི་གཅིག་པ་དང་གོ་རིམ་མི་གཅིག་པའི་བཞོན་མར་སྟེར་བའི……མཉམ་བསྲེས་གཟན་ཆས་ནང་གི་གཟན་ཆས་སོ་སོའི་བསྡུར་ཚད་ནི་གཅིག་མཚུངས་ཤིག་མིན། (རེའུ་མིག 7–1)

རེའུ་མིག 7–1 གོ་རིམ་མི་གཅིག་པའི་བཞོན་མའི་མཉམ་བསྲེས་གཟན་ཆས་ནང་གི་གཟན་ཆས་སོ་སོའི་བསྡུར་ཚད། (རྩིས་གཞི%)

	ནུས་ལྡན་གཟན་ཆས།	སྤྲི་དཀར་གཟན་ཆས།	གཉེར་རྫས་དང་ལེ་ཤིན་སྦུའུ།
བཞོན་མ།	50~65	30~35	7~10
བཞོན་མ་སྐམ་པ།	60~70	25~30	5~7
བཞོན་མ་ཡར་སྐྱེ།	60~70	20~30	6~8
བེའུ།	50~60	35~40	6~8

2.ཉིན་གཟན་སྐམ་རྫས་ཀྱི་རགས་ཞིབ་གཟན་ཆས་འོས་འཚམ་བསྡུར་ཚད་ནི་རེའུ་མིག 7–2ལ་གཟིགས་རོགས།

རེའུ་མིག 7–2 ཉིན་གཟན་སྐམ་རྫས་ཀྱི་རགས་ཞིབ་གཟན་ཆས་འོས་འཚམ་བསྡུར་ཚད། （རྩིས་གཞི%）

	དང་ཐོག་འོ་མ་སྟེར་སྐབས།	བར་དུ་འོ་མ་སྟེར་སྐབས།	མཇུག་ཏུ་འོ་མ་སྟེར་སྐབས།	འོ་མ་བསྲུད་སྐབས།	བེའུ།	བཞོན་མ་ཡར་སྐྱེ།	བཞོན་མ་དར་མ།
རགས་གཟན།	30~40	50	60	70~60	5~40	80	70
ཞིབ་གཟན།	70~60	50	40	30~40	95~60	20	30

མཆན། རགས་གཟན་དུ་ཚི་སྣ་རིང་བོ་མཁོ་སྤྲོད་བྱེད་པ་དང་བཞོན་མའི་རྒྱུན་ལྡན་གྱི་འཇུ་བྱེད་བྱེད་ནུས་རྒྱུན་སྐྱོང་བྱས་ཏེ། ཕུང་པོའི་བདེ་ཐང་སྲུང་སྐྱོང་བྱེད་པ། ཞིབ་གཟན་གྱིས་བཞོན་མར 60% ནས 70%ཟུངས་བཅུད་རྫས་སྣ་མཁོ་སྤྲོད་བྱེད་ཅིང་། ཁྱད་པར་དུ་གཏེར་རྫས་དང་ལེ་ཧྲིན་སུའུ་མཁོ་སྤྲོད་བྱེད་པ་ཡིན།

ལྔ། ཉིན་གཟན་སྡེབ་པར་དོ་སྣང་བྱེད་དགོས་པའི་གནད་དོན།

1.ཉིན་གཟན་སྡེབ་པར་ངེས་པར་དུ་ཟུངས་བཅུད་རྫས་སྣ་བར་དུ་དོ་མཉམ་ཡོང་བར་དོ་སྣང་བྱེད་དགོས། (1)གཟན་ཆས་རགས་ཞིབ་སྡེབ་པའི་བསྡུར་ཐབས། (2)རང་བཞིན་སྙོམས་པོ་ཡིན་པའི་འདག་རྫས་ཚི་སྣ(NDF)ཉིན་གཟན་དུ་འདུས་པའི་བསྡུར་ཐབས། (3)རགས་གཟན་གྱི་འབྱུང་ཁུངས(NDF)ཉིན་གཟན་སྐམ་རྫས་སུ་ཟིན་པའི་བསྡུར་ཐབས། (4)གྲོད་ཕུ་བརྒྱུད་པའི་སྤྲི་དཀར་ཉིན་གཟན་གྱིས་སྤྲི་དཀར་རགས་མོ་ཙ་ཟིན་པའི་བསྡུར་ཐབས། (5)ཉིན་གཟན་སྐམ་རྫས་ནུས་བཅུད་འདྲེས་ཚད་དང་སྤྲི་དཀར་རགས་མོ་འདྲེས་

ཚད་དོ་མཉམ་ཡིན་པ། (6)གཏེར་རྫས་དང་ལྷེ་ཐིན་སྲུའུ་འདང་ཚད་ཡོད་པ། (7)ཉིན་གཟན་གྱི་གྱེས་རྟུལ་ཕོ་མོ་དོ་མཉམ་ཡིན་པ། (8)ཉིན་གཟན་དུ་ལུགས་མཐུན་གྱི་ཆུ་འདུས་པ།

2. ལོ་ཐིལ་པོར་གཟན་ཆས་མགོ་སྐྱོད་བྱེད་པ་དོ་མཉམ་ཡིན་མིན།

3. གཟན་ཆས་ཁ་ལ་བྱམས་མི་བྱམས།

4. ཐོན་སྐྱེད་བྱེད་པའི་ཐོན་རྫས(འོ་མ་དང་ཤ)ལ་མི་ལེགས་པའི་ཤན……ཤུགས་མེད་པ་དང་། གཟན་ཆས་ཐོན་ཁུངས་བདེ་འཇགས་དང་སྔོ་ལྡང་། འགྲོད་བསྐྱེན་གྱི་ཚད་གཞི་བཅས་ཀྱི་རེ་འདུན་དང་མཐུན་པ་ཁག་ཐེག་བྱེད་དགོས།

5. ཉིན་གཟན་བརྩིབས་པ་ཆེ་ཆུང་རན་ཞིང་། ཉིན་གཟན་གྱི་སྒྲིག་གཞི་དང་གར་ཚད་ལ་དོ་སྣང་བྱེད་པ།

6. གཟན་ཆས་རྒྱུ་ཆའི་ཟུངས་བཙུད་ཚད་ལེན་དང་ལྷུས་ཀའི་ཚད་གཞི་ལ……དཔྱད་ཞིབ་བྱེད་པ།

དྲུག བཞོན་མས་རྒྱ་ཟ་བའི་རྒྱུ་རྐྱེན།

1. སྲོག་ཆགས་རང་སྐྱེང་། ཐོན་རྫས(ཐོན་ཚད་མཐོ་བ། ཐོན་ཚད་དམའ……བ)དང་། གཟུགས་གཞི(གཟུགས་ཆེ་བ་དང་གཟུགས་ཆུང་བ། འོ་མ་སྟེར་རིམ། ཐོན་པར་མཇུག་གསུམ)ཤ་ཤེད་ཡོད་མེད། མངལ་སྦྲུམ་པའི་གནས་ཚུལ། རྒྱུད……འཛིན་རྒྱུད་རྒྱུ། བདེ་ཐང་སོགས།

2. ཉིན་གཟན་རྒྱུ་རྐྱེན། (1)ཉིན་གཟན་དུ་ཆུ་འདུས་ཚད(ཆུ་འདུས་ཚད 50%ཡན་བརྒལ་ན་བཞོན་མས་སྐམ་རྫས་ཟ་ཚད་ལ་གནོད་པ་ཡིན། ཆུ་འདུས་ཚད 1%གིས་མཐོ་ན་སྐམ་རྫས་ཟ་ཚད་ལུས་ལྗིད་ཀྱི 0.02%ཇི་དམའ་རུ་འགྲོ་བ……ཡིན)(2)གཟན་ཆས་ཀྱི་དངོས་ལུགས་གྲུབ་ཚུལ།(གཟན་ཆས་ཁ་ལ་མི་བྱམས་པ་དང་རིགས་གཟན་གྱི་ལྷུས་ཀ་ཞན་པ། ཡང་ན་རིགས་གཟན་རིང་དྲགས་པ་དང……

ཕྲ་དྲགས་པ)(3)གཟན་ཆས་ཀྱི་རྫས་འགྱུར་གྲུབ་ཆ(གཟན་ཆས་ཏུལ་བ་སོགས)(4)གཟན་ཆས་ཀྱི་རགས་ཞིབ་བསྡུར་ཚད(ནུས་ཡོད་ཀྱི་སྒྲོམ་ཞིང་རིང་བའི་ཚི་སྣ་མི་འདང་བ་དང་། སྐྱུག་ལྷད་བྱེད་ཐེངས་ཇེ་ཉུང་དུ་སོང་བ། གྲོད་ཕུའི་བྱེད་ནུས་རྒྱུན་ལྡན་མིན་པ། ཡང་ན་རགས་གཟན་གྱི་བསྡུར་ཚད་མཐོ་བས་ཉིན་གཟན་དུ་རང་བཞིན་སྙོམས་པའི་འདག་རྫས་ཚི་སྣ NDFའདྲེས་ཚད་ཇེ་མཐོར་བཏང་བ་ན། བཞོན་མའི་གཟན་ཆས་ཟ་ཚད་སོགས་ཇེ་ཉུང་དུ་འགྲོ་སྲིད) (5)སྐྱུར་ལང་ཡག་མིན་པའི་སྔོ་ཉར་གཟན་ཆས་ཟ་ཏུ་བཙུག་པ། (6)ཉིན་གཟན་དུ་ཟུངས་བཅུད་བཅུད་རྫས་དོ་མཉམ་ཡིན་མིན(སྤྲི་དཀར་ཏན་མ་ཡིན་པའི NPNནམ་འདྲེས་ཏུང་བའི་སྤྲི་དཀར་རགས་མོ CPཆུ་ཚད་མཐོ་བ་དང་། ཡང་ན་ཉིན་གཟན་དུ་གཏེར་རྫས་ཉུང་དྲགས་པའམ་མཐོ་དྲགས་པ) (7)གཟན་ཆས་སྟེར་སྟངས་དང་སྟེར་ཐེངས། གཟན་ཆས་སྟེར་བའི་གོ་རིམ། གཟན་ཆས་སྟེར་བའི་དུས་ཚོད་སོགས།

3.ཁོར་ཡུག་རྒྱུ་རྐྱེན། བརླན་དྲོད་ཀྱི་ཚད་ཐིག་ཏུ་དྲོད་ཚད་དང་བརླན་ཚད་མཐོ་བ་དང་། བསིལ་འཚོག་ཡོད་པ། བསེར་བུས་དྲོད་ཚད་ཇེ་དམའ་རུ་གཏོང་བ(དབྱར་ཐོག་བཞོན་མ་ཚ་གདུག་གིས་མནར་བ)ཡང་ན་གྲང་ངར་འགོག་པ།འདམ་རྫབ་ཡོད་པ། ཁོར་ཡུག་གི་བདེ་སྐྱང་གནས་ཚུལ་སོགས་འདུ་བ་ཡིན།

4.བདག་གཉེར་རྒྱུ་རྐྱེན།(1)བཙང་དྲགས་པ་སྟེ། བཞོན་མའི་མལ་ས་དང་འགྲུལ་སྐྱོད་ར་བའི་རྒྱ་ཁྱོན་ཆུང་དྲགས་པ། (2)བཞོན་མའི་ལུས་ངོས་གཙང་མ་མིན་པ་སྟེ། བཞོན་མར་བདེ་སྐྱང་མེད་པ། (3)ཁ་རས་མི་འདང་བ་དང་ཁ་ར་བདག་གཉེར་བྱས་པ་མི་ལེགས་པ། (4)ཆུ་ལྡུད་ཚད་ཚོད་འཛིན་བྱེད་པ་དང་ཡང་ན་ཆུའི་སྤུས་ཀ་མི་ལེགས་པ། (5)བཞོན་མ་བཙའ་མགོ་གཅིག་བསྡུ་བྱས་ནས་གསོ

སྐྱོང་མ་བྱས་པ། (6)བཞོན་ཁྲུར་འགྱུར་ལྡོག་ཆེ་བ་དང་ཁྲུ་སྡེབ་བྱེད་གྲངས་མང་བ། (7)གཟན་རྩྭ་ཟ་ཡུན་དང་ངལ་གསོ་ཡུན་མ་འདང་བ། གཟན་ཆས་སྟེར་ཐེངས་དང་འོ་མ་བཞོ་ཐེངས་མི་འཚམ་པ། (8)ཆུ་ལྡུད་ཚད་མ་འདང་བ། ཆུ་ལྡུད་པའི་ཁ་ར་མི་འདང་བ་དང་ཆུ་ལྡུད་ཡུན་ཐུང་དྲགས་པ།

བདུན། བཞོན་མར་མགོ་བའི་ཕྲུས་ལེགས་རགས་གཟན།

བཞོན་མ་ནི་སྐྱུག་ལྡད་སྒྲིག་ཆགས་ཡིན་པས། རགས་གཟན་འཕོར་ཆེན་བྱིན་ནས་གྲོད་པུའི་རྒྱུན་ལྡན་གྱི་འཇུ་བྱེད་བྱེད་ནུས་རྒྱུན་སྐྱོང་བྱས་ཏེ། ཕུང་པོའི་བདེ་ཐང་ལ་སྲུང་སྐྱོང་བྱེད་དགོས། གལ་ཏེ་རགས་གཟན་མགོ་སྤྲོད་བྱས་པ་མ་འདང་ཚེ། འོ་མར་འོ་ཁ་འདུས་ཚད་ཇེ་དམའ་རུ་འགྲོ་སྲིད། དེར་བརྟེན་རགས་གཟན་གྱི་ཕྲུས་ཀ་ནི་བཞོན་མའི་ཉིན་གཟན་གྱི་གྲུབ་ཆའི་གནད་འགག་ཡིན།

བརྒྱད། བཞོན་མའི་དབྱར་ཐོག་གི་ཉིན་གཟན་གྲུབ་ཚུལ།

ཉིན་གཟན་སྙོམས་སྒྲིག་བྱེད་པའི་དམིགས་ཡུལ་ནི་གཟན་ཆས་ཀྱི་གྲུབ་སྟངས་ལེགས་བསྒྱུར་བྱས་ཏེ་འོ་མ་ཐོན་སྐྱེད་བྱེད་པར་མཐོ་མེད་རྫོད་ནུས་ཐོན་པར་རྩོད་འཛིན་བྱེད་དགོས།

1. ཉིན་གཟན་ནང་གི་ཟྲུངས་བཅུད་ཀྱི་གར་ཚད་ཇེ་མཐོར་གཏོང་བ། ཟྲུངས་བཅུད་གྲུབ་ཆ་དོ་མཉམ་ཡོང་བར་དོ་སྣང་བྱས་ཏེ་ཨན་རྫས་ཕུད་ཚད་ཇེ་དམའ་རུ་གཏོང་དགོས། ལུགས་མཐུན་གྱི་རགས་ཞིབ་གཟན་ཆས་བསྡུར་ཚད་ཀྱི་ཆ་རྐྱེན་འོག་ཏུ་ཐྲི་དཀར་ནུས་མཐོ་དང་ནུས་མཐོའི་ཞིབ་གཟན་བསྣན་ན། གྲོད་པུའི་ནང་གི་རྒྱུན་ལྡན་གྱི་ PHཡི་འདུས་ཚད་རྒྱུན་སྲུང་བྱས་ཏེ་སྐྱུར་དུག་ཐོག་པ་སྔོན་འགོག་བྱེད་ཐུབ། འོས་འཚམ་སྣོས་ཚི་སྣ་རགས་སོ་འདུས་ཚད་མང་བའི་གཟན་ཆས་སྟེར་ཚད་ཇེ་ཤུང་དུ་བཏང་སྟེ། ཕོག་ནས་འཇུ་སླ་བ་དང་ཕྲུས་ཀ་ལེགས་པའི་རགས་གཟན་མགོ་སྤྲོད་བྱས་ནས་རྫོད་ནུས་འཛད་གྲོན་བྱེད་པ་ཇེ་ཤུང

དུ་གཏོང་དགོས།

2.ཚ་གདུག་བཟོད་པར་བྱེད་པའི་བསྲེ་རྫས་བསྲེ་བ། ཚ་གདུག་ཆེ་སྐབས་བཙོན་མར་ཀའི་དང་ནྭ། ཙ། ལིན། མྣི་སོགས་རྒྱུན་མཐོ་རྫས་སྣ་དང་། ཟངས། ཞིན། ཞི། སྣང་སོགས་རྫས་ཕྲན་གྱི་དགོས་མཁོ་ལྟར་ཁ་སྣོན་བྱེད་ཅིང་། ཁ་སྣོན་བྱེད་ཚད་དུས་རྒྱུན་ལས་10%ཡས་མས་མང་བར་བྱེད་དགོས། ཉིན་གཟན་དུ་གཏེར་རྫས་སྣོན་དགོས་ཏེ། ཙ་རྫས་ནི་1%ནས་1.5%ཙམ་འཕར་བ་དང་། ནྭ་རྫས་ནི་0.2%ནས་0.45% མྣི་རྫས་ནི་0.2%ནས་0.35%སོགས་སུ་འཕར་བར་བྱེད་དགོས། ཉི་མ་རེར་ཝེ་ཧྲིན་སུའུ་Aཁྲི་10ནས་ཁྲི་15ཡི་རྒྱལ་སྤྱིའི་རྩིས་གཞི(IU)ཁ་སྣོན་བྱས་ཏེ། ཝེ་ཧྲིན་སུའུ་སྙིང་ཚབ་གསར་བརྗེ་བྱས་དྭགས་པ་དང་ཝེ་ཧྲིན་སུའུ་མཆིན་པ་ལས་ཐོར་དྭགས་པ་དེ་ཁ་གསབ་བྱེད་དགོས།

ལེའུ་བརྒྱད་པ། བཙོན་མའི་ནད་རིགས་འགོག་བཅོས་བྱེད་ཐབས།

གཅིག སྲུལ་མང་གི་བྱེད་ནུས་ཉམས་པ།

སྲུལ་མང་གི་བྱེད་ནུས་ཉམས་པ་ནི་སྲུལ་མང་གི་དབང་རྩའི་ཚོར་སྣང་རྗེ་རྟུལ་དང་ཕོ་སྲུལ་གྱི་འགུལ་ཤུགས་རྗེ་ཞན་དུ་གྱུར་ཏེ། ཟས་ཆུ་རྒྱུན་ལྡན་ལྟར་འཇུ་མི་ཐུབ་པ་དང་ཟས་ཆུ་འཇུ་བྱེད་དབང་རྗེན་གཞན་དུ་འདེད་པའི་ཁྱད་ཆོས་སུ་མངོན་པའི་འཇུ་བྱེད་མ་ལག་འཚོལ་བའི་ནད་རིགས་ཤིག་ཡིན།

(གཅིག)ནད་ཀྱི་འབྱུང་རྐྱེན།

1.ཐོར་བྱུང་རང་བཞིན་གྱི་སྲུལ་མང་བྱེད་ནུས་ཉམས་པ། ནད་དེ་ནི་གསོ་སྐྱོང་བདག་གཉེར་བྱས་པ་མི་འཚམ་པ་ལས་བསླངས་པ་ཞིག་ཡིན། དཔེར་ན་དུས་ཡུན་རིང་པོར་སྲ་ཞིང་རགས་པ་དང་འཇུ་དཀའ་བའི་གཟན་ཆས་སྟེར་བ། དཔེར་ན་གཟན་ཆས་བསྒྱུར་བ་དང་རྣལ་སྲུངས་སུ་གྱུར་ཅིང་འཁྱགས་དྲགས་པ། ས་འདྲེས་ཚད་མང་བའི་གཟན་ཆས་ཕྱིན་པ། ཡང་ན་དུས་ཡུན་རིང་པོར་ཚོར་དབང་བསྐུལ་བའི་རང་བཞིན་གྱི་གཟན་ཆས(བུད་ཅེ་དང་ཞིབ་བཏགས་བྱས་པའི་ཞིབ་གཟན)སམ་དུས་ཡུན་རིང་པོར་ཟུངས་བཅུད་ཞན་ཞིང་། ཕོག་ཐུག་གཏོང་དྲགས་པ་དང་ཚི་སྣ་རགས་མོ་མང་དྲགས་པའི་གཟན་རྩ(གྲོ་རྩྭ་ལྷ་བུ)ཕྱིན་ཏེ་གྲོད་པུའི་བྱ་འགུལ་ལ་གེགས་བྱས་པ་རེད། གཞན་ཡང་འགུལ་སྐྱོད་འོས་འཚམ་རེ་

མ་བྱས་པ་དང་ངལ་རྩོལ་བྱས་རྗེས་ངལ་གསོ་ལེགས་པོ་ཞིག་མ་བྱས་པ་བཅས་ནི་ནད་གཞི་སློང་བའི་རྒྱུ་མཚན་ཡིན་འདུག

2.སུ་འབྱུང་རང་བཞིན་གྱི་སྲུལ་མང་བྱེད་ནུས་ཉམས་པ། གྲོད་པུ་ཏུ་གཟན་ཆས་བསྣད་པ་དང་གྲོད་པུ་ཏུ་དབུགས་བསྐྱིལ་བ། རྨ་ཁ་རང་བཞིན་གྱི་ཕོ་སྲུལ་ཚ་ནད། ཕོ་སྲུལ་ཁེགས་པ་སོགས་གྲོད་པུའི་ནད་རིགས་དང་། འགོ་ནད(བ་ལང་གི་གློ་བའི་ཚ་ནད། ཅེ་ཧེའི་ནད། པུཙ་ལུཙ་ཧྲི་ནད་འབུའི་ནད་རིགས་སོགས)དང་གཞན་རྟེན་སྲིན་འབུའི་ནད(མཆིན་ལེབ་འཇིབ་འབུའི་ནད)འབྱུང་བའི་ཚ་བའི་རང་བཞིན་གྱི་ནད་རིགས།

(གཉིས)ནད་རྟགས་དང་ནད་ལ་བརྟག་པའི་གལ་གནད།

1.གཟན་རྩྭ་དང་བཙུང་ཆུ་གློ་བུར་དུ་ཇེ་ཉུང་ངམ་སྟེར་མཚམས་བཞག་པ་ན། བཞོན་མ་ལ་ལས་ཟ་དགོས་མི་དགོས་དང་ལྷག་དགོས་མི་དགོས་པའི་དངོས་པོ་བལྷག་ཅིང་ཟློས་པས་ན། སྐྱུག་ལྷད་ཇེ་ཉུང་ངམ་སྐྱུག་ལྷད་བྱེད་མཚམས་འཇོག་པ་རེད། ལྕི་བ་ནག་ཅིང་སྲ་བ་དང་ལྕི་བའི་ངོས་ན་འབྱར་ཁྲུ་མངའ། མཚམས་ལན་རེར་གསུམ་པ་བཤལ་བ་དང་སྐལ་བ་གྲུག་ཅིང་སྐྱུག་ལྷད་བྱེད་པ་རེད།

2.གྲོད་པུ་ཏུ་མཚམས་ལན་རེར་འཕར་ཞིང་རང་བཞིན་གྱི་དབུགས་བསྐྱིལ་བ་དང་། ལག་སྣོབ་བྱས་ཏེ་བརྟག་ན་གྲོད་པུ་ནི་ཉབ་ཉོབ་ཞིག་ཡིན་ལ། ནང་ན་སློ་གང་ལ་ཁད་ཅིག་ཡོད་པ་དང་གྲོད་པུའི་འགྲུལ་ཚད་ཇེ་ཉུང་དུ་ཕྱིན་པའམ་འགྲུལ་གྲངས་ཇེ་ཉུང་། ཡང་ན་འགྲུལ་མཚམས་བཞག་འདུག

3.ཁ་ནང་དུ་ཏུལ་སྐྱུར་བྲོ་ཞིང་ཁ་རྒྱུ་གར་ཞིང་འབྱར་བག་ཆེ་བ་ཞིག་ལགས། ཡིན་ནའང་ལུས་དྲོད་དང་དབུགས་འབྱིན་རྔུབ་བྱེད་པ། རྩ་འཕར་བའི་འགྱུར་ལྡོག་བཅས་མི་ཆེ་བ་རེད།

4.དལ་བའི་རང་བཞིན་གྱི་ནད་དུ་གྱུར་རྗེས་ནད་ཟློག་རིམ་བཞིན་དུ་སྐམ

རིད་དུ་གྱུར་ཅིང་། ལུས་སྤུ་གཟེངས་བ་དང་སྣ་མདོ་སྐམ་བསྲད། མིག་ཀོང་གཏིང་ལ་ཟླུང་བ། ཁ་མའི་ཐོན་ཚད་ཇེ་ཉུང་ངམ་འདོན་མཚམས་འཛོག་པ། ཉལ་ན་ཡང་མི་ཐུབ་པ་བཅས་ཀྱི་ནད་རྟགས་མངོན་སྲིད།

(གསུམ)འགོག་བཅོས་བྱེད་ཐབས།

སྨན་བཅོས་བྱེད་པའི་རྩ་དོན་ནི་ནད་རྐྱེན་སེལ་བ་དང་ཕོ་སྲུལ་གྱི་ཚོར་རྣོ་རང་བཞིན་ལ་ཤུགས་སྣོན་བྱས་ཏེ། གྲོད་ཕུའི་ནང་གི་སློ་འཇུ་བར་བསྐུལ་འདེད་བྱེད་པ་དང་ལུས་ཆུ་བསྲད་པ། རང་ལུས་ལ་དུག་ཕོག་པ་བཅས་སྔོན་འགོག་བྱེད་དགོས།

1.ནད་རྟགས་ཡང་ན་ཉི་མ་1ནས་ཉི་མ་2ལ་གཟན་ཆས་སྟེར་མཚམས་འཛོག་པ་དང་། དུས་ཐོག་ཏུ་གྲོད་ཕུ་ལ་ཕྱུར་མཉེ་བྱས་རྗེས། བཞོན་མ་ཕར་འདེད་ཚུར་འདེད་བྱས་ཏེ་གྲོད་ཕུའི་བྱེད་ནུས་སླར་གསོ་བྱེད་པ་སྟེ། 0.5%ཅན་གྱི་སུའུ་ཏ་བསྐྱུངས་ཆུའམ་རང་འབབ་ཆུས་གྲོད་ཕུའི་ནང་གཙང་མ་ཞིག་བཀྲུས་ཏེ། ཉི་མ་རེར་བཞོན་མ་ཤ་དར་ལུས་དར་ཅན་གྱི་གྲོད་ཕུའི་ནང་གི་ཁྲུ་བ་ཐེངས་2ལ་ཧྲིན་4ནས་ཧྲིན་6ལྡུད་པ། གཞན་ཁྲིན་ཕིས་ཐང་སྨན་དང་ཕོ་བ་གསོ་བའི་སྨན་སོགས་ལྡུད་པ། ཡང་ན་འབྲུ་སྨུམ་ཁེ་500ནས་ཁེ་1000 ཚོའུ་སྒྲུར་ཁེ་500 སྒོག་ལོག་1ནས་སྒོག་ལོག་3 (ཞིབ་རྡུང་བྱེད་པ)བཅས་བསྲེས་ཏེ་བཞོན་མ་ནད་པར་ལྡུད་དགོས། ཡང་ན་ཏ་ཤིག་ཕྱེ་མ་ཁེ་500ནས་ཁེ་800སོགས་ཀྱི་ནང་དུ་ཆུ་ཁེ་1000ནས་ཁེ་1500བསྲེས་ཏེ་བཞོན་མ་ནད་པར་ལྡུད་དགོས།

2.གྲོད་ཕུ་འགུལ་བ་ལ་རྣོ་ཚོར་བྱིན་ཏེ་སེམས་ཤུགས་དང་ལུས་ཡོངས་ཀྱི་བྱེད་ནུས་བསྐྱེད་པར“སྐྱུག་ལྡད་སྐྱུལ་རྩེ”དང་10%ཅན་གྱི་ལུའུ་ཧྭ་ན་ཧོ་ཧྲིན་300ནས་ཧོ་ཧྲིན་500 ལུའུ་ཧྭ་གའེ་ཧོ་ཧྲིན་100ནས་ཧོ་ཧྲིན་250 10%ཅན་གྱི་པིན་ཙ་སོན་ན་ཁྲ་ཙྪི་ཡུན་ཧོ་ཧྲིན་10ནས་ཧོ་ཧྲིན་30 30%ཅན་གྱི་ཨན་ནེ་

ཅིན་ཧྥོ་ཧྲིན 30བཅས་བསྲེས་ཏེ་སྦོད་ཙར་རྒྱག་པ་དང་། ཏ་ཤིག་ཕྱེ་མ་ཁེ 300ནས་ཁེ 800ཚུ་ཧྥོ་ཧྲིན 1000ནས་ཧྥོ་ཧྲིན 1500ཡིས་བསྐྲུངས་ཏེ་བཞོན་མར་ལྷུད་དགོས།

3.ལྷི་བའི་ཁ་དོག་ནག་པོ་ཡིན་སྐབས། ལིག་སོན་ནྭ(སྣེ)ཁེ 300ནས་ཁེ 1000དང་། སུའུ་ཧྲར་ཁེ 100བཅས་ནས་ཁེ 200བཅས་ཚུ་འཁྱུགས་ཁེ 2500ཡིས་བསྐྲུངས་ཏེ་ལྷུད་དགོས།

(བཞི)ནད་སྔོན་འགོག་བྱེད་པ།

ནད་སྔོན་འགོག་བྱེད་པར་ལུགས་མཐུན་གྱི་གསོ་སྐྱོང་ལམ་ལུགས་རྒྱུན་སྐྱོང་བྱེད་པ་ལས་གློ་བུར་དུ་གཟན་ཆས་བསྒྱུར་མི་རུང་། ལུགས་མཐུན་སྙོམས་ཉིན་གཟན་མཁོ་སྤྲོད་བྱེད་པ་རྒྱུན་སྐྱོང་བྱེད་དགོས། ཞིབ་གཟན་དང་རགས་གཟན། གཏེར་རྫས། ལེ་ཧྲིན་སུའུ་བཅས་ཀྱི་བསྡུར་ཚད་ལ་དོ་སྙང་བྱེད་ཅིང་། ཕྲུས་ལིགས་རྩི་རིལ་མཁོ་སྤྲོད་བྱེད་པ་ཁག་ཐེག་བྱེད་དགོས།

གཉིས། གྲོད་པུ་གཟན་ཆས་ཀྱིས་ཁེགས་པ།

གྲོད་པུ་གཟན་ཆས་ཀྱིས་ཁེགས་དོན་ནི་གྲོད་སྒུལ་གྱི་བ་ཙེར་ཤུགས་ཞན་པར་གྱུར་པ་དང་། འཇུ་དཀའ་བའི་གཟན་རྩྭ་འབོར་ཆེན་ཟོས་པའམ་གྲོད་པུ་དབོས་པ། ཡང་ན་ཚི་སྣ་རགས་མོའི་གཟན་རྩྭ་གྲོད་པུ་རུ་མ་འཇུ་བར་ལུས་པ་བཅས་ཀྱི་དབང་གིས་གྲོད་པུ་དབོས་ཤིང་། གྲོད་པུའི་ངོས་གཞི་བསྐྱེད་དེ་འཇུ་དཀའ་བའི་ནད་གཞི་ཚབས་ཆེན་འབྱུང་དུ་བཅུག་པ་རེད།

(གཅིག)ནད་གཞིའི་འབྱུང་རྐྱེན།

གཟན་ཆས་ཟ་དྲགས་པ་སྟེ། དཔེར་ན་གློ་བུར་དུ་གཟན་ཆས་བརྗེས་པ། ཡང་ན་འཇུ་དཀའ་བ་དང་དབོས་སྲིད་པའི་ཞིབ་གཟན་ནམ་རགས་གཟན་བཀྲུས་ཟ་བྱས་ཏེ་གྲོད་པུའི་ཤོང་རྒྱ་བསྐྱེད་པ་དང་། གྲོད་པུའི་ངོས་གཞི་བསྐྱེད་པའམ་

འགྲུལ་སྐྱོད་བྱེད་ནུས་ཁེགས་པ་བཅས་སམ་ཕོ་སྲུལ་གྱི་བྱེད་ནུས་ཉམས་པ་ལས་བྱུང་བ་ཞིག་ཡིན།

(གཉིས)ནད་རྟགས་དང་ནད་ལ་བརྟག་པའི་གལ་གནད།

1.ཐེངས་གཅིག་ལ་ཟ་དྲགས་པའི་ནད་རྒྱུས་ཡོད་པ།

2.གསུས་སྦོམ་ཛེ་ཆེར་གྱུར་ཅིང་གཡོན་ཕྱོགས་ཀྱི་གྲོད་པུའི་གོང་རོལ་དཔོས་ཤིང་། དཀྱིལ་སྨད་འབུར་འདུག གསུས་པ་ན་བའི་རྟགས་མངོན་པ་དང་། དཔེར་ན་ཁ་ཕྱིར་འཁོར་ཏེ་གསུས་ངོས་ལ་བལྟ་བའམ་ནད་ལྡིད་སྐབས་ངུར་བ་ཡིན།

3.ལག་པས་གྲོད་པུའི་ཕྱི་ངོས་ནས་མནན་ན་ནང་གི་གཟན་ཆས་སྲ་མོ་ཡིན་པ་དང་ནོན་དཀའ་བ་ཡིན། ཁུ་ཚུར་གྱིས་མནན་ན་མནན་ཤུལ་ཕྱིར་སོས་དཀའ་བ་དང་གྲོད་པུའི་འགྲུལ་སྐྱོད་གཏན་ནས་མཚམས་འཇོག་པ་ཡིན་ལ། ལྕི་བ་ཉུང་ཙམ་གཏོང་བའམ་ལྕི་བ་གཏན་ནས་མི་གཏོང་བ་ཡིན།

4.སྤྱིར་ནད་ལྡིད་སྐབས་ཡི་ག་ཆད་འགྲོ་བར་མ་ཟད། སྐྱུག་ལྡད་དམ་སྐྱིགས་པ་རྒྱག་པ་ཇེ་ཉུང་དུ་འགྲོ་སྲིད། གཞན་སོ་འཆའ་བ་དང་ཁ་ནས་ཟར་ཆུ་བཞུར་བ། ངུར་བ། ཐ་ན་ཁ་སྐྱུག་བྱེད་པ། སྣ་མདོ་སྐམ་པ་བཅས་ཀྱི་ནད་རྟགས་མངོན་ལ། དབུགས་འབྱིན་རྔུབ་བྱེད་ཚད་དང་སྙིང་ལྡིང་ཚད་མགྱོགས་ནའང་ལུས་དྲོད་ཕལ་ཆེར་རྒྱུན་ལྡན་ཡིན།

5.སྲིན་མའི་རིགས་ཏེ་འབྲུ་གཟན་ཟོས་ཏེ་བྱུང་བའི་གྲོད་པུ་གཟན་ཆས་ཀྱིས་ཁེགས་པ་ཡིན་ན་མིག་དབང་བསྒྲིབས་པ་དང་དབང་རྩའི་ནད་རྟགས་མངོན་པ། ལུས་ཆུ་ཟད་པ། སྐྱུར་དུག་ཕོག་པ་བཅས་ཀྱི་ནད་རྟགས་མངོན་སྲིད།

(གསུམ)ནད་བཅོས་བྱེད་ཐབས།

ནད་བཅོས་བྱེད་པའི་རྩ་དོན་ནི་གྲོད་སྲུལ་གྱི་བྱེད་ནུས་བསྐྱར་གསོ་བྱེད

པ་དང་། གྲོད་པུའི་ནང་གི་ཟས་ཆུ་འཁོར་སྐྱོད་བྱེད་པ་བསྐྱལ་ཅིང་ཟས་འཛུ་ཁེགས་འདེད་བྱས་ཏེ། ལུས་ཆུ་ཟད་པ་དང་ལུས་ལ་དུག་ཐོག་པ་སྔོན་འགོག་བྱེད་དགོས།

1.བཏུང་ཙུང་ཚྭའུ་སྨྱུར་ཧོ་ཧྲིན 500ནས་ཧོ་ཧྲིན 1000དང་། ཚྭ་ཁུ་ཁེ 100 འབྲུ་སྣུམ་ཧོ་ཧྲིན 500བཅས་བསྲེས་ཏེ་ལྷུད་ཐེངས་གཅིག་གིས་ལྷུད་དགོས།

2.རྫོ་ལྣའི་སྣུམ་ཧོ་ཧྲིན 1000ནས་ཧོ་ཧྲིན 2000དང་། ལིག་སོན་ཟླེ་ཧོ་ཧྲིན 300ནས་ཧོ་ཧྲིན 500 ཏ་ཤིག་ཕྱི་མ་ཁེ 500ནས་ཁེ 800 སུའུ་ཏཱར་ཁེ 300 ནས་ཁེ 500 ལ་ཕུག་ཁུ་བ་ཧོ་ཧྲིན 5000ནས་ཧོ་ཧྲིན 10000བཅས་ཆབས་ཅིག་ཏུ་བསྲེས་ཏེ། ལྷུད་ཐེངས་གཅིག་གིས་ལྷུད་དགོས།

3.འབྲུ་སྣུམ་ཧོ་ཧྲིན 1000དང་། ཏ་ཤིག་ཕྱི་མ་ཁེ 500ནས་ཁེ 1000བཅས་ཆུ་ཧོ་ཧྲིན 1000ནས་ཧོ་ཧྲིན 1500ཡི་ནང་དུ་བསྐྲུངས་ཏེ་ལྷུད་ཐེངས་གཅིག་གིས་ལྷུད་དགོས།

4.སྔོད་རྩ་ཙ་སྨྱུག་ལྡད་སྐྱུལ་རྩེ་རྒྱུག་ཐེངས་གཅིག་གིས་རྒྱུག་དགོས།

5.ཞིབ་གཟན་མང་པོ་བཀུས་ཟ་བྱས་པའམ་ཡང་ན་ནད་བྱུང་བ་ལྡིད་པ་དང་། སྨན་བཅོས་བྱེད་ཐབས་བྲལ་ཚེ་གྲོད་པུ་བཀྲུ་བའམ་གཤགས་བཅོས་བྱེད་དགོས།

(བཞི)སྔོན་འགོག་བྱེད་ཐབས།

ནད་འདི་སྔོན་འགོག་བྱེད་པ་ལ་རྒྱུན་ལྡན་རང་བཞིན་གྱི་གསོ་སྐྱོང་བདག་གཉེར་བྱེད་པར་ཤུགས་སྣོན་བྱས་ཏེ་གློ་བུར་དུ་གཟན་ཆས་བརྗེ་བ་དང་གཟན་ཆས་ཟ་དྲགས་པ་སྔོན་འགོག་བྱེད་དགོས། བཞོན་མ་ནི་ཉིན་གཟན་གྱི་ཚད་ཐིག་ལྟར་གསོ་སྐྱོང་བྱས་ཏེ། ཕྱི་རོལ་ཡུལ་གྱི་མི་ལེགས་པའི་རྒྱུ་རྐྱེན་གྱིས་ཐོག་ཐུག་དང་

ཤན་ཤུགས་བཟོ་ཏུ་མི་འཇུག་པ་དང་། བདེ་ཐང་གི་རྣམ་པ་རྒྱུན་སྐྱོང་བྱེད་དགོས།

གསུམ། གྲོད་ཕྱུ་དབོས་པ། (དབུགས་དབོས)

གྲོད་ཕྱུ་དབོས་པ་ནི་བཙོན་མས་སྐྱུར་ལང་སླ་བའི་གཟན་ཆས་འཕོར་ཆེན་ཟོས་ཏེ། དབུགས་འཕོར་ཆེན་བྱུང་བའམ་དབུགས་སོབ་གྲོད་ཕྱུར་བསྐྱིལ་ཏེ། གྲོད་ཕྱུའི་ཤོང་ཚད་བསྐྱེད་ཅིང་གནོན་ཤུགས་ཇེ་ཆེར་གྱུར་ནས་གྲོད་ཕྱུ་རྒྱ་བསྐྱེད་དེ་སྙིང་དང་གློ་བའི་བྱེད་ནུས་ལ་གནོད་པ་ཚབས་ཆེན་བཟོས་ཤིང་། དེ་ནི་བཙོན་མ་དབུགས་བཏུམ་ལ་བཅད་དེ་འཆི་རུ་འཇུག་པའི་མྱུར་བའི་རང་བཞིན་གྱི་ནད་ངན་ཞིག་ཡིན།

(གཅིག)ནད་བྱུང་བའི་རྒྱུ་རྐྱེན།

སྐྱུར་ལང་བ་དང་དབུགས་བསྐྱིལ་བའི་གཟན་རྩྭ་ཟ་དྲགས་པ་སྟེ། དཔེར་ན་མེ་ཏོག་མ་བཞད་པའི་སྔོན་གྱི་འབུ་སུ་ཧྲང་དང་ཟེལ་བ་ལྡན་པའི་རྩྭ། བསྐྱུར་བཏབ་ལྡང་མྱུག ཏུལ་ཟིན་པའི་སྔོ་ཞར་གཟན་རྩྭ། དུག་རྩྭ། སྲན་རིགས། སྲན་མའི་ཁན་ཊ་སོགས་ཟོས་པའམ། ཡང་ན་བཀག་ཡུན་རིང་བའི་བཙོན་མ་ཕྱི་རོལ་དུ་སོང་སྟེ་སྔོ་རྩྭ་འཕོར་ཆེན་ཟོས་པ་བཅས་ཡིན་ན་ནད་འདི་འབྱུང་དུ་འཇུག་སྲིད།

(གཉིས)ནད་རྟགས་དང་བརྟག་ཐབས་གསལ་གནད།

1.སྐྱུར་ལང་རང་བཞིན་གྱི་གཟན་ཆས་འཕོར་ཆེན་ཟོས་ཏེ་ནད་འདི་བྱུང་བ།

2.གཡོན་ཕྱོགས་ཀྱི་གསུས་ངོས་གློ་བུར་དུ་དབོས་པ་དང་། ཚབས་ཆེ་དུས་གྲོད་ཕྱུ་དབོས་ཏེ་སྦལ་བའི་གོང་དུ་འབུར་བའི་ནད་རྟགས་མངོན་སྲིད།

3.ལག་སྙོབ་བྱས་ན་གྲོད་ཕྱུའི་ངོས་ངོམ་ཞིང་ཡར་འཕར་བ་དང་། བརྡུངས་ན་ཛ་སྐད་གྲགས་ཤིང་གྲོད་ཕྱུའི་འཁྲུལ་སྒྲ་དང་ཐོག་དྲག་པ་དང་རྗེས་སུ་ཞན་པའམ་མི་ཐོས་པར་འགྱུར་སྲིད།

4.དབུགས་འབྱིན་རྩུབ་བྱེད་པ་མགྱོགས་ཤིང་དཀའ་བ་དང་། མངོན་རྟགས་ནི་ཁ་གདངས་ཤིང་ལྕེ་བསྣར་ཏེ་དབུགས་འབྱིན་རྩུབ་བྱེད་ལ། སྙིང་ལྡིང་བ་ཛེ་མགྱོགས་དང་སྤོད་རྩ་དབོས་པ། ནང་སྐྱི་སྡོན་པོ་ཡིན་པ་དང་། ལུས་དྲོད་རྒྱུན་ལྡན་ཡིན་ནའང་རྗེས་སུ་ལུས་ཡོངས་རྩལ་ཆུས་སྲངས་ཤིང་། འགྲོ་སྐབས་འཁྱར་འཁྱོར་དུ་སོང་སྟེ་ས་ལ་འགྱེལ་ཞིང་ངར་སྐད་འབྱིན་བཞིན་ཤི་འགྲོ་བ་ཡིན།

5.སྦྱིར་ནད་རྟགས་ཅུང་ཚབས་ཆེན་ཡིན་ཏེ། དཔེར་ན་ཡི་ག་ཆད་པ་དང་སྐྱུག་ལྡད་དམ་སྐྱིགས་པ་ཛེ་ཞུང་ངམ་གཏན་ནས་སྐྱིགས་མཚམས་འཛོག་པ་ཡིན་ལ། སོ་འཆའ་བ་དང་ཁ་ནས་ཟར་ཆུ་བཞུར་བ། ངར་སྐད་འབྱིན་པ། ཡང་ན་ཁ་སྐྱུག་བྱེད་པ། སྣ་མདོ་སྐམ་ཞིང་དབུགས་འབྱིན་རྩུབ་དང་སྙིང་ལྡིང་བ་ཛེ་མགྱོགས་སུ་འགྱུར་བ་ཡིན་མོད། འོན་ཀྱང་ལུས་དྲོད་ཕལ་ཆེར་རྒྱུན་ལྡན་ཡིན།

(གསུམ)ནད་བཅོས་བྱེད་ཐབས།

ནད་བཅོས་བྱེད་པའི་རྩ་དོན་ནི་གྲོད་པུའི་ནང་གི་དབུགས་ཕྱིར་ཕུད་པ་དང་སྐྱུར་ཁེགས་སེལ་བ། ཕོ་དྲོད་བསྐྱེད་ཅིང་ཟས་འཇུ་བ་བཅས་ཡིན།

1.ནད་ཕྱུང་བ་ཚབས་ཆེན་ཡིན་ན་དེ་མ་ཐག་ཏུ་གྲོད་པུར་ཁབ་གཙགས་བྱས་ནས་དབུགས་ཕྱིར་ཕུད་དེ་དབུགས་འགག་པ་སྔོན་འགོག་བྱེད་དགོས། དེར་ཕྲུག་བསྐྱོན་ཁབ་རིང་ངམ་ཟོག་སྐྱིད་སྤོད་རྩའི་ཁབ་རིང་(རི་ཁ་ཡིན་ན་གྲི་རྩེའམ་ཤིང་ཐུར་ཕྲ་མོ་སོགས་སྤྱད་ཆོག)གིས་གཡོན་ཕྱོགས་གསུམ་ཁུགས་གོང་རོལ་གྱི་ཆེས་མཐོ་ས་བཙལ་ཏེ། སྤུ་འབྲེག་པ་དང་དུག་སེལ་བྱེད་པ། ཁབ་གཙགས་དབུགས་ཕུད་བྱེད་པ་དང་། དབུགས་ཕུད་ཚར་རྗེས་ཕྲུག་ལྡན་ཁབ་མགོ་ལ་བརྟེན་ནས་གྲོད་པུའི་ནང་དུ་སྐྱུར་རྩྭའུ་རྡོ་ཧིན 500དང་སྨན་ཞིབ་ཁེ 1བཅས་རྒྱུག་དགོས།

2.བཞིན་མ་ནད་པ་མདུན་མཐོ་ཞིང་གཞུག་དམའ་བའི་ངོས་གཟར་སར

ལང་དུ་བཙུག་རྗེས། དབྱུག་པ་ཞིག་གི་སྟེང་དུ་འབྲུ་སྣུམ་བསྐུས་ཏེ་བཙོན་མའི་ཁ་ནང་ལ་འཕྲེད་དུ་བཞག་ཅིང་། མགོ་བོ་ཐག་པས་དམ་པོ་ཞིག་བསྡམས་རྗེས། གསུམ་ངོས་ཕུར་མཉེ་བྱས་ཏེ་སྒྲིགས་པ་དང་མཉམ་དུ་གྲོད་ཕུའི་ནང་གི་དབུགས་ཕྱིར་ཕུད་པ་བྱེད་དགོས།

3. 0.25%ཅན་གྱི་པིས་སེ་ཁི་ལིན་སྨན་ཁུ་ཧྥོ་ཧྲིན 10བཙོན་མ་ནད་པའི་ཤ་གསེང་ལ་རྒྱག་པ་དང་མཉམ་དུ་འབྲུ་སྣུམ་ཧྥོ་ཧྲིན 500དང་བུལ་ཧྥོག་ཁེ 50 ཡོས་ཧྲི་གྲི་ཁན་ཊ་ཁེ 40 ཨ་རག་དཀར་པོ་ཧྥོ་ཧྲིན 100བཅས་ཚབས་ཅིག་ཏུ་བསླངས་ཏེ་ལྷུད་ཐེངས་གཅིག་གིས་ལྷུད་དགོས།

4.ཛ་དང་ལ་ཕུག་གི་ས་བོན་སོ་སོ་ཁེ 250རེ་ཚད་དེ་ཆུ་ཧྥོ་ཧྲིན 1000གི་ནང་དུ་བསླངས་ཏེ། མེ་མགོར་བསྐྱོན་ནས་ཆུ་ཕྱེད་ཀ་འཐག་པ་ན། སྙིགས་རོ་བཙགས་ཤིང་རྡོད་འཛམ་དུ་གྱུར་རྗེས་ལྷུད་ཐེངས་གཅིག་གིས་ལྷུད་པ་དང་། ཉི་མ་རེར་ཐེངས 2ལ་ལྷུད་དགོས།

5.ཏ་ཤིག་ཕྱེ་མ་ཁེ 300ནས་ཁེ 800དང་། ཨ་གར་གྱི་ཕྱེ་མ་ཁེ 40 རྡོ་ཏིའི་ཕྱེ་མ་ཁེ 40བཅས་ཆུ་ཧྥོ་ཧྲིན 500ནས་ཧྥོ་ཧྲིན 1000གི་ནང་དུ་བསླངས་ཏེ་ལྷུད་དགོས།

(བཞི)སྔོན་འགོག་བྱེད་ཐབས།

ནད་འདི་སྔོན་འགོག་བྱེད་ཐབས་ནི་གཙོ་བོ་གསོ་སྐྱོང་བདག་གཉེར་ལ་དོ་སྣང་བྱས་ཏེ། རྩལ་སུངས་སུ་གྱུར་ཅིང་སྐྱུར་ངན་ལངས་པའི་གཟན་ཆས་སམ་ཆར་རྗེས་ནངས་མོའི་ཟིལ་བ་མངའ་བའི་རྩྭ་སྔུག་བཅས་ཟ་རུ་འཇུག་མི་རུང་། བཙོན་མ་རི་ནས་མ་འཚོས་པ་དང་སྔོ་ལྗང་གཟན་ཆས་སུམ་བསྒྱུར་བའི་སྔོན་གྱི་གཟའ་འཁོར་གཅིག་གི་ནང་དུ་རྩི་རིལ་དང་རྩྭ་སྐྱ་སྲེར་བ་དང་། དེ་ནས་རི་ནས་འཚོས་ན་གཟན་ཆས་སློ་བུར་དུ་བསྒྱུར་ཏེ་རྟེབ་ཟ་བྱེད་པ་སྔོན་འགོག་བྱེད་ཐུབ། རྩྭ་སྔུག

ཟོས་ན་ཕྱོད་པུ་རུ་སྦྱར་ལང་ཞིང་དབུགས་བསྐྱིལ་བ་ཡིན་པས། སྐམ་ཐག་ཚོད་རྗེས་རྩྭ་སྐྱུ་བསྲེས་ཏེ་བྱིན་ན་འཕྲོད་པ་དང་། གཟན་རྩྭ་སྟེར་ཚད་ལ་ཚོད་འཛིན་ཡོད་དགོས། དེ་ནས་འཚོ་སྐབས་རྩྭ་ཡོད་ས་དང་རྩྭ་མེད་ས་གཉིས་རེས་སྐོར་བྱས་ནས་འཚོས་ཏེ། ཉེབ་ཟ་བྱེད་པ་སྔོན་འགོག་བྱེད་དགོས། གཟན་ཆས་དོ་དམ་བྱེད་པ་དོ་སྣང་བྱས་ཏེ་རུལ་སུངས་སྦྲུས་ཞན་དུ་འགྱུར་བ་སྔོན་འགོག་བྱེད་དགོས།

བཞི། ཕོ་སྲུལ་ཁེགས་པ།

ཕོ་སྲུལ་ཁེགས་པ་ནི་སྲུལ་མང་གི་བྱེད་ནུས་ཉམས་པའམ་ཕོ་སྲུལ་སྐྱུམ་ཤུགས་ཞན་པ། གཟན་ཆས་ཕོ་སྲུལ་དུ་ལུས་ཏེ་སྐམ་པར་གྱུར་པ། སྲུལ་མང་གི་འགུལ་སྐྱོད་བྱེད་ནུས་ཇེ་ཆུང་དུ་སོང་བའི་གནས་ཚུལ་འོག་དང་། ཁྱད་པར་དུ་ཕོ་སྲུལ་རང་སྟེང་གི་སྐྱུམ་ཤུགས་ཇེ་ཞན་དུ་འགྱུར་སྐབས་གཟན་ཆས་ཕོ་སྲུལ་དུ་ཁེགས་ཤིང་། བརླན་བཤེར་བསྲུད་དེ་འཇུ་བྱེད་ནུས་པ་ཉམས་པ་ཚབས་ཆེ་བ་སོགས་ཀྱི་ནད་རྟགས་མངོན་སྲིད།

(གཅིག)ནད་ཀྱི་འབྱུང་རྐྱེན།

1.སྔར་བྱུང་རང་བཞིན་གྱི་ཕོ་སྲུལ་ཁེགས་པ་ནི་བཀོལ་སྤྱོད་བྱས་དྲགས་ཏེ་སྐམ་རིད་དུ་གྱུར་པའི་བཙོན་མར་འབྱུང་བ་ཡིན་ལ། དུས་རྒྱུན་དུ་རྩྭ་རིང་ངམ་གཙང་མ་མིན་པའི་ཕྱེ་མའི་གཟན་ཆས་བྱིན་པ་དང་། ཆུ་བླུད་པ་ཉུང་བས་བྱུང་བ་ཞིག་ཡིན།

དེ་ནས་འཚོ་བ་གློ་བུར་དུ་བཙོན་ཁང་དུ་བཀག་སྟེ་གསོ་སྐྱོང་བྱེད་པའམ་གློ་བུར་དུ་གཟན་ཆས་བརྗེས་པ། གཟན་ཆས་ཀྱི་སྦྲུས་ཀ་ཞན་པ། སྤྲི་དཀར་དང་ཝེ་ཏིན་སུའུ། གཏེར་རྫས་སོགས་ཉུང་བའམ་གསོ་སྐྱོང་བྱས་པ་ཚད་ལྡན་མིན་པ་བཅས་ཀྱི་རྐྱེན་གྱིས་ནད་འདི་སློང་བ་ཡིན།

2.ཟུ་བྱུང་རང་བཞིན་གྱི་ཕོ་སྲུལ་ཁེགས་པ་དང་སྲུལ་མང་གི་བྱེད་ནུས་ཞན

པ། ལྷུག་སྟོད་ཁེགས་པ། ཚ་བའི་རང་བཞིན་གྱི་ནད་བཅས་ཀྱིས་ནད་འདི་མྱུ་འབྱུང་བྱེད་དུ་འཇུག་པ་ཡིན།

(གཉིས)བརྟག་ཐབས་གཙོ་གནད།

1.ནད་འདི་དལ་གྱིས་འབྱུང་བ་ཡིན། ནད་འདི་བྱུང་མ་ཐག་ཏུ་བཤོན་མ་ནད་པའི་ལུས་སེམས་དུབ་པ་དང་། ཡི་ག་ཆད་པ། སྐྱུག་ལྷད་བྱེད་ཐེངས་ཇེ་ཉུང་དུ་འགྱུར་བ་ཡིན་ལ། རིམ་བཞིན་དུ་ཡི་ག་གཏིང་ཆད་བྱུང་ཞིང་སྐྱུག་ལྷད་ཇེ་ཉུང་དུ་གྱུར་ཏེ། གྲོད་པུ་འགྲུལ་མཚམས་འཛོག་པ་ཡིན་མོད། འོན་ཀྱང་ལུས་དྲོད་དང་དབུགས་འབྱིན་རྔུབ་བྱེད་པ། ཟ་འཕར་བ་བཅས་ལ་འགྱུར་ལྡོག་ཆེན་པོ་མེད། ནད་བྱུང་བའི་མཇུག་གི་སྐབས་སུ་ཕོ་སུལ་གྱི་བར་ཆོད་འདབ་མར་ཚ་ནད་འབྱུང་བ་དང་། རུལ་སུངས་སུ་འགྱུར་སྐབས་ལུས་ཚ་ཙུང་རྒྱས་པ་ཡིན་ལ། ཟ་འཕར་བ་མགྱོགས་ཤིང་གཉོམ་པ་ཡིན།

2.སྣ་མདོ་སྐམ་པ་དང་ནད་ལྡིད་སྐབས་སྣ་མདོར་སེར་ཁ་གས་པ་ཡིན།

3.ལྗི་བ་སྐམ་པོ་ཊ་མོང་གི་རིལ་མ་དང་མཚུངས།

4.བཤོན་མ་ནད་པ་རིམ་བཞིན་དུ་སྐམ་རིད་དུ་འགྱུར་ཞིང་ལུས་ཟུངས་ཉམས་པ་དང་མཉམ་དུ་ལུས་ཆུ་ཟད་པའི་ནད་རྟགས་མངོན་པ་ཡིན། དཔེར་ན་མིག་ཟུང་མིག་ཁོང་དུ་རྡིབ་པ་དང་སྐྱི་ལྤགས་སྐམ་ཞིང་མཉེན་འཕར་མེད་པར་འགྱུར་སྲིད།

(གསུམ)བཅོས་ཐབས།

བཅོས་ཐབས་ཀྱི་གཙོ་གནད་ནི་ཕོ་སུལ་ནང་གི་སློ་ཇེ་སྐྱིར་བཏང་ཞིང་ཕྱིར་ཕུད་པ་དང་། ཕོ་སུལ་གྱི་སྐྱུམ་ཤུགས་ཤུགས་སྐྱོན་བྱེད་པ་དང་ལུས་ཆུ་ཟད་པ། སྐྱུར་དུག་ཕོག་པ་སྔོན་འགོག་བྱེད་པ་བཅས་ཡིན།

1.སྦྱོང་རྒྱག་ན་ཧི་ལྷ་སྨུམ་ཁྱི་ཧྥོ་ཧྲིན 1000ནས་ཧྥོ་ཧྲིན 2000དང་། ཡིག་

སོན་སྣེ་ཁ་500ནས་ཁ་800 ཚ་ཏོ་ཧྲིན་5000ནས་ཏོ་ཧྲིན་10000སོགས་ཆབས་ཅིག་ཏུ་བསྲུངས་ཏེ་ལྷུད་དགོས། ཡང་ན་ལིག་སོན་སྣེ་ཁ་400དང་ཕུའུ་ལུའུ་ཁ་ཡུན་ཁ་2 སྦྲུ་ནན་ཞི་ལིན་ཁ་3 མངར་སྐྱུམ་ཏོ་ཧྲིན་500 ཚ་ཏོ་ཧྲིན་3000སོགས་ཆབས་ཅིག་ཏུ་བསྲེས་ཏེ་ཕོ་སྲུལ་གྱི་ནང་དུ་རྒྱག་དགོས། ཕོ་སྲུལ་དུ་རྒྱག་པའི་གསང་མིག་ནི་གཡས་ཕྱོགས་ནས་ལྟོག་རྩིབ་བྱུས་ན་རྩིབ་གུ་5ནས་རྩིབ་གུ་7ཀྱི་བར་ཏེ་དཔུང་ཚིགས་གི་འཕྲེད་ཐིག་གི་འདུས་མདོ(ནོར་ནག་ཡིན་ན་ལྟོག་རྩིབ་བྱུས་ཏེ་རྩིབ་གུ་7པའི་བར་ཏེ་དཔུང་ཚིགས་ཀྱི་འཕྲེད་ཐིག་དང་བྲང་མགོའི་འདུས་མདོ)ནི་ཁབ་གཙགས་བྱེད་ས་ཡིན།

2.སྐྱུར་དུག་ཕོག་པ་སྔོན་འགོག་བྱེད་ཆེད་སྔོད་རྫ་ཙ5%ཡི་ཐན་སོན་ཆེན་ནྲ་ཏོ་ཧྲིན་500རྒྱག་དགོས།

3.ཧྥབ་ཤིང་ཚེར་ཁ་300དང་ལྷམ་རྩ་ཕྱེ་མ་ཁ་150 མིས་བཟོས་ཚྭ་ཁྲུ་ཁ་200 རྡོ་ལྡའི་སྐྱུམ་ཁྲུ་ཏོ་ཧྲིན་500ནས་ཏོ་ཧྲིན་1000 ཚ་འོས་འཚམ་རེ་བཅས་ཆབས་ཅིག་ཏུ་བསྲུངས་ཏེ་ཉི་མ་རེར་ཐེངས་1ལ་ལྷུད་དགོས།

4.ཕག་ཚིལ་ཁ་500ནས་ཁ་1000དང་སྦྲང་རྩི་ཁ་250 ཚ་དྲོད་འཛམ་ཏོ་ཧྲིན་2500ནས་ཏོ་ཧྲིན་5000བཅས་ཆབས་ཅིག་ཏུ་བསྲུངས་ཏེ་ལྷུད་ཐེངས་གཅིག་གིས་ལྷུད་དགོས། གྲོད་པ་འགྲུལ་བར་ངར་སྐུལ་བྱེད་ཆེད་སྔོད་རྫའི་ནང་དུ་སྐྱུག་ལྷད་སྨན་ཁྲུ(ཕོ་སྲུལ་བྱེད་ནུས་ཉམས་པའི་ལེ་ཚན་དུ་གཟིགས་རོགས)བརྒྱབ་ཆོག

5.གྲོ་ཕྱེ་ཁ་1000དང་སྐྱུར་རྗེང་ཁ་100ནས་ཁ་300བཅས་ཏུའུ་20ནས་ཏུའུ་40ཅན་གྱི་ཚ་དྲོད་འཛམ་ཏོ་ཧྲིན་1500ནས་ཏོ་ཧྲིན་3000གི་ནང་དུ་བསྲུངས་ཏེ། ཁང་བའི་དྲོད་ཚད་ཀྱི་ནང་དུ་དུས་ཚོད་8ནས་དུས་ཚོད་24ལ་བཞག་སྟེ་སྐྱུར་ལང་དུ་འཇུག་པ་དང་། གྲོ་ཕྱེ་ལ་སྐྱུར་ལངས་ཏེ་ལྦུ་སོབ་བྱུང་ཞིང་སྐྱུར་དྲི་ཁྱད་པར་

ཅན་ཕྲ་བ་ན། ཚ་ཁུ་ཁེ 50ནས་ཁེ 100བཏབ་སྟེ་བསྲེ་ཡག་བྱས་རྗེས་ལྡུད་ཐེངས་གཅིག་གིས་བླུད་ན་བཞིན་མ་ནད་པ་དྲག་འགྲོ། ནད་ཟུག་དྲག་ཅན་ཡིན་ན་ཕྱི་ཉིན་ཡང་བསྐྱར་སྨན་དེ་ཐེངས 1ལ་ལྡུད་དགོས།

ལྔ། མིད་པ་ཁེགས་པ།

མིད་པ་ཁེགས་པ་ནི་བཞིན་མས་ལ་ཐུག་གམ་ཡུང་མ། ཡང་ན་དངོས་པོ་རྫོག་པོ(དཔེར་ན་ཅི་ཁུག)སོགས་གསོན་པོར་མིད་དེ་གློ་བུར་དུ་མིད་པ་ཁེགས་པ་ལས་བྱུང་བ་ཞིག་ཡིན།

(གཅིག)བརྟག་ཐབས་རྩ་གནད།

1.གློ་བུར་དུ་ནད་བྱུང་བ་དང་། ནད་ཟུག་ཀྲིག་ཀྲིག་ཏུ་འགྱུར་ཞིང་གཉའ་བཤིངས་ཤིང་མགོ་སྐྱམ་པ། ལུ་བརྒྱལ་ལང་བ་དང་མགོ་གཡུག་པ། སྐོང་ལྷད་བྱེད་པ་དང་ཁ་ནས་ཟར་ཆུ་བཞུར་བ་བཅས་ཀྱི་ནད་རྟགས་མངོན་སྲིད།

2.མིད་པ་ཁེགས་པ་དང་སྒྲིགས་པ་མཚམས་འཛོམ་པ། ཅང་མི་འགོར་བར་སྐྱུར་བའི་རང་བཞིན་གྱི་གྲོད་པུ་དབོས་པའི་ནད་འབྱུང་བ་ཡིན།

3.མིད་པ་ཁེགས་པ་ན་སྣ་མཐེང་གི་མིད་པར་རེག་ན་མིད་པ་ཁེགས་པའི་དངོས་པོ་ཚོར་ཐུབ།

(གཉིས)བཅོས་ཐབས།

ནད་འདིའི་བཅོས་ཐབས་ནི་མིད་པ་ཁེགས་པའི་དངོས་པོའི་ངོ་བོ་དང་ཁེགས་གནས་མི་གཅིག་པ་བཅས་གཞིར་བཟུང་སྟེ། དེར་མཚུངས་ཀྱི་བཅོས་ཐབས་ལག་བསྟར་བྱེད་དགོས།

1.ཁ་ནང་ནས་ཐད་ཀར་དུ་ལེན་ཐབས། ཁེགས་དངོས་མིད་པའི་གོང་རོལ་ཏེ་མིད་སྣ་དང་ཉེ་སར་ཡོད་ཕྱིན་བཅོས་ཐབས་འདི་སྤྱོད་དགོས། བཅོས་ཐབས་དངོས་ནི། (1)བཞིན་མ་ནད་པ་ཀ་སྙོའི་ནང་དུ་བསླངས་ཏེ་དོམ་པོ་ཞིག་བཀྱིགས་

པའམ་འཕྲེད་དུ་བསྐྱལ་ཏེ་དོམ་པོ་ཞིག་བཀྱིགས་པ་དང་། བཞོན་མའི་མགོ་བོ་སྲ་མོ་འཁྱིལ་མོ་ཞིག་བྱེད་དགོས། (2)ཁ་གདང་ཆས་སྦྱད་དེ་བཞོན་མའི་ཁ་གདང་དུ་བཙུག་རྗེས་ལག་རོགས་ལ་ཁ་གདང་གྲོགས་བྱེད་དུ་འཇུག་དགོས། (3)ལག་རོགས་ཀྱིས་ཁེགས་དངོས་ཀྱི་ཞོལ་ནས་ཁེགས་དངོས་ཡར་མིད་སྣོའི་ཐད་དུ་གཏད་པ། (4)ལག་བཅོས་བྱེད་མཁན་གྱིས་གཡས་ལག་ཙོག་ཙོག་བྱས་ཏེ་ཁ་ནང་ནས་མིད་སྣོའི་ཐད་དུ་བསྒྲིངས་ཤིང་། ཁེགས་དངོས་ལ་འཇུས་ཏེ་ཕྱིར་ལེན་དགོས།

2.ཐོ་བས་བཅོས་ཐབས། བཅོས་ཐབས་དེ་ལ་ཕྱུག་དང་ཡུང་མ། མ་རྫོགས་ལོ་ཏོག་སོགས་ཀྱིས་མིད་པ་ཁེགས་པ་བཅོ་བར་འཚམས། བཞོན་མ་ནད་པ་གཡས་ཕྱོགས་ནས་དོམ་པོ་ཞིག་བཟུམས་རྗེས། མིད་པའི་ཁེགས་དངོས་ཀྱི་འོག་ངོས་སུ་ཐེབས(ཀྲོ་མོའམ་ཤིང་སྟན)ཤིག་བཞག་ཅིང་། ལག་རོགས་པས་ལག་ཟུང་གིས་ཁེགས་དངོས་བ་ཙོར་ཏེ་མི་འཚོར་བ་བྱས་ཏེ། བཅོ་མཁན་གྱིས་ཐོ་བ་སོགས་བཟུང་ནས་ཁེགས་དངོས་ཀྱི་སྟེང་དུ་མགྱོགས་མྱུར་དང་ལན་འགའ་བརྡུང་བ་དང་། ཁེགས་དངོས་ཐོར་བར་བྱས་ཏེ་དྲག་པར་འགྱུར་བ་ཡིན།

3.ཁྲིད་ལེན་བྱེད་ཐབས། བཅོས་ཐབས་འདི་ནི་བྲང་ཁོག་ཏུ་ཟུག་པའི་མིད་པ་ཁེགས་པ་བཅོ་བར་འཚམ་པ་ཡིན། ཕོ་བའི་འདྲེན་སྦུག་དང་ཕོ་བའི་འདྲེན་སྦུག་ལས་རིང་བའི་ཨང་གི 8ཅན་གྱི་ལྕགས་སྐུད 1གྲ་སྒྲིག་བྱེད་དགོས། བཅོས་ཐབས་དངོས་ནི། (1)ཐོག་མར་ལྕགས་སྐུད་ཕོ་བའི་འདྲེན་སྦུག་ཏུ་དྲངས་ཏེ་ལྕགས་སྐུད་ཀྱི་རིང་ཚད་གཏན་ཁེལ་བྱེད་པ་ཡིན། ལྕགས་སྐུད་ཕོ་བའི་འདྲེན་སྦུག་གི་ཁ་ལས་ལི་སྨིས 2ཀྱིས་ཁོག་ལ་བསྐུམ་དགོས། སྣེ་གཞན་ཞིག་ཏུ་ལྕགས་སྐུད་བཀུག་སྟེ་བཀུག་རྟགས་ཤིག་རྒྱག་དགོས། (2)ལྕགས་སྐུད་འདྲེན་ས་ཙ་སྦྱིན་རས་དཀྱི་དགོས། (3)ཕོ་བའི་འདྲེན་སྦུག་སྣ་ནང་ནས་བཏང་སྟེ་མིད་པ་བརྒྱུད་ནས་ཁེགས་སར་བསླེབ་ཏུ་འཇུག་དགོས། (4)འདྲེན་སྦུག་བརྒྱུད་པ་ལ་བརྟེན་ནས་མིད་པའི་

ཁེགས་སར་1%ཅན་གྱི་ཡན་སོན་ཕུའུ་ལུའུ་ཁ་ཡུན་ཧྥོ་ཧྲིན་50དང་ཛོ་ལྷའི་ཁྲུ་བ་ཧྥོ་ཧྲིན་100བཅས་རྒྱག་དགོས། (5)སྣེ་མོ་སྦྱིན་རས་དཀྲིས་ཡོད་པ་དེ་ཕོ་བའི་འདྲེན་སྦྲུག་གི་ལྷུགས་སྐྲུད་ཀྱི་བཀུག་མཚམས་བར་དུ་གཏོང་དགོས། (6)བཅོ་མཁན་གྱིས་ཕོ་བའི་འདྲེན་སྦྲུག་གི་སྣེ་མོ་དང་ལྷུགས་སྐྲུད་ཀྱི་སྣེ་མོ་གཉིས་སྒྲ་མོ་ཞིག་བསྡམས་ཤིང་། དེ་ནས་དལ་གྱིས་ཁེགས་དངོས་དེ་གྲོད་པུའི་ནང་དུ་གཏད་དགོས།

4.ཚྭ་ཆུ་ཁ་མོ་ལྡུག་ཐབས། བཅོས་ཐབས་དེ་ལ་སེར་དང་ཡུང་མ་སོགས་ཀྱིས་མིད་པའི་བར་རྒྱུད་ཁེགས་པར་འཚམ་པ་ཡིན། ཁེགས་དངོས་དེ་ཁ་ནང་ནས་ལེན་མི་ཐུབ་ཅིང་ཕོ་བའི་འདྲེན་སྦྲུག་གིས་ཁེགས་དངོས་མར་གཏད་ཀྱང་མི་ཐུབ་ན། ཐད་ཀར་དུ་མིད་པའི་ནང་དུ་ཚྭ་ཆུ་ཁ་མོ་ཧྥོ་ཧྲིན་200ནས་ཧྥོ་ཧྲིན་250བླུགས་ཏེ་རང་ཤུགས་སུ་མར་མིད་དུ་འཛུག་དགོས།

5.ལག་པས་བ་ཙོར་ནས་བཅོས་ཐབས།

(1)བཞོན་མ་ལང་དུ་བཙུག་རྗེས། ལག་རོགས་པས་ལག་པ་གཅིག་གིས་བཞོན་མའི་རྣ་གཞོག་གམ་ར་ཅོར་འཛུས་ཏེ་མགོ་བོ་མར་ནོན་པ་དང་། ལག་པ་གཞན་ཞིག་གིས་བཞོན་མའི་སྣ་མདོར་འཛུས་ཏེ་མགོ་སྐེ་དྲང་མོར་བསྲིང་དུ་འཇུག་ཅིང་། ཁ་ཆུ་དང་ཟས་ཆུ་ཕྱིར་བཞུར་ཏེ་གློ་སྦྲུག་ཏུ་འགྲོ་རུ་མི་འཇུག་ཆེད་མིད་སྔོ་མིད་ཐག་ལས་དམའ་རུ་འཇུག་དགོས།

(2)བཅོ་མཁན་བཞོན་མ་ནད་པའི་སྐེ་མཇིང་གི་ཡོགས་ཤིག་ཏུ་བསྡད་དེ་ལག་མཐིལ་ཡར་བསྐོར་ཅིང་། མཛུབ་གུ་ལྔ་ཡིས་མིད་ཐག་ནང་གི་ཁེགས་དངོས་སྨུག་ཏུ་མི་འཛུག་པ་བྱེད་པ།

(3)ལག་པ་གཞན་ཞིག་གི་ལག་མཐིལ་གློ་སྦྲུག་ལ་གཏད་ཅིང་། མཛུབ་གུ་ལྔ་ཡིས་ཁེགས་དངོས་དལ་གྱིས་མིད་སྔོའི་ཕྱོགས་སུ་བ་ཙོར་བ་བྱས་ཏེ། ཁེགས་དངོས་འགྲུལ་བ་ཙམ་བྱུང་རྗེས་མགྱོགས་མྱུར་སྔོས་ཁེགས་དངོས་མིད་སྔོའི་ཕྱོགས་

སྲུ་བ་ཅིར་བ་དང་། ཁིགས་དངོས་ཀྱིས་མིད་སྣ་ལ་ཐོག་ཐུག་ཙམ་བཏང་བ་ན། ལུ་བརྒྱལ་ལང་བའམ་ཁ་སྐྱུག་བྱེད་པ་ཡིན་པས། ཁིགས་དངོས་ཀྱང་དེ་དང་མཉམ་དུ་ཁ་ནང་དུ་ཐོན་པ་ཡིན།

དྲུག བུ་རོགས་མི་ཡོང་བ།

བུ་རོགས་མི་ཡོང་བ་ནི་བཞོན་མས་བེའུ་བཙས་རྗེས་ཀྱི་དུས་ཚོད 6ནས་དུས་ཚོད 12ཀྱི་ནང་དུ་བུ་རོགས་རང་ཤུགས་སུ་ཕྱིར་མ་ཡོང་བའི་ནད་ལ་བཤད་པ་ཡིན།

(གཅིག)ནད་དེ་བྱུང་བའི་རྒྱུ་རྐྱེན།

བུ་རོགས་མི་ཡོང་བ་ནི་བེའུ་བཙས་རྗེས་བུ་སྣོད་བསྐུམ་ཤུགས་ཞན་པ་དང་། ཡང་ན་བུ་རོགས་དང་བུ་སྣོད་བར་དུ་ཚ་ནད་བྱུང་སྟེ་ཕན་ཚུན་འབྱར་བ་ལས་བྱུང་བའི་ནད་རིགས་ཤིག་ཡིན།

(གཉིས)བརྟག་ཐབས་ཀྱི་གནད་འགག

བུ་རོགས་མི་ཡོང་བ་ལ་བུ་རོགས་ཚང་མ་མི་ཡོང་བ་དང་བུ་རོགས་ཁག་ཅིག་མི་ཡོང་བ་ཞེས་རིགས་གཉིས་ཡོད།

1.བུ་རོགས་ཚང་མ་མི་ཡོང་བ། བུ་སྣོད་ཀྱི་བསྐུམ་ཤུགས་ཞན་པས་ན། བུ་རོགས་ཡོངས་རྫོགས་བུ་སྣོད་དུ་འབྱར་སྡོད། ཉི་མ་བཞི་ནས་ཉི་མ་ལྔ་འགོར་རྗེས་བུ་རོགས་རིམ་བཞིན་དུ་འཐོར་ཞིག་ཏུ་གྱུར་ཏེ་མཚམས་མི་ཆད་པར་ཕྱིར་ཕུད་པ་ཡིན།

2.བུ་རོགས་ཁག་ཅིག་ཕྱིར་མི་ཡོང་བ། བུ་རོགས་ཁག་ཅིག་སོ་མཚན་གྱི་ཕྱི་ན་དཔྱང་བ་དང་། བུ་རོགས་ཁག་ཅིག་ད་དུང་བུ་སྣོད་དུ་ལུས་འདུག ཕྱིར་དཔྱངས་པའི་བུ་རོགས་ནད་ཀྱིས་ཟིས་ནས་མགྱོགས་མྱུར་ངང་རུལ་སུངས་སུ་གྱུར་ཏེ་དྲི་ངན་བྲོ་བ་དང་། རུལ་སུངས་ཀྱི་ནད་དུག་མགྱོགས་མྱུར་ངང་མངལ་ལམ་

དང་བུ་སྣོད་དུ་ལུས་པའི་བུ་རོགས་ཀྱི་སྟེང་དུ་མཆེད་པ་ཡིན། བཞོན་མ་ནད་པར་ཁྲག་འཛིག་རང་བཞིན་གྱི་བུ་སྣོད་ཚ་ནད་བྱུང་རྗེས། ལུས་ཚ་རྒྱས་པ་དང་རྣམ་རིག་དུབ་པ། སྐྱུག་ལྷད་དམ་ཡི་ག་ཞན་པ་དང་ཡང་ན་སྐྱུག་ལྷད་དང་ཡི་ག་གཏིང་ནས་ཆད་པར་འགྱུར་བ་དང་། འོ་མའི་ཐོན་ཚད་ཇེ་ཉུང་དང་གསུས་པ་བཤལ་བ་བཅས་ཀྱི་ནད་རྟགས་ཀྱང་མངོན་པས། སྨན་བཅོས་དུས་ཐོག་ཏུ་མ་བྱས་ན་དུག་ཁྲག་གཏིང་ལ་ཞུགས་ཏེ་འཆི་བར་འགྱུར་བ་ཡིན།

(གསུམ)བཅོས་ཐབས།

1.ཀ་ར་ལྷ་སྐྱའི་ཛ་ཁུ། ཀ་ར་ནག་པོ་ཁེ 350དང་ཛ་ནག་ཁེ 150 ལྷ་སྐྱ་བཛོས་མ་ཁེ 10ནས་ཁེ 15 ཚྭ་ཁུ་ཁེ 50བཅས་ཆུས་གདུས་ཏེ་དྲོད་འཇམ་དུ་གྱུར་རྗེས་ལྡུད་ཐེངས་གཅིག་གིས་ལྡུད་དགོས།

2.བུ་སྣོད་དུ 10%ཡི་ཚྭ་ཆུ་ཧོ་ཧྲིན 300ནས་ཧོ་ཧྲིན 500ཡི་ནང་དུ་ཧྲེས་གཞི་ཁྲི 320ནས་ཁྲི 480ཅན་གྱི་ཆིན་སླི་སུའུ་བསྲེས་ཏེ། ཉིན་གཉིས་རེའི་ནང་དུ་ཐེངས 1ལ་རྒྱག་པ་དང་། མུ་མཐུད་དེ་ཐེངས 2ནས་ཐེངས 3ལ་བརྒྱབ་སྟེ། བུ་རོགས་ཀྱི་ཤ་ཕྲུ་བསྐྱམས་ཤིང་ཐྲལ་བདེ་བར་བྱེད་དགོས།

3.ན་རམ་ཁེ 300ནས་ཁེ 400ཆང་དཀར་རམ 75%ཅན་གྱི་ཆང་བཙུད་གྱིས་སྦངས་ཤིང་མེར་བསྲོན་ཏེ་དཀྲུག་པ་དང་བསྲིག་པ་བྱས་ནས་འཁྱགས་པ་ན་ཕྱི་མར་བཏགས་ཤིང་། ཆུ་དྲོད་འཇམ་པོས་འཚམ་ཞིག་ལ་བསྟེན་ནས་ལྡུད་ཐེངས 1གིས་ལྡུད་དགོས།

(བཞི)སྔོན་འགོག་བྱེད་ཐབས།

ལུགས་མཐུན་སྣོམས་བའུ་ཡོད་པའི་བཞོན་མ་གསོ་སྐྱོང་བྱེད་པ་དང་། ཕུན་སུམ་ཚོགས་པའི་སྤྱི་དཀར་དང་ལྷེ་ཧྲིན་སུའུ། གཏེར་རྫས་བཅས་ཀྱི་གཟན་ཆས་ཁ་སྣོན་བྱས་ཏེ་གསོ་དགོས། བཞོན་ཁང་དུ་གསོ་སྐྱོང་བྱེད་པའི་བཞོན་མ་ཡིན

ན་འགུལ་སྐྱོད་དང་ཉི་འོད་འོག་ཏུ་ལྡེ་བར་ཤུགས་སྣོན་བྱས་ཏེ་ལུས་ཕུང་བྲུངས་ཤུགས་ཇེ་ལེགས་སུ་གཏོང་དགོས། དུས་ཐོག་ཏུ་བུ་སྣོད་ཀྱི་ཚ་ནད་སྨན་བཅོས་བྱེད་པ་དང་ཅེ་ཧྲིའི་ནད་དང་ཕུའུ་ལུའུ་ཧྲི་ཙེན་ནད་སོགས་འགོག་བཤེར་བྱེད་པའི་བྱ་བར་ཤུགས་སྣོན་བྱས་ཏེ་བུ་རོགས་མི་ཡོང་བའི་ནད་རིགས་ཇེ་ཉུང་དུ་གཏོང་དགོས།

1.སྨྱུམ་ལྡན་བཞིན་མ་བཀོལ་སྤྱོད་བྱེད་པ་ཐལ་དྲགས་མི་རུང་།

2.བྲུངས་བཅུད་ཕུན་སུམ་ཚོགས་པའི་གཟན་ཆས་མང་སྤེར་བྱེད་དགོས།

3.བེའུ་མ་བཙས་པའི་སྔོན་ལ་ངེས་པར་དུ་བཞིན་མར་མགོ་བའི་བྱ་འགུལ་ཉི་མ་རེ་རེ་བཞིན་རྒྱུན་འཁྱོངས་བྱས་ཏེ། ཁྲག་རྒྱུན་འཁོར་སྐྱོད་བྱེད་པ་ཇེ་ལེགས་སུ་བཏང་སྟེ། བེའུ་བཙའ་དཀའ་བའམ་བུ་རོགས་མི་ཡོང་བ་སྔོན་འགོག་བྱེད་དགོས།

4.བེའུ་བཙའ་ཁར་ཀ་ར་ཁ་གསབ་དང་གའི་ཁ་གསབ་བྱེད་པ་སྟེ། སྡོད་རྩ་རུ 5%ཅན་གྱི་ལུའུ་ཧྭ་གའི་ཧོ་ཧྲིན 250ནས་ཧོ་ཧྲིན 350 ཡང་ན 10%ཅན་གྱི་ཕུའུ་ཐའོ་ཐང་སོན་གའི་ཧོ་ཧྲིན 350ནས་ཧོ་ཧྲིན 450 ཡང་ན 50%ཅན་གྱི་ཕུའུ་ཐའོ་ཐང་ཧོ་ཧྲིན 300ནས་ཧོ་ཧྲིན 400བརྒྱབ་ན་བུ་རོགས་མི་ཡོང་བའི་ནད་འབྱུང་བ་ཇེ་ཉུང་དུ་གཏོང་ཐུབ།

བདུན། ནུ་མའི་ཚ་ནད།

ནུ་མའི་ཚ་ནད་ནི་ནུ་རྨིན་ལ་ངོ་བོ་མི་གཅིག་པའི་ཚ་ནད་བྱུང་བར་བཤད་པ་ཡིན་ལ། དེའི་ཁྱད་ཆོས་ནི་འོ་མའི་སྤུས་ཀ་འགྱུར་བ་དེ་ཡིན།

(གཅིག)ནད་ཀྱི་འབྱུང་རྐྱེན།

1.ནུ་མའི་ཚ་ནད་ནི་ནད་གཞིའི་འབུ་ཕྲ་ནུ་རྨིན་དུ་ཞུགས་ཏེ་ནད་དེ་འབྱུང་དུ་བཅུག་པ་ཡིན། གཙོ་བོ་གསོ་སྐྱོང་བདག་གཉེར་ལུགས་མཐུན་མིན་པ་ལས་བྱུང་

བ་ཡིན།

2.བཞིན་ར་གཙང་སྨྲ་མིན་པ་དང་འོ་མ་བཞོ་སྟངས་མི་འགྲིག་པ། འོ་མ་མ་བཞོས་པའི་སྔོན་ལ་ནུ་མ་མ་བཀྲུས་པའམ་སྐྱེ་འཕེལ་དབང་རྟེན་དང་ཕུང་གྲུབ་གཞན་དག་སྟེང་གི་རྣག་ཐོན་བཙོག་དངོས་ཀྱིས་ནུ་མགོ་བརྫད་པ་བཅས་ཀྱིས་ནད་འདི་འབྱུང་དུ་འཇུག་སྲིད།

3.ནུ་མར་དྲག་རྫུང་ཐེབས་པ་དང་བ་ཚེར་ནོན་བྱེད་པ། ཡང་ན་བེའུ་ཡིས་ནུ་མ་ནུ་སྐབས་ནུ་མགོར་སོ་བཏབ་པ་བཅས་ཀྱིས་ནད་འདི་འབྱུང་དུ་འཇུག་སྲིད།

(གཉིས)བརྟག་ཐབས་གཙོ་གནད།

1.ནུ་མར་ཚད་རིམ་མི་འདྲ་བའི་སྐྲངས་པ་འབྱུང་བ་དང་སྲ་འཐུས་སུ་འགྱུར་བ། ཁྲག་སྨྱུག་ཐུང་བ་བཅས་ཀྱི་ནད་རྟགས་མངོན་ཞིང་། སྐྱི་ལྤགས་དོམ་ཞིང་དམར་བ་དང་། ཚ་དྲོད་རྒྱས་ལ་ཟུག་རྫུ་འབྱུང་བ་ཡིན།

2.འོ་མའི་ཐོན་ཚད་མངོན་གསལ་སྙོམས་རྗེ་ཉུང་དུ་འགྱུར་བ་དང་། དང་ཐོག་འོ་སྲུས་སྒྱུར་ཏེ་ཆུ་དང་མཚུངས་ཤིང་། དེ་ནས་རྗེ་གར་དུ་འགྱུར་བ་ཡིན་ལ། འོ་མའི་ནང་དུ་མ་སོག་དང་མཚུངས་པའི་སབ་སོབ་མཆིས་པའམ་སློ་སྐྱུར་འགྱུར་བ་ཡིན། ཚབས་ཆེན་ཡིན་དུས་འོ་མ་རུ་ཁྲག་རྣག་གམ་ཁྲག་འདྲེས་པར་མ་ཟད། དྲི་ངན་བཟོད་དཀའ་བ་འབྱུང་སྲིད།

3.ནད་ལྡིད་དྲགས་པའི་བཞིན་མ་ཡིན་ན་རྣམ་རིག་དུབ་པ་དང་ཡི་ག་མེད་པའམ་ཡི་ག་ཆད་པ། ལུས་ཚ་མངོན་གསལ་སྙོམས་རྒྱས་འདུག

4.དལ་བའི་རང་བཞིན་གྱི་ནུ་རྣེད་ཚ་ནད་ཡིན་ན། ནུ་མའི་མཉེན་ཤུགས་ཞན་པ་དང་སྲ་མོ་ཡིན་པ། འོ་མར་སེར་ཞད་འདྲེས་པ་བཅས་ཀྱི་ནད་རྟགས་མངོན་སྲིད།

(གསུམ)བཅོས་ཐབས།

ཐོག་མར་ཞིབ་གཟན་དང་ཁུ་མང་གཟན་ཆས་སྐྱེར་ཚད་ཇེ་ཉུང་དང་། ཆུ་ལྤུད་པ་ཚོད་འཛིན་བྱེད་པ། འོ་མ་བཙོ་ཐེངས་ཇེ་མང་དུ་གཏོང་བ་བཅས་བྱེད་པ་དང་། དེ་ནས་སྨན་བཅོས་བྱེད་ཐབས་བདམ་དགོས།

1.བྱུང་མ་ཐག་པའི་སྨྱུར་བའི་རང་བཞིན་གྱི་ནུ་མའི་ཚ་ནད་ཡིན་ན་འཁྲུགས་བསྲུས་རྒྱག་པ་དང་། ཉི་མ 2འགོར་རྗེས་རྫོད་བསྲུས་རྒྱག་དགོས།

2. 0.5%ཅན་གྱི་ཡན་སོན་ཕུའུ་ལུའུ་ཁ་ཡུན་གྱི་ཚྭ་ཆུ་ཧྥོ་ཧྲིན 200ཡི་ནང་དུ་ཆེན་ནྱི་སུའུ་རྩིས་གཞི་ཁྲི 240བསྲེས་ཏེ་ནུ་མའི་རྩེང་བའི་མཐའ་སྐོར་གྱི་གནས་འགའ་ལ་བརྒྱབ་ན། ཕན་ནུས་ལེགས་པོ་ཐོན་པ་ཡིན། གཞན་ནུ་མའི་ནང་དུ་སྨན་ཁབ་ཀྱང་བརྒྱབ་ཆོག་སྟེ། ནུ་རྫིང་རེའི་ནང་དུ་ཕུའུ་ལུའུ་ཁ་ཡུན་ཆེན་ནྱི་སུའུ་ཧྥོ་ཧྲིན 10ནས་ཧྥོ་ཧྲིན 15རྒྱག་དགོས།

3.རྩིས་གཞི་ཁྲི 240ནས་རྩིས་གཞི་ཁྲི 480ཅན་གྱི་ཆེན་ནྱི་སུའུ་དང་རྩིས་གཞི་ཁྲི 200ཅན་གྱི་ལྷེན་ནྱི་སུའུ་ཤ་གསེང་དུ་རྒྱག་དགོས། སྨན་ཁབ་དེ་ཉིན་རེར་ཐེངས 1ནས་ཐེངས 2ལ་རྒྱག་པ་དང་། མུ་མཐུད་དེ་ཉི་མ 3ལ་རྒྱག་དགོས།

4.0.02%ཅན་གྱི་ཧྲུ་ནན་ཞི་ལིན་སྨན་ཆུ་དང 0.25%ཅན་གྱི་ལེ་ཧྲུ་ནོ་ཤར་སྨན་ཆུ་ཧྥོ་ཧྲིན 200ནས་ཧྥོ་ཧྲིན 300ནུ་མའི་ནང་དུ་རྒྱག་དགོས། སྨན་ཁབ་བརྒྱབ་ནས་དུས་ཚོད 2ནས་དུས་ཚོད 3འགོར་རྗེས། ཕྱིར་དལ་གྱིས་བཙིར་བ་དང་། ཉིམ་རེར་ཐེངས 1ནས་ཐེངས 2ལ་སྨན་ཁབ་དེ་རྒྱག་དགོས། རྣག་འབྱམས་རང་བཞིན་གྱི་ཚ་ནད་དང་ཚོ་སྣ་རང་བཞིན་གྱི་ཚ་ནད་ལ་ཕན་ནུས་ཆུང་ཆེ།

5.དན་ཁྲ་ཁེ 35དང་ལྷུམ་རྩ་ཁེ 36གཉིས་ཞིབ་བཏགས་ཕྱེ་མར་བཏང་ཞིང་། བྱ་སྒོང་གི་སྒོང་ཆུ་ནང་དུ་བསྲེ་ཡག་བྱས་ཏེ་ཉི་མ་རེར་ནུ་མའི་སྟེང་དུ་ཐེངས 2ལ་བསྐུ་དགོས། ནུ་མ་བཀྲུས་ཤིང་ཕྱིས་ཏེ་དུལ་སྐྱུར་དུ་གྱུར་པའི་འོ་མ་བཙོ་ཡག་བྱས་རྗེས། ཏབ་ཤིང་ཚེར་གྱི་སྟེང་གི་ཚེར་མ་བཏོགས་ཏེ་སྔོན་བརྡུང་བྱས་ནས་ནུ་

མའི་སྟེང་དུ་ཉེ་མ་རེར་ཐེངས་2ལ་བསྐུ་དགོས།

6. ལིག་སོན་སྣེ་ཁེ 200དང་སྤར་ཀའི་ནང་སྙིང་ཁེ 40 ཤེལ་ཏ(ཕྱེ་མ)ཁེ 50 དག་ཅི་ཁེ 10 ཕ་སེ་ལིན་ཁེ 200བཅས་བསྡེབས་པ་དང་། དེ་ལས་ཁེ 100 སེང་རས་ཀྱི་སྟེང་དུ་མཐར་བཅད་དེ་བསྐུ་བ་དང་། སྦྱིན་རས་ཀྱིས་བཞོན་མ་ནད་པའི་ནུ་མའི་སྟེང་དུ་སྦྱོར་ཞིང་། ཉེ་མ་རེར་སྨན་ཐེངས་གཅིག་རེ་སྦྱོར་དགོས།

7. ཁུར་མོང་ཁེ 250དང་གསེར་དངུལ་མེ་ཏོག་ཁེ 80བཅས་ཞིབ་བཏགས་ཕྱེ་མར་བཏང་རྗེས་ཆུ་ཁོལ་ལ་བསྐྱེན་ནས་ལྡུད་ཐེངས་གཅིག་གིས་ལྡུད་དགོས།

(བཞི)སྔོན་འགོག་བྱེད་ཐབས།

1. འོ་མ་མ་བཞོས་པའི་སྔོན་དུ་ཆུ་དྲོད་འཇམ་གྱིས་ནུ་མ་བཀྲུས་རྗེས་ནུ་མར་ཆུ་ཚན་གྱིས་དྲོད་བསྲོས་རྒྱུག་པ་དང་། ནུ་མར་ཕུར་མཉེ་བྱས་ཏེ་འོ་མ་འབབ་པར་ཆ་རྐྱེན་བསྐྲུན་དགོས།

2. བཞོན་ཁང་གཙང་སྦྲ་བྱེད་པ་དང་དུས་བཅད་ལྟར་དུ་དུག་སེལ་བྱས་ཏེ། ནད་འབུ་སྦྲ་མོ་ནུ་མར་འགོ་བ་སྔོན་འགོག་བྱེད་དགོས།

3. འོ་མ་བཞོ་སྐབས་འོ་མ་བཞོ་མཁན་གྱི་ལག་ཟུང་དང་ལག་ཕྱིས། སྒྲིག་ཆས་གཞན་དག་བཅས་གཙང་མ་ཞིག་བཀྲུ་བ་དང་དུག་སེལ་གང་ལེགས་བྱེད་དགོས།

4. འོ་མ་བཞོ་སྟངས་ཡང་དག་པ་ཡིན་པ་དང་འོ་མ་བཞོ་ཤུགས་སྙོམས་པོ་ཡིན་དགོས།

5. ཡང་དག་པའི་སྒོ་ནས་འོ་མ་བཞོ་མཚམས་འཇོག་པ་དང་། འོ་མ་བཞོ་མཚམས་བཞག་རྗེས་ནུ་ཁ་གང་ཡོད་མེད་དང་སྐྲུམ་ཤུགས་ཀྱི་གནས་ཚུལ་ཞིབ་བཤེར་བྱས་ཏེ། གནས་ཚུལ་ཁྱད་པར་བ་བྱུང་ན་དུས་ཐོག་ཏུ་ཐག་གཅོད་བྱེད་དགོས།

6.འོ་མ་བཞོ་མཚམས་བཞག་པའི་རྗེས་དང་བེའུ་མ་བཙས་པའི་སྔོན་ཏེ། ཁྱད་པར་དུ་ནུ་ཁ་མདོང་གསལ་སློས་རྒྱས་སྐབས། ཁུ་མང་གཟན་ཆས་དང་ཞིབ་གཟན་སོགས་སྟེར་བ་ཇེ་ཉུང་དུ་གཏོང་དགོས།

7.བེའུ་བཙས་རྗེས་གལ་ཏེ་ནུ་ཁ་རྒྱས་དྲགས་པ་དང་འོ་མ་གཏོས་དྲགས་པ་ཡིན་ན། གོང་སྨོས་ཀྱི་བྱེད་ཐབས་སྤྱོད་དགོས་པར་མ་ཟད། གནས་ཚུལ་ལ་གཞིགས་ཏེ་འོ་མ་བཞོ་ཐེངས་1ནས་བཞོ་ཐེངས་2ཇེ་མང་དུ་གཏོང་བ་དང་། ཆུ་ལྷུད་ཚད་དང་བཞོན་མ་འཚོ་ཐེངས་སོགས་ཇེ་མང་དུ་གཏོང་དགོས།

བརྒྱད། བེའུ་བཙའ་སྐབས་བཞོན་མར་གྲིབ་སྐྱོན་བྱུང་བ།

ནད་འདི་ནི་བཞོན་མས་བེའུ་བཙས་རྗེས་སློ་བུར་དུ་འབྱུང་བའི་སྙིང་ཚབ་གསར་བརྗེ་བྱེད་པའི་ནད་གཞི་ཞིག་ཡིན། མགྲིན་པ་དང་ལྟེ། རྒྱུ་མ་བཅས་ཞ་འཁྲུམས་སུ་གྱུར་པ། ཚོར་དབང་ཉམས་པ། རྐང་ལག་ཞ་བ་སོགས་ཁྱད་ཆོས་གཙོ་བོ་ཡིན་པའི་མྱུར་བའི་རང་བཞིན་གྱི་སྙིང་ཚབ་གསར་བརྗེའི་ནད་གཞི་ཞིག་ཡིན་ལ། གཙོ་བོ་འོ་མའི་ཐོན་ཚད་མཐོ་བའི་བཞོན་མར་འབྱུང་བ་ཡིན།

(གཅིག)ནད་ཀྱི་འབྱུང་རྐྱེན།

ནད་འདི་ནི་བཞོན་མའི་ལུས་སྟེང་གི་ཁྲག་གནས་ཀ་ར་དང་ཁྲག་གནས་ཀའི་སོགས་འོ་སྤྲི་ཐོན་པ་དང་མཉམ་དུ་སློ་བུར་དུ་མར་བབས་པ་ལས་བྱུང་བ་ཡིན།

(གཉིས)བརྟག་ཐབས་གལ་གནད།

ནད་འདི་མང་ཆེ་ཤས་བཞོན་མས་བེའུ་བཙས་རྗེས་ཀྱི་ཉི་མ 3གྱི་ནང་དུ་འབྱུང་བ་ཡིན། གཙོ་བོ་བེའུ 3ནས་བེའུ 6བཙས་རྗེས་ཀྱི་བཞོན་མ་འོ་ཡོད་ལ་འབྱུང་བ་ཡིན།

1.ཞ་འཁྲུམས་མངོན་གསལ། སྤྱིར་བཞོན་མས་བེའུ་བཙས་རྗེས་ཀྱི་དུས་

ཚོད་12ནས་དུས་ཚོད་72འགོར་རྗེས། བཞིན་མ་ལ་ལར་གློ་བུར་དུ་ནད་འདི་འབྱུང་བ་ཡིན། ནད་འདི་དང་ཐོག་བྱུང་སྐབས་བཞིན་མ་ནད་པ་གནས་སྐབས་ཙམ་ལ་དོགས་མི་བདེ་བ་དང་། ཅང་མི་འགོར་བར་རྣམ་རིག་དུབ་པ་དང་འགུལ་སྐྱོད་བྱས་ན་མི་འདོད་པར་ཧད་ཅིང་། ཤ་འདར་རྒྱག་པ་དང་ཡི་ག་ཆད་པ། སྣ་མདོ་སྐམ་པ་བཅས་ཀྱི་ནད་རྟགས་མངོན་སྲིད། རྐང་བ་གཉིས་ཀྱིས་སྟ་ཕྱིར་ས་ངོས་བརྫུང་བ་ཡིན། ཅང་མི་འགོར་བར་ཞ་འཁྲུམས་ཀྱི་ནད་རྟགས་མངོན་པ་སྟེ། གཉིད་དུབ་ཀྱི་རྣམ་པ་མངོན་ཞིང་ཁ་སྦུབ་ཏུ་ཉལ་བ་དང་རྐང་ལག་བཞི་པོ་ལུས་འོག་ལ་འཛུག་པ་ཡིན། མགོ་བོ་ཕྱུར་བྲང་ངོས་ལ་འགུགས་པ་དང་། སྐབས་དེར་བཞིན་མ་ནད་པས་དབུགས་གཏིང་ལེན་བྱེད་པ་དང་མིག་གི་རྣ་རྗེ་ཆེར་འགྱུར་བ། ཚེར་སྣང་ཡལ་བ། ལུས་དྲོད་མར་འབབ་པ། རྐང་ལག་གི་སྣེ་མོ་འཁྱགས་པ་བཅས་ཀྱི་ནད་རྟགས་མངོན་ལ། བཞིན་མ་ནད་པ་ལ་ལའི་ལུས་ངོས་ཡོངས་སུ་རྡུལ་རླངས་འབྱུང་བ་ཡིན།

2.མངོན་གསལ་མ་ཡིན་པའི་ཞ་འཁྲུམས། ལུས་ཞ་སྟེ་ཉལ་བ་དང་མར་ཉལ་སྐབས་མགོ་སྐེ S ཡི་དབྱིབས་ལྟར་གུག་འཁྱོགས་བྱུང་འདུག བཞིན་མ་ནད་པའི་རྣམ་རིག་དུབ་ཀྱང་ཤི་ཉལ་མི་བྱེད་པ་ཡིན། སྐབས་འགར་ཨུ་ཚུགས་ཀྱིས་ལང་བ་ཡིན་མོད། རྐང་བ་གཉིས་ཀྱི་ཉ་འཆང་སྟེ་འགྲོ་དཀའ་བའམ་འཁྱར་འཁྱོར་བྱེད་ཀྱིན་འདུག

(གསུམ)བཅོས་ཐབས།

1.ཀ་ར་དང་ཀའི་ཁ་གསབ་རྒྱག་པའི་བཅོས་ཐབས། 10%ཅན་གྱི་སྤུའུ་ཐའོ་ཐང་སོན་ཀའི་ཧོ་ཧྲིན་300ནས་ཧོ་ཧྲིན་500དང་། 10%ཅན་གྱི་སྤུའུ་ཐང་ཧོ་ཧྲིན་1000ནས་ཧོ་ཧྲིན་2000 10%ཅན་གྱི་ཨན་ནྭ་ཁ་ཧོ་ཧྲིན་10ནས་ཧོ་ཧྲིན་20 5%ཅན་གྱི་ཐན་སོན་ཆིན་ནྭ་ཧོ་ཧྲིན་300ནས་ཧོ་ཧྲིན་500 10%ཅན་གྱི་

རྫས་ཡུང་སོན་ནྣ་ཛོ་ཛིན 80ནས་ཛོ་ཛིན 100 40%ཅན་གྱི་ལྷུའུ་ལོ་ཐོ་ཕེན་ཛོ་ཛིན 40ནས་ཛོ་ཛིན 60 ཞེ་ཛིན་སུའུ་ཛོ་ཛིན 20ནས་ཛོ་ཛིན 30བཅས་ཆབས་ཅིག་ཏུ་བསྲེས་ཏེ་སྦོད་ཙ་ཙུ་དལ་གྱིས་རྒྱག་དགོས། སྨན་ཁབ་རྒྱག་ཚད་དལ་དགོས་པ་དང་མཉམ་དུ་སྙིང་གི་གནས་ཚུལ་ལ་དོ་སྣང་ཞིབ་མོ་བྱེད་པ་དང་། སྨན་ཁབ་དེ་བརྒྱབ་རྗེས་ཕན་ནུས་མངོན་གསལ་མིན་ན། དུས་ཚོད 6འགོར་རྗེས་ཡང་བསྐྱར་སྨན་ཁབ་དེ་ཐེངས་གཅིག་ལ་རྒྱག་དགོས།

2.ནུ་མར་དབུགས་བརྒྱབ་སྟེ་བཅོས་ཐབས། དང་ཐོག་ནུ་མ་དང་ནུ་མགོར་དུག་སེལ་བྱེད་པ་དང་། ནུ་མའི་ནང་གི་འོ་མ་བཞོ་ཡག་བྱས་རྗེས། དུག་སེལ་བྱས་ཤིང་སྣུམ་རྫས་བྱུགས་ཡོད་པའི་ནུ་མའི་སྦུག་སྦྲན་སེམས་ཆུང་སྣོམས་ནུ་ཁུང་དུ་བཏང་ཞིང་། དབུགས་རྒྱག་བྱེད་དམ་ནུ་མར་དབུགས་གཏོང་འཕྲུལ་ཆས་ཀྱིས་དབུགས་བརྒྱབ་སྟེ། ནུ་མའི་སྐྱི་ཤུགས་དོམ་དུ་བཙུག་ཅིང་བརྟུངས་ཏེ་ཛ་སྐད་གྲགས་པ་ན་ཆོག ནུ་ཁུལ་བཞི་པོར་དབུགས་གང་རེ་རྒྱག་དགོས། ནུ་ཁུལ་རེར་དབུགས་བརྒྱབ་རྗེས་སེང་རས་ཀྱིས་ནུ་ཁ་དམ་པོ་ཞིག་བསྡམས་ཏེ་དབུགས་མི་འཚོར་བ་ཞིག་བྱེད་དགོས། བཞོན་མ་ཡར་ལངས་ནས་དུས་ཚོད 1ཡས་མས་འགོར་བ་ན། ད་བཟོད་སེང་རས་ལེན་དགོས། སྤྱིར་ཡིན་ན་ཐེངས་གཅིག་ལ་བཅོས་པས་ཆོག་མོད། གལ་ཏེ་མི་དྲག་ན་ཡང་བསྐྱར་དབུགས་ཐེངས་གཅིག་ལ་བརྒྱབ་ཆོག

3.ཀ་ར་དང་ཀའེ་ཡི་བཅོས་ཐབས། སྦོད་ཙ་ཙུ 10%ཅན་གྱི་ཕུའུ་ཐའོ་ཐང་སོན་ཀའེའི་སྨན་ཆུ་ཛོ་ཛིན 500དང 10%ནས 20%ཡི་ཕུའུ་ཐའོ་ཐང་སྨན་ཆུ་ཛོ་ཛིན 300ནས་ཛོ་ཛིན 500 ཡང་ན 10%དང 25%ཡི་ཕུའུ་ཐའོ་ཐང་ཛོ་ཛིན 1000ནས་ཛོ་ཛིན 2000གི་ནང་དུ 10%ཅན་གྱི་ལུའུ་ཧྭ་ཀའེ་སྨན་ཆུ་ཛོ་ཛིན 100ནས་ཛོ་ཛིན 200བསྲེས་ཏེ་བརྒྱབ་ཆོག

4.གྲོད་པུ་དབོས་པ། ཚབས་ཆེན་ཡིན་དུས་གྲོད་པུ་དྲལ་ཏེ་དབུགས་ཕྱིར་བཏང་ཆོག་མོད། འོན་ཀྱང་ཁ་ནང་དུ་སྨན་ལྡུད་མི་རུང་།

(བཞི)སྔོན་འགོག་བྱེད་ཐབས།

བཞོན་མས་མང་ལ་སྦྲུམ་སྐབས་རུས་ཕྱེ་དང་ཉ་ཕྱིས་ཕྱེ་མ། ཡང་ན་ཀའི་སྨན་གཞན་དག་ཁ་གསབ་བྱས་ནས་སྟེར་དགོས། ཁྱད་པར་དུ་བཙའ་རན་སྐབས་ཀྱི་བཞོན་མར་བཅུད་གཟན་མང་སྟེར་དང་ངེས་མཐོའི་འགྲུལ་སྐྱོད་བྱེད་དུ་འཇུག་དགོས། ཤ་ཤེད་ལེགས་པའི་བཞོན་མ་འོ་ཡོད་ཡིན་ན་བེའུ་མ་བཙས་པའི་སྔོན་གྱི་གཟའ་འཁོར་གཉིས་ཀྱི་ནང་དུ་ཞིབ་གཟན་དང་ཁུ་མང་གཟན་ཆས་སྟེར་བ་ཇེ་ཉུང་དུ་གཏོང་བ་དང་། ཀའི་ཉུང་ལེན་མང་གཟན་ཆས་མང་སྟེར་བྱས་ན་བེའུ་བཙའ་སྐབས་ཀའི་ལྷན་ཁྲག་གི་གར་སླ་རྒྱུན་ལྡན་ཡིན་པ་རྒྱུན་འཁྱོངས་བྱེད་ཐུབ། བེའུ་མ་བཙས་པའི་སྔོན་གྱི་ཉི་མ་འགའ་དང་བེའུ་བཙས་རྗེས་ཀྱི་ཉི་མ 3ནས་ཉི་མ 4ཡི་ནང་དུ་ཉི་མ་རེར་ཀ་ར་ཁེ 200ནས་ཁེ 300སྟེར་བ་དང་། ཡང་ན་བེའུ་བཙས་རྗེས་སྔོད་རྩ་རུ་ཕུའུ་ཐའོ་ཐང་སོན་ཀའི་ཡི་སྨན་ཆུ་རྒྱག་དགོས། གཞན་བེའུ་བཙས་མ་ཐག་ཏུ་འོ་མ་མི་བཞོ་བ་དང་། ཉི་མ 3ཀྱི་ནང་དུ་འོ་མ་བཞོ་སྐབས་འོ་མ་བཞོ་ཡག་བྱེད་མི་རུང་། དེ་ལྟར་བྱས་ན་ནུ་མར་གནོན་ཤུགས་ཤིག་བྱིན་ཏེ་ཀའི་རྫས་མི་འཆོར་བ་བྱེད་དགོས།

ལེའུ་དགུ་བ། བཙོན་མ་ཐོ་འགོད་དང་ཡིག་ཚགས་བསྐྱུན་པ།

གཅིག བཙོན་མ་ཐོ་འགོད།

འཕྲུལ་སྒོ་ཚང་བ་དང་ཡང་དག་པའི་སྒོ་ནས་ཐོ་འགོད་བྱེད་པ་དེ་བཙོན་ར[1]གི་འགྲོ་གྲོན་དང་ཡོང་སྒོར་ཐད་ཀར་དུ་འབྲེལ་བ་ཡོད་པ་ཡིན། ཡང་དག་པའི་སྡེབ་སྒྲུར་དང་བེའུ་བཙའ་བ་དཔག་རྩིས་བྱེད་པའི་ཟིན་ཐོ་མེད་ཕྱིན་ནུས་ལྡན་གྱི་སྐྱེ་འཕེལ་བྱེད་ཐབས་གཏན་ཁེལ་བྱེད་མི་ཐུབ། དེ་དང་མཚུངས་པར་བཙོན་མ་རེ་རེར་ཐོན་སྐྱེད་བྱེད་ནུས་ཀྱི་ཟིན་ཐོ་མེད་ཕྱིན་སླེགས་དོར་བྱེད་མི་ཐུབ་པར་མ་ཟད། རྒྱུད་འཛིན་འདམ་ག་བྱེད་པར་བསམ་གཞིག་གཏོང་ས་མེད། དེར་བརྟེན། ཟིན་ཐོ་འགོད་པ་ནི་བྱ་བའི་ལས་རིམ་གོ་སྒྲིག་དང་རྒྱང་རིང་གི་འཆར་གཞི་སོགས་གཏན་ཁེལ་ཐག་གཅོད་བྱེད་པའི་གཞིར་འཛིན་ས་ཡིན་ལ། བདག་གཉེར་བྱེད་པའི་བྱ་བར་ཚོད་དཔག་བྱེད་པའང་ཡིན།

(གཅིག)ཟིན་བྲིས་ལེགས་འབྲི་བྱེད་པ་རྒྱུན་འཁྱོངས་བྱེད་དགོས།

ཟིན་ཐོ་ནི་དུས་ཐོག་ཡིན་པ་དང་གནད་ལ་ཁེལ་བ། འཕྲུལ་སྒོ་ཚང་བ་ཞིག་ཡིན་དགོས། རྒྱུ་ཆ་དེ་ལྟ་བུ་ལ་དཔྱད་གཞིར་བེད་སྤྱོད་བྱེད་པའི་རིན་ཐང་ཆེན་པོ་ལྡན་པ་རེད། ལུགས་མཐུན་སྒོས་ཟིན་བྲིས་ཀྱི་བྱ་བ་རྩ་འཛུགས་བྱས་ཏེ་རྒྱུན་ལྡན་གྱི་བྱ་བ་འཕོར་ཆེན་སྟོན་ལ་གཏན་ཁེལ་བྱས་པའི་འཆར་གཞི་ལྟར་ལག་བསྟར

བྱེད་པ་དང་། ཟླ་བ་རེའམ་ཟླ་བ 2རེའི་ནང་དུ་ཞིབ་བཤེར་ཐེངས 1བྱེད་དགོས།

བཞོན་ཁྱུའི་རྒྱ་བདག་གམ་གཙོ་གཉེར་པས་ཟིན་བྲིས་ཐོ་འགོད་བྱེད་པའི་འགན་ཁུར་དང་ལེན་བྱས་ན་འོས། ཟོག་གི་སྨན་པས་ངེས་པར་དུ་ཟིན་བྲིས་མཐའ་དག་ཁོང་དུ་ཆུད་དགོས་པ་དང་། ཞིབ་བཤེར་རམ་སྨན་བཅོས་བྱས་པའི་གནོད་མའི་རྒྱུ་ཆ་རྒྱུན་སྐྱོད་རེའུ་མིག་ཏུ་བྲི་དགོས། དེ་དང་མཚུངས་པར་སྟེབ་སྐྱོར་བྱེད་མཁན་གྱིས་སྟེབ་སྐྱོར་བྱས་པའི་གནས་ཚུལ་ཐོ་འགོད་བྱེད་དགོས།

(གཉིས)བེའུ་ཡི་ཚེ་གཅིག་གི་ཟིན་ཐོ་ཉར་ཚགས་བྱེད་པ།

ཟིན་ཐོ་རུ་བཞོན་མའི་ཡང་རྟགས་དང་ཕོ་མོའི་དབྱེ་བ། བཙས་མ་ཐག་པའི་ལྗིད་ཚད། བཙས་པའི་ཉི་མ་སྐར་མ། ཕ་རྒྱུད་ཀྱི་ཡང་རྟགས་དང་མ་རྒྱུད་ཀྱི་ཡང་རྟགས་སོགས་འདུ་བ་ཡིན། རྒྱུད་འདེད་བྱང་བུའི་སྟེང་དུ་ད་དུང་ཕྱུ་མདོག་གི་མཚོན་བྱེད་རི་མོ་དང་གཟུགས་གཞིའི་ཚད་ཐིག་འགོད་དགོས། དཔེར་ན་གཟུགས་ཀྱི་མཐོ་ཚད་དང་གཟུགས་ཀྱི་རིང་ཚད། བྲང་ཁོག་གི་སྦོམ། རྐང་ལག་གི་སྦོམ་ལྟ་བུ། ཟླ་སོ་སོའི་ལུས་ཀྱི་ལྗིད་ཚད་དང་ཕ་རྒྱུད་ཀྱི་ཕྱོགས་སྡོམ་དཔྱད་འཇོག་ཕྱུས་རིམ་དང་མ་རྒྱུད་ཀྱི་ཆེས་མཐོ་བའི་བེའུ་བཙའ་གྲངས། འོ་མའི་ཐོན་ཚད། འོ་སྣུམ་འདུ་ཚད་སོགས་འགོད་དགོས། བྱང་བུའི་ལྟག་རྒྱབ་ཏུ་བཞོན་མ་དེའི་བེའུ་བཙས་ཚུལ་དང་འོ་མ་ཐོན་ཚད་སོགས་ཀྱི་སྡོམ་རང་བཞིན་གྱི་བརྡ་འཕྲིན་འགོད་དགོས།

(གསུམ)བཞོན་མའི་སྐྱེ་འཕེལ་གནས་ཚུལ་ཟིན་ཐོར་འགོད་པ་རྒྱུན་འཁྱོངས་བྱེད་པ།

ཟིན་ཐོ་རྗེས་སྙེག་བྱེད་པ་བརྒྱུད་དེ་བཞོན་མའི་སྐྱེ་འཕེལ་དུས་འཁོར་དང་འགྱུར་ལྡོག་གནས་ཚུལ་ལ་དོ་སྣང་བྱེད་དགོས། ཟིན་བྲིས་ཀྱི་ནང་དོན་དུ་འོ་མ་བསྲུད་པའི་དུས་ཚོད་དང་བེའུ་བཙའ་བའི་དུས་ཚོད། བཞོན་མ་སྦྲིག་པའི་དཔག

རྩིས་དུས་ཚོད། འཆར་གཞི་བཟོས་པའི་སྐེབ་སྦྱོར་དུས་ཚོད། སྐེབ་སྦྱོར་བྱས་ཏེ་ཉི་མ 30ཡན་འགོར་རྗེས་སྦྲུམ་བཤེར་གྲ་སྒྲིག་བྱས་པའི་དུས་ཚོད། སྦྲུམ་བཤེར་མཇུག་འབྲས་སོགས་འདུ་བ་ཡིན། སྐྱེ་འཕེལ་བྱེད་ཚད་རྗེ་མཐོར་གཏོང་ཆེད་ཉི་མ་རེ་རེ་བཞིན་ཟིན་ཐོ་བྲི་དགོས།

སྐྱེ་འཕེལ་གྱི་ཐད་དུ་ད་དུང་གཤམ་གསལ་གྱི་ཟིན་ཐོ་ནང་དོན་ལྡན་དགོས།

1.སྐེབ་སྦྱོར་བྱས་པའི་ སྤྱིའི་བཞོན་གྲངས། སྦྲུམ་མའི་གྲངས་ཀ་དང་སྐམ་པར་ལུས་པའི་བཞོན་མའི་གྲངས་ཀ་བརྟག་དཔྱད་གཏན་ཁེལ་བྱས་པ།

2.བཞོན་མ་རེ་རེའི་མཇུག་མཐའི་སྐེབ་སྦྱོར་བྱེད་པའི་དུས་ཚོད་དང་སྔོན་དཔག་བཙའ་དུས་འགོད་དགོས།

3.འོ་མ་སྐྱེར་བཞིན་པའི་བཞོན་མ་ཡིན་ན་བེའུ་མ་བཙས་པའི་སྔོན་གྱི་ཉི་མ 60ནང་དུ་འོ་མ་བསྲིད་དུ་འཇུག་དགོས། བེའུ་བཙས་རྗེས་ཉི་མ 60འགོར་བའི་ཡས་མས་སུ་བཞོན་མ་སྒྲིག་པ་དང་སྐེབ་སྦྱོར་བྱེད་པ་བཅས་ལ་དོ་སྣང་བྱེད་དགོས། སྐེབ་སྦྱོར་བྱས་ནས་ཉི་མ 30འགོར་རྗེས་བཞོན་མར་མངལ་ཆགས་ཡོད་མེད་ཞིབ་བཤེར་བྱེད་པ་དང་། བཞོན་མ་ཐམས་ཅད་ཀྱི་ཨང་གྲངས་དང་ཟླ་ཚེས། མཇུག་འབྲས་བཅས་ཟིན་བྲིས་ལ་འདེབས་དགོས།

4.བཞོན་མ་སོ་སོའི་བེའུ་བཙས་པ་ནས་མངལ་ཆགས་པའི་བར་གྱི་སྐམ་པར་ལུས་པའི་ཉི་མ་ཟིན་བྲིས་ལ་འདེབས་པ་དང་། མངལ་མ་ཆགས་པར་ཉི་མ 100འགོར་བ་ནི་རྒྱུན་ལྡན་མ་ཡིན་པའི་བཞོན་མ་ཡིན་པས། དེར་དོ་སྣང་བྱེད་པ་དང་བྱེད་ཐབས་བཙལ་དགོས།

5.བཞོན་མ་སོ་སོའི་དང་ཐོག་བེའུ་བཙའ་བའི་ལོ་ཚོད་དང་བེའུ་སོ་སོ་ཁོག་ལ་ཁྱུར་བའི་ཉི་མ་སོགས་ཟིན་བྲིས་ལ་འདེབས་དགོས།

6.བཞོན་ར་ཡོངས་ཀྱི་བཞོན་མའི་ཆ་སྙོམས་ཀྱི་འོ་མ་སྐྱེར་ཡུན་གྱི་ཉི་མ་དང

ཆ་སྙོམས་ཀྱི་སྐམ་པ་ཡིན་པའི་ཉི་མ་སོགས་ཐོ་འགོད་བྱེད་དགོས།

7.མང་ལ་ཆགས་ཐེངས་རེར་སྡེབ་སྦྱོར་ཐེངས་དུ་བྱས་པ་དེ་ཐོ་འགོད་བྱེད་དགོས།

8.འོ་མ་སྟེར་བའི་བཞོན་མ་བཞོན་ཕྲུ་དང་བྲལ་བའི་རྒྱུ་མཚན་སོ་སོས་བརྒྱ་ཆའི་དུ་ཟིན་པ་སྟེ། འོ་མ་སྟེར་ཚད་དམའ་བས་དོར་བ་དང་ནད་བྱུང་སྟེ་སྐྱེ་འཕེལ་བྱེད་མི་ཐུབ་པས་དོར་བ། འོ་མ་ཐོན་ཚད་རྒྱུན་ལྡན་ཡིན་ཡང་བཙོང་བ། ནད་བྱུང་བ་དང་རྨས་སྐྱོན་བྱུང་བ། ཤི་བ་སོགས་རིགས་མི་འདྲ་བ་ཐོར་འགོད་བྱས་ཤིང་། བཞོན་རའི་སྐྱེ་འཕེལ་ཆུ་ཚད་སྟོམ་རྩིས་བྱེད་པ་དང་དེར་འཚམ་གྱི་ཐབས་སྣ་ཇུས་འགོད་བྱེད་དགོས།

གཉིས། གསོ་སྐྱེལ་ཡིག་ཚགས་བསྐྲུན་པ།

(གཅིག)གསོ་སྐྱེལ་ཡིག་ཚགས་བསྐྲུན་པའི་དགོས་མཁོ་རང་བཞིན།

གསོ་སྐྱེལ་ཡིག་ཚགས་བསྐྲུན་པ་ནི《ཕྱུགས་ལས་བཅའ་ཁྲིམས》དང《སྲོག་ཆགས་རིམས་འགོག་བཅའ་ཁྲིམས》ཀྱི་རེ་འདུན་དང་འཚམ་པའི་ནང་དོན་གལ་ཆེན་ཞིག་ཡིན་པ་དང་། ཕྱུགས་བྱའི་ཐོན་རྫས་ཀྱི་ཕྱུས་ཀ་འགན་ཁུར་གཏིང་འདེད་བྱེད་པའི་ལམ་ལུགས་མཐའ་འཁྱོལ་བྱེད་པའམ་བཞོན་ཕྲུ་དང་ཐོན་རྫས་ཕྱུས་ཀ་ཁག་ཐེག་བྱེད་པའི་རྨང་གཞི་གལ་ཆེན་ཞིག་ཡིན་པར་མ་ཟད། བཞོན་ཕྲུ་གསོ་སྐྱེལ་བདག་གཉེར་བྱེད་པར་ཤུགས་སྣོན་བྱེད་པའི་རྩ་བའི་བྱེད་ཐབས་ཡིན་ལ། བདེ་ཐང་སྐོས་གསོ་སྐྱེལ་གོང་འཕེལ་དུ་གཏོང་བའི་རྩ་བའི་རེ་འདུན་ཡང་ཡིན།

(གཉིས)གསོ་སྐྱེལ་ཡིག་ཚགས་ཀྱི་ནང་དོན།

གཙོ་བོ་བཞོན་ཕྲུའི་བཞོན་རྒྱུད་དང་གྲངས་ཀ སྐྱེ་འཕེལ་ཟིན་ཐོ། མཚན་མཚོན་གནས་ཚུལ། བཞོན་ཁུངས། བཞོན་ར་ར་ཡོང་བ་དང་བཞོན་ར་ལས་ཕྱིར་སོང་བའི་ཟླ་ཚེས་བཅས་འགོད་ཅིང་། གཟན་ཆས་དང་གཟན་ཆས་བསྲེ་རྫས།

ཟློག་སྨན་སོགས་ཕར་བཏང་བ་དག་གི་འབྱུང་ཁུངས་དང་མིང་སོགས་སམ་དེ་དག་བེད་སྤྱོད་བྱེད་ཡུལ་དང་བེད་སྤྱོད་དུས་ཚོད། བེད་སྤྱོད་བྱས་ཚད་བཅས་དགོད་དགོས། རིམས་བཤེར་དང་རིམས་འགོག དུག་སེལ་གནས་ཚུལ་ལམ་བཞོན་ཁྱུར་ནད་བྱུང་བ་དང་ཤི་བ། གནོད་མེད་ཅན་དུ་བསྒྱུར་བའི་གནས་ཚུལ་སོགས་དགོད་དགོས། དེར་རྒྱལ་སྲིད་སྤྱི་ཁྱབ་ཁང་ཕྱུགས་ལས་ཟློག་སྨན་སྲིད་འཛིན་གཙོ་གཉེར་ལས་ཁུངས་ཀྱིས་ཐག་གཅོད་བྱས་པའི་ནང་དོན་གཞན་དག་བཅས་འདུ་བ་ཡིན།

ཟུར་ལྟའི་དཔྱད་གཞི།

[1]ཚུག་རྟོགས། བ་མོ་ཐོན་སྐྱེད་རིག་པ། [M]པེ་ཅིང་། ཀྲུང་གོའི་ཞིང་ལས་དཔེ་སྐྲུན་ཁང་། 1995

[2]ཁྲིན་ཡུག་ཁྲོན། དེང་རབས་བ་སྐམ་ཐོན་སྐྱེད། [M]པེ་ཅིང་། ཀྲུང་གོའི་ཞིང་ལས་དཔེ་སྐྲུན་ཁང་། 1990

[3]རྒྱལ་ཡོངས་ཕྱུགས་ལས་སྤྱིའི་ས་ཚིགས། བཞོན་མ་ཚད་ལྡན་ཅན་གྱི་གསོ་སྐྱོང་ལག་རྩལ་དཔེ་རིས། [M]ཀྲུང་གོའི་ཞིང་ལས་ཚན་རིག་ལག་རྩལ་དཔེ་སྐྲུན་ཁང་། 2011

[4]ཧྲིག་ཐྲུང་ལང་། བཞོན་མ་གསོ་སྐྱོང་དང་ལེགས་བསྒྱུར་ལག་རྩལ། [M]པེ་ཅིང་། 2005

[5]ཅང་ཀྲའོ་ཁྲོན། ཐང་ཁྲིན་ཧྭ། བཞོན་མའི་བདེ་ཐང་གསོ་སྐྱོང་དང་ལུགས་མཐུན་སྣོས་ནད་ཡམས་སྔོན་འགོག་ཚོད་འཛིན་བྱེད་པ།[M]པེ་ཅིང་། ཀྲུང་གོའི་ཞིང་ལས་དཔེ་སྐྲུན་ཁང་། 2010